智慧农业系列教材

作物生产原理

佘玮　崔国贤 ◎ 主编

中国农业出版社
北　京

图书在版编目（CIP）数据

作物生产原理 / 佘玮，崔国贤主编．—北京：中国农业出版社，2022.10
普通高等教育农业农村部“十三五”规划教材
ISBN 978-7-109-30176-4

Ⅰ.①作… Ⅱ.①佘… ②崔… Ⅲ.①作物－栽培技术－高等学校－教材 Ⅳ.①S31

中国版本图书馆CIP数据核字（2022）第193579号

中国农业出版社出版
地址：北京市朝阳区麦子店街18号楼
邮编：100125
责任编辑：李　晓　　文字编辑：宫晓晨
版式设计：杜　然　　责任校对：吴丽婷
印刷：北京科印技术咨询服务有限公司
版次：2022年10月第1版
印次：2022年10月北京第1次印刷
发行：新华书店北京发行所
开本：787mm×1092mm　1/16
印张：16.25
字数：370千字
定价：39.80元

<<< 编写人员名单

主　编　佘　玮（湖南农业大学）

崔国贤（湖南农业大学）

副主编　罗义勇（江西师范大学）

马芳芳（山西农业大学）

阳会兵（湖南农业大学）

李迪秦（湖南农业大学）

参　编　石　楠（湖南农业大学）

文双雅（湖南农业大学）

陈建福（湖南农业大学）

全芮萍（湖南农业大学）

付虹雨（湖南农业大学）

钱婧雅（湖南农业大学）

王梓薇（湖南农业大学）

岳云开（湖南农业大学）

朱鑫洋（湖南农业大学）

李　赟（湖南农业大学）

胡文瑞（湖南农业大学）

卢建祥（湖南农业大学）

FOREWORD 前言

为推进新农科建设，2020年以来部分农林院校陆续开办智慧农业专业，积极探索智慧农业的课程体系建设新思路。智慧农业专业涉及作物学、计算机科学与技术、农业工程三大主干学科，课程体系建设的最大难点在于如何整合各学科的专业基础课程和专业主干课程。作物学的专业基础课程包括植物学、植物生理学、农业微生物学、农业气象学、土壤肥料学、植物营养学、农业生态学等，将这些课程都纳入智慧农业专业课程体系是不现实的，也很难简单地进行课程取舍或课时削减。为此，面向智慧农业专业和现代作物生产，将上述专业基础课程进行科学整合，构建作物生产原理课程的知识体系，开发相应的教材和网络课程资源成为推进智慧农业专业建设的重要举措。

新农科背景下的课程资源建设，必须充分发挥现代教育技术优势，推进信息技术与教学深度融合，坚持学生中心、产出导向、持续改进的理念，探索一流课程的教学目标、教学设计、教学团队、教学内容、管理评价等核心要素，贴合课程高阶性、创新性和挑战度的特点，体现多学科思维融合、跨专业能力融合和多学科协同，全面提升学生的综合职业能力。课程建设的核心是课程知识体系的合理组织，在明确知识目标、能力目标和素质培养目标的前提下，整合基本知识、基本理论、专业技能，构建具有科学性、前瞻性、应用性的知识体系。作物生产原理课程建设思路具体表现为：面向现代作物生产，坚持“必需、够用”原则，整合植物学、农业微生物学、农业气象学、土壤肥料学、植物生理学、农业生态学等课程的基本知识、基本理论和基本技能，结合智慧农业专业的知识需求、能力特征和素质养成目标，构建特色化的作物生产原理知识体系。

本教材力求简明扼要，反映学科进展，体现学科特色。全书共七章，编写分工如下：第一章由佘玮、崔国贤编写；第二章由马芳芳、钱婧雅编写；第三章由罗义勇、阳会兵编写；第四章由全芮萍、王梓薇编写；第五章由崔国贤、陈建福、付虹雨、朱鑫洋编写；第六章由佘玮、岳云开、李赟编写；第七章由李迪秦、石楠、文双雅、胡文瑞、卢建祥编写。

本教材引用了国内外相关教材与论文的资料和图表，湖南农业大学高志强教授全程指导课程建设，湖南农业大学智慧农业系提供了专项经费支持，中国农业出版社给予了大力支持和帮助，在此一并表示感谢！

我们力求全面系统地介绍智慧农业专业人才应掌握的作物生产基本概念和基础知识，并反映最新的研究进展，由于编者水平有限，加上学科发展、知识更新速度加快，内容上的疏漏和欠妥之处在所难免，敬请读者和专家批评指正。

编　者

2022年5月

CONTENTS 目录

前言

第一章 绪论

第二章 植物学基础知识

第三章 微生物学基础知识

第四章 作物生产与气象条件

第五章 作物生产与养分供给

第六章 植物生理学原理

第七章　作物生产的生态学原理

第一章 绪 论

智慧农业专业是响应新农科建设的新设专业，农林牧渔以及农林牧渔服务业都需要应用现代信息技术、现代工业装备技术、现代生物技术、现代农业技术，从而实现产出高效、产品安全、资源节约、环境友好的现代农业发展目标。

第一节 作物生产的地位与作用

一、作物与作物生产

（一）作物及其分类

作物是指直接或间接为人类需要而栽培的植物。作物俗称庄稼，古人所称“五谷”指稻、麦、黍、稷、菽，是典型的农作物。

1. 谷类作物

谷类作物也称禾谷类作物、粮食作物，是以成熟果实为收获物，经去壳、碾磨等加工程序而成为人类基本食粮的一类作物。大多数谷类作物属于禾本科，如稻、麦类、玉米、高粱、粟类、薏苡等，其中水稻、小麦、玉米是三大粮食作物。谷类作物的籽实一般含淀粉70%以上、蛋白质10%左右，含有一定量的脂肪和维生素，是人类食物中热量的主要来源，且因易于种植、运输和储存，是历史上最早驯化、当前栽培面积最大的作物类型。

2. 豆类作物

豆类作物属豆科，是以收获成熟籽粒为目的的一类作物。豆类作物主要有大豆、花生、蚕豆、豌豆、菜豆、鹰嘴豆、绿豆、饭豆、滨豆等。中国为栽培豆类最丰富的国家之一。豆类可直接食用或加工成各种豆制品。豆类成熟籽粒中的蛋白质含量高于其他作物，如大豆可达40%，其他豆类也均在20%～30%。豆类蛋白质包含8种动物必需的氨基酸，在禾谷类种子中含量很少的赖氨酸、精氨酸、缬氨酸和异亮氨酸，在豆类中都较丰富。大豆、花生等的籽实富含脂肪，是人类所需植物脂肪的重要来源。豆类的茎叶不论做干饲料或青饲料，都具有很高的营养价值。大豆、花生榨油以后产生的豆饼或粗粉，除可作为精饲料外，还可精制成浓缩蛋白。此外，与豆类作物共生的根瘤菌能固定空气中的游离氮，同时豆类的圆锥根吸收土壤深层养料和水分的能力优于谷类作物，因此单独种植豆类作物或用豆类作物同谷类作物轮作、间作，还有充分利用和培养土壤肥力的作用。

3. 薯类作物

薯类作物是以收获富含淀粉和其他多糖类物质的膨大块根、球茎或块茎为目的的一类作物。有旋花科的甘薯，茄科的马铃薯，大戟科的木薯，薯蓣科的薯蓣，天南星科的芋、紫芋、蒟蒻，菊科的菊芋，豆科的豆薯，美人蕉科的蕉藕等。这类作物地下部分的块根或块茎膨大，由薄壁细胞组成，以贮存淀粉为主。除豆薯用种子繁殖外，其余均用根、茎繁殖。薯类除供食用和饲用外，工业上是制淀粉、葡萄糖、糊精、合成橡胶和酒精的原料。

4. 纤维作物

纤维作物是以收获纤维为主要目的一类作物。纤维可按形成的组织、器官分为种子纤维、韧皮纤维、叶纤维、木纤维。

（1）种子纤维。如锦葵科的棉花，其纤维由胚珠的表皮细胞延伸而成，是最主要的纺织原料。

（2）韧皮纤维。如各种麻类的纤维，由茎部的韧皮层形成。其中荨麻科的苎麻、亚麻科的亚麻和夹竹桃科的罗布麻等的纤维长而整齐，质地柔软，含木质素少，可用以纺织优良麻织品；大麻科的大麻，椴树科的黄麻，锦葵科的苘麻、红麻和豆科的柽麻等的纤维因纺性较差，多用以制作粗麻布、麻袋、地毯、麻绳等。

（3）叶纤维。多来自热带单子叶植物，如龙舌兰科的剑麻、番麻，芭蕉科的蕉麻，凤梨科的凤梨等，其叶鞘或叶部的维管束纤维粗硬，不能供纺织用，但拉力强、耐湿、耐盐、耐磨，可用以编制各种粗绳索，在航海、采矿、铁路运输上用途很广。棕榈科的棕榈则可用以制作垫、刷与蓑衣等。其他如莎草科的茳芏、�草，灯芯草科的灯芯草，禾本科的芦苇、芨芨草等，其叶纤维也可供编织等用。以上各种纤维还均可用作造纸原料。

（4）木纤维。主要来自木本植物，常用以制造优质纸张。

5. 油料作物

油料作物是以收获含油器官榨油为目的的一类作物，油菜、花生、大豆、芝麻和向日葵并称为五大油料作物。除豆类作物中籽实富含油脂的花生、大豆等兼为重要的油料作物外，还包括十字花科的油菜、芥菜、油萝卜，胡麻科的芝麻，菊科的向日葵、红花，亚麻科的胡麻，唇形科的紫苏、白苏，大戟科的蓖麻等。锦葵科的棉花，其籽仁也含有很丰富的油脂和蛋白质。木本植物如油茶、胡桃、油橄榄、油棕、油桐和乌桕等，有时也列为油料作物。

6. 糖料作物

糖料作物是以收获植物体的含糖部位供工业上制糖用的作物。糖分在植株上贮存的部位因作物而异，如甘蔗、甜高粱、糖槭在茎部，甜菜在根部，糖棕在花部，其成分主要是蔗糖、葡萄糖和果糖。世界栽植最普遍的工业制糖原料为甘蔗和甜菜，在低纬度地区为甘蔗，在高纬度地区为甜菜，含糖量一般为15%～20%。

7. 其他作物

（1）嗜好作物。嗜好作物主要指茶、咖啡、可可、烟草等用于满足个人嗜好的栽培植物。

（2）饲料作物。饲料作物是指人工栽培用以喂养畜禽的植物，主要有苜蓿、草木樨等豆科牧草和鸭茅、无芒雀麦、苏丹草、黑麦草、梯牧草等禾本科牧草。

(3) 绿肥作物。栽培后在生长繁茂时期翻入或割沤，用以增加土壤肥力的为绿肥作物。紫云英是常用豆科绿肥，水葫芦、水花生是很好的生物钾肥。

(4) 药用作物。药用作物是指含有各种生物碱和苷类等有机化合物，可以治疗人畜疾病的栽培植物。

（二）作物生产及其特点

作物生产是指通过人类的栽培活动，利用绿色植物将日光能、CO_2和水等无机物质转化生产为人类需要的有机物质的过程。人类繁衍生息具有食、衣、住、行等基本需求，作物生产是食、衣、住、行的保障与支撑。在现代社会，食物基本完全依靠作物生产来保障，衣、住、行也较大程度地依靠作物生产来支撑。

作物生产具有以下特点。

1. 区域性

影响作物生长的地形、气候、土壤、水利等条件具有区域性特点，因此农业生产技术应用要因地制宜。

2. 季节性

作物生产是依赖于大自然的生产，是一种周期较长的露天产业，一年四季的光、热、水、肥资源状况不同，作物生产不可避免地受到季节的强烈影响。

3. 生产的连续性

作物生产的每个周期是互相衔接、紧密连贯的，上一茬作物与下一茬作物，上一年生产与下一年生产，上一个生产周期与下一个生产周期，都是紧密相连和互相制约的。

4. 生产因素的综合性

生产成果受生产技术、技术条件和国家农业政策等多种因素制约。

（三）作物生产与农业分区

1. 全球农业分区

根据国际地理联合会农业类型学专门委员会的研究成果，在全世界范围内可划分出十大农区类型：非洲撒哈拉以南农业区、北非西亚农业区、东南亚与南亚农业区、拉丁美洲农业区、西欧北欧南欧农业区、北美农业区、澳大利亚与新西兰农业区、东欧与西伯利亚农业区、中亚农业区、东亚农业区。

2. 中国农业区划

中国人多地少，随着经济的发展，人地矛盾日益尖锐，因此高产是我国作物生产永恒的主题。我国有九大农业区，分别是东北平原区、云贵高原区、北方干旱半干旱区、华南区、四川盆地及周边地区、长江中下游地区、青藏高原区、黄土高原区和黄淮海平原区。根据中国农业熟制区划，全国共划分为37个农业区，分别是藏东南川西谷地喜凉作物一熟区，华南低平原晚三熟区，川鄂湘黔低高原山地水田旱地二熟兼一熟区，大小兴安岭山麓岗地凉温作物一熟区，三江平原长白山地温凉作物一熟区，滇南山地旱地水田二熟兼三熟区，滇黔边境高原山地河谷旱地一熟二熟水田二熟区，鄂豫皖丘陵平原水田旱地两熟兼早三熟区，汾渭谷地水浇地二熟旱地一熟二熟区，后山坝上晋北高原山地半干旱喜凉作物一熟区，贵州高原水田旱地二熟一熟区，海北甘南高原喜凉作物一熟轮歇区，黑龙港缺水低平原水浇二熟旱地一熟区，黄淮平原南阳盆地旱地水浇地两熟区，黄土高原东部易旱喜温一熟区，晋东半湿润易旱一熟填闲区，两湖平原丘陵水田中三熟二熟区，辽吉西蒙东南冀北半干旱喜温一熟区，陇中青东宁中南黄土丘陵半干旱喜凉作物一熟区，鲁西北豫北低平原水浇地粮二熟棉一熟区，南疆、东疆绿洲二熟一熟区，南岭丘陵山地水田旱地三熟二熟区，盆东丘陵低山水田旱地两熟三熟区，盆西平原水田麦稻两熟填闲区，秦巴山区旱地二熟一熟兼水田二熟区，松嫩平原喜温作物一熟区，渭北陇东半湿润易旱冬麦一熟填闲区，燕山太行山山前平原水浇地套复二熟旱地一熟区，豫西丘陵山地旱坡地一熟水浇地二熟区，云南高原水田旱地二熟一熟区，辽河平原丘陵温暖作物一熟填闲区，河套、河西灌溉一熟填闲区，浙闽丘陵山地水田旱地三熟二熟区，沿江平原丘陵水田早三熟二熟区，江淮平原麦稻两熟兼早三熟区，山东丘陵水浇地二熟旱坡地花生棉花一熟区，北疆灌溉一熟填闲区。

二、现代农业发展动态

我国从 20 世纪 80 年代开始探索生态农业，其后衍生出循环农业、都市农业、休闲农业等多种形式，近年来，我国积极推进数字农业建设、精准农业实践和智慧农业探索，这些探索实践都有一个共同目标：加速现代农业建设，推进农业现代化。

（一）数字农业

所谓数字农业，是利用现代信息技术对农业对象、资源环境和农业生产过程进行数字化表达、可视化呈现、网络化管理，奠定精准农业和智慧农业的数字资源基础。数字农业依赖农业传感技术、农业遥感技术、农业物联网技术、农业大数据处理技术和云服务平台，实现对农业生产对象、农业资源环境、农业生产过程、农业生产状态等数字化信息的采集、传输、处理和应用，积累农业大数据资源。当前的数字农业建设，重点在于对农业资源环境和农业生产过程的数字化信息采集、积累和价值研发，为精准农业实践和智慧农业探索提供大数据资源支撑。

（二）精准农业

精准农业是指依托现代信息技术、现代工业装备技术、现代生物技术和现代农艺技术，实现农业投入品的精量使用，精准控制农业生产环境条件和农业生产过程。精准农业的核心内容：一是营养供给精量化，保证供给但不过量；二是环境控制精准化，使农业生物处在其最适宜的生长发育条件中；三是过程控制精确化，对农业生产过程实现精确控制；四是农事作业高效化，积极研发轻简化、标准化、一体化农事作业技术。

（三）智慧农业

农业的未来发展方向是智慧农业。智慧农业是在数字农业建设和精准农业实践成果的基础上，依托人工智能，利用互联网、物联网、云服务平台，实现智能感知、智能分析、智能预警、智能决策和智能控制。智慧农业是农业 4.0 阶段，未来农业利用自主作业农业机械和农业机器人来完成农事作业，农民只需在控制中心或利用智能手机进行实时监控、遥控指挥。当然，智慧农业的美好前景还需要全人类的共同努力。

中国农业经过最近 40 年的发展，在生态农业、循环农业、设施农业、都市农业、休闲农业等领域形成了丰硕成果，目前重点开展数字农业建设和精准农业实践，为未来的智慧农业奠定基础。

第二节　作物生产原理的教学背景

一、学情背景

新高考制度改革，突破了传统文科类考生和理科类考生的概念，推行“3＋1＋2”新模式，强化了语文、数学、英语的通用能力基础筛选，同时也有利于新生群体的差异化，促进学生个性化发展。但是，学生进入本科学习阶段以后，高校教师必须面对新的挑战：部分学生有扎实的化学、生物学功底，为学习作物生产原理课程奠定了良好基础，但也有部分学生高中阶段没有学习过这两门课程或缺失其中一门，这必然导致教学过程的复杂化和教学效果的层级分化。

二、资源背景

（一）教学资源

教学资源是为教学的有效开展提供的素材等各种可被利用的条件，通常包括教材、案例、影视、图片、课件等，也包括教师资源、教具、基础设施等。从广义上讲，教学资源可以指在教学过程中被教学者利用的一切要素，包括支撑教学的或为教学服务的人、财、物、信息等。从狭义上讲，教学资源（学习资源）主要包括教学材料、教学环境及教学后援系统。在高等学校所提供的教学资源系统中，教材是基础性教学资源，教师是主导性教学资源，实验室提供仪器设备和教学用具等。

（二）网络教学资源

网络教学资源是开展网络教育的前提，是创新人才培养模式的基础。网络教学资源将互联网与课程进行整合，充分发挥现代信息技术对课程的支持。网络教学资源主要指教育资源网站，教育资源网站涵盖了海量学习资料，包括网络课程、课件、试题等；网络课程分为直播和录播两种。直播上课能够实现师生实时互动、在线辅导、课堂测试、及时答疑，录播课程能够实现课程回放、资源共享，大幅提升学生的学习效果。

三、课程教学目标

1. 知识目标

植物学、微生物学、农业气象学、土壤学、植物生理学、农业生态学等都跟作物生产有关系，是作物科学的背景。智慧农业专业人才应掌握这些与作物生产相关的基础理论、基本技能和基本方法；了解作物生产科学技术的前沿和发展趋势，具备进行作物生产科学研究与生产实践的能力。

2. 能力目标

智慧农业专业人才应具有较强的综合技能。一是具有良好的自主学习能力，具有独立获取知识、科学研究信息和创新的能力；二是具有综合运用所掌握的理论知识和技能从事农学及其相关领域科学研究的能力；三是具有良好的计算机及信息技术应用能力；四是具有较强的创造性思维能力、开展创新研究和科学探索的能力。

3. 素质目标

一是思想道德素质，包括正确的政治方向，遵纪守法、诚信为人，有较强的团队意识和健全的人格；二是文化素质，掌握坚实的人文社科基础知识，具有较好的人文素养，具备良好的外语能力，具有国际化视野和现代意识；三是专业素质，受到严格的科学思维训练，掌握扎实的基础理论和先进的科研方法，具有求实创新、朴诚奋勉的意识和精神；四是身心素质，包括健康的体魄、健全的人格、良好的心理素质和生活习惯。

第二章　植物学基础知识

现代作物生产必须根据作物生长发育规律来安排农事作业，必须准确把握农作物的一般特征，违背自然规律和自然法则的活动，必然会遭受自然的惩罚。农作物是现代作物生产的作业对象，必须掌握植物学基础知识，才有可能实施有效的农艺措施或技术。

第一节　植物细胞

细胞是能独立生存的生物有机体形态结构和生命活动的基本单位。不论是由单个细胞构成的生物还是由多个细胞构成的生物，其生命活动都是在细胞内或在细胞的参与下完成的，如果细胞的完整性受到破坏，该细胞的生命活动就无法进行。由多个细胞构成的生物体，其细胞一般都能在生长和分化的基础上形成各种不同类型的组织，共同完成个体的各种生命活动。病毒、类病毒属于非细胞结构的生物，它们是不能独立生存的，必须寄生到其他生物体内才能生存。

一般来说细胞必须借助显微镜才能观察到，人们对细胞的认识是随着显微技术的不断发展而逐步深入的。随着光学显微镜的进一步改进和电子显微镜的使用，人们不但能利用各种光学显微镜观察细胞的显微结构，而且可广泛借助于电子显微镜来研究细胞的亚显微结构。特别是人们把电子显微技术与同位素示踪技术、层析技术、超速离心技术、转基因技术等结合起来，在分子水平上逐步认识细胞各部分的结构和功能，为人们认识细胞、认识生命，甚至人工合成细胞、创造生命提供了更广阔的空间。

一、植物细胞的形状和大小

（一）植物细胞的形状

植物细胞的形状多种多样，如球形、多面体形、长方体形、星状体形等，这是植物在长期的进化过程中，细胞形状与其所处环境、所行使的功能相适应的结果。

（二）植物细胞的大小

植物细胞的大小差异很大。如支原体直径仅 0.1 μm，而西瓜、番茄的成熟果肉细胞直径可达 1 mm，苎麻的纤维细胞长度高达 550 mm。一般植物细胞的直径为 20～50 μm，需借助光学显微镜才能看到。

细胞的体积较小，表面积相对较大，这有利于细胞与周围环境进行物质交换和信息交流。一般来说，同一植物体不同部位的细胞，其体积越小，代谢就越活跃，如根尖、茎尖的分生组织细胞。而起储藏作用的某些薄壁组织细胞，因其体积较大，代谢强度就相对弱些。

二、植物细胞的结构和功能

根据细胞内有无以核膜为界限的细胞核，可将细胞分为两大类：真核细胞和原核细胞。真核细胞有被膜包围的细胞核和多种细胞器，结构复杂，生物界绝大多数细胞属于此类。少数低等植物，如细菌和蓝细菌（蓝藻）虽有细胞结构，但在细胞内无典型的细胞核和膜包被的细胞器，结构简单，称为原核细胞。植物真核细胞都是由原生质体和细胞壁两大部分构成的（图 2-1）。

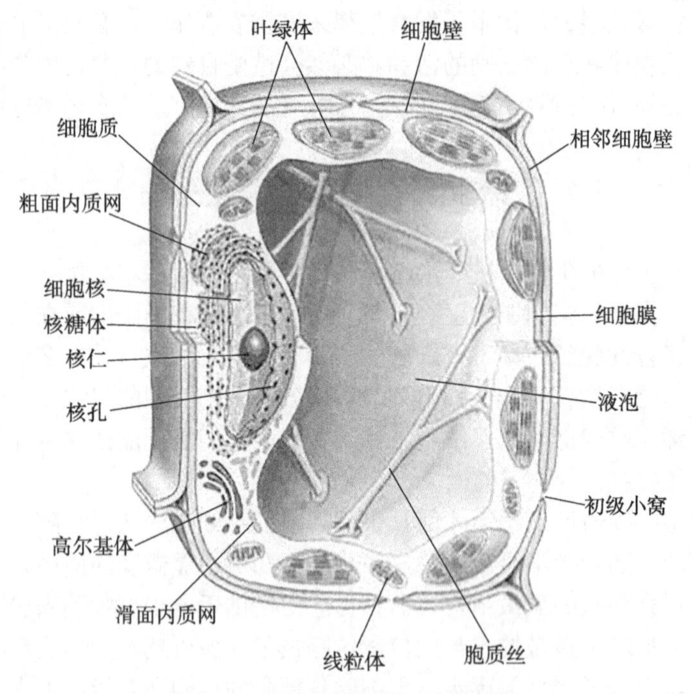

图 2-1 植物真核细胞亚显微结构

（一）原生质体

原生质体由细胞膜、细胞质和细胞核组成。原生质是细胞内的生命活性物质，包括水、无机盐、蛋白质、核酸、糖类、脂质等。原生质体是生活细胞中位于细胞壁以内、由原生质组成的各种结构的总称。细胞内的代谢活动主要是在原生质体中进行的。

1. 细胞膜

细胞膜也称为质膜，是包围原生质的一层界膜，位于原生质体的最外面，紧贴细胞壁，主要成分是蛋白质分子和脂质中的磷脂分子，另外还含有少量的糖类、无机离子和水。除细胞膜外，细胞内还存在着大量的膜结构，它们与细胞膜一起统称为生物膜。关于生物膜中蛋白质和磷脂分子的组合方式，目前多采用生物膜的“流动镶嵌模型”来解释：中间是两层磷脂分子构成的磷脂双分子层，形成生物膜的基本骨架，由它支撑着许多蛋白质分子；而组成生物膜的蛋白质分子有的附着在磷脂双分子层的两侧，有的镶嵌或贯穿在磷脂双分子层中（图 2-2）；构成生物膜的蛋白质分子和磷脂分子可在一定范围内自由移动，使生物膜的结构处于不断变化的状态，因此生物膜在结构上具有一定的流动性。这种特点对于生物膜（特别是细胞膜）进行各种生理活动十分重要。

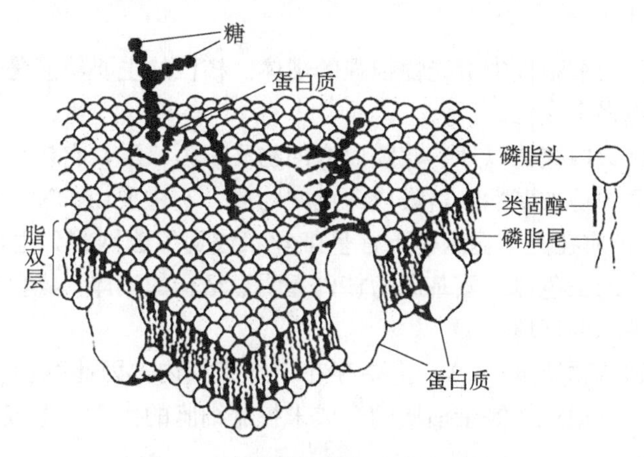

图 2-2　生物膜结构的流动镶嵌模型

细胞膜的主要功能是控制细胞与周围环境的物质交换，并起到屏障作用，维持细胞内环境的相对稳定。细胞膜对物质的出入具有选择透性，即水分子可以自由通过，细胞需要的离子和小分子也可以通过，而其他的离子、小分子以及大分子则不能通过，但大分子物质可通过细胞膜的内陷以胞吞的方式进入细胞，或通过细胞膜的外凸以胞吐的方式排出细胞。细胞死亡后细胞膜的选择透性也随之丧失。除上述功能外，细胞膜还具有保护作用，同时参与细胞信号识别、信号转换等生理活动。

2. 细胞质

细胞膜以内、细胞核以外的原生质称为细胞质。活细胞中的细胞质在光学显微镜下呈均匀透明的胶体，并处于不断流动的状态。这种流动可促进营养物质的运输、气体的交换、细胞的生长和创伤的愈合等。细胞质主要包括胞基质和各种细胞器。

（1）胞基质。胞基质又称为基质、透明质，是一种具有一定弹性和黏性的透明胶体溶液，细胞核及各种细胞器都包埋在胞基质中。胞基质的化学成分很复杂，含有水、溶于水中的气体、无机离子、葡萄糖、氨基酸、核苷酸等小分子，还含有蛋白质、核糖核酸（RNA）等生物大分子。胞基质为细胞器和细胞核提供了一个细胞内的液态环境，同时许多生化反应就是在叶肉细胞的胞基质中进行的。

（2）细胞器。在细胞质中，具有特定结构和功能的亚细胞单位称为细胞器。它悬浮在胞基质中，有些在光学显微镜下就能看到，如质体、线粒体、液泡，但多数需借助电子显微镜才能观察到，如核糖体、内质网、高尔基体等。

3. 细胞核

细胞核通常呈球形或椭圆形，包埋在细胞质内。一般植物细胞只含一个细胞核，但某些真菌和藻类细胞中含两个或数个细胞核，部分种子植物胚乳细胞发育的早期有多个细胞核。细胞核由核膜、核仁和核质 3 个部分构成，但细胞核的结构会在细胞分裂的不同时期发生相应的变化。

(1) 核膜。核膜为双层膜，它包被在细胞核的外面，把细胞质与核内物质分开，稳定了细胞核的形状和化学成分。核膜有一定的透性，可让小分子物质如氨基酸、葡萄糖等透过。核膜上有核孔，是细胞质和细胞核之间物质交换的通道，大分子物质如 RNA 可通过核孔进出细胞质。

(2) 核仁。核仁为细胞核中折光性很强的球体。核仁的主要功能是合成核糖体 RNA。活细胞中常含 1 个或多个核仁。

(3) 核质。细胞核内核仁以外、核膜以内的物质称为核质，它包括染色质和核基质两部分。染色质是核质中易被碱性染料染成深色的物质，它主要由 DNA 和蛋白质构成，也含少量的 RNA。染色质在光学显微镜下常呈细丝状或交织成网状，也可随细胞分裂而缩短、变粗，成为棒状的染色体。核基质为核内无明显结构的液体，染色后不着色，它为核内各结构提供一个液态的环境。

由于细胞内的遗传物质（DNA）主要存在于细胞核内，因此细胞核的主要功能是储存和复制遗传物质，并通过控制蛋白质的合成来控制细胞的代谢和遗传。细胞核是细胞遗传和代谢的控制中心。

(二) 细胞壁

细胞壁是具有一定弹性和硬度、包围在原生质体外的复杂结构，由原生质体分泌的物质形成，是植物细胞特有的结构。细胞壁的主要功能是支持和保护原生质体，防止细胞因吸水膨胀而破裂。在多细胞植物中，细胞壁能保持植物体正常的形态，同时细胞壁还参与植物体的吸收、分泌、蒸腾及细胞间运输等过程。和细胞膜相比，细胞壁对物质的出入没有选择性。

1. 细胞壁的层次

根据形成的先后和化学成分的不同，可将整个细胞壁分为 3 层。

(1) 胞间层。胞间层又称中层，位于细胞壁的最外侧，是两个细胞之间共有的一层，主要成分是果胶质。果胶质是一种无定形的胶质，具有很强的亲水性和黏性，能将相邻的细胞黏合在一起，并可缓冲细胞间的挤压。果胶质易被酸、碱或酶分解，使相邻细胞彼此分离，如番茄、西瓜的果实成熟时，依靠果胶酶将部分胞间层分解，使果肉变软。

(2) 初生壁。初生壁是在细胞的生长过程中，原生质体分泌少量的纤维素、半纤维素和果胶质，加在胞间层的内侧而形成的结构。初生壁一般较薄、有弹性，可随细胞的生长而延伸。许多细胞在形成初生壁后，如不再有新壁层的积累，初生壁便成为它们永久的细胞壁。

(3) 次生壁。某些植物细胞在生长到一定程度时，会在初生壁内侧继续积累原生质体的分泌物而产生新的壁层，称为次生壁。次生壁的主要成分是纤维素及少量的半纤维素，硬度较大。次生壁越厚，细胞腔越小，支持和保护作用越强。次生壁常存在于起支持、输导、保护作用的细胞中，其他植物细胞（如叶肉细胞、分生组织细胞等）的细胞壁中则无次生壁，终生只有初生壁。

2. 细胞壁的特化

在原生质体分泌到次生壁的分泌物中，常含有一些特殊的物质，这些物质的存在会改变细胞壁的理化特性，从而增强细胞壁的某些功能，称为细胞壁的特化。常见的特化有以下4种。

(1) 角质化。在叶和幼茎等的细胞壁中渗入一些角质的过程称为角质化。角质一般在细胞壁的外侧呈膜状或堆积成层，称为角质层。角质化的细胞壁透水性降低，但可透光，因此既能降低植物的蒸腾作用，又不影响植物的光合作用，还能有效防止微生物的侵染。

(2) 木质化。根、茎等器官内部有许多起输导作用的细胞，其细胞壁中渗入木质素的过程，称为木质化。木质素是亲水性的物质，并具有很强的硬度，因此木质化后的细胞壁硬度加大，机械支持能力增强，但仍能透水、透气。

(3) 栓质化。根、茎等器官的表面老化后，其表皮细胞的细胞壁中渗入木栓质而发生的一种变化称为栓质化。栓质化的细胞壁不透水、不透气，常导致原生质解体，仅剩下细胞壁，从而增强对内部细胞的保护作用。老根、老茎的外表都有栓质化的细胞覆盖。

(4) 矿质化。禾本科植物的茎、叶表皮细胞渗入碳酸钙、二氧化硅等矿物质而引起的变化称为矿质化。细胞壁的矿质化能增强植物的机械强度，提高植物抗倒伏和抗病虫害的能力。

两个细胞的原生质呈细丝状通过纹孔相连，这种细丝状的物质称为胞间连丝。胞间连丝是细胞原生质体之间物质和信息直接联系的桥梁。由于纹孔和胞间连丝的存在，细胞与细胞之间就有机联系在一起，从而使一个植物个体在结构上成为有机统一体。

(三) 细胞后含物

细胞后含物是指植物细胞原生质体新陈代谢活动产生的物质，它包括储藏的营养物质、代谢废弃物和植物的次生代谢物质。

1. 储藏的营养物质

(1) 淀粉。淀粉是植物细胞中最普遍的储藏物质，常呈颗粒状，称为淀粉粒。植物光合作用的产物以蔗糖等形式运输到储藏组织后，合成淀粉而储藏起来。不同种类的植物，淀粉粒的形态、大小不同，可将其作为植物种类鉴别的依据之一。

(2) 蛋白质。植物体内的储藏蛋白是结晶或无定形的固态物质。与原生质中呈胶体状态、有生命活性的蛋白质不同，储藏蛋白不表现出明显的生理活性，呈比较稳定的状态。无定形的储藏蛋白常被一层膜包裹成圆球形的颗粒，称为糊粉粒。有时糊粉粒集中分布在某些特殊的细胞层中，如禾本科植物胚乳的最外层细胞中含有较多的糊粉粒，这些细胞层称为糊粉层。

(3) 脂肪和油类。脂肪和油类是后含物中储能最多的物质。常温下呈固态的称为脂肪，呈液态的称为油类。油类在油料作物种子的胚、胚乳和子叶中含量较高。

2. 代谢废弃物

在植物细胞的液泡中，常因无机盐过多而形成各种晶体，其中以草酸钙晶体和碳酸钙晶体最为常见。它们一般被认为是代谢的废物，形成晶体后避免了对细胞的伤害。如草酸是代谢的产物，对细胞有害，形成草酸钙晶体后能解除草酸的毒害作用。

3. 次生代谢物质

除上述两类后含物外，细胞内还可合成一些新的化合物，尽管这些物质在细胞的代谢中没有明显或直接的作用，但在特殊情况下可协助细胞完成某种功能，这些化合物被称为次生代谢物质。如酚类化合物（酚、单宁等）具有抑制病菌侵染、吸收紫外线的作用，生物碱（奎宁、尼古丁、吗啡、阿托品等）具有抗生长素、阻止叶绿素合成和驱虫等作用。

三、植物细胞的繁殖

植物的生长和发育是细胞数目增多、体积增大和功能分化的结果，而细胞数目的增多是通过细胞的繁殖即细胞分裂来实现的。细胞分裂的类型包括有丝分裂、无丝分裂和减数分裂。

（一）细胞周期

细胞周期是指具有连续分裂能力的细胞从上一次细胞分裂结束时开始，到下一次细胞分裂完成为止所经历的时间，包括分裂间期和分裂期。

1. 分裂间期

分裂间期是从上一次分裂结束到下一次分裂开始的时期，它是细胞分裂的准备阶段，这一阶段主要是完成遗传物质（DNA）的复制和有关蛋白质的合成，以及能量的储备等。在光学显微镜下可观察到细胞核的体积明显变大。间期完成后，细胞核内的染色质仍呈细丝状，但其组成物质（主要是DNA）已经加倍，每一条染色质丝都含有两个相同的组成部分。

2. 分裂期

分裂间期结束后，即进入分裂期。分裂期的主要变化是将间期已经复制的遗传物质平均分配到子细胞中。分裂期包括细胞核分裂和细胞质分裂两个过程。一般情况下，新的细胞核形成后，就进行细胞质分裂，形成两个新的子细胞。但有些情况下，细胞核在经过多次分裂后才开始进行细胞质分裂，最后形成多个完整的细胞，如苹果、胡桃胚乳的发育。也有的只进行细胞核分裂而不产生新的细胞壁，即不进行细胞质分裂，从而形成多核细胞，如某些低等植物和被子植物的无节乳汁管的发育。植物细胞的一个细胞周期所经历的时间，一般在十几小时至几十小时不等，其中分裂间期所经历的时间较长，而分裂期较短，如蚕豆根尖细胞的细胞周期共30 h，其中分裂间期为26 h，而分裂期仅为4h。细胞周期的长短与细胞中DNA含量和环境条件有关：DNA含量越高，细胞周期所经历的时间越长；环境条件适宜，细胞分裂快，细胞周期所经历的时间就短。

（二）有丝分裂

有丝分裂也称为间接分裂，是植物细胞最常见、最普遍的一种分裂方式。因在其分裂过程中出现纺锤丝，所以称为有丝分裂。植物营养器官的生长，如根茎的伸长和增粗都是靠这种分裂方式实现的。

有丝分裂的整个过程是连续进行的，为研究方便，人为将其分为间期、前期、中期、后期和末期。间期的变化同细胞周期中的分裂间期，其他几个时期的主要变化如下。

1. 前期

前期的主要变化是染色质细丝通过螺旋化缩短变粗，呈染色体的形态。此时的每一条染色体因和间期的染色质细丝相对应，故也含有两个相同的组成部分，称为染色单体。一条染色体上的两个染色单体，除了在着丝点区域外，它们之间在结构上无联系。着丝点是染色体上一个染色较浅的缢痕，在光学显微镜下可明显看到。在前期末，核膜、核仁溶解消失，并开始从两极出现纺锤丝。

2. 中期

中期细胞内所有的纺锤丝形成纺锤体，一些纺锤丝牵引着每条染色体的着丝点，移向细胞中央与纺锤体垂直的平面——赤道面，同时染色体进一步缩短变粗，最后染色体的着丝点整齐地排列在赤道面上。此期是观察染色体形态、数目和结构的最佳时期。

3. 后期

后期每条染色体的着丝点一分为二，两条染色单体分开而成为染色体，并在纺锤丝的牵引下分别移向细胞两极。此时细胞内的染色体平均分成完全相同的两组，并且染色体的数目只有原来的一半。

4. 末期

末期和前期的变化相反：染色体到达两极后，解螺旋变成细丝状的染色质；纺锤体消失；核仁、核膜重新形成，与染色质共同组成新的细胞核。

子核的形成标志着细胞核分裂的结束，然后可通过产生新的细胞壁，完成细胞质分裂而形成两个子细胞，再进入下一个细胞周期。子细胞也可脱离细胞周期进行生长和分化，直至衰老、死亡。

通过有丝分裂的过程可以看出：有丝分裂产生的子细胞，其染色体数目与结构同母细胞是完全一致的。由于染色体是遗传物质的载体，因此通过有丝分裂，子细胞就获得了与母细胞相同的遗传物质，从而保证了子细胞与母细胞之间遗传的稳定性。

（三）无丝分裂

无丝分裂又称为直接分裂，其过程比较简单，遗传物质经过复制后，一般是核仁首先伸长。中间发生缢裂后分开，随后细胞核一分为二，细胞也随之分裂成两个子细胞。无丝分裂过程中不出现纺锤丝，也没有染色质和染色体的形态转化。

无丝分裂的特点是分裂过程简单、分裂速度快、消耗能量少，但由于不出现纺锤丝，遗传物质不能均等地分配到两个子细胞中，因此，其遗传性不太稳定。无丝分裂不但在低等植物中比较常见，在高等植物中，未发育到成熟状态的细胞如胚乳细胞的发育过程以及愈伤组织的形成过程等也有无丝分裂发生。

（四）减数分裂

减数分裂又称为成熟分裂，是植物有性生殖过程中一种特殊的有丝分裂。被子植物中雌、雄配子的形成，都要经过减数分裂。减数分裂也有间期，称为减数分裂前的间期，其主要变化和有丝分裂的间期相同。经过间期的复制及其他变化后，细胞即开始进行两次连续的分裂。

经过减数分裂，一个母细胞最终形成 4 个子细胞，每个子细胞中的染色体数只有母细胞的一半。通过这种分裂方式产生的有性生殖细胞（雌、雄配子）相结合成合子后，恢复了原有染色体倍数，使物种的染色体数保持稳定，保证了物种遗传上的相对稳定性。同时由于染色单体片段的互换和重组，又丰富了物种的变异性，这对增强生物适应环境的能力、促进物种进化十分重要。

第二节　植物组织与器官

一、植物组织

细胞经过分裂、生长和分化，最后成为具有稳定形态结构和相应功能的成熟细胞。人们一般把在植物的个体发育中，具有相同来源的（即由同一个或同一群分生细胞生长、分化而来的）同一类型或不同类型的细胞群所组成的结构和功能单位称为组织。植物的每种器官都含有一定种类的组织，各种组织之间既相对独立，又相互协调，共同完成某种生命活动。植物组织有分生组织、成熟组织两大类。

（一）分生组织

分生组织是指种子植物中具有持续性或周期性分裂能力的细胞群，植物的其他组织都是由分生组织产生的。依据分生组织在植物体内存在的位置，可将其分为顶端分生组织、侧生分生组织和居间分生组织3种类型。

1. 顶端分生组织

顶端分生组织位于根、茎及其分枝的尖端，如根尖、茎尖。该部位细胞的分裂活动可使根和茎不断伸长，并在茎上形成侧枝和叶。茎的顶端分生组织还将产生生殖器官。

2. 侧生分生组织

侧生分生组织主要存在于裸子植物及木本双子叶植物中，它位于根和茎外周的侧面、靠近器官的边缘部分。侧生分生组织包括维管形成层和木栓形成层。维管形成层的活动使根和茎不断加粗，木栓形成层的活动可使增粗的根、茎表面或受伤器官的表面形成新的保护组织。

3. 居间分生组织

居间分生组织分布在成熟组织之间，是顶端分生组织在某些器官的局部区域保留下来的、在一定时间内仍保持有分裂能力的分生组织，如许多单子叶植物依靠茎节间基部的居间分生组织活动，使节间伸长。居间分生组织的细胞分裂持续活动时间较短，分裂一段时间后即转变为成熟组织。

（二）成熟组织

分生组织产生的大部分细胞经过生长分化逐渐丧失分裂能力，形成各种具有特定形态结构和生理功能的组织，称为成熟组织。某些分化程度较低的成熟组织仍具有细胞分裂的潜力，在适当的条件下，可恢复分裂能力转变成分生组织。根据生理功能的不同，可将成熟组织分为以下5种。

1. 保护组织

保护组织是覆盖在植物体表面起保护作用的组织，它能减少植物体内水分的蒸腾、抵抗病菌的侵入及控制植物体与外界的气体交换。保护组织包括表皮和周皮。

（1）表皮。位于幼嫩的根、茎、叶及花和果实的表面，由一层或几层排列紧密的生活细胞构成。表皮细胞的细胞壁外侧常角质化、蜡质化，有些植物的表皮上还具有表皮毛或腺毛，可增强表皮的保护作用或具有分泌功能。根的部分区域其表皮细胞的外壁常向外延伸，形成许多管状的突起，称为根毛。根毛的作用主要是吸收水和无机盐，因此该区域的表皮属于吸收组织。植物体的地上部分（主要是叶），其表皮上具有气孔，气孔的开放或关闭可调节水分蒸腾和气体交换。

（2）周皮。随着植物根、茎的增粗，原有的表皮被撑破，产生新的保护组织——周皮。周皮包括木栓层、木栓形成层和栓内层 3 个部分。其中木栓层细胞排列紧密且高度栓质化，原生质解体、细胞死亡。木栓层不透水、不透气、硬度高，能起到很好的保护作用。

2. 薄壁组织

薄壁组织又称为基本组织，分布广、数量多，有些部位的薄壁组织细胞分化程度较低，易恢复分裂能力而成为分生组织，这对扦插、嫁接、离体植物组织培养及愈伤组织形成具有重要作用。根据薄壁组织的主要生理功能，可将其分为以下 5 种类型。

（1）吸收组织。根部产生根毛的表皮具有吸收水分和无机盐的能力，称为吸收组织。

（2）同化组织。叶肉的薄壁组织富含叶绿体，能进行光合作用，合成有机物，称为同化组织。

（3）储藏组织。块根、块茎、种子的胚乳和子叶等处的薄壁组织，储藏有大量的营养物质，如淀粉、脂质、蛋白质等，称为储藏组织。旱生肉质植物，如仙人掌的茎和芦荟的叶中，其薄壁组织含有大量的水分，特称为储水组织。

（4）通气组织。水生或湿生植物，如莲、水稻等的根、茎、叶中的薄壁组织，细胞间隙特别发达，形成较大的气腔或连贯的气道，称为通气组织。

（5）传递细胞。有一类薄壁细胞，其细胞壁内突形成许多手指状或鹿角状的突起，胞间连丝特别发达，与物质快速传递有关，称为传递细胞。

3. 机械组织

机械组织在植物体内主要起支持和加固作用，包括厚角组织和厚壁组织两种类型。

（1）厚角组织。细胞多为长棱柱形，含叶绿体，为生活细胞，通常在细胞的角隅处加厚，但加厚的部分为初生壁性质，因此厚角组织既有一定的支持作用，又有一定的可塑性。它常存在于幼嫩植物的茎和叶柄中。

（2）厚壁组织。厚壁组织和厚角组织不同，厚壁组织的细胞具有均匀增厚的次生壁并木质化，成熟时为死细胞。它包括石细胞和纤维两种类型。有的厚壁组织细胞形状不规则，细胞壁木质化程度高，常单个或成簇包埋在薄壁组织中，称为石细胞。石细胞主要存在于植物果实和种子中，如梨果肉中坚硬的颗粒就是成团的石细胞。核桃、桃果实中坚硬的核，也是由多层连续的石细胞组成的。有的厚壁组织细胞呈梭形，常相互重叠、成束排列，称为纤维，它包括木质化程度较高的木纤维和木质化程度较低的韧皮纤维。纤维广泛分布于成熟植物体的各部分，其成束的排列方式增强了植物体的硬度、弹性及抗压能力，是成熟植物体中主要的支持组织。

4. 输导组织

输导组织是植物体内长距离运输的组织，其细胞呈管状并上下连接，形成一个连续的运输通道。它包括运输水分及无机盐的导管和管胞，以及运输有机物的筛管和伴胞。

（1）导管。导管是被子植物主要的输水组织，是由许多长管形的、细胞壁木质化的死细胞纵向连接形成的中空管道。植物体内的多个导管以一定的方式连接起来，就可以将水分和无机盐等从根部运输到植物体的顶端。当中空的导管被周围细胞产生的物质填充后，就逐渐失去了运输能力。根据组成导管的细胞侧壁增厚的方式不同，可将其分为环纹导管、螺纹导管、梯纹导管、网纹导管和孔纹导管5种类型。

（2）管胞。绝大多数蕨类植物和裸子植物中没有导管，只有管胞。管胞是两端呈楔形、壁厚腔小、横向壁不具穿孔的长棱柱形死细胞。和导管相比，管胞的运输能力较差。管胞侧壁的增厚方式及类型同导管。

（3）筛管和伴胞。筛管和伴胞主要存在于种子植物中。筛管由一些管状的活细胞纵向连接而成。筛管的横向壁上有穿孔，特称为筛板。有机物可通过筛板上的穿孔（筛孔）进行运输。筛板周围有一个或多个被称为伴胞的细胞，与筛管是由同一个母细胞分裂而来，两者共同协作完成输导作用。随着筛管分子的老化，一些黏性物质（糖类）沉积在筛板上，堵塞筛孔，其运输能力也逐渐丧失。

5. 分泌组织

植物体表或体内能分泌、积累某些特殊物质的单细胞或多细胞的结构，称为分泌组织。有的分泌组织分布于植物体的外表面并将分泌物排出体外，称为外分泌组织，如腺毛、蜜腺、排水器等；有的分泌组织及其分泌物均存在于植物体内部，如储藏分泌物的分泌腔、分泌道，能分泌乳汁的乳汁管等。

分泌组织的分泌物种类繁多，如糖类、有机酸、生物碱、脂质、酶、杀菌素、生长素、维生素等。这些物质对植物的生活作用重大，有的能吸引昆虫传粉，有的能杀死或抑制病菌。另外许多植物的分泌物具有很高的经济价值，如橡胶、生漆等。

（三）复合组织

在植物体内许多种成分单一的组织有机组合在一起，构成更加复杂的结构，功能也更加多元化，这样的组织称为复合组织。如前面提到的周皮，实际上含有保护组织（木栓层）和分生组织（木栓形成层），应该属于复合组织。另外植物体内还有木质部、韧皮部等许多复合组织。

木质部由导管、管胞、木质纤维和木质薄壁细胞构成，韧皮部由筛管、伴胞、韧皮纤维和韧皮薄壁细胞构成。在植物体内，木质部和韧皮部常结合在一起，形成纵向的束状结构，称为维管束。维管束连续贯穿于整个植物体中，如切开白菜、芹菜、向日葵、甘蔗的茎，看到里面丝状的“筋”，就是许多个维管束。维管束不但能输导水分、无机盐、有机物，还能起一定的支持和储藏作用。根据形成层的有无、木质部和韧皮部排列方式的不同可对维管束进行分类。

（1）按形成层有无分类。

①有限维管束。维管束中无形成层，不能产生新的木质部和韧皮部，因而植物的器官增粗有限。单子叶植物茎中的维管束属于此类。

②无限维管束。维管束中有形成层，能持续产生新的木质部和韧皮部，因而植物的器官能不断增粗，这种维管束称为无限维管束，如裸子植物和大多数双子叶植物茎中的维管束属于无限维管束。

（2）根据木质部和韧皮部的排列方式分类。

①外韧维管束。韧皮部在外，木质部在内，呈内外并生排列。一般种子植物茎中具有

这种维管束。

②双韧维管束。韧皮部在木质部的两侧，中间夹着木质部，瓜类、马铃薯、甘薯等茎的维管束属于此类。

③同心维管束。这种维管束是韧皮部环绕着木质部，或木质部环绕着韧皮部，呈同心排列，它包括周韧维管束和周木维管束。周韧维管束的中心为木质部，韧皮部环绕在木质部的外侧包围着木质部，这种类型在蕨类植物中较为常见。周木维管束的中心为韧皮部，木质部位于外侧包围着韧皮部，单子叶植物中莎草、铃兰地下茎内的维管束，以及双子叶植物中蓼科、胡椒科植物茎的维管束属于此类。

植物的组织有各种单一或复杂的结构，能执行一种或多种功能，它们共同存在于同一个植物个体中并有机组合在一起，共同构成植物的根、茎、叶、花、果实和种子，既相对独立，又相互依存，通过分工协作、密切配合，共同完成植物体的各项生命活动。

二、植物营养器官

（一）根

根是植物位于地下部分的营养器官，是种子植物和大多数蕨类植物特有的营养器官。根一般向地下生长，并能在主根上发生很多侧根，最后形成庞大的根系，根系是植物生长的基础。

1. 根的生理功能

根生长在土壤中，具有吸收、固定、合成、储藏和繁殖等生理功能。

（1）吸收和输导。植物体内所需要的物质，除一部分由叶或幼嫩的茎自空气中吸收外，大部分是由根从土壤中获得的。根吸收土壤中的水分和溶解在水中的CO_2、无机盐等。无机盐是植物生活中不可缺少的，其中氮、磷、钾是植物需要量最大的矿质营养元素，在土壤中以无机盐的形式水解后呈离子状态被根吸收。土壤中的水分和无机盐通过根毛与表皮细胞吸收之后经过根的维管组织输送到茎、叶，叶合成的有机养料经过茎输送到根，再经过根的维管组织输送到根的各部分，以维持根的正常生长。

（2）固定和支持。植物的地上部分之所以能够稳固地直立在地面上，主要是因为根在土壤中具有固定和支持作用。一般而言，植物的树冠和地下根系所占的范围大致相同。植物深入土壤形成庞大的根系，把植物体固定在土壤中，使茎叶挺立于地表之上，并能经受风雨、冰雪以及其他机械力量的冲击。

（3）储藏和繁殖。根内的皮层薄壁组织一般比较发达，常常作为物质储藏的场所。叶制成的有机养料除了一部分被利用消耗外，其余的就运输到根部，在根内储存起来。储存的形式多样，有的形成淀粉，有的形成可溶性糖，有的形成生物碱等。有些植物的变态根特别发达，成了专门储藏营养物质的器官，即储藏根，如萝卜等。许多植物的根能产生不定芽，然后由不定芽长成新的植物体，因此植物的根具有繁殖作用。在营养繁殖中，人们常常利用植物的根进行扦插繁殖。

（4）合成和分泌。根不仅是吸收水分和无机盐的器官，也是一个重要的合成和分泌器官。它所吸收的物质通过根细胞的代谢作用合成氨基酸、蛋白质等有机氮和有机磷化合物，满足植物代谢活动的需要。大量研究证明，根能合成糖类、有机酸、激素和生物碱，这些物质的形成对植物地上部分及根的生长有重要作用。

2. 根的形态

（1）根按来源可分为主根和侧根。种子萌发时，胚根先突出种皮，向下生长，这种由胚根直接生长形成的根，称为主根。主根上产生的各级大小分支称为侧根。

（2）根按发生部位可分为定根和不定根。主根和侧根都从植物固定的部位生长出来，均属于定根。许多植物除产生定根外还能从茎、叶、老根或胚轴上生出根，这类根因发生位置不固定，统称为不定根。生产上常利用植物产生不定根的特性，利用扦插、压条等方法进行营养繁殖。

（3）植物地下部分所有根的总体称为根系。植物的根系有直根系和须根系两种基本类型。直根系是指植物主根粗壮发达，主根与侧根有明显区别的根系。如黄麻、白菜、大豆、棉花等植物的根系。大多数双子叶植物的根系为直根系。须根系是指主根不发达或早期停止生长，由茎的基部生出许多粗细相似的不定根组成的根系，如玉米、小麦、葱、大蒜、韭菜等植物的根系。大多数单子叶植物的根系为须根系。

（4）根系在土壤中的分布状态，因植物种类、生长发育状况、土壤条件等因素的不同而有差别。一般来说，具有发达主根的直根系垂直向下生长，在土壤中的深度可达 2～5 m，甚至 10 m 以上，常分布在较深的土层中，属于深根系；而须根系的主根不发达，不定根发达，并以水平方向朝四周扩展，多分布在土壤浅层，属于浅根系。其实深根系和浅根系是相对的，根的深度在植物不同生育时期是不同的，植物根系和地上部分具有一定的相关性，植物苗期的根均很浅，到成株后根系发达入土深。

3. 根尖及其分区

根尖是指从根的顶端到着生根毛的部分。无论主根、侧根和不定根都具有根尖，它是根的生命活动最活跃的部分，根的伸长、水分和养料的吸收以及根内的组织分化都是在根尖进行的。因此根尖损伤后会影响根的生长和发育。根据根尖细胞生长、分化及生理功能不同，可将根尖分为根冠、分生区、伸长区和成熟区 4 个部分。

（1）根冠。根冠是根特有的一种结构，位于根尖的顶端，一般呈圆锥形，如帽状套在分生区的外面，因此称为根冠。绝大多数植物的根尖都有根冠，但寄生植物和有菌根共生的植物通常无根冠。根冠由多层不规则排列的薄壁细胞组成，具有保护作用。根冠外层细胞排列疏松，常分泌黏液，使根冠表面光滑，有利于根尖向土壤中推进。当根不断生长向前延伸时，根冠外层细胞常因磨损而不断死亡和脱落，但由于分生区细胞的不断分裂产生新的根冠细胞，因此根冠始终保持一定的形态和厚度。此外，根冠细胞常含有淀粉粒，集中分布在细胞的下方，有重力感应作用，控制根向地心的方向生长。

（2）分生区。分生区位于根冠的上方，呈圆锥状，全长 1～2 mm，大部分被根冠包围着，是分裂产生新细胞的主要部位，又称为生长点。分生区是典型的顶端分生组织，细胞排列紧密，细胞壁薄、细胞质浓、细胞核大、液泡小，具有较强的分裂能力。它们分裂产生的新细胞，除一部分向前发展形成根冠细胞外，大部分向后发展进入伸长区。

（3）伸长区。伸长区位于分生区上方至出现根毛的地方。一般长 2～5mm，外观上透明而光滑，与分生区有明显的区别。此区细胞为长圆筒状，中央具有明显的液泡，多数细胞已逐渐停止分裂，但细胞体积却不断扩大并迅速伸长，沿着根的纵轴方向显著延伸，使根尖不断向土壤深处推进。同时，伸长区细胞已开始分化，相继出现导管和筛管。

(4) 成熟区。成熟区位于伸长区的上方，长几毫米至几厘米。在这个区内，根的各种细胞已停止伸长，并且已分化成熟，形成各种初生组织。成熟区一个突出特点是表皮密生根毛，故又称为根毛区。根毛是由表皮细胞向外突起而形成的，是根的特有结构。根毛呈管状，不分支，其细胞壁薄而柔软，具有黏性和可塑性，易与土粒紧贴在一起，能有效地吸收土壤中的水分和无机盐。

根的分生区细胞的分裂能增加细胞的数量，伸长区细胞的延伸能增加根的长度，因此，根的生长是分生区细胞分裂、增大和延伸共同活动的结果。尤其是伸长区细胞的延伸，使得根能显著地伸长，因而在土壤中能不断向前推进，不断转移到新的环境，吸取更多的水分和养料。

4. 双子叶植物根的初生构造

由根尖的分生区，即顶端分生组织，经过细胞分裂、生长和分化而形成根的成熟结构，这种生长过程称为初生生长。由根的初生分生组织经细胞分裂、分化所形成的构造称为根的初生构造。通过根尖的成熟区做一横切面，就能看到根的全部初生构造，由外至内可划分为表皮、皮层和中柱 3 个部分。

(1) 表皮。表皮位于根的最外层，由原表皮发育而来，由一层薄壁细胞组成。表皮细胞呈长方柱形，其长轴与根的纵轴平行，细胞排列紧密，无细胞间隙，外壁不角质化，无气孔。大多数细胞可形成根毛，扩大根的吸收面积，因此根毛区表皮细胞的吸收作用较其保护作用更为重要。

(2) 皮层。皮层位于表皮和中柱之间，由分生组织分化而来，由多层薄壁细胞组成，在幼根中占有相当大的比例。皮层薄壁细胞的体积比较大，排列疏松，有明显的细胞间隙，是水分和溶质从根毛到中柱的横向输导途径，也是幼根储藏营养物质的场所，并有一定的通气作用。另外，皮层还是根进行合成、分泌的主要场所。皮层的最外一层或数层细胞形状较小，细胞排列紧密，称为外皮层。当根毛枯死，表皮细胞破坏后，此层细胞壁增厚并栓质化，代替表皮细胞起保护作用。

(3) 中柱。中柱又称维管柱，是内皮层以内的所有部分，由原形成层分化而来。包括中柱鞘、初生木质部、初生韧皮部和薄壁组织 4 部分，有的植物在根的中心还有髓。

双子叶植物中具有初生结构、尚未进行次生生长的根称为幼根。幼根中的中柱所占比例小，机械组织亦不甚发达，这与此时植株尚幼小相适应。随着地上部分的长大，先形成的一部分幼根将进行次生生长，各部分结构比例也发生相应变化，形成次生结构。

5. 双子叶植物根的次生结构

大多数双子叶植物的根在完成初生生长之后，由于维管形成层和木栓形成层的发生及分裂活动，分别产生次生维管组织和周皮，使根不断加粗。这种生长过程称为次生生长，次生生长所产生的结构称为次生结构。

(1) 维管形成层的产生及活动。根部维管形成层产生于初生韧皮部内侧保留下来的一部分原形成层未分化的薄壁细胞和部分中柱鞘恢复分裂能力的细胞。维管形成层活动的结果是产生次生维管组织。维管形成层细胞不断进行切向分裂，向内产生的细胞分化为新的木质部，位于初生木质部的外方，称为次生木质部，包括导管、管胞、木薄壁细胞和木纤维；向外产生的细胞分化为新的韧皮部，位于初生韧皮部的内方，称为次生韧皮部，包括筛管、伴胞、韧皮薄壁细胞和韧皮纤维。由于初生韧皮部内侧的形成层分裂活动比较早、分裂速度快，同时向内分裂增加的次生木质部数量多于向外分裂产生的次生韧皮部的数量，这样，初生韧皮部内侧的形成层被新形成的组织推向外方，最后使波浪形的形成层环发展为圆环状的形成层环。以后形成层环的各部分等速地进行分裂，不断地增生次生木质部和次生韧皮部。此时，木质部和韧皮部已由初生构造的相间排列转变为内外排列。次生木质部和次生韧皮部合称为次生维管组织，是次生构造的主要部分。

（2）木栓形成层的产生和活动。由于形成层的活动，根不断加粗，外面的表皮及部分皮层因受压挤而遭到破坏。与此同时，根的中柱鞘细胞恢复分裂能力，形成木栓形成层。木栓形成层进行切向分裂，向外产生多层木栓细胞，形成木栓层；向内产生数层薄壁细胞组成栓内层。木栓层、木栓形成层和栓内层合称为周皮。木栓层细胞高度栓质化，不透水，不透气，因此在周皮外面的表皮和皮层因得不到水分和营养而死亡脱落，于是周皮代替表皮和皮层，对老根起保护作用。周皮是根增粗过程中形成的次生保护组织。

在多年生植物的根中，维管形成层随季节进行周期性活动，有的可持续活动多年，而木栓形成层则每年都要重新产生，因此木栓形成层的发生位置，逐年向根的内部推移。多年生植物的根部由于周皮逐年产生，死亡后逐渐积累，使根具有较厚的根皮。

6. 根瘤与菌根

植物的根系与土壤中的微生物有着密切关系。土壤中的某些微生物能够侵入一部分植物的根部，与植物建立互助互利的共生关系。高等植物根部与微生物共生的现象通常有两种类型，即根瘤和菌根。

（1）根瘤及其意义。在豆科植物的根上，常常生存着各种形状的瘤状突起物，称为根瘤。根瘤是土壤中的根瘤菌侵入根部细胞而形成的瘤状共生结构。根瘤菌自根毛侵入，存在于根的皮层薄壁细胞中，一方面在皮层细胞内大量繁殖，另一方面通过其分泌物刺激皮层细胞迅速分裂，产生大量的新细胞，结果使该部分皮层的体积膨大，向外突出而形成根瘤。根瘤的作用主要体现在两个方面。一是根瘤菌的细胞内含有固氮酶，能把空气中游离的氮转变为可以被植物吸收的含氮化合物，因此具有固氮作用。当根瘤菌和豆科植物共生时，根瘤菌可以从根的皮层细胞中吸取其生长所需要的水分和养料，同时也将固定的氮素供给豆科植物所利用。二是根瘤菌固定的一部分含氮化合物还可以从豆科植物的根分泌到土壤中，为其他植物提供氮元素。这种共生效益还可以增加土壤中的氮肥，因此在农、林生产中，常栽种豆科植物作为绿肥，以达到增产效果。除豆科植物外，现已发现自然界中有100多种非豆科植物也能形成能固氮的根瘤或叶瘤。如禾本科的许多植物以及裸子植物的苏铁、罗汉松等。目前利用遗传工程的手段使谷类作物和牧草等植物具备固氮能力，已成为世界性的研究课题。

（2）菌根及其意义。菌根是高等植物的根与某些真菌形成的共生体。根据菌丝在根中生存的部位不同，可将菌根分为3种类型。一是外生菌根，与根共生的真菌菌丝大部分包被在植物幼根的表面，形成白色丝状物覆盖层，只有少数菌丝侵入根的表皮和皮层的细胞间隙中，但不侵入细胞内。菌丝代替了根毛的功能，增加了根系的吸收面积，外生菌根多见于木本植物的根。二是内生菌根，真菌的菌丝穿过细胞壁，进入幼根的生活细胞内。在显微镜下，可以看到表皮细胞和皮层细胞内散布着菌丝。具有内生菌丝的根尖仍具根毛，很多草本植物如禾本科、兰科和部分木本植物可形成内生菌根。三是内外生菌根，它是外生菌根和内生菌根的混合型，即真菌的菌丝不仅从外面包围根尖，而且还深入皮层细胞间隙和细胞内部。如桦木属、柳属等植物具有内外生菌根。

7. 根的变态

根和植物其他器官一样，在长期的进化过程中，由于适应生活环境的变化，其外部形态和内部结构常发生一些改变，这些变态的特性形成后，能作为遗传性状一代代遗传下去，成为变态根。

（1）储藏根。根的一部分或全部呈肥大肉质状，其内储藏营养物质，这种根称为储藏根。根据来源不同，储藏根又可分为肉质直根和块根两种类型。肉质直根是由主根或由下胚轴参与发育而形成的肉质肥大的储藏根。一株植物上只有一个肉质直根。肉质直根的上部由下胚轴和节间极短的茎发育而成，这部分没有侧根的发生；下部由主根发育而成，具有二纵列或四纵列侧根。肉质直根的形态多样，有的呈圆锥状，如胡萝卜、桔梗；有的呈圆球形。块根是由不定根或侧根发育而形成的肥厚块状的根。一株植物上可形成多个块根。块根的组成不含下胚轴和茎的部分，而是完全由根的部分构成，如甘薯等。

（2）气生根。由茎上产生，不深扎土壤而暴露在空气中的根，称为气生根。气生根因担负的生理功能不同，又可分为支持根、攀缘根和呼吸根。

（3）寄生根。有些寄生植物如菟丝子、桑寄生等，它们的茎上能够产生不定根，伸入寄主茎的组织内，吸取寄主体内的水分和营养物质，以维持自身的生活，这种根称为寄生根。

（二）茎

种子萌发后随着根系的发育，上胚轴和胚芽向上发育为地上部分的茎与叶。茎是联系根和叶，以及输送水分、无机盐和有机养料的轴状结构。除少数生于地下外，茎一般是植物体生长于地上的营养器官。

1. 茎的生理功能

（1）支持作用。大多数植物的主茎直立生长于地面，上面着生有枝条和叶，以便充分接受阳光和空气，有利于进行光合作用制造营养物质和进行蒸腾作用散失水分；枝条又支持着大量的花，使它们在适宜的位置开放，利于传粉以及果实、种子的生长、传播；茎还能抵抗外界风、雨、雪等对植株的压力。

（2）输导作用。茎是植物体内物质运输的主要通道。茎能将根系从土壤中吸收的水分、矿质元素以及在根中合成或储藏的有机营养物质输送到地上各部分，同时又将叶光合作用所制造的有机物质输送到根、花、果、种子等部位加以利用或储藏。

（3）储藏和繁殖作用。有些植物的茎还有储藏和繁殖的功能，二年生、多年生植物，其储藏物成为休眠芽于春季萌动的营养物质。生产上常根据某些植物的茎、枝容易产生不定根和不定芽的特性，采用扦插、压条、嫁接等方法来繁殖植物。另外，绿色幼茎、绿色扁平的变态茎，还能进行光合作用；有的植物茎具有攀缘、缠绕功能；有的还具有保护功能。茎在经济上的利用价值是多方面的，除提供木材外，还有供食用的如马铃薯、莴笋、甘蔗、球茎甘蓝等，供药用的如天麻、杜仲、金鸡纳树等，作为重要工业原料的纤维、橡胶等也是植物茎提供的。

2. 茎的形态

茎的外形一般多为圆柱体。这种形状与其生理功能及所处环境有关：在同样体积下圆柱形以较小的表面积与空气相接触（表面积越小，蒸腾量越小）。也有少数植物的茎有着其他的形状，如莎草科植物的茎呈三棱形，唇形科植物的茎为四棱形，有些仙人掌科植物的茎为扁圆形或多棱形，这对加强机械支持作用有重要意义。茎是植物地上部分的主干。茎上着生许多侧枝，侧枝上有叶和芽（在生殖生长时期还有花与果），称为枝条。叶与枝条之间所形成的夹角称为叶腋。

植物的茎还有以下基本概念。

①节与节间。枝条上着生叶的部位称为节，相邻两节之间的无叶部分称为节间。这些形态特征可以与根相区别，根没有节和节间之分，其上也不着生叶和芽。茎上节的明显程度，各种植物不同。如玉米、小麦、竹等禾本科植物和蓼科植物，节膨大成一圈，非常明显。少数植物如佛肚竹等，节间膨大而节缩小。一般植物只是叶柄着生的部位稍微膨大，节并不明显。节间的长短往往随植物的种类、部位、生育期和生长条件不同而有差异。玉米、甘蔗等植株中部的节间较长，茎端的节间较短。

②长枝与短枝。苹果、梨、银杏等果树的植株上有两种节间长短不一的枝——长枝与短枝。枝条节与节之间距离较远的称为长枝，节与节之间距离很近的称为短枝。

3. 芽的构造与类型

植物体上所有枝条、花或花序都是由芽发育来的，因此芽是处于幼态而未伸展的枝、花或花序，也就是枝条、花或花序尚未发育的原始体。

（1）芽的构造。把枝芽做一个纵切，从上到下可以看到生长锥、叶原基、幼叶、腋芽原基和芽轴等部分。生长锥是芽中央顶端的分生组织；叶原基是分布在近生长点下部周围的一些小突起，以后发育为叶。由于芽的逐渐生长和分化，叶原基越向下者发育越早，较下面的已长成幼叶，包围茎尖。叶腋内的小突起是腋芽原基，将来形成腋芽，进而发育为侧枝，它相当于一个更小的枝芽。在枝芽内，生长锥、叶原基、幼叶等部分着生的中央轴，称为芽轴。芽轴实际上是节间没有伸长的短缩茎。随着芽进一步生长，节间伸长，幼叶长大展开，便形成枝条。如果是花芽，其顶端的周围产生花各组成部分的原始体或花序的原始体。花芽中，没有叶原基和腋芽原基，顶端也不能进行无限生长。

（2）芽的类型。根据芽发育后所形成的器官类型，可把芽分为枝芽、花芽、混合芽。发育后形成茎和叶的芽称为枝芽。枝芽是枝条的原始体，由生长锥、幼叶、叶原基和腋芽原基构成；发育后形成花或花序的芽称为花芽。花芽是花或花序的原始体。发育成一朵花的花芽由花萼原基、花瓣原基、雄蕊原基和雌蕊原基构成。展开后既生枝叶又生花（或花序）的芽，称为混合芽。按芽在枝上的着生位置分为定芽和不定芽。在茎、枝条上有固定着生位置的芽（包括胚芽），称为定芽。定芽可分为顶芽和腋芽：枝条顶端着生的芽称为顶芽，叶腋处着生的芽称为腋芽（又称为侧芽）。着生位置不在枝顶或叶腋内的芽，称为不定芽。按生理活动状态可将芽分为活动芽和休眠芽。通常认为能在当年生长季节中萌发生长为枝条或花和花序的芽，称为活动芽。一年生草本植物的芽多数是活动芽。温带、寒带的多年生木本植物近下部的许多腋芽即使在生长季节里也不活动，暂时保持休眠状态，这些芽称为休眠芽或潜伏芽。

4. 茎的生长习性

不同植物的茎在长期进化过程中，有其各自不同的生长习性，以适应不同的环境。比较常见的茎有直立茎、缠绕茎、攀缘茎、匍匐茎4种类型。

（1）直立茎。大多数植物茎的生长方向与根相反，是背地性的，茎内机械组织发达，茎本身能直立生长，如杨、柳、松、杉等。

（2）缠绕茎。有些植物茎内机械组织较少，因此茎细长而柔软，不能直立，只能缠绕于其他物体上才能向上生长，称为缠绕茎。缠绕茎的缠绕方向，分为右旋和左旋：按顺时针方向缠绕的为右旋缠绕茎，按逆时针方向缠绕的为左旋缠绕茎。

（3）攀缘茎。此类茎也是细弱类型，柔软、不能直立，必须借助他物才能向上生长。与缠绕茎不同之处是这种茎常常发育有适应的器官，用以攀缘他物上升。葡萄、黄瓜、香豌豆以卷须攀缘，地锦、爬山虎以卷须顶端的吸盘附着于墙壁或岩石上等。具有缠绕茎和攀缘茎的植物，统称为藤本植物。藤本植物又可分为木质藤本（葡萄、猕猴桃等）和草质藤本（菜豆、瓜类）两种类型。

（4）匍匐茎。此类植物的茎细长柔弱，沿地表蔓延生长，如虎耳草、草莓、吊兰等。匍匐茎一般节间较长，节上还能产生不定根和芽。

5. 茎的构造

除少数植物外，大多数植物的茎与根一样，都是呈辐射对称的圆柱形器官，在形态建成过程中同样经历伸长、分枝过程，裸子植物和双子叶植物茎还有加粗过程。茎的伸长通过茎的初生生长进行，茎的初生生长分为茎尖的顶端生长和单子叶植物的居间生长。

（1）茎尖的结构和功能。茎尖与根尖相似，可分为分生区、伸长区和成熟区3个部分。但是由于茎尖所处的环境以及所担负的生理功能不同，相应在形态结构上有着不同的表现。茎尖没有类似根冠的结构，顶端分生组织由芽鳞和幼叶保护，分生区的基部形成了一些叶原基突起，增加了茎尖结构的复杂性。

①分生区。位于茎的顶端，与根尖分生区相似，即茎尖的生长锥也由顶端分生组织构成，被叶原基、芽原基和幼叶包围。它最主要的特点是细胞具有强烈的分裂能力，茎的各种组织均由此分裂而来，茎上的侧生器官也是由茎尖分生组织产生的。

②伸长区。位于分生区的下方。茎尖的伸长区较长，可以包括几个节和节间。该区特点是细胞迅速伸长，是使茎伸长生长的主要部分。同时，初生分生组织开始形成初生结构，如表皮、皮层、髓和维管束。

③成熟区。位于伸长区下方，其特点是细胞伸长生长停止，各种成熟组织的分化基本完成，已形成幼茎的初生结构。在生长季节里，茎尖的顶端分生组织不断分裂（在分生区内）、伸长生长（在伸长区内）和分化（在成熟区内），结果使节数增加节间伸长，同时产生新的叶原基和腋芽原基。

（2）双子叶植物茎的初生构造。茎的顶端分生组织经过细胞分裂、伸长和分化所形成的结构，称为初生构造。双子叶植物茎的初生结构由表皮、皮层和中柱3大部分组成。与根相比，茎的皮层和中柱之比较小，且具有较大的髓部。

①表皮。表皮是幼茎最外面的一层生活细胞，是茎的初生保护组织。在横切面上表皮

细胞形状规则，多近于长方形，排列紧密，没有间隙，细胞外壁较厚，常形成角质层。有些植物茎上还有表皮毛或腺毛，具有分泌和加强保护的功能。表皮这种结构上的特点，既能防止茎内水分过度散失和病虫的入侵，又不影响通风和透光，使幼茎内的绿色组织正常地进行光合作用。表皮具有少数气孔，是内外气体交换的通道。

②皮层。皮层位于表皮内方，主要由薄壁组织组成。细胞较大，排列疏松，有明显的胞间隙。靠近表皮的几层细胞常分化为厚角组织，增强幼茎的支持作用。

③中柱。皮层以内的中央柱状部分称为中柱，由维管束、髓和髓射线3部分组成。

(3) 双子叶植物茎的次生构造。一般草本植物的茎，由于生活期短，不具备形成层或形成层活动很弱，因而只有初生构造或仅有不发达的次生构造。而多年生双子叶植物茎和裸子植物茎，在初生构造形成以后，产生形成层与木栓形成层。形成层和木栓形成层每年周期性活动，形成了发达的次生构造。由次生分生组织——形成层和木栓形成层的细胞经分裂、生长和分化，产生次生结构的过程称为次生生长，由此产生的结构称为次生构造。

(4) 单子叶植物茎的构造。单子叶植物茎尖的构造与双子叶植物相同，但由它所发育成的茎的构造是不同的。一般单子叶植物茎只有初生结构，没有次生结构，因此茎的构造比双子叶植物简单。禾本科植物的茎有明显的节与节间，大多数种类的节间中央部分解体萎缩，形成中空的秆，但也有的种类为实心的结构。它们共同的特点是维管束散生分布，没有皮层和中柱的界限，只能划分为表皮、基本组织和维管束3个基本的组成部分。

(5) 单子叶植物茎的增粗。大多数单子叶植物的维管束是有限维管束，不能进行次生生长。少数单子叶植物茎有增粗过程。玉米、甘蔗、高粱、香蕉等单子叶植物有相当粗的茎秆，是由于初生增厚分生组织活动的结果。这种加粗生长属于初生生长，形成的是初生结构。

6. 地上茎的变态

(1) 肉质茎。茎肥厚多汁，常为绿色，不仅可以储藏水分和养料，还可以进行光合作用，如仙人掌、球茎甘蓝等。

(2) 叶状茎。有些植物的叶退化，茎变态成叶片状，扁平，绿色，能代替叶行使生理功能，称为叶状茎或叶状枝。如蟹爪兰、昙花、假叶树、竹节蓼等。假叶树的侧枝变为叶状枝，叶退化为鳞片状，叶腋可生小花。

(3) 茎卷须。许多攀缘植物的茎细长柔软，不能直立，部分枝条变成卷须以适应攀缘功能，称为茎卷须或枝卷须。有些植物（如黄瓜和南瓜）的茎卷须由腋芽发育形成，有的（如葡萄）则由顶芽发育而成。

(4) 茎刺。由茎变态形成具有保护功能的刺称为茎刺或枝刺。常位于叶腋，由腋芽发育而来，不易剥落。茎刺有分枝的称为分枝刺，如皂荚；也有不分枝的，称为单刺，如山楂、柑橘、酸橙。蔷薇、月季上的皮刺是茎表皮突出形成的，与维管组织没有联系，与茎刺有显著区别。

7. 地下茎的变态

(1) 根状茎。生长于地下与根相似的茎称为根状茎。许多单子叶植物具有根状茎，如白茅、芦苇、竹类、莲等。根状茎蔓生于土壤中，具有明显的节和节间，节上有小而退化的鳞片状叶，叶腋内有腋芽，由此发育为地上枝并产生不定根。根状茎顶端有顶芽，能进行顶端生长。根状茎储藏有丰富的营养物质，繁殖能力很强，因此这些根状茎既是储藏器官又是营养繁殖器官。

（2）鳞茎。由许多肥厚的肉质鳞叶包围的扁平或圆盘状的地下茎，称为鳞茎，是单子叶植物常见的一种营养繁殖器官。洋葱鳞茎中央的基部为一个扁平而节间极短的鳞茎盘，其上生有顶芽，将来发育为花序。四周由肉质鳞片叶包围，肉质鳞片叶之外还有几片膜质的鳞片叶。叶腋有腋芽，鳞茎盘下端产生不定根，可见鳞茎也是一个节间极短的地下茎的变态。蒜、百合、水仙等的地下茎也是鳞茎。

（3）球茎。球茎是肥而短的地下茎，节和节间明显，节上有退化的鳞片状叶和腋芽，基部可产生不定根。球茎内储藏大量的淀粉等营养物质，为特殊的营养繁殖器官，如荸荠、慈姑和芋等。

（4）块茎。马铃薯的薯块是最常见的一种块茎，其茎节不明显，为一形状不规则的肉质茎，储藏着大量淀粉。马铃薯的块茎是由植株基部叶腋处的匍匐枝顶端，经过增粗生长而成。块茎实际上是节间缩短的变态茎。

（三）叶

叶是植物光合作用制造有机物的主要场所，植物叶的光合作用是农林生产的基础。叶片对其个体和整个生物圈都有重要的生理功能，为了行使其生理功能，植物的叶形成了与其功能相适应的形态和解剖学特征。

1. 叶的生理功能和经济用途

叶的主要生理功能是行使光合作用和蒸腾作用，同时还具有吸收、繁殖和运输等功能。

（1）光合作用。绿色植物的叶绿体吸收光能，利用二氧化碳和水合成有机物，并释放氧气的过程，称为光合作用。叶是植物光合作用的主要器官，光合作用合成的有机物质主要是糖类，能量储存在有机物中，光合作用的产物是人类和动物赖以生存的物质基础，动物的食物和某些工业原料，都是直接或间接地来自光合作用。

（2）蒸腾作用。蒸腾作用是叶的主要功能之一。水分以气体状态通过植物体的表面散失到大气中的过程，称为蒸腾作用。植物体内的水分除了植物的吐水以外，蒸腾作用是水分散失的主要形式。

（3）吸收作用。叶的另一种功能是吸收作用。在叶面上喷洒一定浓度的速效性肥料，叶片表面就能吸收，这种方法称为根外施肥，又称为叶面营养。喷施农药时（如有机磷杀虫剂），也是通过叶表面吸收到植物体内的。双子叶作物生长后期，常要用根外追肥的方法补充营养，从而满足作物后期对肥料的需求。

（4）繁殖作用。有少数植物的叶片有繁殖作用，如落地生根，在叶的边缘生出许多不定芽或小植株，脱落后掉在土壤表面，就可以生成一个新个体。

2. 叶的形态

植物的叶一般由叶片、叶柄和托叶 3 部分组成。叶片是叶的重要组成部分，大多数呈绿色扁平体，也有少数为针状或管状，如马尾松、洋葱和大葱。还有少数的叶变态成刺状，如仙人掌。叶柄是细长的柄状部分，上端与叶片相接，下端与枝相连。托叶是叶柄基部的附属物，常成对而生。托叶的种类很多，如刺槐的托叶成刺状，棉花的托叶为三角形，梨树的托叶为线条形，豌豆的托叶大而绿，荞麦的托叶二片合生成鞘，齿果酸模有膜质的托叶鞘等。

不同植物的叶片，叶柄和托叶的形态是多种多样的。具有叶片、叶柄和托叶 3 部分的叶称为完全叶，如梨、桃、月季等植物的叶。有些叶仅有其中的一或两部分，称为不完全叶。其中无托叶的植物最为普遍，如茶、甘薯、白菜、油菜、丁香等植物的叶。不完全叶中，既无托叶又无叶柄的有莴苣、芹菜等植物的叶，又称为无柄叶。

禾本科植物的叶由叶片和叶鞘两部分组成，有些植物还有叶舌和叶耳。叶鞘包裹着茎秆，具有保护和加强茎的支持作用；叶舌是叶片与叶鞘交界处内侧的膜状突起物；叶耳是叶舌两边，叶片基部边缘处伸出的两片耳状的小突起。叶舌和叶耳的有无、形状、大小和色泽等特征，是鉴别禾本科植物的依据，如水稻与稗草在幼苗期很难分辨，但水稻的叶有叶耳与叶舌，而稗草的叶没有叶耳与叶舌。

3. 叶质

根据构成叶片的细胞层次的多少，表皮细胞的细胞壁的性质、加厚程度和叶脉在叶片中的分布情况，叶片含水量的多少等因素，叶质可分为 4 种类型。

(1) 草质叶。叶质地柔软，叶片比较薄，含水分多。大多数草本植物是草质叶，如棉花、大豆等植物的叶。

(2) 纸质叶。叶较草质叶坚实，叶柔软性及含水量均不如草质叶。大多数落叶树木的叶是纸质叶，如杨树、泡桐的叶。

(3) 革质叶。叶片较厚，表皮细胞壁明显角质化。大多数常绿树的叶是革质叶，如印度橡皮树、广玉兰的叶。

(4) 肉质叶。叶片厚实，含有大量的水分，如芦荟、松叶菊等植物的叶。

4. 叶片的形态

对一种植物而言，叶的形态是比较稳定的。因此叶的形态可作为植物分类的依据。叶片的大小，因植物种类不同或生态环境的变化有很大差异。叶形一般是指整个单叶叶片的形状，但有时也可指叶尖、叶基或叶缘的形状。

5. 叶脉

叶片上分布的粗细不等的脉纹称为叶脉。实际上叶脉是叶肉中维管束形成的隆起线，其中粗大的是主脉，主脉上的分支称为侧脉。叶脉在叶片上呈现出各种有规律的脉纹称为脉序。脉序主要有网状脉序、平行脉序和叉状脉序。

6. 单叶和复叶

根据不同植物在一个单叶柄上着生叶片的数目，可将叶分为单叶和复叶两大类。一个叶柄上仅着生一个叶片的称为单叶，如桃、棉花等。在一个叶柄上着生有两个或两个以上叶片的称为复叶，如月季、刺槐、南天竹等。复叶的叶柄称为总叶柄或叶轴，总叶柄上着生的叶称为小叶，小叶的叶柄，称为小叶柄。

7. 叶序和叶镶嵌

叶在茎上有一定规律的排列方式，称为叶序。叶序可分为互生、对生、轮生和簇生 4 种类型。叶在茎上的排列，不论是哪一种叶序，相邻两节的叶，总是不相重叠而成镶嵌状态，这种在同一枝上的叶，镶嵌排列而不重叠的现象称为叶镶嵌。叶镶嵌的形成主要是由于叶柄的长短、扭曲和叶片的排列角度不同，形成了叶片互不遮蔽。从植株顶部看去，叶镶嵌现象十分明显，如烟草、蒲公英等。

8. 叶的结构

（1）双子叶植物叶的结构。一般被子植物的叶有上下面的区别，上面（即腹面或近轴面）深绿色，下面（即背面或远轴面）淡绿色。由于叶片两面受光照情况不同，因此两面的内部结构也不相同，即组成叶肉的组织有较大的分化，形成栅栏组织和海绵组织，这种叶称为异面叶。有些植物的叶和枝的长轴平行而与地面垂直，叶片两面的光照情况基本一致，因而叶片两面的内部结构也就相似，即组成叶肉的组织分化不大，称为等面叶。无论异面叶还是等面叶都有 3 种基本结构：表皮、叶肉和叶脉。表皮包在叶的最外层，具有保护作用；叶肉位于表皮的内方，有制造和储藏养料的作用；叶脉是埋在叶肉中的维管组织，有输导和支持作用。

（2）单子叶植物叶的结构。单子叶植物的叶片由表皮、叶肉和叶脉 3 部分组成。表皮细胞的形态比较规则，常包括长、短两种细胞。单子叶植物的叶肉没有栅栏组织和海绵组织的分化，为等面叶。叶肉细胞排列紧密，细胞间隙小，在气孔的内方有较大的间隙，即孔下室。叶肉细胞形状不规则，如水稻、小麦等植物的叶肉细胞壁向内皱褶，形成具有“峰、谷、腰、环”的结构。这种特点有利于更多的叶绿体排列在细胞的边缘，便于叶片吸收二氧化碳和接受光能，进行光合作用。叶脉由木质部、韧皮部和维管束鞘组成，木质部在上，韧皮部在下，维管束内无形成层，属于有限维管束，在维管束外面有一层或两层维管束鞘包围。玉米、高粱、甘蔗由单层维管束鞘组成，其细胞较大，排列整齐，含叶绿体大而多，在维管束鞘的周围毗接着一圈排列很规则的叶肉细胞组成花环形结构，这种结构有利于固定还原叶内产生的二氧化碳，提高光合速率；小麦、大麦、水稻的维管束鞘有两层细胞：外层细胞薄而大，叶绿体比叶肉细胞小而少；内层细胞壁厚而小，无叶绿体。

9. 落叶

植物的叶有一定的生活期（即寿命）。不同植物叶的生活期有长有短，在一定的生活期终结时，叶就枯死。一般植物的叶生活期仅有几个月，但也有个别植物的在一年以上。一年生植物的叶随着果实的成熟而枯萎凋落。常绿植物的叶，生活期一般较长，如女贞的叶可活 1～3 年，罗汉松叶可活 2～8 年。有些草本植物的叶枯死后常残留在植株上，如麦、稻、豌豆等草本植物。树木的落叶有两种情况：一种是植物的叶只能生活一个生长季节，在冬季寒冷时全部脱落，这种树称为落叶树，如杨树、柳树、悬铃木等；另一种是新叶发生后，老叶才逐渐枯落，而不是集中在一个时期内脱落，就全树来看，终年常绿，这种树称为常绿树，如茶、广玉兰、松、柏、黄杨等。落叶能减小蒸腾面积，避免水分散失，是植物度过寒冷或干旱季节等不良环境的一种适应。植物的叶经过一定时期的生理活动，细胞内产生大量的代谢产物，尤其是一些矿物元素的积累，引起叶细胞功能的衰退，渐渐衰老直至死亡，这是落叶的内在因素。落叶树的落叶总是在不良季节进行。在温带地区，冬季干冷，根系吸水困难而蒸腾作用并不降低，这时缺水也引起脱落。在季节干旱时也会发生叶发黄脱落的现象。在热带地区，夏季到来时引起大气干旱，环境缺水，也同样会促进落叶。

10. 叶的变态

叶的可塑性最大，最易受外界环境的影响，发生的变态种类较多。常见叶的变态有以下 6 种类型，苞片和总苞、叶卷须、鳞叶、叶状柄、叶刺、捕虫叶。

三、植物生殖器官

(一) 花

花是由花芽发育而来的。多数植物经过幼年期达到一定的生理状态时，植物体的某些部分受外界信号的刺激，主要是叶片感受光周期、茎的生长锥感受低温后，不再形成叶原基和腋芽原基，而是分化出花原基或花序原基，最后形成花或花序的各个部分，这个过程称为花芽分化。

花是被子植物所特有的有性生殖器官，是形成雌性生殖细胞和雄性生殖细胞的场所。从形态发生和解剖结构来看，花是适应于生殖的缩短的变态枝条。

1. 花的组成

一朵完全花由花柄（花梗）、花托、花被（包括花萼、花冠）、雄蕊群和雌蕊群组成。从植物形态学角度来看，花梗是枝条的一部分，花萼、花冠、雄蕊、雌蕊是变态叶，着生在花梗顶部膨大的花托上。

（1）花柄和花托。花柄（花梗）是着生花的长轴状结构，可以把花展布于一定的空间位置，其内部结构和茎相似，并与枝条相连，起支持作用，同时又是茎向花输送营养物质的通道。花柄有长有短，随植物种类不同而有差异，长的有 1 m 左右，短的有 1～2 mm，甚至形成无柄花。花柄顶端膨大的部分为花托。

（2）花被。花被是花萼和花冠的总称。花被着生在花托边缘或外围，对雄蕊和雌蕊起保护作用，有些植物的花被还有助于传粉。

（3）雄蕊群。雄蕊群是一朵花中雄蕊的总称，由一定数目的雄蕊组成，是花的重要组成部分，也是鉴别植物种类的标志之一。雄蕊由花丝和花药两部分组成。花丝细长呈柄状，具有支持花药的作用，同时具有运输作用。花丝长短因植物种类而异。花药是雄蕊的主要部分，能产生花粉。雄蕊分为离生雄蕊和合生雄蕊。

（4）雌蕊群。雌蕊位于花的中央部分，由柱头、花柱和子房 3 部分组成。一朵花中所有的雌蕊称为雌蕊群。雌蕊是由心皮构成的。心皮是具有生殖作用的变态叶，由心皮卷合后构成雌蕊。心皮的边缘互相连接处，称为腹缝线。在心皮背面的中肋（相当于叶的中脉）处，也有一条缝线，称为背缝线。

2. 花序

一朵花单独着生于叶腋或枝顶，称为单生花，如桃、芍药、荷花等。许多花着生在一个分枝或不分枝的总花柄（花轴）上，就形成花序。花在花轴上有规律地排列，称为花序。根据花序上小花的开花顺序及开花时花轴能否继续进行顶端生长，可将其分为无限花序和有限花序。

①无限花序。又称向心花序。花由花序轴的下部先开，渐及上部，花序轴顶端可以继续生长；或花序轴较短时，花自外向内逐渐开放。

②有限花序。也称聚伞花序，花轴顶端的花先开放，且不再向上产生新的花芽，而是

由顶花下部分化形成新的花芽，开花顺序是从上向下或从内向外。

3. 花药的发育与结构

幼小的花药是一团具有分裂能力的细胞，随着花药的发育，形成四棱形花药。其外为一层表皮细胞，在4个角隅处的表皮以内形成4组孢原细胞。孢原细胞的细胞核较大，细胞质浓。孢原细胞进行平周分裂，形成两层细胞：外层为周缘细胞（也称为壁细胞），内层为造孢细胞。周缘细胞再经分裂，由外向内形成纤维层、中层和绒毡层，与表皮共同组成花粉囊的壁。随着花粉母细胞和花粉粒的进一步发育，中层和绒毡层逐渐解体，解体后的成分作为营养物质被吸收。花药是雄蕊的主要部分，通常有4个花粉囊，分为左右两半。花药中间由药隔相连，药隔由药隔基本组织和维管束组成，药隔维管束与花丝维管束相通，并向花药转运营养物质。花粉囊由花粉囊壁、花粉囊室组成。花粉囊壁由表皮、纤维层、中层组成，花粉囊有大量的花粉粒，花粉粒发育成熟后，花粉囊壁开裂，散出花粉粒。

4. 花粉粒的发育和构造

经过减数分裂产生的单核花粉粒，壁薄、质浓，核位于中央。进行一次有丝分裂，形成大小不同的两个细胞，大的为营养细胞，小的为生殖细胞。成熟的花粉粒有两层壁：内壁较薄软而具有弹性；外壁较厚，一般不透明，缺乏弹性而较硬。由于花粉粒外壁增厚不均匀，在没有加厚的地方常形成萌发孔或萌发沟，当花粉粒萌发时，花粉管由此伸出。花粉粒外壁表层常有一定的形状和花纹。花粉粒的形状、大小、颜色、花纹和萌发孔的数目因植物种类而异。花粉粒的生活力指花粉粒能够萌发长出花粉管的能力。花粉粒生活力的大小，既决定于植物的遗传性，又受环境因素的影响。粉粒保持生活时力的时间称为花粉粒的寿命，花粉的寿命有长有短。多数植物的花粉从花粉囊散出后只能存活几小时、几天或几周。一般木本植物花粉的寿命较草本植物长。如在干燥、凉爽的条件下，柑橘的花粉可存活40～50 d。

5. 花粉败育和雄性不育

成熟的花药在低温、干旱的条件下花粉不能正常发育，起不到生殖的作用，这一现象称为花粉败育。花粉败育有的是由于花粉母细胞不能正常进行减数分裂，不能形成正常发育的花粉；有的是由于减数分裂后，花粉停留在单核或双核阶段，不能产生精细胞；也有的因营养不良，导致花粉不能正常发育。另外，由于内部生理或遗传原因，在自然条件下个别植物的花药或花粉不能正常发育，成为畸形或完全退化，这一现象称为雄性不育。雄性不育可表现为3种类型：一是花药退化，花药全部干瘪，仅花丝部分残存；二是花药内不产生花粉；三是产生的花粉败育。雄性不育在作物育种上有重要意义，利用这一特性在杂交育种时可免去人工去雄，节省大量的人力物力。

6. 胚珠的发育和结构

雌蕊的主要部分是子房，子房是由子房壁和胚珠组成的。胚珠着生在子房内壁的胎座上，受精后的胚珠发育成种子。一个成熟的胚珠由珠被、珠孔、珠柄、珠心及合点等部分组成。随着雌蕊的发育，在子房内壁的胎座上产生一团突起，称为胚珠原基，其前端发育形成珠心，基部发育成珠柄。由于珠心基部外围细胞分裂快，后来珠心基部很快形成了包围珠心的珠被。珠被一层或两层，如向日葵、胡桃、辣椒等仅具有一层珠被，而小麦、水稻、油菜、百合等为两层珠被。在珠被形成过程中，珠心最前端留下一条未愈合的孔道即珠孔。与珠孔相对的一端，珠柄、珠被与珠心结合的部位称为合点。

7. 胚囊的发育与结构

胚囊发生于珠心组织中，在胚珠发育的同时，珠心内部也发生变化。最初珠心是一团相似的薄壁细胞，随后，在靠近珠孔端的珠心表皮下，分化出一个体积较大、细胞质较浓、核也较大的细胞，称为孢原细胞。孢原细胞的发育形式随植物而异。水稻、小麦、百合等植物的孢原细胞直接长大形成大孢子母细胞。棉花等大多数被子植物的孢原细胞分裂为两个细胞：靠近珠孔的一个是周缘细胞，内侧的一个称为造孢细胞。周缘细胞进行平周分裂，形成多层珠心细胞；而造孢细胞发育成大孢子母细胞，大孢子母细胞进行减数分裂，形成四分体。四分体排成一纵行，其中靠近珠孔的 3 个子细胞逐渐退化消失，仅合点端的 1 个发育为单核胚囊。然后单核胚囊连续进行 3 次有丝分裂，至此，由单核胚囊发育成为具有 7 个细胞或 8 核的成熟胚囊（雌配子体）。

8. 开花

当植物生长发育到一定阶段，雄蕊的花粉粒和雌蕊的胚囊达到成熟或两者之一成熟时，花被展开，露出雌、雄蕊的现象，称为开花。开花是被子植物生活史上的一个重要阶段，除少数闭花授粉的植物外，开花是绝大多数植物性成熟的标志。不同植物的开花年龄有一定差别。一、二年生的植物生长几个月就能开花，有些植物一生中仅开一次花，如剑麻、竹类。多年生的植物当营养生长达到一定年限后，每年都能开花。植株从第一朵花开放到最后一朵花开完所持续的时间，称为开花期。在同一地区，各种植物都有其相对稳定的开花期。

9. 传粉

成熟的花粉借助外力的作用，落到雌蕊柱头上的过程称为传粉。植物传粉方式有两种，一是自花传粉，成熟的花粉粒落到同一朵花的柱头上称为自花传粉。但在生产上常把同株（异花）间的传粉也称为自花传粉。闭花传粉是自花传粉的一种特例，即花被尚未展开之前已完成了传粉过程。如大麦、豌豆等。二是异花传粉，是指一朵花的花粉落到同株的另一朵花的柱头上的过程。但在生产上，常将不同植株间的传粉或不同品种间的传粉称为异花传粉。单性花及两性花中雌、雄蕊异长，雌、雄蕊异熟等均为植物适应异花传粉的特性。从植物进化的生物学意义来看，异花传粉比自花传粉高等。异花传粉植物的雌、雄配子的遗传性具有很大差异，由它们结合产生的后代具有较强的生活力和适应性，而自花传粉植物正相反。

根据异花传粉的媒介不同，可将花分为风媒花和虫媒花两种类型。

①风媒花。植物进行异花传粉时，花粉需要借助风力才能传到雌蕊的柱头上。借助风力传粉的植物称为风媒植物，它们的花称为风媒花。风媒花一般不具鲜艳的色彩、香味及蜜腺。花粉粒数量多而体积小，表面常光滑，以便借助风力传播。风媒花的柱头往往扩展成羽毛状，以便有较大的表面积从风中捕获花粉，如小麦、稻等。

②虫媒花。利用昆虫（蜜蜂、蝴蝶、蛾和蚁）进行传粉的植物称为虫媒植物，它们的花称为虫媒花。虫媒花常以其鲜艳的色彩，特殊的香味、甜味，或内分泌腺分泌糖类等方式诱引昆虫。虫媒花的花粉较大，表面粗糙，具各种沟纹、突起或刺，甚至黏着成块，便

于附着在昆虫上。在花的构造上也常有适应于某种昆虫传粉的一些特殊结构。一般来说，每种虫媒植物对于传粉的昆虫都具有选择性，表现出植物与昆虫之间的生态适应。

10. 受精

精细胞和卵细胞互相融合的过程称为受精。被子植物的卵细胞位于胚囊内，传到柱头上的花粉，经萌发产生花粉管，通过花粉管把精子送到胚囊中完成受精过程。

(1) 花粉粒的萌发和花粉管的伸长。成熟的花粉粒落在雌蕊的柱头上，柱头分泌液有激活花粉的作用。花粉被激活后吸水膨胀，呼吸作用加强，花粉粒的内压升高，内壁从萌发孔内突出，并继续生长成花粉管。萌发后的花粉管进入柱头，穿过花柱组织而到达子房。当花粉粒萌发和花粉管生长时，如为三核花粉粒，则1个营养核和两个精子都进入花粉管内。如为二核花粉粒，则营养核和生殖细胞进入花粉管内，生殖细胞在花粉管内分裂1次，形成2个精子。花粉管到达子房后沿子房内壁向1个胚珠伸进，通常是从珠孔经过珠心而进到胚囊。

(2) 受精过程。当花粉管进入胚囊后，花粉管顶端的壁溶解，管内的内含物包括营养核和两个精子进入胚囊。进入胚囊的营养核很快解体，两个精子中一个与卵细胞融合成为合子（受精卵），将来发育成胚；另一个与两个极核融合成为初生胚乳核，将来发育成胚乳。同时珠被逐渐发育成种皮，这样胚珠就逐渐发育成种子。受精后胚囊内的反足细胞和助细胞消失。被子植物的两个精子分别与卵细胞和极核结合的过程，称为双受精作用。双受精作用是被子植物有性生殖所特有的现象。

11. 无融合生殖

在正常情况下，被子植物的有性生殖是经过卵细胞和精子的融合，以发育成胚。但有些植物不经过精卵细胞的融合也能直接发育成胚，这类现象称为无融合生殖。无融合生殖可以是卵细胞不经过受精，直接发育成胚，如蒲公英、早熟禾等，这类现象称为孤雌生殖。有的是由助细胞、反足细胞或极核等非生殖细胞发育成胚，如葱、鸢尾、含羞草等，称无配子生殖。也有的是由珠心或珠被细胞直接发育成胚，如柑橘属植物，称为无孢子生殖。

12. 多胚现象

一般被子植物的胚珠中只产生一个胚囊，种子内也只有一个胚。但有的植物种子中有一个以上的胚，称为多胚现象。产生多胚现象的原因很多，可能是胚珠中产生多个胚囊，或由珠心、助细胞、反足细胞等产生不定胚，这些不定胚还可与合子胚同时存在。此外受精卵也可能分裂成几个胚。

（二）果实

1. 果实的结构

果实由子房发育而来。油菜、柑橘、桃等多数植物的果实是单纯由子房发育而成的，这类果实称为真果。但有些植物，除子房壁外，还有花托、花筒甚至花序轴也参加果实的形成，如梨、苹果、瓜类、无花果和凤梨等，这类果实称为假果。

(1) 真果的结构。真果的结构比较简单，外为果皮，内含种子。果皮是由子房壁发育而成的，可分外果皮、中果皮和内果皮。这3层果皮的组成及其结构，因植物不同而有很大的差异。桃的果实由1个心皮的子房发育而成，其果皮能明显地分为外、中、内3层。

外果皮由一层表皮细胞和数层厚角组织组成，表皮上还能见到气孔、角质，以及大量的表皮毛；中果皮由大型的薄壁细胞和维管束构成，肉质是食用的主要部分；内果皮细胞由许多木质化的石细胞构成，成为坚硬的核，里面含有1枚种子。

（2）假果的结构。假果的结构比较复杂，除由子房发育成果皮外，还有花的其他部分参与果实的形成。梨和苹果等的果实主要是由花筒发育而成的，果皮包括外、中、内3层。果皮位于果实中央托杯内，仅占果实很小的部分，其内为种子，称为梨果。在横切面上可区分为子果皮和内果皮，内果皮由厚壁细胞组成。黄瓜、南瓜等的果实也有花托成分参与，属假果。

2. 果实的类型

根据构成雌蕊的心皮数目和心皮离合的情况，以及果皮发育程度的不同，可将果实分为单果、聚合果、聚花果（复果）。单果是由单心皮雌蕊或合生的多心皮雌蕊所形成的果实。按照单果成熟时果皮的质地，又可分为肉质果和干果两类。由一朵花中的多数离生心皮构成的雌蕊发育而成的果实，称为聚合果，如八角、草莓等。由整个花序形成的果实称为复果，又称为花序果或聚花果，如桑、无花果及菠萝等植物的果实为聚花果。

3. 单性结实和无籽果实

一般而言，被子植物在双受精后，子房才能发育成果实。但也有些植物不经过受精，子房就发育成果实，这种现象称为单性结实。单性结实的果实内不含种子或含不具胚的种子，这类果实称为无籽果实。通常单性结实是产生无籽果实的原因，但也有些植物虽然能完成受精作用，却因为胚珠的发育受到阻碍，不能产生种子，也可以形成无籽果实。

4. 果实和种子的传播

果实和种子成熟后通过一定的方式传播到各处，以利于种族的繁衍。传播果实和种子的主要因素是风、水、动物及其本身的力量。在长期自然选择过程中，成熟的果实和种子往往具备各种适应传播的特征。植物果实和种子常见的传播方式有以下4种。

（1）借风力传播。适应风力传播的果实或种子，大多小而轻，或具絮毛、果翅等附属物，有利于随风飘散。如蒲公英的果实有冠毛，垂柳的种子外面有绒毛（俗称柳絮），槭树、榆树、枫杨等的果实有翅，兰科植物的种子小而轻，酸浆的果实有薄膜状的气囊，都是适合风力传播的特殊结构。

（2）借水力传播。水生或沼生植物的果实和种子，具有漂浮的结构，能借水力传播。如莲的花托"莲蓬"组织疏松呈海绵状，适于在水面上漂浮传播。生长在热带海边的椰子，果实的外果皮坚实，可抵抗海水的腐蚀，中果皮呈疏松的纤维状，能借海水漂浮至远方，一旦被冲至海岛沙滩上，只要环境适宜就能萌发生长，长成植株。

（3）借人和动物活动传播。不少植物的果实成熟后色泽鲜艳，果肉甘美，能吸引人和动物食用，但种子往往具有坚硬的种皮，难以被动物消化，故种子会随粪便排出而散布到其他各处。这些被排出散播的种子只要有适宜的条件仍能萌发。有些植物的果实或种子常具刺、钩或腺毛，当人和动物接触它们时，便附着于衣服或皮毛上而被携带到各处。如小槐花的果实上有刺，苜蓿、鬼针草、窃衣、苍耳等植物的果实具钩或刺。另外，有些杂草的果实和种子，常与栽培植物同时成熟，借人类收获作物和播种活动而传播，如稻田杂草稗往往随稻收获，随稻播种，也是这种杂草很难防除的原因之一。

(4) 借果实弹力传播。有些植物的果实由于果皮各层细胞的含水量不同，当果实成熟干燥后，果皮各层的收缩程度也不相同，因此，果实可发生爆裂而将种子弹出，如大豆、油菜等的果实。凤仙花的蒴果裂开时果皮内卷从而将种子弹出。喷瓜的果实成熟时在顶端形成一个裂孔，当果实收缩时，可将种子喷到 6 m 远的地方。

(三) 种子

1. 种子的构造

植物种类不同，其种子在大小、形状、色泽、硬度等方面，都存在着很大差异。种子的形态特征虽然各不相同，但它们的基本结构却是相似的，一般由种皮、胚和胚乳 3 部分组成，有些种子仅有种皮和胚两部分，如大豆。

(1) 种皮。种皮是种子最外面的保护层，具有保护种子不受外力机械损伤和防止病虫害入侵的作用。有些植物的种皮仅一层，有些有两层，即内种皮和外种皮。内种皮一般薄而软，外种皮厚、硬，通常有光泽，有的还有花纹或其他附属物。成熟的种子，在种皮上常具有种脐、种孔、种脊等部分。种脐是种子从果实上脱落时留下的痕迹，种脐一端有一个细孔称为种孔，是种子萌发时吸收水分和胚根伸出的孔道。种皮上有海绵状隆起物，可将种孔、种脐覆盖，称为种阜。种阜具有帮助种子吸收水分的功能。种脐和种孔是每种植物种子都具有的构造，而种脊、种阜等则不是每种植物种子都具有的。

(2) 胚。胚是种子的最重要部分，是包在种子中的幼小植物体，新植物体就是由胚发育而成的。一粒种子是否能正常萌发，关键在于胚是否正常、有没有生活力。胚由胚芽、胚轴、胚根和子叶组成。胚轴上端连着胚芽，下端连着胚根，子叶着生在胚轴上段两侧或周围。种子萌发时，胚芽发育成地上部分的主茎和叶，胚根发育成初生根，而胚轴大多参与茎的形成，子叶的功能是储藏养料或从胚乳中吸收养料，供胚生长时利用。子叶的数目是植物一个比较稳定的遗传性状，根据子叶的数目，种子植物可分为 3 大类：具有两个子叶的植物称为双子叶植物；具有一个子叶的植物称为单子叶植物；裸子植物的子叶数目不确定，通常在两个以上，称为多子叶植物。

(3) 胚乳。胚乳位于种皮和胚之间，是种子内储藏营养物质的部分，养分供种子萌发时胚生长使用。有些种子的胚乳在种子形成过程中被胚吸收后在子叶中储藏，这类种子在成熟后无胚乳，如豆类植物。有些种子内虽无胚乳，但在成熟种子中形成类似胚乳的组织，称为外胚乳，其功能与胚乳相同，如苹果、梨等的种子。许多植物种子的胚乳和子叶所储藏的营养物质是人类食物的主要来源。如大豆的子叶富含蛋白质；板栗种子的子叶及梧桐的胚乳中含有大量的淀粉；核桃科植物种子的子叶中含大量的脂肪等。

2. 种子的类型

根据种子成熟后有无胚乳，可将种子分为有胚乳种子和无胚乳种子两类。有胚乳种子由种皮、胚和胚乳 3 部分组成。胚乳占有较大比例，胚较小。大多数单子叶植物、许多双子叶植物和裸子植物的种子都是有胚乳种子。无胚乳种子只有种皮和胚两部分，没有胚乳，肥厚的子叶储存了丰富的营养物质，代替了胚乳的功能。多见于大部分双子叶植物和部分单子叶植物。如双子叶植物中的大豆、蚕豆、梨、核桃等的种子是无胚乳种子。蚕豆种子的形态呈肾状，有明显的种脐、种脊；种皮内，胚由两片子叶、胚芽及胚根构成；子叶发达，几乎占据了种子的全部。

3. 种子的寿命

种子寿命是指种子在一定条件下保持生活力的期限。根据种子寿命的长短可把种子分为短寿命种子、中寿命种子和长寿命种子3类。

(1) 短寿命种子。这类种子的寿命为几个小时至几周。如柳树种子成熟后在12 h内有发芽能力，杨树种子寿命一般不超过几周。

(2) 中寿命种子。这类种子的寿命在几年到十几年。大多数栽培植物如水稻、小麦、大豆的种子寿命为2年，玉米2～3年，油菜3年，蚕豆、绿豆、紫云英5～11年。

(3) 长寿命种子。种子寿命在几十年以上。北京植物园曾对泥炭土层中挖出的沉睡千年的莲子进行催芽萌发，还能开花结果。

4. 幼苗的类型

发育正常的种子，在适宜的条件下开始萌发。种子萌发后胚逐渐形成根、茎、叶，变成独立生活的幼苗。通常将幼苗子叶至第一片真叶间的胚轴称为上胚轴，子叶到胚根之间的胚轴称下胚轴。由于胚轴的生长情况不同，因而有不同的幼苗类型。常见的有子叶出土幼苗和子叶留土幼苗两种类型。

(1) 子叶出土幼苗。种子萌发时，胚根突破种皮，伸入土中，形成主根后，下胚轴迅速伸长，把子叶、上胚轴和胚芽一起推出土面，这样形成的幼苗称为子叶出土幼苗。大多数裸子植物和双子叶植物的幼苗都是这种类型。如棉花等。

(2) 子叶留土幼苗。种子萌发时，下胚轴发育不良或不伸长，只是上胚轴和胚芽迅速向上生长，形成幼苗的主茎，而子叶始终留在土壤中。这样形成的幼苗称为子叶留土幼苗。蚕豆、豌豆等一部分双子叶植物和大部分单子叶植物如小麦、玉米、水稻等的幼苗都属此类型。花生种子的萌发，兼有子叶出土和子叶留土的特性，因此称它为子叶半出土幼苗。它的上胚轴和胚芽生长较快，同时下胚轴也相应生长。

第三节　植物分类与演化

一、植物分类基础知识

(一) 植物分类方法

为了建立自然分类系统，更好地认识植物，人们根据植物之间相异的程度与亲缘关系的远近将植物分为不同的若干类群，或各级大小不同的单位，即界、门、纲、目、科、属、种。种是植物分类的基本单位，相近的种集合为属，相近的属集合为科，以此类推。有时根据实际需要，划分出更细的单位，从而出现亚门、亚纲、亚目、亚科、族、亚族、亚属等。在种的下面又可分出亚种、变种、变型。每一种植物通过系统的分类，既可以表示出它在植物界的地位，又可以表示出它和其他种植物的关系。

(二) 植物命名方法

1753年瑞典分类学家林奈（Linnaeus）首创了“双名法”，将植物的学名用拉丁文表示。一个植物的学名是由两个拉丁单词组成的，第一个单词是属名，第一个字母必须大写；第二个单词为种加词，一律小写，这种命名的方法称为“双名法”，学名的末尾通常附有定名人的姓名或姓名缩写，在缩写后要加一个“.”，这才成为一个完整的学名。如稻

的学名是 *Oryza sativa* L.，其中 *Oryza* 为属名，*sativa* 为种加词，后边的“L.”是定名人林奈（Linnaeus）的缩写。如果是亚种、变种和变型的命名，则在种加词后加上它们的缩写“subsp.”“var.”和“f.”，再加上亚种、变种和变型名，同样后边附以定名人的姓名或姓名缩写。例如，蟠桃是桃的变种，可写为 *Prunus persica* var. *compressa* Bean。每种植物只有 1 个学名（scientific name）。需要注意的是，中文名不能称为学名。双名法经国际植物学大会讨论并通过，已成为统一的国际命名法规。

现在已经定名的即人类已经认识的生物物种仅是全部物种的一部分甚至只是一小部分。有人估计地球上生物物种总数在 500 万种以上，甚至可高达 3 000 万种。2008 年以来中国科学院召集了 200 多位生物分类专家对已经发现并正式命名的中国物种进行整理汇编，按照国际物种 2000 的标准建设中国生物物种名录数据库，并每年发布一个版本。至 2021 年，中国生物物种名录已经收录 11.5 万个物种，但这仍然不是中国物种的全部。

二、植物界的主要类群

（一）两界系统、三界系统和五界系统

18 世纪林奈发表《自然系统》，提出了统一的生物分类系统。在这部著作中，林奈把自然界分为植物界、动物界和矿物界，每一界又按从属关系分为纲、目、属、种，确立了反映类之间的从属关系和包含关系的等级序列的分类法。在植物界，林奈用植物雄蕊的数目区分纲，用雌蕊的数目区分目，又以花果性质区分属，以叶的特征区分种。两界系统是传统的生物分界系统，即把生物分为动物世界与植物世界，将细菌、真菌等都归入植物界。

19 世纪前后由于显微镜的发明和使用，人们发现许多单细胞生物是有动、植物两种属性的中间类型的生物。因而，德国植物学家海克尔（E. H. Hacckel）将原生生物（包括细菌、藻类、真菌和原生动物、黏菌等）另立为界，提出原生生物界、植物界、动物界的三界系统。

随着电子显微镜技术的发展，生物学家发现细菌、蓝细菌细胞结构无核膜、无核仁及膜结构形成的细胞器，从而与真核细胞生物有显著区别，应该另立为界。1959 年魏泰克（R. H. Whittaker）根据细胞结构的复杂程度及营养方式的不同，将细菌和蓝细菌、真菌从植物界中分出，提出五界系统：原核生物界（包括细菌和蓝细菌等）、原生生物界（单细胞真核生物）、植物界、真菌界和动物界，其中后四界为真核生物。目前生物分类学领域围绕着分类系统的争论很多，尤其是分子生物学的发展，拓宽了人们对生物特性的认识和了解。

（二）植物的主要类群

按照传统两界生物系统，植物主要包括藻类植物、菌类植物、地衣植物、苔藓植物、蕨类植物、裸子植物和被子植物，根据植物的形态结构、生活习性和亲缘关系，又可将植物分为两大类 16 门：孢子植物类（隐花植物）包括藻类 8 门、菌类 3 门、地衣门、苔藓植物门、蕨类植物门，种子植物类（显花植物）包括裸子植物门、被子植物门。16 门植物中，藻类、菌类、地衣称为低等植物，由于它们在生殖过程中不产生胚，故又称无胚植物。苔藓、蕨类、裸子植物和被子植物合称为高等植物，它们在生殖过程中产生胚，故称为有胚植物。凡是用种子繁殖的植物统称为种子植物，种子植物开花结果又称为显花植

物。蕨类植物和种子植物具有维管组织，因此把它们称为维管植物，藻类、菌类、地衣、苔藓植物无维管组织，称为非维管植物。

1. 低等植物

低等植物常生活在水中和阴湿的地方，是地球上出现最早最原始的类群。低等植物无根、茎、叶的分化，没有维管组织，结构简单。生殖器官常是单细胞的。有性生殖的合子，不形成胚而直接发育成新个体。

（1）藻类植物。藻类植物有3万种以上，在整个自然界分布十分广泛，包括裸藻门、绿藻门、轮藻门、金藻门、甲藻门、褐藻门、红藻门、蓝细菌门8门。藻类植物是一群具有光合作用色素，能独立生活的自养原植体植物。藻类植物绝大多数生活在淡水或海洋中，少部分生活在陆地，如土壤、树皮、岩石上。藻类植物差异很大，小球藻、衣藻等必须借助显微镜才能看到，而海洋中的巨藻长达400m以上。藻类对环境条件要求较宽，适应能力很强，能耐极度高温和低温。藻类植物体有多种类型，有单细胞、群体和多细胞个体。多细胞的种类中又有丝状、片状和较复杂的构造等，但没有根、茎、叶的分化，称为叶状体植物。藻类植物含有的叶绿体色素，包括叶绿素a、叶绿素b、胡萝卜素和叶黄素4种。还有一些特殊的藻类含有藻红素和藻蓝素等。由于叶绿素和其他色素比例不同，使藻体呈现不同的颜色。藻类植物的繁殖方式有营养繁殖、无性繁殖和有性生殖。以植物体的片段发育成新个体称为营养繁殖，由孢子发育成新个体称为无性繁殖或孢子繁殖。有性生殖是借配子结合后形成新个体。

（2）菌类植物。据不完全统计菌类植物有10万多种，可分为细菌门、黏菌门和真菌门。3门植物在形态、特征、繁殖和生活史上差异很大。

①细菌门。细菌是一类单细胞的原核生物。除少数为自养外，大多为异养。因为细菌微小，所以它的分布十分广泛，无论是在水中、空气、土壤以及动植物体内，都有细菌的存在。大多数细菌对人类是有益的，在自然界中大量的腐生细菌和腐生真菌一起，把动、植物残体分解成简单的无机物，维持了自然界的物质循环。细菌在工业上用途也很广。枯草杆菌产生的蛋白酶和淀粉酶用于皮革脱毛、脱胶、酿造啤酒等，日常生活中食用的酱油、醋、泡菜和酸菜等食品都是利用细菌的作用制成的。细菌对人类也有有害的一面，如痢疾、伤寒、破伤风等病原菌侵入人体可发生疾病，甚至危及生命。由于细菌的活动也会引发很多植物的病害，如大白菜和甘薯的软腐病、水稻的白叶枯病、棉花的角斑病、花生的青枯病等。

②黏菌门。黏菌是介于动物和植物之间的生物，它们的生活史中一段是动物性的，另一段是植物性的。营养体无叶绿素，为裸露的无细胞壁多核的原生质团，称为变形体，其构造、行动和摄食方式与原生动物中的变形虫相似。在繁殖时期产生孢子。黏菌大多数为腐生，也有少数寄生。它可使植物发生病害，例如寄生在白菜、芥菜、甘蓝根部组织内的黏菌，使寄生根膨大，植物生长不良，甚至死亡。

③真菌门。真菌的种类很多，在植物界中位居第二，约有3 800属，10万多种，在陆地、水中、土壤、大气及动植物体内均有分布。真菌除少数原始种类是单细胞的，如酵母菌，大多数发展为有分支或有分支的丝状体，组成植物体的丝状体称为菌丝体。菌丝体在生殖时形成各种各样的形状，如伞形、球形等，称为子实体。大多数真菌具有细胞壁、细

胞核。真菌不含叶绿体，不能进行光合作用，寄生或腐生生活。真菌的繁殖方式多种多样，水生真菌产生流动孢子，陆生真菌产生空气传播的孢子，有性生殖有同配、异配、卵式生殖等。

食用菌是指子实体硕大、可供食用的蕈菌（大型真菌）。中国已知的食用菌有350多种，其中多属担子菌亚门。蘑菇为广泛野生及栽培的伞菌。多为腐生菌，土壤中、厩肥上、枯枝烂叶及朽木上均可发生，高山草甸、草原及山坡林下尤为常见。常见的食用菌有香菇、草菇、蘑菇、木耳、银耳、猴头、竹荪、松口蘑（松茸）、口蘑、红菇、灵芝、虫草、松露、白灵菇和牛肝菌等。食用菌既有食用价值又有药用价值。

（3）地衣。地衣是真菌和藻类的共生体，在植物界中为一独立的门。地衣有500余属，26 000余种。构成地衣的藻类为蓝细菌和绿藻，真菌主要是子囊菌，少数为担子菌，在共生体中藻类进行光合作用制造有机物质供给菌类养料，真菌吸收水和无机盐供给藻类生长，彼此间形成特殊的共生关系。地衣分布很广，适应能力很强，从平原到山区，从热带到寒带，它生长在土壤表层和沙漠上，在山区多生长在树皮和裸露的岩石上。地衣的主要繁殖方式是营养繁殖和粉芽繁殖。

2. 高等植物

据中国科学院植物研究所2015年统计，中国有野生高等植物454科3 818属35 112种。其中，苔藓植物151科，蕨类植物38科，裸子植物8科，被子植物257科。中国的苔藓、蕨类、裸子植物和被子植物物种多样性分别占世界的18.8%、17.7%、22.2%和11.1%。中国高等植物特有属共212属，特有种共17 439种。物种多样性最高的前10个科依次为菊科、禾本科、豆科、兰科、唇形科、毛茛科、蔷薇科、莎草科、杜鹃花科和茜草科。物种数目超过5 000种的省区依次为云南、四川、西藏、广西、贵州、广东和台湾。高等植物体结构复杂，除苔藓植物以外都具有根、茎、叶的分化。生殖器官由多细胞构成，卵受精先形成胚，再由胚形成新个体。高等植物分为4个门：苔藓植物门、蕨类植物门、裸子植物门和被子植物门。

（1）苔藓植物门。苔藓属孢子植物。苔藓植物约900属，23 000种，我国有3 045种。根据营养体的形态结构，分为苔纲、藓纲和角苔纲。苔藓是一群小型的绿色植物，在陆地上的森林生态系统、草原生态系统、荒漠生态系统、高山高原生态系统、岛屿生态系统以及淡水生态系统、湿地生态系统等各种复杂生态系统中苔藓植物都占有一席之地。苔藓植物在植物群落中属于地被层，对生态系统中的水土保持与湿度、热量的循环有重要作用。苔藓植物的种类和群落在各种生态系统中也呈现出明显的多样性。苔藓植物是高等植物中脱离水生进入陆地生活的原始类型之一。比较高级的苔藓植物已有茎、叶的区别，但无真正的根，结构简单，没有维管束结构，因此输导作用不强。苔藓植物的生殖器官是由多细胞构成的，在生活中有明显的世代交替。常见的植物体是其有性世代的配子体，配子体发达，能独立生活，在世代交替中占优势。孢子体不发达，不能独立生活，寄生在配子体上，依靠配子体提供营养。苔藓植物有植物界“拓荒者”之美誉，其一，生长过程中会不断地分泌酸性物质，促使土壤分化并增强吸水能力，有效防止水土流失；其二，对环境变化的敏感性较强，常作为环境监测的指示植物。

（2）蕨类植物门。世界上现有蕨类植物12 000种，我国约有2 600种。蕨类植物又称为羊齿植物，现代蕨类植物广布全球，寒带、温带、热带都有分布。但以热带、亚热带为多。多生于井下、山野、溪边、沼泽等阴湿的环境。蕨类植物孢子体占优势，孢子体和配子体都能独立生活。孢子体为多年生，有根、茎、叶的分化，能进行光合作用。茎内分化为维管组织，在木质部中只有管胞而无导管，韧皮部仅由筛胞组成，是原始的维管植物。蕨类植物的配子体为微小的原叶体，是一种具有背腹分化的叶状体，呈绿色，能独立生活，腹面有精子器和颈卵器。精子大多具有鞭毛，受精作用离不开水。受精卵在配子体颈卵器中发育成胚，由胚发育成能独立生活的孢子体。蕨类植物用途很广，现代开采的煤炭，大部分是古代蕨类植物遗体所形成的。有些蕨类植物的根茎中富含淀粉，可提取蕨粉供食用，食蕨在我国历史悠久。蕨类植物作为药用的有 100 多种。肾蕨、铁线蕨、鹿角蕨、卷柏、水龙骨可作为庭院居室的观赏植物。一般水生蕨类可用作绿肥，槐叶苹、四叶苹、满江红常用作鱼类或家畜的饲料。

(3) 裸子植物门。裸子植物在生活史上既保留着颈卵器，又能产生种子，因此是介于蕨类植物和被子植物之间的一类高等植物。裸子植物的繁盛期是在中生代，后因地史变迁，很多植物已经绝迹，全世界现存的裸子植物仅有 700 多种，中国裸子植物归为 4 亚纲 8 科，227 种。中国裸子植物的 6 个特有属分别是银杏属、银杉属、长苞铁杉属、金钱松属、白豆杉属和水杉属。裸子植物在云南和贵州两省分布最多。裸子植物一般种子裸露，不形成果实，裸子植物因此而得名。孢子体发达，绝大多数为高大乔木。枝条常有长枝和短枝之分。茎具形成层和次生生长层，木质部大多数只有管胞，韧皮部主要含筛胞而无筛管和伴胞。叶多为针形、鳞片或条形。叶在长枝上呈螺旋状生长，在短枝上常簇生。配子体简化，而且寄生于孢子体上。雄配子体产生花粉管；产生种子，并以种子进行繁殖；种子有胚，具二至多个子叶。一般而言，裸子植物较被子植物更能适应高温、干旱环境，其耐旱性也较强，在形态解剖特征上叶片主要表现为单叶面积较小、叶片较厚、气孔下陷、角质层和栅栏组织较发达，绿色同化枝的木质部兼有导管和管胞，以及有较大的根冠比例。在自然界中的大森林中，80%以上都是裸子植物。很多针叶树是优美的常绿树种，用于城市的行道树和公园绿化，如水杉、雪松、云南松、南洋杉、马尾松等。裸子植物还有保持水土、涵养水分、吸收有毒气体、滞尘等重要作用。我国特产的水杉、水松、银杏等，是地史上留下的“活化石”，在研究植物界演化方面有重要意义。

(4) 被子植物门。被子植物有 10 000 多属，约 250 000 种，约占植物界总数的一半。我国有 3 000 多属，约 30 000 种。它们是植物界种类最多、进化地位最高的类群，与人类生活有着密切关系。被子植物具有真正的花，花由花梗与花托、花被、雄蕊群和雌蕊群 4 部分组成，在数量上、形态上变化很大，以适应于虫媒、鸟媒、风媒或水媒传粉的条件。被子植物具雌蕊，胚珠包藏在子房（心皮）内，受精之后胚珠发育成种子的同时，子房发育成果实。被子植物具有双受精作用，被子植物精卵细胞结合形成胚，精细胞和两个极核结合形成胚乳。被子植物所特有的双受精现象，使胚获得了双亲的遗传性，后代具有更强的生活力和广泛的适应性。被子植物孢子体高度发达，孢子体在形态、结构、生活型等方面，比其他种类植物更完善、更多样化。在解剖构造上木质部具导管和管胞，韧皮部具筛管和伴胞，增强了物质运输和机械支持能力。被子植物配子体极为简化，雌、雄配子体均无独立生活能力，终生寄生在孢子体上，结构上比裸子植物更简化。被子植物与人们的生活关系十分密切，是人类衣、食、住、行不可缺少的物质基础。人们食用的小麦、水稻、玉米、大豆、蔬菜和水果都是被子植物。被子植物中还有一些很重要的经济作物如烟草、麻类、棉花等。被子植物中有 1 000 余种是药用植物，还有一些是十分重要的工业原料，有 2 000 多种被子植物可用于城市行道绿化和庭院绿化。

三、植物界发生和演化

随着地球上自然地理环境的变迁，植物界自身在不断的矛盾中运动和发展着。在一定的地质时期中占支配地位的类型，其优势在发展过程中被较为进化的另一类植物所取代，这时植物界就发生了质的变化，进入了一个新的发展阶段。一些类群的自然绝灭常伴随着新类群的形成，植物界的发展过程就是这样从低级向高级，从简单到复杂，不断地变化。

（一）植物界的发生阶段

植物的进化是一个连续发展的过程，即从最简单、最原始的原核生物一直到年轻的被子植物，每一阶段都有化石证据。化石是保存在地层中的古代生物的遗体、遗物或遗迹。从不同的地质年代发现的不同化石，就是在地球演变的不同时期，各类生物发生和发展的真实记录，因此化石是生物进化的历史证据。

地球自形成到现在已有约 46 亿年的历史。地质学家把地球度过的漫长岁月划分为 5 个地质年代，即新生代、中生代、古生代、元古代和太古代。依据地质年代和植物类型的发展，可将植物界的发生划分为原始植物时期、高等藻类植物时期、原始陆生植物时期、蕨类植物时期、裸子植物时期和被子植物时期 6 个时期。

（二）植物界的演化

1. 植物界的演化规律

（1）形态结构方面。植物是由简单到复杂，由单细胞进化至群体，再发展到多细胞的个体。如首先出现单细胞的蓝细菌和细菌，继而出现多细胞的群体类型，最后演化成多细胞的初级和高级类型。

（2）生态习性方面。生命发生于水中，植物由水生进化到陆生。从水生的藻类植物，进化到湿生的苔藓和蕨类植物，最后到陆生植物。适应陆地生活的结果是植物器官分工明确，保护组织、机械组织和输导组织逐渐完善。

（3）繁殖方式方面。植物在繁殖方式上的演化是从营养繁殖、无性繁殖到有性繁殖。在有性繁殖中，又由同配生殖到异配生殖，继而进化到卵式生殖；由简单的卵囊到复杂的颈卵器，从无胚到有胚，最后发展到高级阶段的种子繁殖。

（4）生活史方面。在生活史方面，从无性世代到有性世代，孢子体逐渐占优势，配子体逐渐退化，最后完全寄生在孢子体上。

2. 植物演化进程

植物界的形成及其各大类群的演化，经历了长期的发展过程。在约 46 亿年以前，炽热的地球形成，经历了 5 亿年的演化形成了原始生命；又经历大约 5 亿年的演化，这些原始生命与周围环境不断地相互影响进一步发展到一些结构很简单的低等植物，形成了原核蓝细菌；直至 14 亿年前才最终演化形成真核藻类；此后于 3.9 亿～5 亿年前，出现了苔藓的精子器、颈卵器，以及高等植物的胚，4.25 亿～4.75 亿年前，依次出现了水生蕨类的维管组织，以及裸子植物的胚珠；3.75亿年前，开始出现种子，而在1.8亿年前最终形成了被子植物的花和果实。低等植物通过鞭毛有机体发展为高等藻类植物，进而演化为蕨类、裸子植物以至被子植物，这是植物界演化中的一条主干，而菌类和苔藓植物则是进化系统中的旁支。菌类植物在形态、结构、营养和生殖等方面都与高等植物差别很大，难以看出它们和高等植物有直接的联系。苔藓植物虽有某些进化的特征，但孢子体尚不能独立生活，不能脱离水生环境，从而限制了它们向前发展。

第三章 微生物学基础知识

一方面，在作物生产中，土壤微生物是维持地力的重要因素，微生物菌肥被广泛应用。另一方面，很多作物病害是由各种病原微生物浸染所致。由此可见，微生物基本知识是作物生产的重要基础。

第一节 微生物概述

一、微生物是生物圈的重要成员

微生物是一切肉眼看不见或看不清的微小生物的总称。它们是一些个体微小（一般小于0.1 mm）、构造简单的低等生物。包括属于原核类的细菌（真细菌和古菌）、放线菌、蓝细菌、支原体、立克次氏体和衣原体，也包括属于真核类的真菌（酵母菌、霉菌和蕈菌）、原生动物和显微藻类，以及属于非细胞类的病毒和亚病毒（类病毒、拟病毒和朊病毒）。微生物是地球生物圈内分布极广、种类繁多、适应性强的生物类群，在不同领域深刻地影响着人类的日常生活。

（一）微生物的一般特征

1. 体积小，面积大

这是微生物五大共性的基础，由它可以发展出一系列其他共性，因为小体积、大面积系统必然有一个巨大的营养物质吸收面、代谢废物排泄面和环境信息交换面。

2. 吸收多，转化快

大肠杆菌在1 h内可分解其自身质量1 000～10 000倍的乳糖；产朊假丝酵母合成蛋白质的能力比大豆强100倍，比食用牛（公牛）强10万倍；一些微生物的呼吸速率也比高等动、植物的组织强数十至数百倍。这个特性为微生物的高速生长繁殖和合成大量代谢产物提供了充分的物质基础，从而使微生物能在自然界和人类实践中更好地发挥其超小型“活的化工厂”的作用。

3. 生长旺，繁殖快

微生物具有极高的生长和繁殖速度。大肠杆菌在合适的生长条件下，细胞分裂1次仅需12.5～20.0 min。若按平均20 min分裂1次计，则1 h可分裂3次，每昼夜可分裂72次，这时，原始的一个细菌已产生了4.722×10^{21}个后代，总质量约可达4 722 t。如果再经过1 d的繁殖，则可达到2.2×10^{43}个，其总质量超过地球！当然，由于各种条件的限制，这种疯狂的繁殖是不可能实现的。

4. 适应强，易变异

微生物具有极其灵活的适应性或代谢调节机制，主要也是因为它们具有体积小、面积大的特点。微生物的个体一般都是单细胞、简单多细胞甚至是非细胞的，它们通常都是单倍体，加之具有繁殖快、数量多以及与外界环境直接接触等特点，因此即使其变异频率十分低（一般为 10^{-10}～10^{-5}），也可在短时间内产生大量变异的后代。

5. 分布广，种类多

微生物因其体积小、质量轻和数量多等特点，可以到处传播以致“无孔不入”。地球上除了火山的中心区域等少数地方外，从土壤圈、水圈、大气圈至岩石圈均分布着微生物。

（二）自然环境中的微生物

1. 土壤中的微生物

土壤具备各种微生物生长发育所需要的营养、水分、空气、酸碱度、渗透压和温度等条件，因此成为微生物生活的良好环境。可以说，土壤是微生物的天然培养基，也是它们的“大本营”。土壤的类型众多，其中各种微生物的含量变化很大，但一般来说，在耕作层土壤中，各种微生物含量之比大体有一个 10 倍系列的递减规律：细菌（10^8 个/g）＞放线菌（10^7 个/g，孢子）＞霉菌（10^6 个/g，孢子）＞酵母菌（10^5 个/g）＞藻类（10^4 个/g）＞原生动物（10^3 个/g）。由此可知，土壤中所含的微生物数量很大，尤以细菌居多。

2. 水体中的微生物

水体生境主要包括湖泊、池塘、溪流、港湾和海洋。水体微生物的数量和分布主要受到营养物水平、温度、光照、溶解氧、盐分等因素的影响。含有较多营养物或受生活污水、工业有机污水污染的水体有相应多量的微生物，如港湾（河流入海口）具有较高的营养水平，其水体中也有较高的微生物数。在水体中，特别是在低营养浓度水体中，微生物倾向于生长在固体的表面和颗粒物上，这样能比悬浮和随水流动的微生物吸收利用更多的营养物。

3. 大气中的微生物

大气中没有可为微生物直接利用的营养物质和足够的水分，这种环境不适合微生物生长繁殖。但由于微生物能产生各种休眠体以适应不良环境，有些微生物可以在空气中存在相当长的一段时间而不致死亡。因此，在空气中仍能找到多种微生物。空气中的微生物来源于土壤、水体和其他微生物源，一般都以生物气溶胶形式存在，主要种类是霉菌和细菌。微生物在空气中的分布很不均匀，所含数量取决于所处环境和飞扬的尘埃量。

4. 极端环境下的微生物

在自然界中，存在一些绝大多数生物都无法生存的极端环境，诸如高温、低温、高酸、高碱、高盐、高毒、高渗、高压、干旱或高辐射强度等环境。凡依赖于这些极端环境才能正常生长繁殖的微生物，称为嗜极菌或极端微生物。

（1）嗜热微生物。嗜热微生物有远大的应用前景，高温发酵可以免污染和提高发酵效率，其产生的酶在高温时有更高的催化效率，高温微生物也易于保存。嗜热微生物用于污水处理。嗜热细菌的耐高温 DNA 聚合酶使 DNA 体外扩增的技术得到突破，为 PCR 技术的广泛应用提供基础，这是嗜热微生物应用的突出例子。

(2) 嗜冷微生物。嗜冷微生物能在较低的温度下生长，可以分为专性和兼性两类，最高生长温度不超过 20 ℃，但可以在 0 ℃或低于 0 ℃条件下生长；后者可在低温下生长，但也可以在 20 ℃以上生长。嗜冷微生物低温条件下生长的特性可以使低温保藏的食品腐败，甚至产生细菌毒素。

(3) 嗜酸微生物。生长最适 pH 在 4 以下，中性条件不能生长的微生物称为嗜酸微生物；能在强酸条件下生长，但最适 pH 接近中性的微生物称为耐酸微生物。嗜酸微生物一般都是从极端的酸性环境包括各种酸矿水、酸热泉、火山湖、地热泉等环境中分离出来。嗜酸菌被广泛用于微生物冶金、生物脱硫。

(4) 嗜盐微生物。根据对盐的不同需要，嗜盐微生物可以分为弱嗜盐微生物、中度嗜盐微生物、极端嗜盐微生物。弱嗜盐微生物的最适生长盐浓度（氧化钠浓度）为 0.2～0.5 mol/L，大多数海洋微生物都属于这个类群。中度嗜盐微生物的最适生长盐浓度为 0.5～2.5 mol/L。极端嗜盐微生物的最适生长盐浓度为 2.5～5.2 mol/L，它们大多数生长在极端的高盐环境中。

(5) 嗜压微生物。需要高压才能良好生长的微生物称为嗜压微生物，海洋深处和海底沉积物中经常能够分离出嗜压菌，嗜压细菌也存在于深海鱼类内脏中。

（三）与动植物伴生的微生物

与动植物体伴生微生物是一个种类复杂、数量庞大、生理功能多样的群体。从环境空间位置来说有体表和体内的区别，从生理功能上说任何生活在动植物上的微生物必然有其相应的功能，总体上可以分为有益、有害两个方面。对动植物有害的微生物可以称为病原微生物，包括病毒、细菌、真菌、原生动物的一些种类。对动植物有益的微生物受到广泛的注意和深入研究，如微生物和昆虫植物的共生等。

1. 动物体内的微生物群体

动物体内（尤其是消化系统内）存在着种类多样的微生物群体，反刍动物更是直接依赖其完成新陈代谢。在人体内外部生活着为数众多的微生物种类，其数量高达 10^{14} 个。

2. 根际微生物

又称根圈微生物，生活在根系邻近土壤，依赖根系的分泌物、外渗物和脱落细胞而生长，一般对植物发挥有益作用的正常菌群，称为根际微生物。

3. 附生微生物

生活在植物地上部分表面，主要以植物外渗物质或分泌物质为营养的微生物，称附生微生物，主要为叶面微生物。鲜叶表面细菌量一般为 10^6 个/g，还有少量酵母菌和霉菌，放线菌则很少。附生微生物具有促进植物发育（如固氮等）、提高种子品质等有益作用，也可能引起植物腐烂甚至致病等有害作用。一些蔬菜、牧草和果实等表面存在的乳酸菌、酵母菌等附生微生物，在泡菜和酸菜的腌制、饲料的青贮以及果酒酿造时，还起着天然接种剂的作用。

二、微生物的构造与功能

（一）原核微生物

根据微生物的进化水平和各种性状上的明显差别，可把它分为原核微生物（包括真细菌和古菌）、真核微生物和非细胞微生物三大类群。原核微生物是指一大类细胞微小、遗传物质DNA外没有膜结构包围的原始单细胞生物。原核微生物分为细菌和古菌两大类，包括细菌（狭义）、放线菌、蓝细菌、支原体、立克次氏体和衣原体等，它们的共同点是细胞壁中含有独特的肽聚糖（无细胞壁的支原体例外），细胞膜含有酯键连接的脂质，DNA序列中一般没有内含子。

1. 细胞壁

细胞壁是位于细胞最外的一层厚实、坚韧的外被，有固定细胞外形和保护细胞等多种生理功能。细胞壁的主要功能有：

①固定细胞外形和提高机械强度，使其免受渗透压等外力的损伤。例如，据报道大肠杆菌的膨压可达 2.03×10^5 Pa（相当于汽车内胎的压力）。

②为细胞生长、分裂和鞭毛运动所必需，失去了细胞壁的原生质体，也就丧失了这些重要功能。

③阻拦酶和某些抗生素等大分子物质进入细胞，保护细胞免受有害物质的损伤。

④赋予细菌特定的抗原性、致病性以及对抗生素和噬菌体的敏感性。原核生物的细胞壁除了具有一定的共性以外，在革兰氏阳性菌、革兰氏阴性菌和抗酸细菌，以及古菌中均具有各自的特点，而支原体则是一类无细胞壁的原核生物。

2. 细胞壁以内的构造

细胞壁以内的构造包括细胞膜、细胞质和包含体细胞质以及核区。细胞膜又称细胞质膜、质膜，是一层紧贴在细胞壁内侧，包围着细胞质的柔软、脆弱、富有弹性的半透性薄膜，厚7～8 nm，由磷脂（占20%～30%）和蛋白质（占50%～70%）组成。细胞膜的生理功能为：

①选择性地控制细胞内、外的营养物质和代谢产物的运送。

②维持细胞内正常渗透压。

③是合成细胞壁和糖被的各种组分（肽聚糖、磷壁酸、脂多糖、荚膜多糖等）的重要基地。

④膜上含有氧化磷酸化或光合磷酸化等能量代谢的酶系，是细胞的产能场所。

⑤是鞭毛基体的着生部位和鞭毛旋转的供能部位。

⑥膜上某些蛋白受体与趋化性有关。细胞质和包含体细胞质是指被细胞膜包围的除核区以外的一切半透明、胶体状、颗粒状物质的总称，其含水量约为80%。原核生物的细胞质是不流动的。细胞质的主要成分为核糖体、储藏物、酶类、中间代谢物、质粒、各种营养物质和大分子的单体等。细胞包含体指细胞质内一些显微镜下可见、形状较大的有机或无机的颗粒状构造。

3. 细胞壁以外的构造

在某些原核生物的细胞壁外，会着生一些特殊的附属物，包括糖被、S层、鞭毛、菌毛等。糖被包被于某些细菌细胞壁外的一层厚度不定的透明胶状物质。S层是一层包围在原核生物细胞壁外、由大量蛋白质或糖蛋白亚基以方块形或六角形方式排列的连续层，类似于建筑物中的地砖。有的学者认为S层是糖被的一种。生长在某些细菌表面的长丝状、波曲的蛋白质附属物，称为鞭毛，其数目为一至数十条，具有运动功能。菌毛又称纤毛、伞毛、线毛或须毛，是一种长在细菌体表的纤细、中空、短直且数量较多的蛋白质类附属物，具有使菌体附着于物体表面上和向宿主细胞注入毒素等功能。

（二）真核微生物

凡是细胞核具有核膜，细胞能进行有丝分裂，细胞质中存在线粒体或同时存在叶绿体等细胞器的生物称为真核生物。微生物中的真菌、显微藻类、原生动物以及地衣均属于真核生物。真核生物的细胞质中有许多由膜包围的细胞器，如内质网、高尔基体、溶酶体、微体、线粒体和叶绿体等，有由核膜包裹着的完整的细胞核、其中存在着构造极其精巧的染色体，它的双链DNA长链与组蛋白和其他蛋白密切结合，以便于更完善地执行生物的遗传功能。

1. 细胞壁

（1）真菌的细胞壁。真菌细胞壁的主要成分是多糖，另有少量的蛋白质和脂质。多糖构成了细胞壁中有形的微纤维和无定形基质的成分。微纤维部分可比作建筑物中的钢筋，可使细胞壁保持坚韧性，它们都是单糖的β聚合物，如纤维素和几丁质，而基质犹如混凝土等填充物，包括甘露聚糖、葡聚糖和少量蛋白质。细胞壁具有固定细胞外形和保护细胞免受外界不良因子的损伤等功能。

（2）藻类的细胞壁。藻类的细胞壁厚度为10～20 nm，有的仅为3～5 nm。其结构骨架多由纤维素组成，以微纤丝的方式层状排列，含量占干物质量的50%～80%，其余部分为间质多糖。

2. 鞭毛与纤毛

某些真核微生物细胞表面长有或长或短的毛发状、具有运动功能的细胞器，其中形态较长（150～200 μm）、数量较少者称鞭毛，而形态较短（5～10 μm）、数量较多者则称纤毛。它们在运动功能上虽与原核生物的鞭毛相同，但在构造、运动机制等方面却差别极大。

3. 细胞膜

真核生物的细胞都有细胞膜构造。对那些没有细胞壁的真核细胞来说，细胞膜就是它的外部屏障。

4. 细胞核

细胞核是细胞用以控制其一切生命活动的遗传信息（DNA）的储存、复制和转录的主要部位，它以染色质为载体储存了细胞内绝大部分的遗传信息。一切真核细胞都有外形固定（呈球状或椭圆体状）、有核膜包裹的细胞核。每个细胞一般只含有一个细胞核，有的含两个或多个。在真菌的菌丝顶端细胞中，常常找不到细胞核。真核生物的细胞核由核被膜、染色质、核仁和核基质等构成。核仁是存在于细胞核中的一个颗粒状构造，表面无膜，富含蛋白质和RNA，具有合成核糖体RNA和装配核糖体的功能。

5. 细胞质和细胞器

（1）细胞基质和细胞骨架。在真核细胞中，除细胞器以外的胶状溶液称细胞基质或细胞溶胶，是各种细胞器存在的必要环境和细胞代谢活动的重要基地。细胞骨架是由微管、肌动蛋白丝（微丝）和中间丝3种蛋白质纤维构成的细胞支架，呈立体网状结构，具有支持、运输和运动等功能，以维持细胞的正常形态构造和保证内部活动的有序进行。

（2）内质网和核糖体。内质网指细胞质中一个与细胞基质相隔离但彼此相通的囊腔和细管系统，同时它还与细胞内的其他膜结构相连。内质网有两类，它们之间相互连通。一种是在膜上附有核糖体颗粒，称糙面内质网，具有合成和运送胞外分泌蛋白的功能；另一种为膜上不含核糖体的光面内质网，它与脂质和钙代谢等密切相关，主要存在于某些动物细胞中。核糖体又称核蛋白体，是存在于一切细胞中的少数无膜包裹的颗粒状细胞器，具有蛋白质合成功能。每个细胞中核糖体数量差异很大（10^2～10^7），核糖体数量不但与生物种类有关，更与其生长状态有关。

（3）高尔基体。高尔基体又称高尔基复合体。这是一种由4～8个平行堆叠的扁平膜囊和大小不等的囊泡所组成的膜聚合体。其功能是将糙面内质网合成的蛋白质进行浓缩，并与自身合成的糖类、脂质结合，经它加工、包装后形成糖蛋白、脂蛋白分泌泡，通过外排作用分泌到细胞外，因此高尔基体是协调细胞生化功能和沟通细胞内外环境的重要细胞器。

（4）溶酶体。溶酶体是一种由单层膜包裹、内含多种酸性水解酶的小球形囊泡状细胞器。其主要功能是细胞内的消化作用，是细胞内大分子降解的主要场所。

（5）微体。微体是一种由单层膜包裹的、与溶酶体相似的小球形细胞器，微体主要含过氧化酶和过氧化氢酶，又称过氧化物酶体，可使细胞免受H_2O_2毒害，并能氧化分解脂肪酸等。

（6）线粒体。线粒体是进行氧化磷酸化反应的重要细胞器，其功能是把蕴藏在有机物中的化学潜能转化成生命活动所需能量（ATP），是一切真核细胞的“动力车间”。此外，它还参与调控细胞的分化、生长、凋亡和信息传递等活动。其独特之处是含有自身特有的DNA和RNA，并以自己的方式复制、繁衍。

（7）叶绿体。叶绿体是一种由双层膜包裹、能转化光能为化学能的绿色颗粒状细胞器，只存在于绿色植物（包括藻类）的细胞中，是光合作用的主要场所。

（三）病毒和亚病毒

病毒是一类最微小的、由一层（脂）蛋白外壳包裹一个或多个核酸（DNA或RNA）分子的感染性颗粒，是必须在易感活细胞内才能进行自我复制的非细胞型微生物。在自然界，病毒有两种存在形式：在细胞外，病毒以颗粒状形式存在，结构完整的具有感染性的病毒颗粒称为病毒体（virion）；在细胞内，病毒在复制前只是以核酸分子形式存在。生命是以细胞为基本单位的，而病毒体没有细胞结构。病毒体未进入细胞内时不表现任何生命特征，只是一种具有被动感染性的有机物质颗粒。从这一意义上说，病毒只是一种非生命有机物质。

生物个体的所有生命活动是受细胞核内基因组所携带的遗传信息控制的。病毒体在被宿主细胞摄入时即被裂解，其携带的核酸分子（基因组）进入细胞内。进入细胞内的病毒基因组并不像其他生命体那样进行所谓新陈代谢和生长繁殖，绝大多数病毒基因组是进入宿主细胞核，部分或完全抑制宿主细胞基因组的功能，指令细胞的生物合成系统按照病毒遗传信息合成各种病毒前体物质，然后装配形成子代病毒颗粒。某些病毒在其复制周期中，病毒基因组还可与宿主DNA链整合，与宿主DNA实行一体化。从这一意义上说，病毒体可看作携带具有极强侵入性与控制性基因组的、游离于细胞之外的“细胞核”。

通过以上分析，可以认为：病毒是一类以病毒体为载体的“侵入性基因组”，是以专性细胞内寄生和能自我复制为主要特征的非细胞型微生物。

1. 病毒的形态、构造和化学成分

（1）病毒的大小。绝大多数的病毒都是能通过细菌滤器的微小颗粒，它们的直径多数在 20～200 nm。可粗略地记住病毒、细菌和真菌这 3 类微生物个体直径比约为 1∶10∶100。观察病毒的形态和精确测定其大小，必须借助电子显微镜。

（2）病毒的形态。

①典型病毒粒的构造。由于病毒是一类非细胞生物体，故单个病毒不能称作“单细胞”，这样就产生了病毒粒或病毒体这个名词。病毒粒有时也称病毒颗粒或病毒粒子，专指成熟的、结构完整的和有感染性的单个病毒。病毒粒的基本成分是核酸和蛋白质。核酸位于它的中心，称为核心或基因组。蛋白质包围在核心周围，形成了衣壳。衣壳是病毒粒的主要支架结构和抗原成分，有保护核酸等作用。核心和衣壳合称核衣壳，它是任何病毒（指“真病毒”）都具有的基本结构。有些较复杂的病毒（一般为动物病毒，如流感病毒)，其核衣壳外还被一层含蛋白质或糖蛋白的类脂双层膜覆盖着，这层膜称为包膜。

②病毒粒的对称体制。病毒粒的对称体制只有两种，即螺旋对称和二十面体对称（等轴对称)。另一些结构较复杂的病毒，实质上是上述两种对称相结合的结果，故称为复合对称。

③病毒的群体形态。病毒粒无法用光学显微镜观察，但当它们大量聚集并使宿主细胞发生病变时，就形成了具有一定形态、构造并能用光学显微镜加以观察和识别的特殊“群体”，例如动、植物细胞中的病毒包含体；有的还可用肉眼观察，例如由噬菌体在菌苔上形成的“负菌落”即噬菌斑，由动物病毒在宿主单层细胞培养物上形成的空斑，由植物病毒在植物叶片上形成的枯斑，以及昆虫病毒在宿主细胞内形成的多角体等。

（3）三类典型形态的病毒及其代表。

①螺旋对称的代表。烟草花叶病毒。病毒的螺旋对称型衣壳是由一定数目的、形状不规则但均一的蛋白质壳粒围绕核酸链（中心轴）有序旋转排列构成。由于核酸能与蛋白质壳粒相互作用，使得蛋白质壳粒呈螺旋式叠加而形成杆状或丝状衣壳，病毒基因组被缠绕包裹于其中而得到保护。

②二十面体对称的代表。腺病毒。腺病毒（adenovirus）是一类动物病毒，主要侵染呼吸道、眼结膜和淋巴组织，是急性咽炎、眼结膜炎、流行性角膜结膜炎和病毒性肺炎等的病原体。

③复合对称的代表。T4 噬菌体。由于 T4 噬菌体的结构极其简单，因此是人类研究得最为透彻的生命对象之一。T4 噬菌体由头部、颈部和尾部三部分构成。由于头部呈二十面体对称而尾部呈螺旋对称，故是一种复合对称结构。T4 噬菌体通过尾丝吸附于宿主 *E. coli* 表面。噬菌体侵入宿主细胞的方式通常是将核酸注入细胞，蛋白质留在细胞外。它的复制循环仅需 20～30 min。T4 噬菌体在生物合成时，分别合成噬菌体 DNA、头部蛋白质亚单位、尾鞘、基板和尾丝等部件，最后 DNA 收缩聚集，被头部蛋白质包围形成二十面体的结构，随之尾部也逐步装配起来。

2. 病毒的核酸

核酸构成了病毒的基因组，它是病毒粒中最重要的成分，具有遗传信息的载体和传递体的作用。病毒核酸的种类很多，是病毒系统分类中最可靠的分子基础，主要有以下几个指标。

①是 DNA 还是 RNA。

②是单链（single strand，ss，或称单股）还是双链（double strand，ds，或称双股）。

③呈线状还是环状。

④是闭环还是缺口环。

⑤基因组是单分子、双分子、三分子还是多分子。

⑥核酸的碱基（base，b）或碱基对（base pair，bp）数。

⑦核苷酸序列等。

3. 病毒的复制

病毒是严格细胞内寄生物，它只能在活细胞内繁殖。病毒进入细胞后，具有感染性的毒粒消失，存在于细胞内的是只有繁殖性的病毒基因组。病毒的繁殖是病毒基因组复制与表达的结果，这是一种完全不同于其他生物的繁殖方式。

病毒感染敏感的宿主细胞，首先是毒粒表面的吸附蛋白与细胞表面的病毒受体结合，病毒吸附于细胞并以一定方式进入细胞。经过脱壳，释放出病毒基因组。然后病毒基因组在细胞核和（或）细胞质中，进行病毒大分子的生物合成：一方面病毒基因组进行表达，另一方面，病毒基因组进行复制产生子代病毒基因组。

这样一个从病毒吸附于细胞开始，到子代病毒从受染细胞释放到细胞外的病毒复制过程称为病毒的复制周期或称复制循环（replicative circle）。病毒的复制周期依其所发生的事件顺序分为 5 个阶段：①吸附；②侵入；③脱壳；④病毒大分子的合成，包括病毒基因组的表达与复制；⑤装配与释放。病毒的吸附、侵入和脱壳又称作病毒感染的起始。

4. 病毒溶原性

温和噬菌体侵入相应宿主细胞后，由于前者的基因组整合到后者的基因组上，并随后者的复制而进行同步复制，因此，这种温和噬菌体的侵入并不引起宿主细胞裂解，称为溶原性或溶原现象。凡能引起溶原性的噬菌体即称温和噬菌体，而其宿主就称溶原菌。溶原菌是一类被温和噬菌体感染后能相互长期共存，一般不会出现迅速裂解的宿主细菌。

温和噬菌体的存在形式有三种：

①游离态。指成熟后被释放并有侵染性的状态。

②整合态。指已整合到宿主基因组上的前噬菌体（prophage）状态。

③营养态。指前噬菌体因自发或经外界理化因子诱导后，脱离宿主核基因组而处于积极复制、合成和装配的状态。

5. 亚病毒因子

亚病毒因子是一类在构造、成分和功能上不符合典型病毒定义的分子病原体。

①类病毒。类病毒是已知的最小的感染性致病因子，它们仅由没有蛋白质覆盖的环状单链 RNA 短链组成。所有已知的类病毒均来自被子植物。尽管类病毒由核酸组成，但是

其核酸不编码任何蛋白。

②卫星亚病毒因子。卫星病毒依赖于宿主细胞与辅助病毒的共同感染来进行有效增殖，它们的核酸序列与宿主和辅助病毒基本不同，这类物质只有自身编码蛋白包裹自身核酸时，才能真正称为卫星病毒，包裹之前称为卫星亚病毒因子。因此，其下可细分为两类：卫星病毒、卫星核酸。

③缺损性干扰颗粒。缺损性干扰颗粒是指基因组不完整导致不能进行正常复制的病毒，因此也称作缺陷病毒，缺陷病毒需要在辅助病毒的帮助下才能繁殖（必须是其母体病毒，即由该病毒突变或者衍生的缺陷病毒），缺陷病毒比其母体完整病毒小，复制过程更迅速，因此会干扰母体完整病毒的复制，因此叫缺损性干扰颗粒。

6. 病毒的分类方法

病毒的分类方法有很多，主流分类方法主要有三种：

①巴尔的摩分类法（Baltimore classification）。

②ICTV 分类法。

③根据形状结构分类。

此外，根据宿主分类可分为植物病毒和动物病毒；根据结构形状分类分为有无包膜可分为包膜病毒和裸露病毒；根据其形状，可分为冠状病毒、杆状病毒、丝状病毒、球形病毒、砖形病毒和弹形病毒等。

三、微生物在生态环境中的地位与作用

（一）生态系统中的微生物角色

生态系统的基本功能是能量流动、物质循环和信息传递，而系统内的生物成分则划分为三大类群：生产者、消费者和分解者。微生物可以扮演多种角色，完成多种功能，但主要作为分解者而在生态系统中起重要作用。微生物是有机物的主要分解者，微生物是物质循环中的重要成员，微生物是生态系统中的初级生产者，微生物是物质和能量的储存者，微生物是生态系统中的信息接收者和信息源，微生物是地球生物演化中的先锋种类。

1. 微生物与碳循环

生境中的碳循环是生物圈总循环的基础，异养的大生物和微生物都参与循环，但微生物的作用是最重要的。在有氧条件下，大生物和微生物都能分解简单的有机物和生物多聚体（淀粉、果胶、蛋白质等），但微生物是唯一在缺氧或无氧条件下进行有机物分解的。微生物能使非常丰富的生物多聚体得到分解，腐殖质、蜡和许多人造化合物只有微生物才能分解。碳的循环转化中除了最重要的 CO_2 外还有 CO、烃类物质等。藻类能产生少量的 CO 并释放到大气中，而一些异养和自养的微生物能固定 CO 作为碳源（如氧化碳细菌）。烃类物质（如甲烷）可由微生物活动产生，也可被甲烷氧化细菌所利用。

2. 微生物与氮循环

氮循环由 6 种氮化合物的转化反应所组成，包括固氮、铵同化、氨化（脱氨）、硝化作用、硝酸盐还原和反硝化作用。它们大多实际上是氧化还原反应。氮是生物有机体的主要组成元素，氮循环是重要的生物地球化学循环。

（1）固氮。生物固氮为地球上整个生物圈中一切生物提供了最重要的氮素营养源。据

估计，全球年固氮量约为 2.4×10^8 t，其中约 85%是生物固氮。在生物固氮中，60%由陆生固氮生物完成，各种豆科植物尤为重要，40%由海洋固氮生物完成。生物固氮是只有微生物或有微生物参与才能完成的生化过程。具有固氮能力的微生物种类繁多，游离的主要有固氮菌、梭菌、克雷伯氏菌和蓝细菌；共生的主要是根瘤菌和弗兰克氏菌。

（2）氨同化。固氮的末端产物和其他来源的氨被细胞同化成氨基酸形成蛋白质、细胞壁成分，同化成嘌呤及嘧啶形成核酸等有机含氨物的过程称为氨同化或固定化。一切绿色植物和许多微生物都有此能力。

（3）氨化作用。氨化作用是有机氮化物转化成氨（铵）的过程。微生物、动物和植物都具有氨化能力，可以发生在有氧和缺氧或无氧环境中。氨化作用放出的氨可被生物固定利用和进一步转化，同时也挥发释放到大气中去。氨化作用对于为提供农作物氮素营养十分重要。

（4）硝化作用。硝化作用是有氧条件下在无机化能硝化细菌作用下氨被氧化成硝酸盐的过程。它的重要性是产生氧化态的硝酸盐，产物又可以参与反硝化作用。硝化作用在自然界氮素循环中是不可缺少的一环，但对农业生产并无多大利益，主要是硝酸盐比铵盐水溶性强，极易随雨水流入江、河、湖、海中，它不仅大大降低肥料的利用率，而且会引起水体的富营养化，进而导致“赤潮”等严重污染事件的发生。

（5）硝酸盐还原作用。指硝酸离子充作呼吸链（电子传递链）末端的电子受体而被还原为亚硝酸的作用。能进行这种反应的都是一些微生物，尤其是兼性厌氧菌。

（6）反硝化作用。又称脱氮作用，指硝酸盐转化为气态氮化物（N_2和 N_2O）的作用。由于它一般发生在 pH 为中性至微碱性的缺氧或无氧条件下，所以多见于淹水土壤或死水塘中。反硝化作用会引起土壤中氮肥严重损失（可占施入化肥量的 3/4 左右），因此对农业生产十分不利。

（二）微生物与环境保护

1. 微生物处理污水

用微生物处理污水的过程，实质上就是在污水处理装置这一小型人工生态系统内，利用具有不同生理、生化功能微生物间的代谢协同作用而进行的一种物质循环过程。当高 BOD（biochemical oxygen demand，生化需氧量或生化耗氧量）的污水进入该系统后，其中自然菌群（或接种部分人工特选菌种）在充分供氧条件下，相应于污水这种特殊“选择培养基”的性质和成分，随着时间的推移，发生着有规律的微生物群演替，待系统稳定后，即成为一个良好的混菌连续培养器。它可保证污水中的各种有机物或毒物不断发生降解、分解、氧化、转化或吸附、沉降，从而达到消除污染和分层的处理效果——气体自然逸出，低 BOD 的处理水重新流入河道，而残留的少量固态废渣（活性污泥或脱落的生物被膜）则可进一步通过厌氧发酵（即污泥消化或沼气发酵）产生沼气燃料和有机肥供人们利用。在自然界中，广泛存在着能分解特定污染物的微生物，若能对它们进行分离、选有并进行遗传改造，就可获得能治理特定污染物的高效菌种。

2. 微生物处理固体废弃物

近年来，我国若干大城市正在推行一种利用好氧性高温微生物对餐厨垃圾（含动、植物残体的厨余）甚至人和动物粪便进行快速分解的新方法，采用的设备为有机垃圾好氧生物反应器。有机垃圾自投料口进入后，在一组慢速搅拌翼的带动下，与腔体内拌有多种活性菌种的木屑等粉状介质充分混合（接种），在 40～60 ℃和不断通入新鲜空气的条件下，以多种芽孢杆菌为主体的各种活性菌种协同作用的结果，实现有机垃圾迅速分解，大部分形成 H_2O、CO_2、NH_3和 H_2S 等气体，它们经高温、溶入水中或合适微生物进一步除臭后，随时逸出至大气中。该装置在每日投料的情况下，一般只需 3～6 个月去除一次残渣（可作优质肥料），便可较好地达到有机垃圾处理中的减量化、无害化和资源化的要求。

第二节　微生物的生命活动及培养

营养是指生物体从外部环境中摄取其必需的能量和物质，以满足正常生长和繁殖需要的一种最基本的生理功能。所以，营养是生命活动的起始点，它为一切生命活动提供了必需的物质基础。

一、微生物的营养

（一）微生物的六大营养要素

1. 碳源

一切能满足微生物生长繁殖所需碳元素的营养源，称为碳源。微生物细胞含碳量约占干物质量的 50%，故除水分外，碳源是需要量最大的营养物，又称大量营养物。碳源谱可分为有机碳与无机碳两个大类。凡必须利用有机碳源的微生物，就是为数众多的异养微生物；反之，凡以无机碳源作为唯一或主要碳源的微生物，则是种类较少的自养微生物。对一切异养微生物来说，其碳源同时又兼作能源，因此，这种碳源又称双功能营养物。

2. 氮源

提供微生物生长繁殖所需氮元素的营养源，称为氮源。氮是构成蛋白质和核酸的主要元素，氮占细菌干物质量的 12%～15%，与碳源相似，氮源也是微生物的主要营养物。微生物的氮源谱有许多特点，与碳源谱类似，微生物的氮源谱也明显比动物或植物的广。在微生物培养基成分中，最常用的有机氮源是牛肉浸出物（牛肉膏）、酵母膏、植物的饼粕粉和蚕蛹粉等，由动、植物蛋白质经酶消化后的各种蛋白胨尤为广泛使用。

3. 能源

能源为微生物生命活动提供最初能量来源的营养物或辐射能。各种异养微生物的能源就是其碳源。化能自养微生物的能源十分独特，它们都是一些还原态的无机物质，例如 NH_4^+、NO_2^-、S、H_2S、H_2 和 Fe^{2+} 等。能利用这种能源的微生物都是一些原核生物，包括亚硝酸细菌、硝酸细菌、硫化细菌、硫细菌、氢细菌和铁细菌等。由于化能自养型微生物的存在，使人们扩大了对生物圈能源的认识，改变了以往认为生物界只是直接或间接利用太阳能的旧观念。例如，2006 年在南非一金矿的 2.8 km 处的水层中，发现了以硫化物为能源的自养细菌；20 世纪 70 年代末，在东太平洋深海热液口，也发现过以化能自养细菌为基础的“黑暗食物链”。某一具体营养物可同时兼有几种营养要素功能。例如，光辐射能是单功能营养“物”（能源），还原态的无机物 NH_4^+ 是双功能营养物（能源、氨源），而氨基酸类则是三功能营养物（碳源、氮源、能源）。

4. 生长因子

生长因子是一类对调节微生物正常代谢所必需，但不能用简单的碳源、氮源自行合成的微量有机物。由于它没有作为能源和碳源、氮源等结构材料的功能，因此需要量一般很少。广义的生长因子除了维生素外，还包括碱基、卟啉及其衍生物、甾醇、胺类、C_4～C_6的分支或直链脂肪酸，有时还包括氨基酸营养缺陷突变株所需要的氨基酸，而狭义的生长因子一般仅指维生素。

5. 无机盐

无机盐或矿质元素主要可为微生物提供除碳源、氮源以外的各种重要元素。凡生长所需浓度在 10^{-4}～10^{-3} mol/L 范围内的元素，可称为大量元素，如 P、S、K、Mg、Na、Ca 和 Fe 等；凡所需浓度在 10^{-8}～10^{-6} mol/L 范围内的元素，称为微量元素，如 Cu、Zn、Mn、Mo、Co、Ni、Sn、Se、B、Cr、W 和 V 等。

6. 水

除蓝细菌等少数光能自养型微生物能利用水中的氢来还原 CO_2 以合成糖类外，其他微生物并非真正把水当作营养物。即使如此，由于水在微生物代谢活动中的不可缺少性，故仍应作为营养要素来考虑。微生物细胞的含水量很高，细菌、酵母菌和霉菌的营养体含水量分别约为 80%、75%和 85%，霉菌孢子约含 39%的水，而细菌芽孢核心部分的含水量则低于 30%。

（二）微生物的营养类型

由于微生物种类繁多，其营养类型比较复杂（表 3-1）。根据碳源、能源及电子供体性质的不同，可将绝大部分微生物分为光能无机自养型、光能有机异养型、化能无机自养型及化能有机异养型 4 种类型（表 3-2）。另外，有少数微生物为化能无机异养型，又称混养型，它们以还原性无机物为能源和电子供体，以有机物为碳源生长。

表 3-1　微生物的营养类型

划分依据	营养类型	特点
碳源	自养型	以 CO_2 为唯一或主要碳源
	异养型	以有机物为碳源
能源	光能营养型	以光为能源
	化能营养型	以有机物、无机物氧化释放的化学能为能源
电子供体	无机营养型	以还原性无机物为电子供体
	有机营养型	以有机物为电子供体

表 3-2　微生物的主要营养类型

营养类型	电子供体	碳源	能源	举例
光能无机自养型	H_2、H_2S、S 或 H_2O	CO_2	光能	紫硫细菌、绿硫细菌、蓝细菌、硅藻
光能有机异养型	有机物	有机物	光能	紫色非硫细菌、绿色非硫细菌

（续）

营养类型	电子供体	碳源	能源	举例
化能无机自养型	H_2、H_2S、Fe^{2+}、NH_3 或 NO_2^-	CO_2	化学能（无机物氧化）	氢氧化细菌、硫氧化细菌、硝化细菌、产甲烷菌、铁氧化细菌
化能有机异养型	有机物	有机物	化学能（有机物氧化）	绝大多数非光合微生物，包括大多数病原菌、真菌、很多原生动物和古菌

二、微生物的代谢

代谢是生命存在的基本特征，是生物体内所进行的全部生化反应的总称。它主要由产能代谢和耗能代谢两个过程组成。产能代谢是指细胞将大分子物质降解成小分子物质，并在这个过程中产生能量；耗能代谢是指细胞利用简单的小分子物质合成复杂大分子，在这个过程中消耗能量。耗能代谢所利用的小分子物质来源于产能代谢过程中产生的中间产物或环境中的小分子营养物质。

（一）微生物产能代谢

微生物的产能代谢是指物质在生物体内经过一系列连续的氧化还原反应，逐步分解并释放能量的过程，故又称为产能代谢或生物氧化。在生物氧化过程中释放的能量可被微生物直接利用，也可通过能量转换储存在高能键化合物（如 ATP）中，以便逐步被利用，还有部分能量以热或光的形式被释放到环境中。异养微生物利用有机物，自养微生物则利用无机物，通过生物氧化来进行产能代谢。

1. 异养微生物的生物氧化

异养微生物将有机物氧化，根据氧化还原反应中电子受体的不同，可将微生物细胞内发生的生物氧化反应分成发酵和呼吸两种类型，而呼吸又可分为有氧呼吸和无氧呼吸两种方式。

（1）发酵。发酵是指微生物细胞将有机物氧化释放的电子直接交给底物本身未完全氧化的某种中间产物，同时释放能量并产生各种不同的代谢产物。在发酵条件下，有机物只是部分被氧化，因此，只释放出一小部分的能量。发酵过程的氧化与有机物的还原相偶联，被还原的有机物来自初始发酵的分解代谢产物，即不需要外界提供电子受体。发酵的种类有很多，可发酵的底物有糖类、有机酸、氨基酸等，其中以微生物发酵葡萄糖最为重要。生物体内葡萄糖被降解成丙酮酸的过程称为糖酵解。

（2）呼吸作用。微生物在降解底物的过程中，将释放出的电子交给 $NAD(P)^+$、FAD 或 FMN 等电子载体，再经电子传递系统传给外源电子受体，从而生成水或其他还原型产物并释放出能量的过程，称为呼吸作用。其中，以分子氧作为最终电子受体的称为有氧呼吸；以氧化型化合物作为最终电子受体的称为无氧呼吸。呼吸作用与发酵作用的根本区别在于：电子载体不是将电子直接传递给底物降解的中间产物，而是交给电子传递系统，逐步释放出能量后再交给最终电子受体。

①有氧呼吸。葡萄糖经过糖酵解作用形成丙酮酸，在发酵过程中，丙酮酸在缺氧或无

氧条件下转变成不同的发酵产物；而在有氧呼吸过程中，丙酮酸进入三羧酸循环，被彻底氧化生成CO_2和水，同时释放大量能量。

②无氧呼吸。某些厌氧和兼性厌氧微生物在无氧条件下进行无氧呼吸。无氧呼吸的最终电子受体不是氧，而是像NO_3^-、NO_2^-、SO_4^{2-}、$S_2O_3^{2-}$及CO_2等这类外源受体。无氧呼吸也需要细胞色素等电子传递体，并在能量分级释放过程中伴随有磷酸化作用，也能产生较多的能量用于生命活动。但由于部分能量随电子转移传给最终电子受体，所以生成的能量不如有氧呼吸产生的多。

2. 自养微生物的生物氧化

一些微生物可以氧化无机物获得能量，同化合成细胞物质，这类细菌称为化能自养微生物。它们在无机能源氧化过程中通过氧化磷酸化产生ATP。

(1) 氨的氧化。氨（NH_3）和亚硝酸（NO_2^-）都是可以用作能源的最普通的无机氮化合物，能被硝化细菌所氧化。氨氧化为硝酸的过程可分为两个阶段，先由亚硝化细菌将氨氧化为亚硝酸，再由硝化细菌将亚硝酸氧化为硝酸。由氨氧化为硝酸是通过这两类细菌依次进行的。

(2) 硫的氧化。硫杆菌能够利用一种或多种还原态或部分还原态的硫化合物（包括硫化物、硫代硫酸盐、多硫酸盐和亚硫酸盐）做能源。

(3) 铁的氧化。从亚铁到高铁状态的氧化，对于少数细菌来说也是一种产能反应，但在这种氧化中只有少量的能量可以被利用。

(4) 氢的氧化。氢细菌都是一些呈革兰氏阴性的兼性化能自养菌。它们能利用分子氢氧化产生的能量同化CO_2，也能利用其他有机物生长。

（二）微生物耗能代谢

微生物利用能量代谢所产生的能量、中间产物以及从外界吸收的小分子，合成复杂的细胞物质的过程标为耗能代谢或生物合成。耗能代谢所需要的能量由ATP和质子动力提供。在生物合成途径中，一种分子的生物合成途径与它的分解代谢途径通常是不同的。另外，需能的生物合成途径与产能的ATP分解反应相偶联，因而生物合成方向是不可逆的。

1. CO_2的固定

CO_2是自养微生物的唯一碳源，异养微生物也能利用CO_2作为辅助碳源。将空气中的CO_2同化成细胞物质的过程，称为CO_2的固定。微生物有两种同化CO_2的方式，一类是自养式，另一类为异养式。在自养式中，CO_2加在一个特殊的受体上，经过循环反应，使之合成糖并重新生成该受体。在异养式中，CO_2被固定在某种有机酸上。因此，异养微生物即使能同化CO_2，最终却必须靠吸收有机碳化合物生存。自养微生物同化CO_2所需要的能量来自光能或无机物氧化所得的化学能，固定CO_2的途径主要有以下2条：卡尔文循环和还原性三羧酸循环。

2. 生物固氮

所有的生命都需要氮，氮的最初来源是无机氮。尽管空气中氮气的比例达79%，但所有的动植物以及大多数微生物都不能利用分子态氮作为氮源。目前仅发现一些特殊类群的原核生物能够将分子态氮还原为氨，然后再由氨转化为各种细胞物质。微生物将氮还原为氨的过程称为生物固氮。

3. 肽聚糖的生物合成

肽聚糖是绝大多数原核生物细胞壁所含有的独特成分；它在真细菌的生命活动中有着重要的功能，尤其是许多重要抗生素例如青霉素、头孢霉素、万古霉素、环丝氨酸和杆菌肽等呈现其选择毒力的物质基础；它的合成机制复杂，并必须运送至细胞膜外进行最终装配等。整个肽聚糖的合成过程约有 20 步，可分成在细胞质中、细胞膜上和细胞膜外 3 个合成阶段。

（三）微生物代谢调节

微生物代谢调节主要是通过控制酶的作用来实现的，因为任何代谢途径都由一系列酶促反应构成。微生物代谢调节主要有两种类型，一类是酶活性调节，调节的是已有酶分子的活性，发生在酶化学水平上；另一类是酶合成的调节，调节的是酶分子的合成量，发生在遗传学水平上。在细胞内这两种方式协调进行。

1. 酶活性调节

酶活性调节是指一定数量的酶，通过其分子构象或分子结构的改变来调节其催化反应的速率。这种调节方式可以使微生物细胞对环境变化做出迅速的反应。酶活性调节受多种因素影响，如底物的性质和浓度、环境因子以及其他酶的存在都有可能激活或控制酶的活性。

2. 分支合成途径调节

不分支的生物合成途径中的第一个酶受末端产物的抑制，而在有两种或两种以上的末端产物的分支代谢途径中，调节方式较为复杂。其共同特点是每个分支途径的末端产物控制分支点后的第一个酶，同时每个末端产物又对整个途径的第一个酶有部分抑制作用。

三、微生物的培养

（一）微生物的培养基

培养基是指由人工配制的、含有六大营养要素、适合微生物生长繁殖或产生代谢产物用的混合营养料。任何培养基都应具备微生物生长所需要的六大营养要素，且其间的比例是合适的。制作培养基时应尽快配制并立即灭菌，否则就会杂菌丛生，并破坏其固有的成分和性质。培养基的名目繁多、种类各异，以下按三个大类予以介绍。

1. 按培养基性质分类

（1）天然培养基。天然培养基是指一类利用动、植物或微生物体包括用其提取物制成的培养基，这是一类营养成分既复杂又丰富、难以说出其确切化学组成的培养基。例如培养多种细菌所用的牛肉膏蛋白胨培养基，培养酵母菌的麦芽汁培养基等。天然培养基的优点是营养丰富、种类多样、配制方便、价格低廉，缺点是成分不清楚、不稳定。

（2）组合培养基。组合培养基又称合成培养基或综合培养基，是一类按微生物的营养要求精确设计后用多种高纯化学试剂配制成的培养基。组合培养基的优点是成分精确、重演性高，缺点是价格较贵、配制麻烦，且微生物生长比较一般。

（3）半组合培养基。半组合培养基又称半合成培养基，指一类主要以化学试剂配制，同时还加有某种或某些天然成分的培养基，例如，培养真菌的马铃薯蔗糖培养基等。

2. 按培养基外观分类

（1）固体培养基。在液体培养基中加入一定量凝固剂即固体培养基。常用的凝固剂有琼脂、明胶和硅胶。

（2）半固体培养基。半固体培养基中凝固剂的含量比固体培养基少，琼脂量一般为0.2%～0.7%。半固体培养基常用来观察微生物的运动特征、分类鉴定及噬菌体效价滴定等。

（3）液体培养基。液体培养基中不加凝固剂。在用液体培养基培养微生物时，通过振荡或搅拌可以增加培养基的通气量，同时使营养物质分布均匀。液体培养基常用于大规模工业生产以及在实验室进行微生物的基础理论和应用方面的研究。

3. 按培养基的功能分类

（1）选择培养基。这是一类根据某微生物的特殊营养要求或其对某化学、物理因素抗性的原理而设计的培养基，具有使混合菌样中的劣势菌变成优势菌的功能，广泛用于菌种筛选等领域。

（2）鉴别培养基。一类添加有能与目的菌的无色代谢产物（或酶）发生显色反应（或水解圈）的指示剂，从而达到只需通过肉眼辨别颜色就能方便地从近似菌落中找出目的菌菌落的培养基。

（二）微生物的培养过程

营养物质进入微生物细胞，必须通过细胞膜运送营养物质，细胞膜运送营养物质有4种方式，即单纯扩散、促进扩散、主动转运和基团转位，这是微生物培养的一般过程。

1. 单纯扩散

单纯扩散属于被动运送，指疏水性双分子层细胞膜（包括孔蛋白在内）在无载体蛋白参与下，单纯依靠物理扩散方式让许多小分子、非电离分子尤其是亲水性分子被动通过的一种物质运送方式。通过这种方式运送的物质主要是O_2、CO_2、乙醇、甘油和某些氨基酸分子。由于单纯扩散对营养物的运送缺乏选择能力和逆浓度梯度的“浓缩”能力，因此不是细胞获取营养物的主要方式。

2. 促进扩散

促进扩散指溶质在运送过程中，必须借助存在于细胞膜上的底物特异载体蛋白的协助，但不消耗能量的一类扩散性运送方式。载体蛋白借助自身构象的变化，在不耗能的条件下可加速把膜外高浓度的溶质扩散到膜内，直至膜内外该溶质浓度相等为止。促进扩散是可逆的，它也可以把细胞内浓度较高的某些营养物运至胞外。一般地说，促进扩散在真核细胞中要比原核细胞中更为普遍。

3. 主动转运

主动转运指一类须提供能量（包括ATP、质子动势或“离子泵”等）并通过细胞膜上特异性载体蛋白构象的变化，而使膜外环境中低浓度的溶质运入膜内的一种运送方式。由于它可以逆浓度梯度运送营养物，所以对许多生存于低浓度营养环境中的贫养菌的生存极为重要。主动转运的主要有无机离子、有机离子（某些氨基酸、有机酸等）和一些糖类（乳糖、葡萄糖、麦芽糖、半乳糖、蜜二糖以及阿拉伯糖、核糖）等。

4. 基团转位

基团转位指一类既需特异性载体蛋白的参与，又耗能的一种物质运送方式，其特点是溶质在运送前后会发生分子结构的变化，因此不同于一般的主动转运。基团转位广泛存在于原核生物中。基团转位主要用于运送各种糖类（葡萄糖、果糖、甘露糖等）、核苷酸、丁酸和腺嘌呤等物质。

第三节　微生物的生长与控制

微生物生长是细胞物质有规律地、不可逆地增加，导致细胞体积扩大的生物学过程，这是个体生长的定义。繁殖是微生物生长到一定阶段，由于细胞结构的复制与重建并通过特定方式产生新的生命个体，即生命个体数量增加的生物学过程。生长是一个逐步发生的量变过程，繁殖是一个产生新的生命个体的质变过程。在低等特别是在单细胞的生物中，由于个体微小，这两个过程是紧密联系又很难划分的。微生物生长又可以定义为在一定时间和条件下细胞数量的增加，这是微生物群体生长的定义。

一、微生物生长的测定

微生物生长情况可以通过测定单位时间里微生物数量或生物量的变化来评价。微生物生长的测定方法有计数法、重量（质量）法和生理指标法等。

1. 计数法

此方法通常用来测定样品中所含细菌、孢子、酵母菌等单细胞微生物的数量。计数法又分为直接计数和间接计数两类。直接计数法是利用特定的细菌计数板或血细胞计数盖玻片板，在显微镜下计算一定容积样品中微生物的数量。间接计数法又称活菌计数法，其原理是每个活细菌在适宜的培养基和良好的生长条件下可以生长形成一个菌落。常用的菌落计数法是将待测样品经一系列 10 倍稀释，放入无菌培养皿，再倒入适量的培养基，长出菌落后计数。还可以在样品 10 倍稀释后，将稀释的菌液加到已制备好的平板上，然后用无菌涂棒将菌液涂布到整个平板表面，放入适宜温度下培养，计算菌落数，该方法称为平板涂布（菌落计数）法。

2. 重量（质量）法

重量（质量）法是根据每个细胞有一定的质量而设计的。它可以用于单细胞、多细胞以及丝状微生物生长的测定。将一定体积的样品通过离心或过滤将菌体分离出来，经洗涤，再离心后直接称量，求出湿物质量。不论是细菌还是丝状菌样品，都可以将它们放在已知质量的培养皿或烧杯内，于 105 ℃烘干至恒重，取出放入干燥器内冷却，再称量，求出微生物干物质量。除了干物质量、湿物质量反映细胞物质质量外，还可以通过测定细胞中蛋白质或 DNA 的含量反映细胞物质的量。将一定体积的细菌悬液离心，从细菌细胞中提取 DNA，求得 DNA 含量，则可计算出一定体积中细菌悬液所含的细菌总数。

3. 生理指标法

有时还可以用生理指标测定法测定微生物数量。生理指标包括微生物的呼吸强度、耗氧量、酶活性、生物热等。样品中微生物数量越多或生长越旺盛时，这些指标越明显，因此可以借助特定的仪器如瓦勃氏呼吸仪、微量量热计等设备来测定相应的指标，根据这些指标测定微生物数量。

二、微生物的生长规律

（一）微生物的生长曲线

定量描述液体培养基中微生物群体生长规律的曲线，称为生长曲线。当把少量纯种单细胞微生物接种到恒容积的液体培养基中进行批式培养后，在适宜的温度、通气等条件下。该群体就会由小到大，发生有规律的增长。如以细胞数目的对数值作纵坐标，以培养时间作为横坐标，就可画出一条由迟缓期、对数生长期、稳定期和衰退期 4 个阶段组成的曲线，这就是微生物的典型生长曲线（图 3-1）。它只适合单细胞微生物如细菌和酵母菌，而对丝状生长的真菌或放线菌而言，只能画出一条非典型的生长曲线，例如，真菌的生长曲线大致可分 3 个时期，即生长延滞期、快速生长期和生长衰退期。

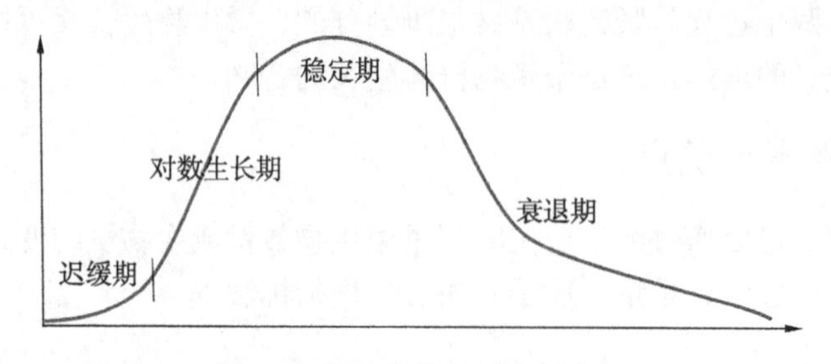

图 3-1　微生物的典型生长曲线

（二）影响微生物生长的主要因素

1. 营养物质

营养物质不足会导致微生物生长所需要的碳源、氮源、无机盐等成分不足，此时机体一方面降低或停止细胞物质合成，避免能量的消耗，或者通过诱导合成特定的运输系统，充分吸收环境中微量的营养物质以维持机体的生存；另一方面机体对胞内某些非必需成分或失效的成分进行降解以重新利用，这些非必需成分是指胞内储存的物质、无意义的蛋白质与酶、mRNA 等。

2. 水

水是机体中的重要组成成分，它是一种起着溶剂和运输介质作用的物质，参与机体内水解、缩合、氧化还原等反应在内的整个化学反应，并在维持蛋白质等大分子物质稳定的天然状态上起着重要作用。

3. 温度

根据微生物生长的最适温度不同，可以将微生物分为嗜冷、兼性嗜冷、嗜温、嗜热和超嗜热 5 种不同的类型。它们都有各自的最低、最适和最高生长温度。温度对微生物生长的影响具体表现在：

①影响酶活性。微生物生长过程中所发生的一系列化学反应绝大多数是在特定酶催化下完成的，每种酶都有最适的酶促反应温度。温度变化影响酶促反应速率，最终影响细胞物质合成。

②影响细胞膜的流动性。温度高细胞膜流动性大，有利于物质的运输，温度低流动性降低，不利于物质运输，因此温度变化影响营养物质的吸收与代谢产物的分泌。

③影响物质的溶解度。物质只有溶于水才能被机体吸收或分泌，除气体物质以外，物质的溶解度随温度上升而增加，随温度降低而降低，最终影响微生物的生长。

4. pH

微生物生长过程中机体内发生的绝大多数的反应是酶促反应，而酶促反应都有最适pH范围，在此范围内只要条件适合，酶促反应速率最高，微生物生长速率最大，因此微生物生长也有最适生长的pH。另外，微生物生长还有最低与最高的pH，低于或高出这个值，微生物的生长就被抑制。不同微生物生长的最适、最低与最高的pH也不同。

5. 氧

根据氧与微生物生长的关系可将微生物分为好氧、微好氧、耐氧厌氧、兼性厌氧和专性厌氧5种类型。

三、有害微生物的控制

（一）控制微生物的化学物质

抗微生物剂是能够杀死微生物或抑制微生物生长的化学物质。根据它们抗微生物的特性可分为抑菌剂和杀菌剂，抑菌剂能抑制微生物生长，但不能杀死它们，而杀菌剂能杀死微生物细胞。根据适用对象不同，抗微生物剂可分为消毒剂和防腐剂。另外，用于治疗由微生物导致的疾病的抗微生物剂分为抗代谢物和抗生素。

1. 消毒剂和防腐剂

消毒剂和防腐剂均具有杀死或抑制微生物生长的作用，消毒剂适用于非生物物质，而防腐剂由于对于人体或动物的组织无毒害作用，可作为人或动物的外用抗微生物药物。

2. 抗代谢物和抗生素

抗代谢物是一些与酶的正常底物或中间产物结构类似的物质，能与酶的正常底物或中间产物竞争酶的活性部位使反应停止，从而阻断代谢途径。因此抗代谢物可以用于抑制微生物生长，在治疗由病原微生物引起的疾病中起着重要作用。

抗生素是由某些生物合成或半合成的一类次级代谢产物或衍生物，它们能抑制微生物生长或杀死微生物。抗生素主要是通过抑制细菌细胞壁合成、破坏细胞膜、作用于呼吸链以干扰氧化磷酸化、抑制蛋白质合成、抑制核酸合成等方式来抑制微生物的生长或杀死微生物。抗生素与抗代谢物是临床上广泛使用的化学治疗剂，但多次重复使用，使一些微生物变得对它们不敏感，作用效果也越来越差。

（二）控制微生物的物理因素

控制微生物的物理因素主要有温度、辐射作用、过滤、渗透压、干燥和超声波等，它们对微生物生长能起抑制作用或杀灭作用。

1. 高温灭菌

当温度超过微生物适宜生长的最高温度或低于适宜生长的最低温度都会对微生物产生杀灭作用或抑制作用。高压蒸汽灭菌的温度越高，微生物死亡越快。干细胞比湿细胞有更强的抗热性，它们的灭菌需要更高的温度或更长的时间。另一种杀菌方法是煮沸消毒，将待消毒物品在水中煮沸 15 min 或更长时间，以杀死细菌或其他微生物的营养细胞和少部分的芽孢或孢子。对于一些玻璃器皿、金属用具等耐热物品还可以用干热灭菌法进行灭菌，但干热灭菌比湿热灭菌所需温度高，时间长。例如，171 ℃需要 1 h，160 ℃需 2 h，121 ℃需 16 h 等。牛奶或其他液态食品一般都采用超高温灭菌，即 135～150 ℃，灭菌 2～6 s，既可杀菌和保质，又缩短了时间。

2. 辐射作用

辐射灭菌是利用电磁辐射产生的电磁波杀死大多数物体上的微生物的一种有效方法。用于灭菌的电磁波有微波、紫外线（UV）、X 射线和 γ 射线等，它们都能通过特定的方式控制微生物生长或杀死它们。

3. 过滤除菌

高压蒸汽灭菌可以杀灭一般器皿和培养基中的微生物，但对于空气和不耐热的溶液灭菌是不适宜的，为此人们设计了过滤除菌的方法。

4. 高渗作用

细菌接种到培养基里以后，细胞通过渗透作用使细胞质与培养基的渗透压力达到平衡。如果培养基的渗透压力高（即 a_w值低），原生质中的水向培养基扩散，这样会导致细胞发生质壁分离使生长受到抑制。因此，提高环境的渗透压力即降低 a_w值，就可以达到控制微生物生长的目的。例如，用盐（浓度通常为 10%～15%）腌制的鱼、肉就是通过加盐使新鲜鱼、肉脱水，降低它们的水活度，使微生物不能在它们上面生长。通过加糖（浓度一般为 50%～70%）将新鲜水果制成果脯、蜜饯，降低水果的 a_w值，抑制微生物生长与繁殖，起到防止腐败变质的作用。

5. 干燥

降低物质的含水量直至干燥，就可以抑制微生物生长，防止食品、衣物等物质的腐败与霉变。因此，干燥是保存各种物质的重要手段之一。

6. 超声波

超声波处理微生物悬液可以达到消灭微生物的目的。超声波处理微生物悬液时由于超声波探头的高频率振动，能在溶液内产生空穴，空穴内处于真空状态，只要悬液中的细菌接近或进入空穴区，由于细胞内外压力差，细胞就会裂解，超声波的这种作用称为空穴作用；另一方面，由于超声波振动，机械能转变成热能，导致溶液温度升高，使细胞产生热变性从而抑制或杀死微生物。

第四章　作物生产与气象条件

传统农业基本“靠天吃饭”，强调了气象条件对农业生产的重要性。现代生物技术、现代工业装备技术、现代农艺技术的迅速发展，降低了对自然的依赖程度，但作物生产始终需要关注气象条件。

第一节　作物生产与气象学

一、气象学基本知识

(一) 作物生产与气象的关系

大气是包围地球的空气的总称，是地球上一切生命赖以生存的重要的物质基础与环境条件。气象是大气各种物理、化学状态和现象的统称。气象学是研究气象变化特征和规律的科学。气象因素既是农业生产的重要环境与资源，又对土壤、水文、生物等其他农业环境因子和农业自然资源有重要的影响。由于农业生产主要露天进行，农业成为对环境气象条件最为敏感和依赖性最强的产业。气象灾害常常给农业生产造成巨大损失，全球气候变化对未来农业可持续发展也带来巨大威胁。

1. 大气提供了农业生物的重要生存环境和物质、能量基础

农业生产的对象是植物、动物、微生物等生命有机体，其生长发育和一切生命活动都离不开温度、水分、光照、气体成分、气流等气象要素。特别是绿色植物光合作用的基本原料 CO_2 来自大气环境，农业动物和农用微生物的物质能量转换过程又都建立在消耗和分解绿色植物的基础上。

2. 大气提供了可供农业生产利用的气候资源

农业生物顺利完成生长发育或完成预定农事活动都需要一定的物质基础、能量积累和有利环境，其中可用的物质、能量和有利的气象条件称为农业气候资源。严重不利的大气环境条件往往形成农业气象灾害，是导致农业生产波动的最主要原因。

3. 气象条件对农业设施和农业生产活动的全过程产生影响

气象条件对温室、畜舍、仓库等农业设施的小气候及生产性能产生影响，对农机作业、化肥和农药等生产资料的使用和效率，以及农产品加工、运输、储藏等产后活动有很大影响。

4. 大气还影响着农业生产的宏观生态环境和其他自然资源

土壤、植被、水体等其他环境系统的形成与演变很大程度上受到大气环境的影响和制约。土地、水资源、生物等其他自然资源的数量、质量及其与气候资源的相互配置关系，以及农业生产类型分布和经济效益，特别是人类活动产生的温室效应导致的全球气候变化及其应对措施，直接关系到人类社会、经济的可持续发展。

5. 农业生产活动对大气环境的反作用

大规模垦荒、植树造林、水利工程等人类活动对局地大气环境产生各种影响。稻田和饲养的反刍动物是仅次于 CO_2 的温室气体——甲烷的主要来源，但种植业又是吸收 CO_2、减轻温室效应的主要途径之一。局地农业措施也会对周围小气候环境产生一定影响。

（二）大气的组成

现代大气是由一些永久气体、水汽、雾滴、冰晶和尘埃等混合组成的。这种混合物一般分为三类：干洁大气、水汽和气溶胶粒子。

1. 干洁大气

干洁空气是指大气中除去水汽、液体和固体微粒以外的整个混合气体，简称干空气。它的主要成分是氮、氧、氩、二氧化碳等，其容积含量占全部干洁空气的99.99%以上。其余还有少量的氢、氖、氪、氙、臭氧等。除 CO_2、O_3 和一些微量气体在时间、空间上有些改变外，低层大气在空气对流、湍流及扩散作用下，各种主要气体混合得相当均匀，因此，在这层空气中，干洁大气成分的比例基本上是不变的。干洁大气中对人类活动影响比较大的是 N_2、O_2、O_3 和 CO_2。

2. 水汽

大气中的水汽来自江、河、湖、海及潮湿物体的蒸发，因此，它在大气中的分布极不均匀，主要集中在低层大气中，随着高度的增加，水汽密度逐渐降低。水汽集中在100～200 m及以下的近地面对流层，在1.5～2 km处水汽密度约为近地面的50%，5 km高度仅为近地面的10%，再往上水汽的含量就很少了。水汽在水平方向上的分布也是不均匀的。在炎热的大沙漠中央区域，空气中水汽含量接近于零；在温暖的洋面上空，水汽的比例可达到4%左右；在极地平均为0.02%；而在热带平均为2.5%。大气中的雾、云、雨、雪、雹等天气现象都是水汽相变的产物。水汽还是自然界中水分由海洋转移到陆地的使者，它制约着云的形成和雨的降落，通过地面和植被的蒸发、蒸腾作用，调节着大气的湿度并完成热量的转移。

3. 气溶胶粒子

气溶胶粒子是悬浮在大气中的固态和液态颗粒物，粒径为若干微米。气溶胶是形成雨的凝结核，对云雾的形成起重要作用。气溶胶按来源分为自然源和人工源两大类，自然源主要包括火山喷发的烟尘、风吹起的土壤微粒、海水飞溅扬入大气后蒸发出的盐粒、细菌、微生物、植物的孢子花粉、流星燃烧产生的细小微粒和宇宙尘埃等；人工源主要包括燃料燃烧产生的灰尘等。大气中的气溶胶粒子呈浮游态，使大气能见度降低，减少太阳辐射和地面辐射，影响地面和空气的温度。沉降在叶片上的固体颗粒可以强烈地吸收太阳辐射，产生高温，灼伤叶片，还对叶片遮光，堵塞气孔，影响光合作用的正常进行。

（三）大气的结构

大气在垂直方向上的物理性质具有显著的差异。大气质量、密度、压力都具有随高度增加而下降的共同特点。而温度、成分、电荷和大气运动情况等物理性质在不同高度层上却是不同的。根据温度、空气运动方向和光解程度等现象将大气在垂直方向上分为对流层、平流层、中间层、热层和散逸层共5层。

1. 对流层

对流层是大气的最底层，其厚度随着纬度和季节变化而变化。平均而言，纬度越低，对流层越厚，高、中、低纬度的对流层厚度分别为8～9 km、10～12 km和17～18 km。一般来说，夏季较厚，冬季较薄。对流层的主要特征有以下几点。

①气温随高度增加而降低。

②空气具有强烈的对流运动。空气的垂直对流运动，高层和低层的空气能够进行交换和混合，使得近地面的热量、水汽、固体杂质等向上输送，对成云致雨有重要作用。

③气象要素水平分布不均匀。由于对流层受地表影响最大，而地表有海陆、地形起伏等性质差异，使对流层中温度、湿度、CO_2等的水平分布极不均匀。在寒带大陆上空的空气，因受热较少和缺乏水源，就显得寒冷而干燥；在热带海洋上空的空气，因受热多，水汽充沛，就比较温暖而潮湿。温度、湿度等的水平差异，常引起大规模的空气水平运动。

2. 平流层

平流层位于对流层顶到距地面50～55 km的高度。在该层内，最初气温随高度的增高不变或微有上升；到25～30 km及以上，气温随高度上升有显著升高。平流层的主要特征有以下几点。

①气温随高度的上升而升高。

②空气以水平运动为主。垂直混合作用明显减弱，气流比较平稳。

③平流层中水汽含量极少，大多数时天空是晴朗的，有时积雨云可发展到平流层下部。平流层中的微尘远比对流层少。

3. 中间层

从平流层顶到距地面平均85 km的高度为中间层，气温随高度增加迅速降低。这一层没有水汽，仅在75～90km高度有时能见到一种银白色的夜光云，但机会很少。这种夜光云有人认为是由极细微的尘埃组成的。中间层的主要特征有以下几点。①气温随高度增加而迅速降低。②空气的垂直对流运动相当强烈，又称高空对流层。③空气中分子较少，原子相对较多。

4. 热层

热层又称暖层，位于中间层以上，没有明显的顶部，通常认为在垂直方向上，气温从向上增温至转为等温时为其上限。有人观测热层顶部在250～500 km，也有人认为可达800 km。热层的主要特征有以下两点。

①气温随高度的增加迅速升高。

②空气处于高度电离状态。据研究，高层大气（60 km以上）由于受到太阳的强烈辐射，迫使气体原子电离，产生带电离子和自由电子，使高层大气中能产生电流和磁场，并可反射无线电波，又称为电离层。此外，在高纬度地区的晴夜，热层中可以出现彩色的极光。

5. 散逸层

电离层顶以上的大气为散逸层，是大气的最外层。这一层中气温高，空气粒子运动速度很快；又因距地心很远，受地球引力很小，所以大气粒子常可散逸至星际空间。同时也有宇宙空间的粒子闯入大气，两者可保持动态平衡。散逸层的主要特征有以下几点。

①气温随高度升高变化缓慢或基本不变。

②气温很高，空气粒子速度快。

③距地球远，空气受地心引力小。

二、作物生产与光照

（一）光谱成分与农业生产

1. 光谱各成分对植物的作用

不同波段的辐射对植物生命活动起着不同的作用，它们在为植物提供热量、参与光化学反应及光形态的发生等方面，各起着重要作用：

①波长大于 1 000 nm 的辐射，被植物吸收转化为热量，影响植物体温和蒸腾作用，可促进干物质的积累，但不参加光合作用。

②波长在 720～1 000 nm的辐射，只对植物细胞伸长起作用，其中 780～800 nm 的近红外光对光周期及种子形成有重要作用，并控制开花与果实的颜色。

③波长在 610～720 nm 的红光和橙光，可被植物体内叶绿素强烈吸收，光合作用最强，并表现为强光周期作用。

④波长在 510～610 nm 的绿光，表现为低光合作用和弱成形作用。

⑤波长在 400～510 nm 的蓝紫光，可被叶绿素和叶黄素较强烈地吸收，表现为次强的光合作用与成形作用。

⑥波长在 320～400 nm 的紫外光，主要起成形和着色作用，如使植物变矮、颜色变深、叶片变厚等。

⑦波长在 280～320 nm 的紫外光对大多数植物有害。

⑧波长小于 280 nm 的远紫外光可杀死植物。

2. 光合有效辐射

太阳辐射中对植物光合作用有效的光谱成分称为光合有效辐射（PAR），波长范围是 400～700 nm，与可见光基本重合。光合有效辐射占太阳直接辐射的比例随太阳高度角的增加而增加，最高达 45%。而在散射辐射中，光合有效辐射的比例可达 60%～70%，所以多云天反而提高了 PAR 的比例。光合有效辐射平均约占太阳总辐射的 50%。

进入作物群体的光分为两部分：一部分是穿过上部叶片间隙的直射光，呈“光斑”状；另一部分是透过叶片以后的透射光和部分散射光，呈“阴影”状。两部分光照的强度和光谱成分均不同，对光合作用的效应也不同，起作用的主要靠光斑部分。

（二）光照时间与植物生长

1. 光照时间

在天文学上常把日出到日没的时间长度称为可照时数，即昼长。日出前及日落后的一段时间内，虽然太阳直射光不能直接投射到地面上，但地面仍能得到高空大气散射的太阳辐射，天文学上称这部分散射光为晨光和昏光，习惯上合称为曙暮光。光照时间是指可照时数与曙暮光时数的总和。

2. 植物的感光性

昼夜交替及其延续时间长度不仅影响作物开花，也影响落叶、休眠和地下块茎等营养储藏器官的形成。植物对光暗时间长短的这些反应，称为光周期现象。植物按对光周期的反应可分为三类：

①短日照植物。只有在光照长度小于某一时数才能开花，如果延长光照时数，就不开花结实，如大豆、玉米、高粱、棉花、甘薯等原产于热带、亚热带的植物属于此类。

②长日照植物。只有在光照长度大于某一时数后才能开花，如果缩短光照时数就不开花结实，如小麦、大麦、燕麦、亚麻、油菜、甜菜、胡萝卜、菠菜等原产于高纬度的植物属于此类。

③中性植物。这类植物开花不受光照长度的影响，在长短不同的任何光照下都能正常开花结实，如番茄及大豆的某些特早熟品种等都属于此类。一般认为要求光照时间大于12～14 h才能开花的植物为长日照植物，小于这一界限的为短日照植物。但这个临界光照时数彼此有较大的重叠，如在12～14 h的光照下，不少长日照和短日照植物都能开花；不过当光照延长或缩短时，两者的发育有的加快，有的却延缓，它们的差别就显现出来了。

3. 光照时间与作物引种

由于不同纬度与季节的光照时间不同，原产于不同维度地区的作物与品种具有不同的光周期反应和感光性，所以在不同地区间引种时应注意作物与地区之间光照时间的供求对应关系。从光照时间考虑，应注意以下几点。

①纬度相近地区之间，因光照时间相近，引种成功的可能性较大。但应注意，从相同纬度来说。同一日期，两地光照时间应相等，但通常东西两地温度并不相同，如我国东部滨海地区春温比内地低，较低的温度会使作物发育延迟，使两地作物的相同发育期出现于不同日期。

②对短日照作物来说，南种北引时由于北方生长季内光照时间长，将使作物生育期延长，严重的甚至不能抽穗与开花结实，为了使其能及时成熟，宜引用早熟的品种或感光性较弱的品种。反之，北种南引时由于南方春夏生长季内光照时间较短，使作物加速发育，生育期缩短。如果生育期缩得太短，过多地影响了营养体的生长，将降低作物产量，因此北种南引时，宜选用迟熟与感光性弱的品种。

③对长日照作物来说，北种南引时由于日照时间短，将延迟发育与成熟，南种北引则反之。从实际情况看，长日照作物的引种比短日照作物遇到的困难少。因为如果不考虑地势影响，中国南方温度一般比北方高，长日照植物北种南引，温度高使之加快发育，光照短使之延迟发育，所以光照、温度对发育速度的影响有"互相抵偿"的作用，南种北引类似。反之，短日照作物之南北引种，光照、温度对发育速度的影响有"互相叠加"的作用，因而增加了南北引种的困难。

(三) 光照度与作物生产

1. 光饱和点和光补偿点

在一定的光照度范围内，光合作用随光照度的增加而增加，但超过一定的光照度以后，光合作用便保持一定的水平而不再增加了，这种现象称为光饱和现象，这个光照度临界点称为光饱和点，在光饱和点以上的光照度对光合作用不再起作用。在光饱和点以下，当光照度降低时，光合作用也随之降低，当植物通过光合作用制造的有机物质与呼吸作用消耗的物质相平衡时的光照度称为光补偿点。光照度低于光补偿点时，植物的消耗将大于积累。

2. 光强与光能利用率

不同植物对光照度的要求不同，光照过强或不足都会引起植物生长不良，产量降低，出现过热、灼伤、黄化、倒伏等现象，甚至导致死亡。光能利用率一般是指单位土地面积上，农作物通过光合作用所产生的有机物中所含的能量与这块土地所接收到的太阳能的比。光能利用率与光合作用效率具有不同的概念。光合作用效率是指绿色植物通过光合作用制造的有机物中所含有的能量与光合作用所吸收的光能的比值。因此，提高光合作用效率能够提高光能利用率，提高光能利用率不一定提高光合作用效率。

3. 提高作物光能利用率的途径

限制光能利用率的自然因素主要有：作物生长初期覆盖率小、作物群体内光分布不合理、光合作用效率低、中高纬度地区农业受冬季低温的限制、不良的水分供应与大气条件使气孔关闭而影响CO_2的有效性和植物的其他功能、光合作用受空气中CO_2含量的限制、作物营养物质的缺乏和自然灾害（气象与病虫等）的影响等。如果能设法解决上述矛盾，就可以大大提高光能利用率，从而大大提高作物产量。

提高作物光能利用率的途径很多，总体来说，就是要使作物既有适当的叶面积指数，有尽可能长的光合时间，又使单位叶面积有高的光合生产率。可从改革种植制度与方法、改进栽培管理措施、选育优良品种和改造自然与充分利用地区的光能资源等方面来考虑。

三、作物生产与温度

（一）土壤温度

1. 土壤温度的垂直分布

由于不同深度的土层之间昼夜不停地进行热量交换，使得土壤温度的垂直分布具有一定的特点。土壤温度的垂直分布可分为三种类型。

（1）日射型。土壤温度随深度增加而降低的类型。白天，土壤表面得到太阳辐射加热，热量由地表往下层传递。地表是热源，每层土壤在吸收上面传递来的热量增温后，再通过分子传导方式把热量往更下层输送。因此。土壤温度随着深度增加而降低。一年中，夏季土壤温度垂直变化也呈现出随深度增加而降低的情况，亦称为日射型。

（2）辐射型。土壤温度随深度增加而增加的类型。辐射型一般出现在夜间和冬季，是由土壤表面首先冷却造成的，热量由下层向地表传递。

（3）过渡型。在昼夜转换和季节交替时，土壤上下层的温度垂直变化分别呈现日射型和辐射型的特征。上午（或春季）呈现从日射型向辐射型过渡的状态，而下午（或秋季）呈现辐射型向日射型过渡的状态。

2. 土壤温度的时空变化

到达地面的太阳辐射的周期性变化是产生土壤温度周期性变化的主要原因。

（1）一天中的时空变化。一天中土壤温度随时间和空间的变化，称为土壤温度的时空变化。观测表明一天中，土壤表面的最高温度一般出现在13:00左右。因为正午以后，虽然太阳辐射逐渐减弱，但土壤表面吸收的太阳辐射能仍大于其由长波辐射、分子传导、蒸发等方式所支出的热量，即土壤表面的热量收支差额仍为正值，所以温度仍继续上升，直到13:00左右，热量收支达到平衡，土壤表面热量累积达到最大，出现最高温度。此后，土壤表面得热少于失热，温度逐渐下降，至次日将近日出时，热量收支再次达到平衡，热量累积值最小，出现一天的最低温度。地表作为土体的热源和热汇，是土壤中温度变化最大的一层。一天中，土壤最高温度和最低温度之差，称为土壤温度日较差。影响土壤表面温度日较差的主要因子有太阳高度角、土壤热特性、土壤颜色、地形和天气。

(2) 土壤温度的年变化。土壤表面温度的年变化主要取决于太阳辐射能的年变化。在北半球，高纬度地区，土壤表面月平均最高温度一般出现在7月，月平均最低温度出现在1月。一年中，土壤最热月平均温度和最冷月的平均温度之差，称为土壤温度年较差，即土壤温度的年变幅，土壤温度年变幅随着深度增加而降低，一年中不同土层中最高温度出现的时间随着深度的增加而滞后。这是因为热量从地表向下输送过程中，每层土壤都要留下一部分热量，所以越往下获得的热量就越少，增温幅度就越小。同时，热量传导需要一定时间，所以下层土壤温度位相比上层要滞后些。

(二) 水体温度

水田作物的生长发育受水温的影响更为显著。地球表面水体面积远大于陆地面积，水温的变化和土壤温度一样，取决于其表面的热量收支、水体的热交换方式和热力性质。

1. 影响水温变化的因子

水温是表征海洋、湖泊、水田、鱼塘等水体冷热程度的物理量。水面对太阳辐射的反射率小于陆地表面，同时水体又具有一定的透明度，当太阳辐射投射到水面上时可传播到较深层的水体中去，被水体吸收，因此水体的净辐射收入大于陆地。

水的导热率小，水体中热量向深处传播的主要方式是通过对流和风的机械混合作用。水体中的对流运动主要是由水体的密度不同而产生的。风的机械混合作用对水层中热量传播深度的影响，与风力的大小、水体的形态、水体的面积及水体上下层温度有关。当风力越大、水面越开阔时，风的垂直混合作用越大，可使整个水层产生从水面到水底的全面混合，并可使水温趋于一致，产生“全同温”现象。如果水层很深，水面因受地形阻挡，通风性较差时，则混合只限于在上层进行，这样会出现正温层，即水温随深度的增加而降低。水的热容量比土壤大2～3倍，比岩石大5～7倍，比空气大3 000多倍，因而水面温度变化比气温和土壤温度要缓和得多。因此水温的最高值和最低值出现时间较气温与土温有明显的滞后现象。

2. 水层温度的周期性变化

影响水温变化的主要因子是太阳辐射，由于太阳辐射的周期性变化，水层温度也同样存在周期性变化的特点。一天中，水面最高温度出现在15:00—16:00，最低温度出现在日出后的2～3 h。水面温度的日较差小于土壤表面，在中纬度湖面上，水面温度日较差为2.0～5.0℃；大洋表面的温度日较差更小。水面温度的年较差也小于陆地表面，深水湖和内海表面温度年较差为15.0～20.0℃；而大洋表面的温度年较差更小。水温的日较差和年较差都随着水层深度的增加而减小，水体日恒温层为15～20m，水体年恒温层为

100～150 m。随着水层深度的增加，水温极值出现的时间也滞后，大约深度每增加 60m，极值出现的时间滞后一个月。

3. 水温的空间分布

海水表层温度的水平分布主要受地理纬度的制约。赤道的大洋表层年平均温度为27℃左右，南北纬 30°—40°为 18℃左右，两极水域低于 0℃。由于南半球海洋面积更广，北半球大陆相对集中，北半球相同纬度的海水表层温度比南半球高，但底层差别不大。大洋与海的表层水温状况有所不同。大洋中心部分不受大陆影响，表层水温稳定，而内海、边缘海受大陆或所在地区气候影响显著，表层水温差异很大。例如，波斯湾和红海地处热带干燥气候区域又深入大陆内部，深受大陆影响，其表层水温可达 35℃，反比赤道带海洋表层水温高。海水温度垂直分布相当简单，在常温层以下，大致深度每增加 1 000 m，温度降低1～2℃。

在 45°S 至 45°N 海水温的垂直分布一般可分三层：第一层为混合层；第二层为温跃层（又称斜温层），水温随深度增加而急剧降低，水温垂直梯度大，在 1 000～2 000 m 的水层温度从表层向下层降低很快；第三层为常温层，在温跃层以下直到海底，水温变化很小，常在 2～6℃，尤其在 2 000～6 000 m 深度区，水温为 2℃左右，故称常温层。

湖泊和水库的水温垂直分布可分为三层：第一层为湖上层，水温较高且垂直变化较小；第二层为温跃层，为水温垂直变化最剧烈、温度垂直温度最大的中间层；第三层为湖下层，水温较低且变化较小。

通常把湖泊水温随着深度增加而降低的水层称为正温层，反之水温随深度增加而增加的称为逆温层。海水温度在 1～2℃时，其密度最大，而淡水在 4℃时密度最大。冬季湖泊表面水温低于 4℃时，形成逆温层。随着春季来临，气温升高、表层水温也逐渐升高（密度增大），造成水上下层对流而破坏逆温层，使水体处于一个全同温状态。随气温的继续升高，表层水温逐渐升高（>4℃）而变成上高下低的正温层状态。随着天气变暖，白天升温越来越高而夜间降温不大。夜间降温下沉的水团就会在中间层形成一个温差很大的薄水层，称为温跃层。一般风浪作用较小且水深在 5 m 以上的湖泊，夏季很容易形成温跃层，而风浪作用剧烈且较浅的湖泊不会形成温跃层。当秋季来临，表层水温下降而造成上下层水对流，逐渐又会达到一个全同温状况。以后水温继续下降，当表层水温低于 4℃时又会形成逆温层。

温跃层的形成对渔业影响极大，它阻碍氧气透入底层，造成底部有机质不能分解，阻碍底层营养物质到达表层供浮游生物利用。温跃层还是水生动物不易克服的障碍，而且由于秋季出现全同温状态时，随上下层水的对流将底部大量的未分解的有机质突然翻至整个水层中，造成水质恶化。

（三）空气温度

空气温度（气温）是表征空气冷热程度的物理量。空气温度状况是支配天气变化的重要因子之一，因此气温既是天气预报的重要项目，也是天气预报的重要依据。

气温变化反映空气内能大小的变化，当空气获得热量时，内能增加，温度升高，当空气失去热量时，内能减少，温度降低。引起空气内能变化的原因有两种：一种是空气与外界没有热量交换，内能变化是由外界对空气做功或空气对外做功引起的，称为绝热变化；

另一种则是空气与外界发生热量交换而引起的内能变化，称为非绝热变化。空气温度的非绝热变化导致气温的垂直分布和周期性变化。

1. 气温的垂直分布

在对流层中，气温随高度的增加而降低。一方面，地面是大气增温的主要和直接热源，对流层增温主要依靠吸收地面长波辐射，因而离地面越远，获得的地面长波辐射的热能越少，气温越低。另一方面，距离地面越近，对地面辐射吸收能力较强的水汽和气溶胶粒子也就越多，气温也就越高；越远离地面，水汽和气溶胶粒子越少，则温度越低。

2. 气温的周期性变化

空气温度高低取决于空气的热量收支情况，低层空气的热量主要来源于下垫面，下垫面的热源是太阳辐射，地面得到的太阳辐射和地面辐射平衡具有明显的日和年的周期性变化规律，所以空气温度也随着发生日和年周期性变化，特别是离地 50 m 以下的近地气层，这种变化更加明显。

(1) 气温的日变化。一天中气温随时间的连续变化，称气温的日变化。一天中，气温最高值和最低值之差称为气温日较差。通常最高温度出现在 14:00—15:00，最低温度出现在日出前后。由于季节和天气的影响，可能提前也可能延后。例如，夏季最高气温大多出现在 14:00—15:00，冬季则在 13:00—14:00。由于纬度不同，日出时间不同，所以最低温度出现时间随纬度的不同而有差异。

在农业生产上有时需要有较大的气温日较差，这样不仅有利于作物获得高产，而且可使作物获得优良的品质。影响气温日较差的因素主要有以下几点。

①纬度。气温日较差随纬度的升高而减小。一般热带地区为 12 ℃左右，温带地区为 8～9 ℃，极圈内为 3～4 ℃。

②季节。一般夏季气温日较差大于冬季，但在中高纬度地区，一年中气温日较差最大值却在春季。因为中高纬度地区虽然夏季太阳高度角大，日照时间长，白天温度高，但其昼长夜短，冷却时间不长，使得夜间气温也较高，所以夏季气温日较差不如春季大。

③地形。低凹地（如盆地、谷地）的气温日较差大于凸地（如小山丘）的气温日较差。低凹地形，空气与地面接触面积大，通风不良，获得热量较多，在夜间又常为冷空气下沉汇合之处，故气温日较差大。而凸出地形因风速较大，乱流作用较强，气温日较差小，平地则介于两者之间。

④下垫面性质。下垫面的热特性和对太阳辐射吸收能力的不同，气温日较差也不同。陆地上气温日较差大于海洋，且距海越远，日较差越大。沙土、深色土、干松土壤上的气温日较差分别比黏土、浅色土和潮湿紧密土壤大。

⑤天气。晴天气温日较差比阴（雨）天大，大风天的气温日较差较无风天或小风天要小。

(2) 气温的年变化。气温的年变化和日变化一样，在一年中月平均气温有一个最高值和一个最低值。就北半球来说，中、高纬度内陆地区月平均温度最高值在 7 月出现，月平均温度最低值在 1 月出现。海洋上月平均气温以 8 月为最高、2 月为最低。

一年中月平均气温的最高值与最低值之差称为气温年较差。影响气温年较差的因子如下。

①纬度。气温年较差随纬度的升高而增大。低纬度地区气温年较差很小，高纬度地区气温年较差可达40～50 ℃。例如，我国的西沙群岛（16°50′N）气温年较差只有6 ℃，上海（31°N）为25 ℃，海拉尔（49°13′N）达到46.7 ℃。

②海陆分布。对于同一纬度的海陆来说，陆地冬夏两季热量收入的差值比海洋大，所以陆地上气温年较差比海洋大得多。一般情况下，温带海洋上气温年较差为11 ℃，陆地上气温年较差可达20～60 ℃。

③距海远近。由于水具有较大的热容量，海洋表面温度比较缓和，距海洋越近，受海洋影响越大，气温年较差越小，反之亦然。

3. 气温的非周期性变化

气温除了由太阳辐射的作用引起的周期性的日、年变化外，在大气运动的影响下还会发生非周期性的变化。例如，春季正是春暖花开气温回升的季节，若有北方冷空气南下，会使气温大幅度下降，发生“倒春寒”现象。秋季正是秋高气爽气温下降的时候，若有南方暖空气北上，则会出现气温突升的现象，称为“秋老虎”。

气温的非周期性变化，可以加强或减弱甚至改变气温的周期性变化。实际上，一个地方的气温变化是周期性变化和非周期性变化共同作用的结果，如果前者的作用大，则表现周期性变化；相反，就表现非周期性变化。从总的趋势和大多数情况来看，气温变化的周期性还是主要的。

（四）温度与作物生产

温度直接影响作物的生长、分布和产量，并通过影响作物的发育速度而影响全生育期的长短及各发育期出现的早晚，而发育期出现的季节不同，又会遇到不同的综合条件，发生不同的影响与后果。温度还影响光、水资源的利用与作物生产的安排及病虫害的发生发展等。温度对农业的影响以气温为主，但在讨论植物的地下部分生长发育时经常要用到土温，在讨论水生生物的生长发育时要用到水温，在讨论植物的某个器官或组织的生理功能时还要用到植株的体温。

1. 主要温度指标

（1）三基点温度或五基点温度。对于作物的每一个生命过程来说都有三个基点温度，即最适温度、最低温度和最高温度。在最适温度下作物生长发育迅速、良好，在最低和最高温度下作物停止生长发育，但仍维持生命。当气温高于生育最高温度或低于生育最低温度时，作物开始不同程度地受到危害，直至死亡。所以在三基点温度之外，还可以确定最高致死温度和最低致死温度指标，统称为五基点温度指标。不同作物在不同的发育阶段有不同的三基点温度和五基点温度指标。

在三基点温度中，最适温度接近最高温度，而远离最低温度。三基点温度是最基本的温度指标，用途很广。在确定温度的有效性、作物的种植季节和分布区域，计算作物生长发育速度、生产潜力等方面都必须考虑三基点温度。此外，还可根据各种作物三基点温度的不同，确定其适应的区域，如C_4植物由于适应较高的温度和较强的光照，故在中纬度地区可能比C_3植物高产；而在高纬度地区，C_3植物则可能比C_4植物高产。

（2）农业界限温度。农业界限温度标志某些重要物候现象或农事活动的开始、终止或转折的温度，简称界限温度。农业上常用的界限温度（用日平均气温表示）有：

①0 ℃。春季日平均气温稳定超过 0 ℃，为早春作物开始播种、冬小麦开始返青、多年生果木开始萌动的指标；秋季 0 ℃终止日为北方冬小麦及多年生果木停止生长的日期。故选用高于或等于 0 ℃的持续日数为鉴定地区农事季节长度的指标，而某作物的生长期，即该作物由播种至成熟期间的日数。

②5 ℃。5 ℃为马铃薯等早春作物播种、冬小麦分蘖、喜凉作物开始或停止生长、春季多数树木开始活动的界限温度。高于或等于 5 ℃持续日数为喜凉作物生长期。

③10 ℃。10 ℃下春季喜温作物开始播种与生长，喜凉作物生长迅速。高于或等于 10 ℃日数为喜温作物生长期。

④15 ℃。15 ℃下喜温作物旺盛生长，早稻移栽，热带作物生长，春季棉花、花生等进入播种期；此温度下水稻已停止灌浆，热带作物将停止生长。

⑤20 ℃。20 ℃是水稻分蘖及迅速生长、安全齐穗，玉米、高粱安全灌浆的指标；也是热带作物橡胶正常生长、产胶的界限温度。

（3）生物体温。包括气温、地温和水温等在内的环境温度对农业生物生长发育的影响最终表现为农业生物体温的高低。通常情况下，植物和变温动物的生长发育速度与体温正相关，但环境温度也能影响其代谢速度和生命活动。植物体温作为表征植物体各部分冷热程度的量，包括根、茎、叶、花、果的温度。由于农业生物体温测定较困难，描述温度对农业生物生长发育的影响时，通常以环境温度代替体温。植物体温变化与环境温度有密切的关系，一般落后于气温的变化。在阳光照射下，叶温常高于气温 3～5 ℃，有时甚至高 10 ℃以上；阴天或庇荫时，叶温与气温接近。

气温是农作物和树木活跃生长期间最基本的观测指标，但是在作物播种期、出苗期和移栽期，以及研究温度对块根、块茎、地中茎和根系生长发育的影响时，土温指标更能说明问题。例如，春播和移栽时常以 5 cm 土温、小麦越冬时常以分蘖节所在土层（或地表以下 2～3 cm）温度为指标。在某些特殊研究中通常需要测定生物的体温，如作物叶温或树干温度、生长点温度和果实温度等。

植物的生长发育、干物质积累和营养物质的运输都与环境温度或体温有关，不同时期的温度影响指标不同。谷类作物生长早期以土壤温度影响较大，中后期则是体温影响较大。叶温和太阳辐射共同影响叶片的净光合作用。大豆对钾、磷等营养物质的吸收与叶柄的温度相关；对钙的吸收受叶柄温度影响较小。测定和研究植物体温在农业生产中有实际意义，尤其是对霜冻、高温等危害的预报等有一定作用。其中叶温最为重要，变化也最明显。

2. 温周期

（1）温周期现象。在自然条件下，环境温度呈昼夜和季节的周期性变化，植物适应这种变化而呈现有节奏的生长。通常将植物对季节或昼夜温度变化的反应称为温周期现象。一般地，在春夏季植物生长速率呈现白天较慢而夜间生长较快的昼夜周期性变化。因为白天温度高，蒸腾量大，光照强，抑制生长。昼夜变温对植物生长有明显的促进作用。因此，温室栽培植物要注意夜晚适当降温，以培育壮苗和促进生长发育。

当气温处于下限温度和最适温度之间时，日较差越大对植物的生长发育越有利，因白天适当的高温可增强植物的光合作用，而夜间适当的低温可减弱植物的呼吸消耗。但是当接近上限温度或下限温度时，易出现危害温度，日较差过大会对植物的生长发育造成不利影响。当日平均温度较低而日较差过大时，夜间温度常常会接近或低于下限温度，使植物不能生长或生长较为缓慢；当白天温度高于下限温度时植物仍能生长。

（2）感温性。植物生理学把由温度变化引起器官两侧不均匀生长的运动称为感温性。农业气象学上则把作物生长发育对温度条件的反应特性称为感温性。所有的作物都必须在一定的温度条件下才能正常地生长发育，在不同的发育时期对温度的要求不同。有时要求较低的温度，有时要求较高的温度，这称为感低温特性和感高温特性。起源于高纬或高原地区的作物多具有感低温的特性，在一定时间内，需经过低温刺激后，才能正常生长发育；多数作物则需要有一定时期的高温条件，生育速度才能加快，水稻表现尤为显著。

（3）春化作用。作物的生长发育进程和温度的季节变化相适应。一些作物在秋季播种，冬季前经过一定的营养生长，然后度过寒冷的冬季，第二年春季重新旺盛生长，春末夏初开花结实。而秋播作物春播，则不能开花或延迟开花。这种低温诱导促使植物开花的作用叫春化作用。在高寒地区因严冬温度太低，无法种植冬小麦，将冬小麦种子低温处理后春播，可在当年夏季抽穗开花。

3. 积温

（1）积温理论。生物完成某种发育进程需要具有一定温度条件的时间积累。积温是评估热量资源和测算生长发育进程的重要指标。在一定的温度范围内，当其他环境条件基本满足的情况下，作物发育速度主要受温度的影响，作物完成某一发育阶段所需的积温基本上是恒定的，这就是积温理论，也称积温学说。

（2）有效积温。每种植物都有其生长的下限温度。当温度高于下限温度时，它才能生长发育。这个对植物生长发育起有效作用的高出的温度值，称作有效温度。植物在整个生育期内的有效温度总和，就是有效积温。

（3）积温应用及其稳定性。积温在农业中的用途主要有以下几个方面。

①积温是作物与品种特性的重要指标之一，在种子鉴定书（特别是商品种子与引种调运的种子）上标明该作物品种从播种（或出苗）到开花（或抽穗）、成熟所需的积温，可以为引种与品种推广提供重要的科学依据，避免引种与推广的盲目性。

②积温是物候期预报、收获期预报、病虫害发生发展时期预报等的重要依据。根据杂交育种、制种工作中父母本花期相遇的要求，或根据商品上市、交货期的要求，可利用积温来推算适宜播种期。

③积温是热量资源的主要标志之一，可以根据积温的多少确定某作物在某地能否成熟，并预计能否高产优质。此外，通过积温分析可为各地确定种植制度提供依据。

积温作为热量指标，计算方便，在农业生产上得到广泛应用，但在应用中发现，积温学说尚有不完善之处。如同一种作物，完成同生育阶段所需积温，在不同地区、不同年份，甚至不同播种期，其积温值不同，说明积温的稳定性不够理想。

四、作物生产与水分

（一）空气湿度

空气中的水汽是由海洋、河流、湖泊及潮湿的物体表面蒸发或植物蒸腾而来的。表示空气中水汽含量多少的物理量称为空气湿度。空气湿度状况是决定云、雾、降水等天气现象的重要因素。空气湿度，特别是空气相对湿度，对自然界动植物的生活、生长影响很大。空气湿度的变化是天气现象形成与消散的主要原因。空气相对湿度的降低，会造成大气干燥，增加地表的蒸发和植物的蒸腾；空气相对湿度过大，潮湿的空气有利于细菌的繁殖，增加动植物的病虫害。空气湿度随空间、时间变化很大，掌握湿度的时空变化规律，能更好地指导人类的活动和工农业生产。

1. 空气湿度的空间变化

空气中水汽的来源主要是海面和地表蒸发及植被蒸腾等，所以主要集中在对流层下半部，且呈现水汽含量随高度增加而迅速减小的特点。

水汽压在垂直方向随高度增加而递减的速率很快，大约到 5 000 m 高空水汽含量就只有地面的 1/10 了。相对湿度随高度的变化比水汽压更复杂，虽然水汽含量与饱和水汽压都随高度增加而递减，但两者递减率不同，于是相对湿度有时呈现随高度递增而递减。

从空气湿度的水平变化来看，由下垫面蒸发、蒸腾进入空气的水汽，将随空气的水平运动输送到各地。就平均情况来说，水汽含量随纬度的增加而减少。

2. 空气湿度的时间变化

（1）水汽压的日变化与年变化。由于影响蒸发的诸多因子均随时间变化，近地层大气的水汽压也有明显的日、年变化。其日变化有单峰型和双峰型两种。单峰型在海洋上、沿海地区和陆地上湍流交换不强的秋冬季节较常见。水汽压的大小直接取决于当地蒸发量，由于白天温度高，蒸发量多，水汽压也大；夜间温度低，蒸发量少，水汽压也小。一天中最高值出现在午后，最低值出现在清晨。双峰型主要在夏季湍流交换较强的陆地上，水汽压的日变化出现二高和二低的极值，最高值出现在 9：00—10：00 和 21：00—22：00，最低值出现在清晨温度最低时和午后湍流最强时。

水汽压的年变化主要取决于蒸发量的多少，而蒸发量与温度的变化基本一致。因此，一年中最高值出现在温度高、蒸发强的 7—8 月，最低值出现在温度低、蒸发弱的 1—2 月。

（2）相对湿度的日变化与年变化。水汽压一定时，相对湿度的大小主要取决于温度。温度升高时，地表蒸发会加强，使空气中的实际水汽压增大。但因饱和水汽压随温度升高而增加得更快，所以温度升高，相对湿度一般是减小的。温度降低时则相反。因此，相对湿度的日变化与温度的日变化相反，一天中最高值出现在清晨，最低值出现在 14：00—15：00。

相对湿度的年变化一般情况是夏季最小，冬季最大。但这些变化规律，若受不同性质平流的影响也会遭到破坏，如某些受季风影响的地区，也会出现相对湿度夏季最大、冬季最小的情况。这是因为夏季风来自海洋，为暖湿平流；冬季风来自内陆，为干冷平流。

（二）蒸发和蒸腾

蒸发指当温度低于沸点时，水分子从液态或固态水的自由面逸出，变成气态的过程或现象。单位时间单位面积上蒸发出水的质量称为蒸发通量密度，用 E 表示，单位是 $kg/(m^2 \cdot s)$。在气象观测中，常以某时段内（日、月、年）单位面积上因蒸发而消耗的水层厚度来表示蒸发量。蒸腾特指植物体内的水分，通过叶面上的气孔以气态水的形式向外界输送的过程，其单位与蒸发一样。

1. 蒸发

蒸发是海洋和陆地水分进入大气的唯一途径，是地球水分循环的主要环节。自然界中蒸发现象颇为复杂，不仅受气象条件的影响，还受地理环境的影响。蒸发又分水面蒸发和土壤表面蒸发两种。

（1）水面蒸发。由于在自然条件下的水面蒸发发生在湍流大气中，因此影响蒸发速度的主要因子有水源、热源、饱和差、风速与湍流扩散强度及溶质浓度等。

①水源。水源是蒸发源，因此开阔水域、雪面、冰面或潮湿土壤、植被是蒸发产生的基本条件。在沙漠中几乎没有蒸发。

②热源。蒸发需要消耗热量，如果没有热量供给，蒸发面会逐渐冷却，使蒸发面上的水汽压降低，蒸发就会减缓或逐渐停止。从某种意义上讲蒸发速度取决于热量的供给。实际上常以蒸发耗热多少来表示某地的蒸发速度。一般夏季和秋季蒸发耗热比较多。这是因为夏季和秋季土壤与水的温度比较高，所以有足够的热源供给蒸发。

③饱和差。蒸发速度与饱和差成正比，饱和差越大，蒸发速度也越快。

④风速与湍流扩散强度。大气中的水汽垂直和水平扩散能加快蒸发速度。无风时，蒸发面上的水汽主要靠分子扩散，水汽压减小得慢，饱和差小，因而蒸发缓慢。有风时，湍流加强，蒸发面上的水汽随风和湍流迅速扩散到广大的空间，蒸发面上水汽压很快减小，饱和差增大，蒸发加快。

⑤溶质浓度。蒸发速度与溶质浓度成反比，如江河湖水比海水蒸发得快些，因为海水中含有盐分。

此外，蒸发速度还受蒸发面形状影响，蒸发面曲率大的比曲率小的蒸发快，如小水滴比大水滴蒸发快。在影响水面蒸发的诸多因子中，水面的温度通常是起决定作用的因子。由于水面的温度有年、日变化，蒸发速度也有年、日变化。

（2）土壤表面蒸发。土壤表面蒸发取决于土壤含水量、气象条件、土壤结构、性质、颜色、方位及植被等因子。土壤中的水分变为水汽，逸出土壤表面是通过两种过程完成的。一种是土壤表面直接蒸发，即土壤内部的水分沿毛细管上升到土壤表面而后进行蒸发；另一种是在土壤内部的水分进行蒸发，再通过土壤中的孔隙扩散逸出土壤表面。由于土壤中的扩散能力很小，第二种蒸发作用是很小的。

当土壤含水量足够充分时，土壤中的水分是按第一种方式进行蒸发的，这与水面蒸发几乎相同，主要受气象条件的影响。在干旱地区或干旱时期，土壤中的水分主要是通过第二种方式进行蒸发的，其蒸发速率要比同样条件下湿润土壤小得多，气象因素对蒸发的影响减小，蒸发速度主要取决于土壤含水量和土壤结构。土壤表面蒸发率可以通过地表能量平衡方程进行估算，也可以通过湍流扩散方程近似求取，或进行直接测量。

2. 蒸腾

（1）植物的蒸腾作用。植物体内的水分主要是通过植物叶面气孔以气态水的形式向大气输送的，这个过程称为植物的蒸腾作用。蒸腾既是物理过程，又是生理过程，因此这个过程受植物结构和生理作用的调节，比一般水分蒸发作用要复杂。植物一生从土壤中吸收大量水分，只有一少部分用于植物本身，绝大部分通过叶面气孔散失到大气中。

(2) 植物的蒸腾系数。植物蒸腾作用所消耗的水分，常用蒸腾系数 K_T表示。蒸腾系数是指植物形成单位质量干物质所消耗的水量，其表达式为 K_T＝单位面积上植物蒸腾总水量/单位面积上收获干物质量。K_T是一个无量纲数。K_T越大说明植物需水量越多，水分利用率越低；K_T越小，表示植物需水量少，水分利用率越高。因此，缺水地区要选 K_T 小的作物栽种，如表 4-1 所示。

表 4-1　几种农作物的蒸腾系数

作物	蒸腾系数	作物	蒸腾系数	作物	蒸腾系数
谷子	310	马铃薯	636	豌豆	788
玉米	368	棉花	646	黄瓜	713
小麦	513	水稻	710	紫苜蓿	797
大麦	534	大豆	744	亚麻	905

3. 农田蒸散

植物蒸腾和农田植被下土壤表面蒸发是同时发生的。将农田表面水分输送到大气中去的总过程称为农田蒸散，用 E_T 表示。在农田中，播种以前只有土壤蒸发，出苗后，蒸发、蒸腾同时存在。在作物苗期以土壤蒸发为主，作物旺盛生长期以植物蒸腾为主。农田蒸散对农田水利、产量预报、品种选择、土壤改良等许多研究领域有重要意义。

(三) 降水

1. 降水的形成

降水来自云中，但有云不一定都能产生降水。因为构成云体的云滴的体积很小，重量轻，能被空气的浮力和上升气流托住而悬浮于空中。要使云产生降水必须使云滴增大，并使其下降速度大大超过上升气流的速度，而且在下降的过程中不因蒸发而将水滴耗尽，这样才能使水滴或冰晶从云中降落到地面成为降水。

云滴增大主要是通过两种过程完成的，一种是凝结（或凝华）增长过程；另一种是云滴的碰并增长过程。当云层内部具备冰、水云滴共存，冷、暖云滴共存或大、小云滴共存的任何一种条件时，由于不同的云滴间存在饱和水汽压差，水汽从饱和水汽压大的云滴移到饱和水汽压小的云滴上，使云滴增大，这便是凝结（凝华）增长。云滴的碰并增长是由于云内的云滴大小不一，相应具有不同的运动速度。大云滴下降速度比小云滴快，因而大云滴在下降过程中很快追上了小云滴，大小云滴相互碰撞而黏附起来，成为更大的云滴。在有上升气流时，当大、小云滴被上升气流向上带时，小云滴也会追上大云滴与之合并，成为更大的云滴。此外，由于云中空气的湍流混合，云滴带有正、负不同的电荷等，也可引起云滴的相互碰并。

2. 降水的种类

根据降水的形态，可把降水分为雨、雪、霰、雹。雨是从云中降落到地面的液态水。雪是从云中降到地面的各种类型冰晶的集合物。当云层温度很低时，云中的冰晶和过冷却水同时存在，水汽从水滴表面向冰晶表面移动，在冰晶的角上凝华，形成各种类型的六角形雪花。低层气温较低时，雪花降到地面仍保持其形态；如果云的下面气温高于 0 ℃，则可能出现雨夹雪或湿雪。霰是白色不透明而疏松的小冰球，其直径为 1～5 mm。它形成于冰晶、雪花、过冷却水并存的云中，是由下降的雪花与云中冰晶、过冷却水碰撞，迅速冻结形成的。由于雪花中夹着的空气来不及排出，霰看起来呈乳白色，不透明而疏松。雹是从云中降落的冰球或冰块，直径一般为 5～50 mm，大的有时达 30 cm。雹多为透明与不透明冰层相间组成，雹心由霰组成。

3. 降水的表示方法

(1) 降水量。从云中降落的液态或固态水，未经蒸发、渗透和流失，在水平面上所积聚的水层深度称为降水量，雪、霰、雹等固体降水量为其融化后的水层厚度。降水量单位为毫米。

(2) 降水强度。单位时间内的降水量称为降水强度（mm/d 或 mm/h）。按降水强度的大小，可将降雨分为小雨、中雨、大雨、暴雨、大暴雨和特大暴雨等（表 4-2）。降雪也分为小雪、中雪和大雪。

表 4－2　降水强度与降水量对照表

降水等级	降水强度		降水等级	降水强度	
	mm/h	mm/d		mm/h	mm/d
小雨	≤2.5	<10	小雪		≤2.5
中雨	2.6～8.0	10.0～24.9	中雪		2.5～5.0
大雨	8.1～15.9	25.0～49.9	大雪		>5.0
暴雨	≥16.0	50.0～99.9			
大暴雨		100.0～200.0			
特大暴雨		>200.0			

(3) 降水变率。某地某年（月）降水量与同期多年平均降水量之差，称为降水距平。距平值可为正，也可为负。各年距平绝对值的平均，称为降水量的绝对变率。它反映某地降水量年际变动的平均情况。降水绝对变率占多年平均降水量的百分比，称为降水相对变率。相对变率越大，表示降水量年际间变异大，容易造成水涝或干旱，是农业生产上不利的条件；相对变率越小，说明该地降水量的变化比较稳定。

4. 人工影响云雨

(1) 人工降水。人工降水是根据自然降水形成的原理，人为地采取某些必要技术措施，促使云滴凝结增大或碰并增大，达到降水形成的目的。具体方法因云的性质和结构不同而异。一般可分为冷云降水和暖云降水两类。

①冷云降水。云体由低于 0 ℃的过冷却水滴和冰晶混合而成，或由各种不同形状的冰晶组成，称为冷云。在冷云降水中，冰晶、水滴共存的冰晶效应最为重要。一般在同温度下，冰晶、水滴的饱和水汽压差很大，最有利于云滴的增长，通过人工方法使缺少冰晶的冷云中产生冰晶，以实现冰晶效应，使云滴在凝结和碰并增长过程中不断增大而形成降水。

②暖云降水。云体由高于 0 ℃的水滴组成，称为暖云。暖云之所以不易形成降水是因为云滴大小均匀，不利于扩散转移凝结和碰并增长。因此暖云降水的基本原理是使云中大

小水滴共存。可采用某些措施使暖云中获得一部分大的水滴，起重力碰并的启动作用，破坏暖云中胶性的稳定，达到大小水滴共存，便可实现碰并增大过程而形成降水。

（2）人工防雹。冰雹是中纬度地区常见的灾害性天气。多发生在春末到初秋，农作物生长旺季。世界各国农业每年受雹灾造成的损失达几十亿元之多。我国甘肃、山东、黑龙江等省，每年因雹灾损失近 1 亿 kg 粮食。所以，开展人工防雹是发展国民经济的迫切需要。目前人工防雹的方法可分为两种：一种是在云内引入冰核或在云底引入大量吸湿性质点以增加雹胚；另一种是爆炸方法，或者是炮击雹云。

（3）人工消雾。依雾的物理结构，常把雾分为过冷雾（也称冷雾）、暖雾和冷雾。当雾中气温 低于等于 0℃时称为冷雾，高于 0 ℃时称为暖雾，低于−30 ℃时称为冰雾。消冷雾主要是采用干冰、碘化银或丙烷等催化剂，撒播于雾中，产生冰晶，使大量过冷却雾滴集聚到冰晶上，冰晶增长后脱离雾而沉降。消暖雾的基本原理是增温、减湿使雾中相对湿度减小，雾滴蒸发或升华而消散，或促使雾滴增大而降落到地面。消暖雾的方法主要有：

①直接燃烧燃料将空气加热使雾滴蒸发而消散的加热法。

②在雾中播撒吸湿性很强的微粒减湿，如撒盐粉、尿素等，由于这些物质吸收空气中的水汽，使雾中相对湿度减小，雾滴蒸发。

（四）水分与作物生产

1. 农作物需水规律

作物从环境中不断地吸收水分，获取细胞膨压，使茎干挺拔、枝叶舒展，有利于叶片接收阳光，通过气孔与外界进行气体交换。作物通过根系吸收水分、体内运输和叶片蒸腾排出三个过程完成水分从地下到地上的运送。根系吸收水分主要靠根尖部分的根毛区，根毛区的表面积很大，吸水能力很强。旱地作物的根比水生作物的长，抗旱性作物的根也相对较长，根长可使作物吸取深层土壤水分。作物还可以通过气孔的关闭、保护层的增厚、气孔嵌入表皮层等方式来减少蒸腾。

水分过多，植物根系环境缺氧，抑制根系呼吸作用的进行，甚至厌氧细菌会产生有毒物质，不利于根系的生长，也影响光合作用的正常进行。此外，经水淹的植株常发生营养失调。水分不足容易破坏作物体内的水分平衡，使作物失去膨压，影响作物的正常生理代谢。干旱胁迫轻者影响产量，重者可以使作物致死。掌握好作物水分的供应，才能获得高产。在作物生长发育的整个过程中，对水分最敏感的时期称为作物的水分临界期。各种作物的水分临界期不同，但基本都处于营养生长即将进入生殖生长的时期（表 4-3）。临界期越长的作物，其产量波动性越大；临界期越短的作物，其产量也越稳定。作物生长发育期间，水分对产量影响最大的时期，称为作物水分的关键期。作物水分的临界期和关键期可以是同一时期，也可以是不同时期。

表 4－3　几种作物的水分临界期

作物	临界期	作物	临界期
小麦	孕穗到抽穗	大豆	开花

（续）

作物	临界期	作物	临界期
水稻	孕穗到开花	花生	开花
玉米	大喇叭口到乳熟期	向日葵	花盘形成到开花
马铃薯	开花到块茎形成	棉花	开花到成铃
甜菜	抽薹到始花期	高粱	孕穗到灌浆

2. 土壤水与作物

（1）土壤的水分指标。土壤水是作物吸水的主要来源。根据作物的反应、土壤的保水力及水分的移动性等，可确定各种指标。土壤水中不能被植物吸收的称为无效水，能被植物吸收的称为有效水。

①最大吸湿水量。指干土在接近饱和的湿空气中吸收水汽分子的最大数量。只含有吸湿水的土壤称为风干土，除去吸湿水的绝对干土称为烘干土。土壤吸湿水含量受土壤质地的影响，黏质土吸附力强，保持的吸湿水多；沙质土则吸湿水含量低。吸湿系数是最大吸湿水量占烘干土质量的百分率。

②土壤有效水下限。又称萎蔫系数，指当植物产生永久凋萎时的土壤含水量。萎蔫系数与土壤的质地、植物种类有关。质地越黏重，凋萎系数越大，凋萎系数一般为吸湿系数的1.34～1.5倍。

③土壤有效水上限。又称田间持水量，指地下水位很深时，土壤中所能保持的水量，是毛管悬着水的最大量。超过田间持水量时，土壤中空气太少，不利于作物生长。田间持水量的大小受土壤质地、结构状况、有机质含量等因素的影响，一般为吸湿系数的2.5倍。改善土壤结构是提高土壤有效水分含量的主要措施。处于有效水上下限之间的水分有效性是不同的，被植物利用的难易程度也不同，越靠近萎蔫系数的水，越难被吸收，有效性越低；反之，越靠近田间持水量的水，越容易被吸收，有效性越高。

④土壤最大蓄水量。又称饱和含水量，指土壤孔隙全部充满了水时的土壤含水量。土壤达到饱和含水量时孔隙中空气含量很少，根系吸水不困难，但呼吸会受到抑制，长期在缺氧的土壤中生活，对旱地作物生长不利，甚至会出现窒息死亡现象。饱和持水量的大小受土壤质地和结构的影响。

（2）土壤水对作物的影响。土壤水分的多少对作物的光合作用、生长发育、产量形成和品质等有着重大影响。

①对生理活动的影响。土壤含水量对各种生理活动的影响是不一致的。大多数作物生长要求的最适含水量较高，蒸腾作用要求的较低，而同化作用要求的更低。所以当土壤有效水分减少时，对生长的影响最大，其次是蒸腾，再次是同化。实验表明，在作物萎蔫前蒸腾量减少到正常的65%，同化减少到55%，而此时呼吸却增加62%，从而导致生长基本停止。

②对根系的影响。土壤含水量的多少，直接影响根系的发育。当土壤含水量降低到田间持水量以下时，根系生长速度显著增快，根冠比相应增大。在土壤较干的地方，根系往往较发达，根长可比地上部分的高度大几倍甚至十几倍，并且根系扩展的范围广。水稻在

长期淹水、氧气缺乏的土壤中，一般多长出生命力弱的黄根，甚至出现很多黑根，而在水、气较协调的稻田中，则能长出一些生命力强的白根。土壤水分状况也明显地影响作物茎叶的生长。当土壤水分缺乏时，茎叶生长缓慢，水分过多时往往使作物茎秆细长柔弱，后期容易倒伏。

③对产品品质的影响。作物氮素和蛋白质含量与土壤含水量有直接关系。以小麦为例，在生长期土壤含水量较低时，小麦的氮素和蛋白质含量都有所增加，说明在大陆性气候的少雨地区，有利于氮和蛋白质的形成与积累。糖类和土壤含水量的关系与蛋白质不同。土壤含水量减少时，淀粉含量相应减少，同时木质素和半纤维有所增加，纤维素不变，果胶质则减少。脂肪含量与蛋白质的含量相反，土壤含水量升高时，脂肪含量和油都有增高的趋势。纤维作物的纤维似乎也是在较干燥的环境下才比较发达。例如，棉花和黄麻最适生长时期的土壤水分比纤维发育时期的最适水分要高，在土壤含水量较低的情况下，作物的导管发达，输导组织充实，纤维质量好。

3. 降水和空气湿度与作物

（1）降水对作物的影响。对无灌溉条件的旱农地区，降水是决定作物产量的主要因子之一。强度太大易形成涝害，特别是低洼地更是如此。连阴雨过多，雨日过多，除降水的直接影响外，还会受阳光不足的影响，作物易倒伏与多病，且导致光合产物不足而瘪粒，减产并降低品质（如含糖量降低等）；可引起落粒、落果，穗上发芽或种子、果实霉烂；影响农事操作与农业运输等。雨日还间接影响温度，特别是土温。雨日多将降低春温而延迟作物出苗，产生不利影响；降低秋温则影响喜热秋季作物的成熟与产量，如秋雨多不利于棉花的产量与品质。如果降水量较多时，相同的降水量在雨日多、分散地降下时效果较好。但如果降水量较少时，越分散下效果越差。在干旱时，降水强度太小不能解除旱象，即没有下“透雨”，这是不利的。

（2）空气湿度对作物的影响。空气相对湿度的大小是影响作物蒸腾和作物吸水的重要因子之一。相对湿度小时，作物蒸腾较旺盛，吸水较多。当土壤水分充足时，蒸腾旺盛可增加植物对水分和养分的吸收从而加快生长。因此在一定程度上空气相对湿度较小对作物是有利的。但如果空气相对湿度太小，可能引起空气干旱，特别在气温高、土壤水分缺少时，会破坏作物的水分平衡，阻碍生长，造成减产，灾害性天气“干热风”就是典型的例子。而在空气湿度过大时，植物的生长也将受到抑制，谷物籽粒的灌浆降低。相对湿度太高还会影响作物成熟时的脱水过程，延迟收获，降低产品品质，影响储藏。空气湿度对病虫害影响也很大，各种病害有其发病的湿度指标，如马铃薯疫病需要 48 h 温度大于 10 ℃，在此温度下，如果相对湿度大于 75%则易于发病。

五、作物生产与空气运动

（一）气压随高度的变化

地球大气因受地球引力的作用而具有重量，由于大气本身有重量，对地球表面和地面物体就会有压力；同时，由于空气分子的运动，对地面也会有撞击力。在大气的重力和分子撞击力的共同作用下，就产生了大气压力。被测高度在单位面积上所承受的大气压力称为大气压强，简称为气压。大气柱的重量不能直接量得，实际上是用与大气柱重量相平衡的汞柱高度来衡量的。故气压的常用单位是毫米汞柱（mmHg）。

在静止大气中，大气压强就是单位面积上所受的大气压力，在数值上等于从这个高度以上到大气上界单位面积上的空气柱的重量。显然，高度越高，压在其上的空气柱越短，气压也就越低。因此，对于任何一地来说，气压总是随着高度的增加而降低的。

（二）空气的水平运动：风

空气处在时刻不停的运动状态中，空气在水平方向上的运动称为风，风是矢量，包括风向和风速。风向是指风的来向，通常是用八个或十六个方位来表示，风速是指单位时间内风的行程，通常用速度单位（m/s）或风级来表示（表 4-4）。

风能引起空气质量的输送，同时也造成热量、动量以及水汽、二氧化碳等的输送和交换，是天气变化和气候形成的重要因素。

表 4-4 风力等级表

等级	名称	陆地地面物象	相当于风速/（m/s）
0	无风	静，烟直上	0～0.2
1	软风	烟能表示风向，但风标不转动	0.3～1.5
2	轻风	人面感觉有风，树叶有微响	1.6～3.3
3	微风	树枝摇动不息，旗展开	3.4～5.4
4	和风	能吹起地面的尘土和纸片，树枝摇动	5.5～7.9
5	清风	有叶的小树摇摆，内陆水面有小波	8.0～10.7
6	强风	大树枝摇动，电线呼呼有声，举伞困难	10.8～13.8
7	疾风	全树摇动，迎风步行感觉困难，大树枝弯下	13.9～17.1
8	大风	树枝折断，人向前行走阻力很大	17.2～20.7
9	烈风	草房遭破坏，房瓦被掀起，大树枝可折断	20.8～24.4
10	狂风	树木可被吹倒，一般建筑物遭破坏	24.5～28.4
11	暴风	陆地少见，有则必遭重大损毁	28.5～32.6
12	飓风	陆地少见，摧毁力极大，房屋成片倒塌	＞32.7

与地理位置、地形或地表性质有关的局部地区的风称为地方性风。常见的地方性风有海陆风、山谷风、峡谷风等。

1. 海陆风

在沿海地区形成的昼夜间有风向转换现象的风，称为海陆风。白天，风从海洋吹向陆地，称为海风；夜间，风从陆地吹向海洋，称为陆风。海陆风是由于海陆之间热力差异而产生的一种热力环流。由于海陆表面热力性质不同，白天，陆地增热比海洋强烈，低空产生了由海洋指向陆地的水平气压梯度，形成了下层从海洋吹向陆地的海风；上层则相反，风从陆地吹向海洋。夜间，辐射冷却时，陆地比海洋冷却快，低空产生了从陆地指向海洋的水平气压梯度，形成了下层从陆地吹向海洋的陆风；上层则相反，风从海洋吹向陆地。

2. 山谷风

山地中，风随昼夜交替而转换方向。白天，风从山谷吹向山坡，称为谷风；夜间，风从山坡吹向山谷，称为山风，山风和谷风合称为山谷风。山谷风是由于在接近山坡的空气与同高度谷底上空的空气间，因白天增热与夜间失热程度不同而产生的一种热力环流。白天，山坡接受太阳辐射而很快增温，靠近山坡的空气也随之增温，而同高度谷底上空的空气，因远离地面，增温缓慢，这种热力差异，产生了由山坡上空指向山谷上空的水平气压梯度。而在谷底，则产生了由山谷指向山坡的水平气压梯度。因此，白天风从山谷吹向山坡（上层相反，风从山坡吹向山谷上空），形成了谷风。夜间，山坡由于辐射冷却而很快降温，山坡附近的空气也随之降温，而同高度谷底上空冷却较慢，形成了和白天相反的热力环流。因此，夜间下层风由山坡吹向山谷（上层风由山谷吹向山坡），形成了山风。只有在同一气团控制下的天气，山谷风才会表现出来。

3. 峡谷风

当空气由开阔地区流入狭窄的走廊或谷口时，风速加大，这种风称为峡谷风（或穿堂风）。在我国台湾海峡、松辽平原等地区，经常出现大风，就是这个原因。

4. 焚风

焚风是由于空气作绝热下沉运动时，因温度升高湿度降低而形成的一种干热风。常在气流越山时，在山的背风坡形成，或在高压区中，空气下沉也可产生焚风。以气流越山为例，看焚风的形成，当未饱和湿空气越山时，在山的迎风坡被迫抬升，按干绝热递减率降温，上升到一定高度，空气中水汽达到饱和，水汽凝结并产生云、雨，气流再继续上升，则按湿绝热递减率降温。气流越过山顶而沿坡下滑时，由于绝热下沉增温，使原来饱和的湿空气变得不饱和，这时，下沉的空气按干绝热递减率增温直至山脚，加之水汽在迎风坡凝结降落，于是在背风坡的中部或山脚就出现了高温而干燥的焚风。

（三）大气环流

地球上各种规模的气流的综合，称为大气环流。它既包括超长波、长波高空急流、副热带高压等行星尺度系统，又包括锋面气旋、高空短波槽脊、切变线、台风等大尺度的气流以及山谷风、海陆风、龙卷风等中小尺度系统。既包括平均状态，也包括瞬时现象。这些系统之间，既有区别又有联系，相互作用，共同构成了大气环流总体。大气环流使热量和水汽在不同地区之间，特别是高低纬度之间和海陆之间得以交换与输送，对各地的天气变化和气候形成有重要影响。

1. 三圈环流

地球是在不停地自西向东自转。赤道空气因受热而膨胀上升，在高空，空气向极地方向运动时，由于受到地转偏向力的作用，空气运动向右偏转（北半球），随着纬度增加，地转偏向力不断增大，气流方向不断右偏，到纬度 30°上空附近，地转偏向力增大到与水平气压梯度相等。这时，气流偏转成沿纬圈方向流动的西风，西风的形成阻碍了低纬高空气流的继续北流，空气在此不断堆积而下沉，在副热带地面上就形成了高压，即副热带高压。赤道地面，由于空气流出而形成了赤道低压。副热带地面上，下沉的空气自副热带高压分别向南和向北流动，其中向南的一支气流，在地转偏向力的作用下，在北半球偏成东北风，在南半球偏成东南风，返回赤道，这种风比较恒定，称为信风。北半球的东北信风和南半球的东南信风在赤道附近辐合上升，补偿了由赤道上空流出的空气。高空风由赤道流向副热带，在地转偏向力的作用下，北半球吹西南风，南半球吹西北风，因与低空的信风方向相反，故称反信风。信风和反信风在热带地区形成一个低纬度环流圈，称为信风—反信风环流。

由副热带高压地面向北流动的一支气流，在地转偏向力的作用下，在北半球中纬度地区形成西南风，南半球为西北风。在极地由于终年寒冷，空气密度大，形成极地高压。地面自极地高压向南流出的冷空气，在地转偏向力的作用下，在北半球形成东北风，南半球为东南风。这两支气流在纬度60°附近与从副热带高压流来的暖空气相遇，形成极锋。同时空气辐合上升到高空后，一部分空气向极地流动，在极地上空冷却下沉，补偿了极地下沉南流的空气，与下层偏东气流构成了极地环流圈；一部分气流又从高空流回中纬度上空，在副热带地区下沉，构成中纬度环流圈。

这样形成了低纬度、中纬度和高纬度三个环流圈，称三圈环流。在中纬度环流圈中，由于对流层内气温是由赤道向极地降低的，温度梯度的方向与气压梯度的方向一致，使西风随高度增强，整个对流层上部都盛行偏西风。但在对流层顶以上，由于极地的平流层底部的高度比赤道地区低，使赤道平流层底部的温度比极地低，温度梯度与气压梯度方向相反。根据热力环流原理，在对流层向平流层过渡的高度上，西风随高度而减弱，在此高度以上，偏西风逐渐变为偏东风。

2. 气压带和风带

三圈环流的建立，对于行星风系的形成起着重要作用。所谓行星风系是指全球范围内带状分布的气压带和风带。在赤道附近，终年气压都很低，称为赤道低压带。由此向高纬，气压逐渐增加，在纬度30°—35°附近形成副热带高压带，气压自此向高纬减低，在纬度60°—65°附近形成副极地低压带。由此向极地方向，气压又有升高，到两极附近，形成极地高压带。

赤道低压带是东北信风和东南信风的辐合带，气流上升，风力减弱，对流旺盛，云量较多，降水充沛。副热带高压带是气流下沉辐散区，绝热增温作用使空气干燥，降水稀少，使该纬度带上多沙漠。副极地低压带是极地东风和中纬度西风交绥的地区，两种不同性质气流相遇形成锋面，称为极锋，在极锋地带有频繁的气旋活动。极地高压带，是气流下沉辐散区，由于辐射冷却的结果，大气层结稳定，晴朗少云，温度极低，形成冷空气的源地。

地球上这些气压带所对应的近地层风带，由极地至赤道依次为极地东风带、西风带、信风带和赤道无风带。

行星风系随季节做南北移动。冬季南移，夏季北移。这种季节性位移的结果，使行星风系扩大了南北影响的范围。

（四）大气活动中心

实际上，由于地球表面并不是很均匀的，就使得大气环流情况更为复杂。最大的影响因素是大陆和海洋的分布。在海洋上，高压带表现得较明显，终年存在，但夏季很强，冬季较弱；在大陆上，只有冬季才有高压带，夏季由于陆地强烈增热，变成了低气压。因而这个高压带便被割裂为单独的高压区。高压区中心在大西洋的亚速尔群岛附近和太平洋的夏威夷群岛附近，副极地低压带也有同样的情况，寒冷的季节，中纬度大陆上冷却快且剧烈，这样就把副极地低压带分割成为单独的低压区。低压中心在冰岛附近和阿留申群岛附近，它们冬季较强夏季较弱。西伯利亚和加拿大是中纬度范围的广大陆地，冬季时形成了强大的高压中心。这是由于海陆分布割断了气压带而形成的高低气压中心，称为大气活动中心。

（五）风与作物生产

1. 风对农业生产的有利影响

（1）风对农田小气候的调节作用。风是影响农田中空气湍流交换强度的最重要动力因素。风速增加使地面与空气的热量、CO_2和水分的交换增强，增加了土壤蒸发量和作物蒸腾强度。使作物群体内部的空气不断更新，对株间的温度、水汽、CO_2等调节有重要作用。据大豆田观测结果，风速低于3 m/s条件下，热力因素对湍流交换速度影响较大；风速高于3 m/s时，风速的动力因素对湍流交换速度的影响是主要的，湍流交换速度与风速成正比。

（2）风对光合作用的影响。低风速条件下，光合作用强度随风速增大而增加。因为低风速既能改善作物群体CO_2的供应状况，又使光合有效辐射以闪光的形式合理分布到叶层中，有利于群体光合速率的提高。据测定，在太阳辐射与气温基本相同的前后两天，有风的一天中，玉米干物质的增长量比无风的一天大40%。风速超过一定限度后，光合作用强度反而降低。

（3）风对蒸腾作用的影响。适当的风速使叶片表面的片流层变薄，水分扩散阻抗减小，蒸腾速率相应增大。强风对蒸腾速率的影响则有不同的说法。一般认为，风速增大会使叶片气孔开张程度减小，蒸腾速率相应降低，这是作物对蒸腾速率增加引起的反馈效应；但也有人认为，风速增大有利于蒸腾速率增加，其原因是叶片在大风中弯曲和相互摩擦使叶片角质层对水分扩散的阻抗减小。

风速对蒸腾耗水量的影响可分三种情况。对于低群体阻抗的作物，增加风速将增加其蒸腾耗水量；对于中等群体阻抗的作物，风速可能增加蒸腾耗水量，也可能减少蒸腾耗水量，耗水量的增减取决于群体所获得的净辐射能量；对于高群体阻抗的作物，增加风速可减少蒸腾耗水量，特别在净辐射能量高时更是如此。

（4）风对花粉、种子传播的影响。农业生产中风能帮助异花授粉作物（如玉米）进行授粉，增加结实率，提高产量，风能散发作物花的芳香，招引昆虫传授花粉。风能传播种子，如杉树种子靠风力传播到远处，扩大繁殖生长区域。因此，风对植物的繁衍和分布影响较大。

2. 风对农业生产的不利影响

风对农业生产造成的直接危害主要是造成土壤风蚀沙化、对作物的机械损伤和生理危害；间接危害主要是传播病虫害、扩散污染物质、影响农事活动等。对农业生产有害的风主要是台风、季节性大风（如寒潮大风）、地方性局地大风和海潮风等。

（1）大风对作物的危害。6级以上的风即可对作物产生危害。8级风称为大风，大风对农业生产的危害更大。大风加速植物蒸腾，使耗水过多，造成叶片气孔关闭，光合强度降低。在北方，春、秋季的大风可加剧农作物的旱害，冬季大风可加重越冬作物冻害。6级风可造成林木和作物倒伏、断枝、落叶、落花落果和矮化等。

（2）加重土壤风蚀和干旱程度。干旱地区和干旱季节如出现多风天气，不但土壤水分消耗增加、旱情加重，同时大风还可吹走大量表土，造成地表风蚀或土地沙漠化。中国北部和西北内陆地区风蚀现象十分严重，如内蒙古乌兰察布市后山地区开垦的耕地，已有43%在最近30～50年被风蚀沙漠化，风蚀深度达40 cm左右。近20多年来，海拉尔周围开垦的土地，地表的黑土层平均已被吹蚀了20～25 cm。

(3) 传播病虫害。风能传播病原体，引起作物病害蔓延，如小麦锈病孢子随春季偏南风向北方冷凉地区越夏，秋季则随偏北气流回到南方暖区，造成病害蔓延；风能帮助某些害虫迁飞，扩大危害范围，如黏虫、稻飞虱等害虫，每年春夏季节随偏南气流北上繁殖，入秋后又随偏北风回到南方暖湿地区越冬；风可以使作物或果树枝叶受到机械性损伤，有利于病原体从伤口侵入或害虫寄生；风还可以传播杂草种子，导致杂草危害加重；东南沿海地区，含有较高盐分的海潮风使盐分渗透到植物组织中，影响植物授粉和花粉发芽。

(4) 风沙害。风沙害指风沙造成的危害。风沙害分为扬沙和沙尘暴两种。扬沙是大风将地面尘沙吹起，尘土和细沙在空气中均匀分布，使空气能见度降到1～10 km的风沙危害。沙尘暴是强风将大量沙尘吹到空中，使空气能见度低于1 km的风沙危害，其危害范围通常比扬沙大得多。风沙能埋没农作物、污染作物叶片、侵蚀土壤、降低土壤肥力、淤塞水库和水井等，影响作物生长发育。据研究，由于作物的叶形差异，风沙对禾本科作物产量的影响很大，高粱、冬小麦和大豆出苗后7～14 d以内，风沙害使作物干物质损失最严重。因为出苗7d以内的小苗，主要依靠子叶或胚乳的养分发育，同时长大以后的植株，叶片数增多，叶片彼此间有一定保护作用，受风沙害影响较小。风沙还可以延迟作物生长发育期，观测表明，风沙延迟冬小麦抽穗3～7 d，延退大豆初花期7～14 d等。

(5) 风沙害的防护。通过增加植被以增加植被密度、分解风力及拦截沙尘，从而增大地表沙尘起风风速，降低风对地表的侵蚀力。不同的植被密度、高度和宽度对土壤风蚀防治效果不同。据研究，输沙率随植被盖度的增加呈指数减少，植被盖度>60%为轻度风蚀或无风蚀，20%～60%为中度风蚀，<20%则为强度风蚀。处于不同生长阶段的农作物对输沙率影响不同：幼苗期农作物土表输沙率较高，营养生长旺盛期对地表输沙率明显降低。农业生产中合理布局作物种植、调节作物生长期，选育矮秆、基秆粗壮且坚韧、抗风优良的品种，对高秆作物要培土加固，对林果树种进行修剪、整形、立杆支撑和绳索加固等都是防御风沙害的有效措施。此外，在山口等大风区，营建防护林，林带内种植较矮小的作物，农牧过渡区适度退耕退牧还草，草原区防止超载放牧等都能达到减轻风沙害的效果。

第二节　作物生产与农业气候

一、主要灾害性天气

(一) 寒潮

寒潮是指北方强冷空气大规模向南爆发，且在它所经地区出现大风降温、雨雪和冰冻等灾害天气。中央气象台制定的全国性的寒潮标准：凡一次冷空气侵入长江中下游及其以北的地区，在48 h以内，最低气温下降10 ℃以上，长江中下游最低气温达4 ℃或以下，陆地上有相当三个大行政区出现5～7级大风，沿海有三个海区出现7级以上大风，称为寒潮。如果在 48 h 内最低气温下降 14 ℃以上，陆地上有 3～4 个大行政区有 5～7 级大风，沿海所有海区出现 7 级以上大风，称为强寒潮。在农业生产中，各个省市和地区，可根据本地实际情况，结合农林生产做一些修改和补充规定。

1. 入侵我国寒潮的源地

其源地主要有新地岛以东的寒冷洋面、新地岛以西的寒冷洋面，它们都属于冰洋气团。第三个源地是欧亚大陆，它属于极地大陆气团。当冰洋气团或极地大陆气团产生时，在源地形成寒冷空气的积聚堆积，当积聚到一定程度时，在适当的环流条件下，如同潮水一般突然爆发，向南侵袭。

2. 寒潮的路径

冷空气从源地由四条路径（西北路径、北方路径、西方路径、东北路径）汇集关键区（70°—90°E、43°—65°N），在此加强，然后再分为东路、中路、西路三条路径影响我国广大地区。

（1）东路。冷空气主力从 115°E 以东南下，称为东路，即寒潮冷空气从关键区经蒙古国到达我国内蒙古及东北地区，以后其主力继续东移，但低层冷空气折向西南方向移动，从渤海经华北，直达两湖盆地。

（2）中路。冷空气从 105°—115°E 南下时，称为中路，即寒潮冷空气从关键区经蒙古国西部和我国新疆地区入侵，经河套、西安等地，直达长江中下游及江南地区。这条路径冷空气一般较强，能影响我国大部分地区。

（3）西路。冷空气从 105°E 以西南下时，称西路，即寒潮冷空气从关键区经我国新疆、青海、西藏高原东侧南下，西路冷空气较弱，但对西南地区影响较大。

3. 寒潮天气与灾害

寒潮是我国冬半年的重要天气，它所造成的灾害主要是冻害和风害。寒潮实质是一个强大的冷高压，中心气压可达 1 050～1 070 hPa，冷高压的前缘为一条冷锋，即寒潮冷锋。寒潮冷锋过境时，各种气象要素发生急剧变化。天气表现为风向突变，风力加大，锋后有偏北或西北大风，温度剧烈下降，地面气压很快上升，有时伴有雨、雪、霜冻等天气。

①冬季寒潮引起剧烈降温，在西北和内蒙古地区经常有大风现象，有时会伴有暴风雪，使越冬作物和果树受害。还会使牧区牲畜遭到冻饿甚至死亡。

②春季寒潮可冻伤作物果树的幼苗幼芽，在北方常有扬沙和沙尘暴天气等。因为这时内蒙古和华北一带土壤均已解冻，气温升高，相对湿度较小，地表比较干燥，一有大风，尘沙扬起，随风飘走。秋季，寒潮天气虽不如冬春季那样强烈，但它能影响作物正常成熟。

③夏季冷空气活动已不可能达到规定的寒潮标准了。夏季的冷空气活动主要影响降水，尤其对我国东部地区影响较大。

（二）霜冻

霜冻是指在温暖的时期，温度在短时间内下降到足以使作物遭受伤害或者死亡的低温天气。它是一种生物学现象。霜和霜冻是两个不同的概念。霜冻发生时，也可能有霜，也可能没有霜但必须有作物，有霜时的霜冻叫白霜，无霜时的霜冻叫黑霜，黑霜易被人们忽视，所以它对作物的危害从某种意义上讲更严重。由于不同的作物或同一作物的不同时期忍受低温的能力不同，所以，霜冻指标也就随之而异。但大多数作物当地面（或叶面）最低温度降到0 ℃以下时就要受害，所以，中央气象台把地面最低温度降到0 ℃以下作为预报出现霜冻的标准。

1. 霜冻的种类

（1）按霜冻发生的季节分，可分为秋霜冻和春霜冻。秋霜冻是指秋季作物正趋成熟时的霜冻，此时出现的霜冻，使作物生长停止，导致产量和品质下降。秋季一旦发生霜冻，降温现象便频繁出现，强度也不断加大，秋季最早一次霜冻为初霜冻，秋季初霜冻来临越早，对作物的危害也越大。春霜冻是指春季发生的霜冻，这时冬小麦开始返青、拔节，喜温作物已播种出苗，北方大部分果树正值开花期，遭受霜冻会带来重大损失。特别是春季最晚一次霜冻害，危害更为严重，这次霜冻称为终霜冻。终霜冻至初霜冻之间的日期为无霜期。由于大多数作物当温度低于0 ℃时即遭受霜冻，所以，农业气候学常用地面最低温度大于0 ℃的初、终日期间持续天数来表示，称为无霜期，它大致与日平均气温大于0 ℃的日数相当，所以在农业气候分析中常用日平均气温大于0 ℃的持续期来衡量一地作物生长期的长短。分析可知：初、终霜冻等日线基本与纬度平行。初霜冻日一般是南方晚，北方早；沿海晚，内陆早；终霜冻日期正好相反。

（2）按霜冻形成的原因分，可分为平流霜冻、辐射霜冻和平流辐射霜冻。平流霜冻是由北方强冷空气入侵而引起的。其特点是在一天的任何时间都可出现，影响范围广，霜冻时间长，造成区域性灾害，小气候差异微弱。我国平流霜冻多发生在初春和晚秋、或春冬季强大寒潮爆发时在南方产生。我国长城以北地区出现的霜冻，主要是平流霜冻。辐射霜冻是由夜间辐射冷却，使地面或植物表面降温而引起的。这种霜冻发生在晴朗的无风或微风的夜间至清晨。这种霜冻的特点是可连续几个夜晚出现，局地性较强，强度较弱，受地形、地势、土壤性质等条件影响非常明显，小气候差异大，凡是与辐射有关的因素对它的强度都有影响，常见于洼地和干松的地表。平流辐射霜冻也称混合霜冻，它是在冷空气入侵和夜间强烈辐射冷却两个因子综合作用下引起的。平流辐射霜冻最为常见，它多发生在较长的温暖天气之后。经常出现于早秋和晚春，是形成初霜冻和终霜冻的主要形式，危害常很严重。

2. 霜冻形成的影响因子

霜冻的产生、持续时间及其强度等与当时当地的天气条件和自然环境有着密切的关系。在晴朗、无风、低湿的条件下容易发生霜冻。因晴空少云的天气，有利于地面辐射冷却。无风则减弱了空气的混合，夜间高层较暖空气不致传到下层。湿度低就难以形成霜，可避免凝结潜热的释放，而加强了空气的冷却程度。这些都利于辐射霜冻的形成。在同等天气条件下，霜冻的发生及持续时间和强度，受地形的影响最为突出，地形越闭塞，霜冻的危害程度越大。如洼地、盆地山谷等地形。

3. 防御霜冻的方法

防御霜冻的方法按其性质可分为两类：一是生物技术方法；二是物理方法。

（1）生物技术方法。主要有选择抗冻品种，改进管理技术，增强植物抗寒性，适地适树，合理布局等。

（2）物理方法。

①熏烟法。燃烧烟堆形成烟雾，可以阻挡地面辐射，使地面温度不致降得很低。同时形成烟雾时会因燃烧而产生大量热量，使近地面的空气温度升高。而且，烟雾里有许多吸湿性烟粒，可以充当凝结核，使空气中的水汽在烟粒上凝结，并放出潜热，提高近地面空气温度。

②灌水法。灌水使土壤湿润后，增强了导热性和热容量，使夜间土壤散热慢，并且灌水后近地面空气变得潮湿，水汽易于凝结，放出潜热，提升周围空气的温度。所以霜前灌水可起到防霜作用。

③覆盖法。利用不同的覆盖物，以减少地面热辐射损失，同时被保护植物与外界隔离，本身温度不会降低，即可达到防御霜冻的目的。一般使用的覆盖材料有芦苇、稻草、麦秸、草木灰、杂草、牧畜粪以及塑料布、牛皮纸等。

④喷雾法。当温度接近 0 ℃时，向植物喷雾，水在植物上结冰时，放出潜热，当结冰过程继续进行时，冰的温度保持在 0 ℃。喷雾必须一直进行到温度上升足以使冰全部溶解为水。

⑤直接加热法。用加热器直接加热空气，可提高温度几摄氏度。这种方法用于果园和苗圃防霜冻。

⑥空气混合法。使用安装在塔上以马达驱动的大型螺旋桨鼓风机，将近地空气不断上下混合，即可防止霜冻的发生。

（三）冷害

冷害是指在作物生长期内，温度短期或长期降低到作物的生物学 0 ℃以下，使作物生育延迟，甚至发生生理障碍，导致减产歉收，这种以低温为主的灾害，称为低温冷害，简称冷害。

低温冷害和霜冻虽都起因于低温，但两者有重要区别。霜冻是短时间低温并引起作物伤害或死亡，一般土壤和作物表面温度多在 0 ℃或以下。低温冷害指持续时间较长的低温，引起作物生育期延迟或生理机能受到障碍，温度都在 0 ℃以上，有时甚至在接近 20 ℃的条件下，也可使作物遭受危害。

1. 冷害的类型

冷害按其对作物的危害特点可分为以下几种类型。

（1）延迟性冷害。延迟性冷害是指在作物的营养生长期内，有时也包括生殖生长期，遭受较长时间的低温，削弱了作物的生理活性，使生育期显著延迟，以至秋霜来临时不能正常成熟而减产。这类冷害对水稻、棉花、花生、高粱、玉米危害较大。

（2）障碍性冷害。障碍性冷害是指在作物生殖生长期内，主要是指颖花分化到抽穗开花期，遭受短时间的异常低温，直接危害了结实器官的形成，造成不孕、秕粒，导致减产。这类灾害对水稻、高粱、大豆危害较大，危害最严重的是水稻。

（3）混合型冷害。混合型冷害又称为兼发型冷害，它是指延迟型冷害和障碍型冷害在同一生长季内都有发生，一般是生长前期遭延迟型冷害，到了生长发育后期又遭障碍型冷害。这种冷害对农作物的危害更大。

近几年来，有人按形成冷害的天气特点，把冷害分为：低温多雨型（湿冷型）、低温干旱型（干冷型）、低温早霜型（霜冷型）、低温寡照型（阴冷型）四类。

2. 冷害的防御

冷害的形成原因比较复杂，其影响因素很多，必须采取综合措施才能有效地抗御低温冷害。行之有效的办法是做好农作物品种区划，在低温冷害年选用早熟耐寒的作物品种；适时早播，缩短播期，一次播种保全苗；增施优质农家肥和磷肥，合理施用氮肥；进行地膜覆盖，育苗移栽；加强田间管理，促进作物早熟；搞好农田基本建设，改善生产条件。

（四）冻害

冬季，越冬作物和果树林木因遇到 0 ℃以下强烈低温或剧烈变温所造成的农业气象灾害称为冻害。包括越冬作物冻害、果树冻害、土壤掀耸、冰壳害和冻涝害等。

1. 越冬作物冻害

越冬作物冻害是指作物刚进入越冬期时日平均气温骤然下降或在越冬期间持续低温，并有多次强寒潮过境，引起急剧降温，或在冬末春初气温骤降骤升从而引起作物受冻死亡。越冬作物冻害的防御措施有：合理布局作物，确定作物的种植北界，利用局地小气候环境，实施避冻栽培；选用适宜品种、加强抗寒锻炼，提高植株抗寒力；采取农业技术措施，改善农田生态条件。

2. 土壤掀耸

土壤掀耸是在土壤反复融冻的情况下，表层土壤连同植株一起被抬出地面，使植株受害的现象，又称冻拔。这是由于冻结时土壤孔隙中的水结成冰晶，使表土层膨胀隆起，解冻时冰晶融化，使表土层又下沉而引起的。冻拔有根拔和凌截两种类型。根拔是指被害麦苗的分蘖节或根系抬出地表后冻死或枯干，一般越冬前仅有 2～3 片叶的麦苗容易发生根拔；凌截是指麦苗在冻土层和非冻土层之间被抬断，多出现在幼芽鞘出土 2～3 cm，长出 1～2 片真叶时。土壤掀耸多发生在越冬作物无明显休眠期的地区。防御土壤掀耸可采用以下措施：适期早播培育壮苗，播种深度适当，保证分蘖节深度在 3 cm 左右；造林时可采用窄缝法；越冬期间对冬作物进行镇压和适当控制田间土壤水；对林苗可采取培土、踩实、增高畦面等。

3. 冰壳害与冻涝害

冰壳害是指越冬期间因冻壳覆盖而造成对作物的伤害，又称冰害。冰壳害的防办法，主要是在越冬期间避免田间积水，如有冰盖形成，则可撒草木灰或泥炭土促使其溶化。冻涝害是作物越冬期间受内涝和冰冻形成的综合性灾害，常发生在冬季积雪较多的地区，低洼地、过水地和质地黏重的土壤。冻涝害的形成是由于水淹时氧气不足使植物窒息而死。

（五）干旱

干旱是指某地因长期无雨或少雨，土壤不能满足农作物对水分的需求致使作物的生长受到抑制或死亡的农业气象灾害。从气象角度看，干旱有两种含义：一是指干旱气候。例如，我国西北干旱牧区，年降水量不足 250 mm，那里光热资源丰富，蒸发量大，常年处于干旱状态，这些地区干旱是基本的气候特征。另一是指气候异常。例如，我国东部湿润、半湿润地区，一般来说，那里的降水量是能够满足农业生产的需要的，但在某些年份，或一年中的某些时期，降水量显著偏少，则干旱便构成了对农业生产的某种威胁。

1. 干旱的成因和种类

干旱是气象、地形、土壤条件和人类活动等多种因素综合影响的结果，其中大气环流异常和高气压长期控制一个地区，是造成大范围严重干旱的气象原因。

（1）干旱按其发生时期，可分为春旱、夏旱、秋旱。

①春旱。主要是移动性冷高压常自西北经华北、东北东移入海。在其经过地区晴朗少云，升温迅速而又多风，蒸发旺盛，故在华北和东北地区经常发生春旱，西北和长江上游也易形成春旱。

②夏旱。俗称“伏旱”。主要是太平洋副热带高压北进，在其控制下形成的。夏旱的特征是气温高，相对湿度小，蒸发量大。夏旱常引起干热风天气的发生。

③秋旱。是太平洋副热带高压南撤时，北方西伯利亚高压南伸，在它的控制下，便会形成秋旱。秋旱一般出现在长江流域、华北和华中及华南广大地区。有些特殊的年份，还会发生春夏连旱或夏秋连旱，这些年份，干旱所造成的危害更严重。

（2）干旱按其发生的原因还可分为土壤干旱、大气干旱和生理干旱。

①土壤干旱。指由于长期无雨，土壤严重缺水，作物对水分的需要得不到满足而产生的危害。

②大气干旱。是指气温高、相对湿度小，造成强烈的土壤水分蒸发和植物蒸腾的综合现象。大气干旱一般认为是干热风的一种形式。

③生理干旱。又称冷旱，它是由于土温过低或土壤溶液渗透势太低而妨碍根系吸水，导致作物体内水分失调，最终影响到产量。生理干旱一般发生在早春气温已回升但土壤尚未解冻之时。

2. 干旱的防御

兴建水利、植树造林、农田基本建设实行综合治理，选育抗旱品种、运用耕作措施、应用农业气候规律等进行防旱；当发生干旱时，进行农田灌溉来解决旱情是最有效的办法。在有条件的地区通过人工降雨也可解除和缓减旱情。此外，通过喷洒抑制蒸腾剂也可避免或减轻干旱。

（六）雨涝

雨涝是洪涝和渍涝（或湿害）的总称。洪涝是由于长期持续阴雨和暴雨，短期雨量过于集中，引起山洪暴发、江河泛滥、淹没农田，危害人民生命财产的自然灾害。渍涝或湿害则是由于长期持续阴雨，低温寡照，或因地势低洼，排水不畅，使土壤长期处于水分过饱和的状态，造成作物根系缺氧和腐烂的灾害。

1. 引起雨涝的原因及其类型

形成雨涝的主要原因是锋面在一个地区长期徘徊和停滞造成降水过于集中的结果。暴雨经常是造成雨涝，特别是洪涝的直接原因。地形对于雨涝灾害的影响也不可忽视。暴雨容易在山地的迎风坡一侧发生或加强，山的迎风坡一侧也是容易发生洪涝灾害的地区。连续阴雨也是造成雨涝，特别是渍涝的重要原因。连阴雨主要是由极锋半静止造成的。连续阴雨时间越长，降水量越大，渍涝或湿害发生的可能性越大，危害越严重，尤其是地势低洼、地下水位较高、土质黏重、透水性差、排水不畅的地区，特别容易引起土壤水分过多而发生渍涝。根据雨涝发生的季节，可将雨涝分成春涝、春夏涝、夏涝、夏秋涝和秋涝等几种类型。我国地域辽阔，地形复杂，季风显著，雨涝的分布有明显的地域性，总的特点是：东部多，西部少；沿海多，内陆少；平原多，高原山地少。

2. 雨涝的防御

防御洪涝的重要措施主要有：治理江河，兴修水库，植树造林，建立排灌系统，改良土壤结构，调整种植结构，加强农田基本建设等。

（七）干热风

干热风天气是高温、低湿并伴有一定风力的大气干旱现象。它是影响我国北方麦区的主要气象灾害之一。有的地方称之为干风、火风、热风、旱风等。

1. 干热风天气的形成

产生干热风天气的原因一般可归纳为两种：一种是春夏之交，极地大陆冷空气南下，高空处于槽后脊前，地面为一冷高压，我国内陆地区受高压控制，天气晴朗，空气干燥。如冷高压较长时间维持少动，冷空气变性增温，刮又干又热的西南风，这就形成了干热风。冷高压维持时间越长、干热风持续时间也越久，强度也越大。这种类型的干热风称之为极地大陆冷空气南下型。另一种是由于高空形势为副热带高压，伸向江南，青藏高原至新疆、内蒙古为一暖脊，暖平流较强，热带大陆暖空气北上，地面为热低压，当地处于此低压北部，即此处于“北高南低”的气压场形势下，刮又干又热的偏东风，形成干热风。这种类型的干热风称为热带大陆暖空气入侵型。

2. 干热风天气的类型

我国北方麦区干热风按其天气现象不同可以划分为三种类型。

(1) 高温低湿型。特点是大气高温、干旱，地面吹偏南风或西南风（有的地方吹偏东风），这种高温干旱的天气使小麦干尖、炸芒、植株枯黄，它是北方麦区干热风的主要类型。

(2) 雨后枯熟型。特点是雨后高温或雨后猛晴，造成小麦青枯或枯熟。这种类型多发生在华北和西北等地。

(3) 旱风型。特点是空气湿度低、风速大，但气温不一定高于 30 ℃（这是和前两种类型干热风主要不同点）。干燥的大风加强了大气的干旱，促进农田蒸散，使小麦卷叶，经常发生在黄土高原多风地区和黄淮平原的苏北、皖北等地。

3. 干热风天气的指标

不同地区，根据本地的气象条件，地理环境条件和小麦生育状况，以小麦是否受害和受害程度的轻重为依据，从干热风高温、低湿特征为出发点，制定简便实用的气象指标。干热风指标通常采用“三三三”指标，即日最高气温≥30 ℃，日最小相对湿度≤30%，风速≥3 m/s（或 3 级以上）。值得指出的是：小麦干热风指标各地不尽相同，多根据作物种类受害症状等确定适合当地的干热风指标。

4. 我国干热风的地理分布和发生时期

我国干热风主要发生在华北和西北一带，淮河以南较少，长江以南几乎没有。主要出现干热风的地区有：

①黄淮海平原、晋南和关中盆地。这里干热风分布面积较广，出现频率较高。

②内蒙古的东南部和东北的西部平原，这里常出现西北干热风。

③河西走廊的沃州平原。

④长江中下游平原。大面积干热风主要发生在秦岭—淮河流域以北。干热风一般出现在4—8月。黄淮平原、华北平原和关中地区，均在5月下旬至6月上旬出现最多。银川灌区和河西地区的干热风多发生在6月下旬至7月上旬。

5. 干热风天气的防御

防御干热风危害的根本途径一是改变局部地区气候环境，削弱或消除出现干热风的天气条件。如植树造林、营造护田林网，实现大地园林化，改土治水、浇水灌溉等；另一个途径是综合运用农业技术措施，改变种植方式和作物布局，增加小麦的抗逆性能。如选用抗干热风能力较强的品种，培育壮苗，适时适量地追肥灌水，选择早熟品种，适时早播，以躲过干热风危害。

（八）冰雹

冰雹是从发展旺盛的积雨云中降落到地面上的固体降水物，是一种圆形或不规则的透明与不透明相间的冰球或冰块。其直径大小不一，一般只有5～20 mm，有的可达30 mm。冰雹对农业生产的危害极大，轻者减产，重则颗粒无收。还可砸坏建筑物，危及人畜安全。

1. 冰雹的形成

冰雹的形成多数与冷空气的活动直接有联系。冰雹虽是从强盛的积雨云中产生的，但有积雨云不一定都产生冰雹。形成冰雹必须具备以下四个条件：

①积雨云发展要特别旺盛，其垂直尺度应超过6 km，以便有低温产生和很大的气温垂直梯度而形成冰雹。

②积雨云中要有一定数量的雹核存在。

③积雨云中要有时强时弱的上升气流，其速度应在15 m/s以上，使冰雹形成之前不至于提前落地。

④积雨云中要有丰富的水汽，其含量应在15 g/m^2以上，以保证冰雹迅速增大。

2. 冰雹发生的规律

冰雹多发生在春末夏初季节交替时，这个时期暖空气逐渐活跃，带来大量的水汽，而冷空气活动仍很频繁，这是冰雹形成的有利条件。在夏秋之交冰雹也常发生，冬季很少降雹。在一天中，冰雹多出现在14:00—17:00。冰雹云的范围不大，多数不到20 km，移速可达50 km/h。所以降雹的持续时间比较短，一般在5～15 min，也有长达1 h以上的，但为数极少。我国冰雹的地理分布特点是：山地多于平原，高原山地多于盆地，中纬度多于高纬度和低纬度，内陆多于沿海，北方多于南方。全国有三个多雹区，即青藏高原、北方和南方多雹区。冰雹源地多出于山区或山脉附近10～20 km的地带。

从时间上看，降雹在我国一般出现于4—9月，并随季节的变化逐渐向北推移。2—3月以西南、华南和江南为主，4—6月中旬以江淮流域为主，6月下旬至9月以西北、华北和东北为主。

3. 人工防雹

对于冰雹的防御，可采用一些植树造林、布局抗雹作物、灌水和紧急抢收等措施，更主要的还是进行人工消雹。人工消雹可以防止冰雹的产生或减轻危害。目前，人工消雹般采用以下两种方法。

（1）爆炸法。采用炸药等进行消雹。爆炸时的冲击波使空气绝热膨胀可使云中过冷水滴冻结，造成大量胚胎，结果使每个冰雹都长不大，它们在降落时，或者化为水滴，或者成为危害很小的小冰雹，从而达到防雹之目的。爆炸法除可影响冰雹的生成条件，还可以炸碎一些大冰块。

（2）播撒催化剂法。利用飞机气球高炮、小火箭等把碘化银或碘化铅等微粒撒播在冰雹云中，由于云中增多了凝结核，可以使云中的水汽和冰晶形成众多的小冰雹和水滴，从而减轻危害。

（九）台风

在热带海洋上经常有强烈的热带气旋发生。当热带气旋发展到一定强度时，在西太平洋称为台风。中国气象局规定：热带气旋按其强度分为四级，凡气旋区最大风力为6～7级者称为热带低压；8～9级者为热带风暴；9～11级者称为强热带风暴；最大风力为12级或以上者称为台风。台风形成的基本条件：即足够的地转偏向力；暖洋面水温超过26.5℃，能提供大量高温、高湿的水汽。水汽大量凝结放出潜热是台风的巨大能量来源。台风实际上是一个近乎圆形的低压涡旋，它的水平范围一般直径为600～1 000 km，最大的可达到2 000km，最小的只有100 km左右。台风的强度一般都以其中心附近地面最大平均风速和其中心海平面最低气压为依据。风速越大，气压越低，台风的强度越大。

1. 台风的危害

（1）台风带来的狂风的摧毁作用。例如狂风平均风速在30 m/s以上，这样高的风速在每平方米的面积上可产生200 kg或更大的压力，能吹倒树木、作物，毁坏农业设施，以及导致房屋倒塌危害人畜安全。

（2）台风带来的暴雨危害。台风引起的暴雨可达500～600 mm，甚至1 000～2 000 mm，能造成山洪暴发，冲垮水库、堤围，中断交通。

（3）台风引起的海浪和海潮威胁海上航行、船只的安全和渔业生产。同时海潮使沿海水位上升，可以冲垮海堤，海水倒灌，淹没农田。台风是一种破坏性很强的灾害性天气，但其破坏力限于一定范围，一般为80～160 km，弱的仅25 km，强大的可达500 km。此外，台风季节正是盛夏江南伏旱时期，它带来丰沛的雨水对缓解旱象、消除酷暑是有利的。

2. 台风的预防措施

主要在沿海地区营造农田防风林网，在每年台风季节来临前加固海塘堤坝，改进种植制度等，同时加强台风监测系统现代化，提高预报准确率，特别是台风预测的准确率，使农业及国民经济损失降到最低。

（十）龙卷风

龙卷风是从强烈发展的积雨云底部下垂的高速旋转着的、形状像一只漏斗又似“象鼻”的云柱。这个云柱伸向海洋时，水面立刻竖起一根水柱，出现云水相接的奇观，就是水龙卷，人们俗称“龙吸水”。“象鼻”伸向陆地时，使尘土、泥沙卷挟而上，形成尘柱，称为“陆龙卷”。

龙卷风的水平范围很小，在地面直径只有几米到几百米，最大可达1 000m以上。龙卷一般只生存几分钟至几十分钟，旋转特别猛烈的空气柱，造成中心气压极低，约为400 hPa，甚至低于200 hPa，而龙卷直径又非常小。因此它能和周围产生很大的气压差，致使风速可达每秒几十米到一百多米，甚至200 m。这种特别强烈的风速比12级台风的风速还要大5～6倍。

龙卷风所经之处，常将大树拔起，车辆掀翻，建筑物摧毁，造成严重损失。龙卷风在我国各地都有出现，一般产生在3—9月，华南、华东较多，南海和台湾海峡有时也出现过海龙卷。

（十一）沙尘暴

沙尘暴是指大量尘土沙粒被风吹起，使空气混浊，水平能见度小于1 km的现象，又称沙暴或尘暴。如果水平能见度在1～10 km则称为浮尘或扬沙天气，一般而言，浮尘多由外地而来扬沙则基本来自本地。我国新疆南部和甘肃河西走廊的强沙尘暴有时可使能见度近于零，白昼如同黑夜，当地人称为“黑风”。

沙尘暴一般发生在土地干燥、土质疏松而无植被覆盖的地区，在我国春季出现最多，以西北、内蒙古、华北和东北地区最多。沙尘暴的形成必须满足三个基本条件：一是要有沙尘源；二是要有大风；三是大气的热力要不稳定。严重的沙尘暴可导致沙漠迁移、毁坏良田掩埋作物、中断交通，对生产和生活影响极大。种草种树、退耕还林、固沙固土，是防止沙尘暴侵袭的有效措施。

二、气候与气候区划

（一）气候形成的因素

气候对自然环境、人类社会、经济活动影响很大，气候是指在一个较长的时段内天气的统计状况。是在太阳辐射、下垫面性质以及大气环流的相互作用下形成的，把它们称之为气候形成要素。一般从时间尺度来讲，短期气候变化周期约为十年，历史气候变化的周期为数百年至数千年，地质气候的变化周期长达数百万年甚至数亿年。在描写现代气候变化时通常以30年作为基本时间尺度。

1. 太阳辐射在气候形成中的作用

太阳辐射能是地球上一切热量的主要来源。它既是大气、陆地和海洋增温的主要能源，又是大气中一切物理过程和物理现象形成的基本动力。不同地区的气候差异和各地气候的季节变化，主要是由于太阳辐射在地球表面分布不均及其随时间变化的结果。太阳辐射在大气上界的分布，称为天文辐射。由天文辐射所决定的天文气候反映了全球气候的基本情况。

2. 大气环流在气候形成中的作用

大气环流是太阳辐射在地球表面分布不均匀的产物，大气环流是影响气候形成和变化的基本因素。通常，高低纬度之间和海陆之间的热量交换和水文交换是由大气环流过程来完成的，使一地气候不仅受当地太阳辐射和下垫面条件的作用，而且还受到其他方面的影响，形成不同的气候类型。全球总热量由低纬度向高纬度输送，在纬度35°—40°最大，而且主要是靠水平涡旋运动输送的。地球上除了大气运动使低纬度向高纬度输送热量外，海水运动也在进行着热量输送。从水分情况来看，无论大气、陆地还是海洋，降水量和蒸发量是平衡的，但是就局部地区来说，是很不平衡的。

由于海陆热力性质不同而产生的季风环流，对于海陆之间的水分和热量交换起着很大的作用。如冬季侵袭我国的气团是寒冷而干燥的极地大陆气团，夏季侵袭我国的气团是温暖而潮湿的热带海洋气团。冬夏两季，两种不同性质的气团带来了截然不同的天气和气候。

此外，气旋和反气旋也是大气环流中的大规模扰动，它们可以促使不同性质的气团做大范围的移动，造成大量的热量和水分交换，使地球上南北及海陆之间温度和水分差异变得和缓，同时也使各地具有不同的气候特点。

3. 下垫面状况对气候的影响

下垫面是大气的热源和水源，下垫面是能量的主要接收、储藏和转化的场所，又是低层空气运动的边界面，对气候的影响十分显著。下垫面包括海陆间的差异，海洋中冷暖洋流的分布强度，陆地上地形和地表性质的差别。

（二）气候带

采用各种指标（如纬度、温度、风系、气团及植物群系、类型等）把地球上气候特征彼此相近的地区，划分为若干带状的地带或大范围地区，称为气候带。气候带是在多种因素（如太阳辐射、地理纬度、海陆分布、海拔高度等）的影响下形成的。但最直接和最重要的因素是太阳辐射在地球表面的纬度分布规律。

1. 赤道气候带

赤道气候带位于赤道两侧南北纬10°之间，又称赤道带或赤道无风带。赤道气候带终年高温，年平均气温为25～30 ℃，最冷月月平均气温高于18℃，大部分地区气温年较差小于5 ℃，气温日较差在10 ℃以下。赤道气候带为地球上平均降水量最多的地带，分配均匀，无明显的干燥季节。年降水量一般在1 000～2 000 mm。植物可以终年繁茂生长，具有多层林木，水稻可一年两熟或三熟。

2. 热带气候带

本气候带位于纬度10°到回归线之间，即赤道季风气候，有热、雨、凉三个季节。年降水量一般为1 000～1 500 mm，越近赤道越多，越远离赤道越少。全年具有明显的干季，并且离赤道越远，干季越长。自然植被为疏林草原。因本气候带夏季为雨季，宜发展农业，盛产稻棉等喜温作物。

3. 副热带气候带

本气候带大体在回归线至纬度33°之间。因为它处于副热带高压和信风控制下，故降水量较小，地面缺乏植被而多沙漠。以热带沙漠气候和热带草原气候为主。副热带气候年较差和气温日较差均较赤道气候和热带气候大。冬季温度不低，可见霜，但夏季温度可达到55 ℃。沙漠地区的年降水量大多在100 mm以下，沙漠边缘可达到250 mm以上，蒸发量远远大于降水量，所以空气干热。

4. 暖温带气候带

暖温带一般指纬度35°—45°的地带。以暖温多雨气候为主。夏季在副热带高压控制和影响下，具有副热带气候特点；冬季在盛行西风控制下，具有冷温带气候的特点。使得这一气候带的大陆西岸有夏干冬湿的特点，成为“地中海气候”。由地中海气候区向东进入内陆，冬季降水渐少，春季降水渐多。再往东，春季降水也不明显，仅有夏季对流性降水，成为大陆内部干燥沙漠气候。暖温带大陆东海岸的气候，一般具有季风性，以夏季降水为多。

5. 冷温带气候带

本气候带指的是纬度45°到极圈的西风盛行带。在大陆西岸常为盛行西风的向岸风，并受暖洋流的影响，气候具有海洋性，即常湿温和气候。由此向东，海洋性渐趋不显，逐渐变为大陆性，即干燥气候。在亚欧大陆东岸，冬季盛吹干冷的离岸风，大陆性尤显，即冬干寒冷气候。冷温带气候表现为海洋性的特点是湿润多云；夏不热，冬温和；日间温度变化较大；7月凉日的温度可较1月的暖日温度低。全年各季降水都比较充足，冬半年常较夏半年多。表现为大陆性的冷温带气候，在内陆与暖温带、副热带干燥气候区相连接，该气候特点是气温年较差和日较差均大，夏可以很热，冬可以出现严寒，降水均稀少。

6. 极地气候带

本气候带在亚欧和北美大陆限于北极圈以北，在海洋上纬度偏南10°。在南半球因大陆面积小，它在低纬方向的界限在45°—50°S。本气候带最热月月平均气温在10 ℃以下，其中最热月平均气温不足0 ℃者，为冰原气候；为0～10 ℃者，可以生长苔原植物，称为冻原气候。

（三）气候型

在同一气候带内，可因陆地、海洋、高山、平原、沙漠等地理环境和环流特性不同而形成不同的气候类型，而在不同的气候带中在相似的地理位置上也可出现相似的气候类型。如海洋性气候、大陆性气候、季风气候、地中海气候等。

1. 海洋性气候和大陆性气候

这两个不同型气候之间的差异主要是由地面特性不同造成的。气候学上将海洋中心出现的气候特征称为海洋气候，内陆腹地出现的气候特征称为大陆气候。而与海洋气候和大陆气候相似的气候就称为海洋性气候和大陆性气候。海洋气候具有温和少变，多云雨的气候特征。也就是，气温日较差、年较差小，夏季凉爽、冬季温和，秋温较春温为高，最高和最低温度出现较迟，年降水量多且分配均匀，全年湿度高，云雾多，日照少，风速大。大陆气候是远离海洋的大陆内部的气候。夏季高温多云雨，冬季严寒晴朗。气温日较差、年较差大，春温高于秋温，最高和最低温度出现时间均较早，日照丰富。降水集中于夏季，而且降水变率大，冬季很干燥。

海岸气候是海岸附近陆地上的一种气候型，它是海洋气候和大陆气候间的过渡气候，每天都有海陆风的交替。而且，在向岸风盛吹的地方（如中纬度大陆西岸），海岸气候可接近于海洋气候，反之，在盛行风由陆地吹向海洋的地方（如中纬度大陆东岸），海岸气候偏于大陆气候。海洋气候和大陆气候对于植物的影响，具有显著的差别。

2. 季风气候和地中海气候

季风气候是大陆气候和海洋气候的混合型，夏季有来自海洋的气团，使海洋性气候特征突出，冬季有来自大陆的极地大陆气团而突出了大陆性气候的特征，因而季风气候的特点是夏季高温多雨，冬季寒冷干燥。地中海气候的主要特征是夏季高温干旱，冬季温和多雨，典型的地中海气候出现在副热带大陆的西岸，尤以地中海地区最为显著。在这一地区，夏季位于亚速尔高压的东侧，盛行离岸风，所以气候炎热干燥；冬季，因行星风带的南移，这一地区在盛行西风控制下，气旋活动频繁，故阴雨天气多。

由于季风气候与地中海气候的特征不同，植物和土壤状况也不一样。季风气候雨热同季，是林木生长的良好地区，也是稻、玉米、棉、茶、麻、竹和油桐等多种作物生长的地区，但冬季干冷，不利于作物越冬。地中海气候夏热而干，故多常绿灌树丛或常绿的针叶林与灌木的混交林，一些不耐旱植物于夏季凋萎。然而，由于冬暖而湿，可盛产副热带水果，越冬少受冻害。

3. 高山气候与高原气候

就海拔而论，高山和高原的海拔对于气象要素的影响有共同之处，但就气候特征来看，高山气候具有海洋性，高原气候则具有大陆性。高原上，由于陆地面积大，夏季和白天，吸收太阳辐射，成为同高度大气层的热源。冬季和夜晚，由于地面有效辐射强烈，又成为同高度大气层的冷源。因此，高原上气温日较差和年较差比较大，高原凹地更大。而高山山巅陆地面积小，增热冷却比较缓和，所以昼夜温差小。山地中降水的分布，主要受海拔高度和坡向影响。在迎风坡气流上升时使空气中有较多水汽到达凝结高度而成云致雨，降水量随高度升高而增加。高原对降水的影响与山地不同，高度越高，空气中的水汽含量就越小，降水量也随之急速减少。尤其是在广阔高原的中央部分，降水更加稀少。

4. 草原气候与沙漠气候

这两种气候在性质上都属于大陆性气候，沙漠气候更是大陆气候的极端化。它们都是以降水量少而又集中在夏季，蒸发快，雨量小，温差大等为其气候特征的。草原气候分为温带草原气候和热带草原气候。前者冬寒夏暖，年降水量不超过 450 mm，很少达到 590 mm，有些地区在 250 mm 以下。后者夏季湿热，冬温干燥，年降水量在 200～750 mm，干湿季节分明。草原气候区是世界上主要农业基地。温带草原是小麦和许多旱作产区，热带草原为喜温作物如棉花等重要产区，水利条件好的地区为水稻种植区。沙漠气候以空中水汽少，太阳辐射强，昼夜温差大，成云致雨概率小为其气候特点。沙漠多在大陆中心，周围被高原和山系所环绕，使海洋气流难以侵入。

（四）气候变化

近 200 年以来，由于现代化气象仪器出现，研究人员可以用精确的气象记录研究气候变化，故称这一时期的气候变化为近代气候变化。中国近 500 年有四次寒冷时期、三次回暖期：第一次寒冷期中的 1493 年，中国东部沿海出现强雪暴和寒潮，降雪期长达 5 个月之久，江苏北部沿海海水冻结，1513 年湖南洞庭湖结冰封冻，可行人车；第二次寒冷期中的 1653 年、1655 年、1670 年都为特冷年份，1670 年中国东部沿海曾有海水拥冰至岸，积冰为堤的记载；第三次寒冷期中的 1845 年，黄河、淮河封冻长达 40 d。第四次寒冷期中的 1969 年冬，在渤海海面出现封冻、奇寒现象。

对于未来气候如何变迁，各种说法不一。一种认为气候将逐渐变冷。因为第四纪大冰期还远未结束。前两个大冰期持续几千万年，而第四纪大冰期距今才 200 万年，现代是第四纪大冰期的亚冰期或亚间冰期（回暖期）。另一种则认为气候将逐渐变暖，原因是大气中二氧化碳含量持续增加。还有一种看法则认为气候冷暖变化是气候变迁史中的正常现象，在亚冰期中还存在很多波动，同一时期内有些地区暖温，其他地区则干冷。目前世界上公认的气候变化主要表现为三方面：全球气候变暖、酸雨危害和臭氧层破坏。

（五）农业气候资源

农业气候资源是指对农业生产提供物质和能量的气候资源。组成农业气候资源的光、热、水、气等要素的数量、组合及分配状况，在一定程度上决定了一个地区的农业生产类型、农业生产率和农业生产潜力。农业气候资源取之不尽、用之不竭，有明显的周期性、波动性和地域性的差异。光热、水、气资源中任一发生变化，会引起其他资源的变化，并影响整体的利用程度。农业气候资源的分析鉴定，包括两个方面的内容，一是要确定农业气候指标，二是分析鉴定气候对农业生产影响的满足程度。

1. 农业气候指标的表示方法

农业气候指标是指在一定气候条件和农业技术水平下，表示农业生产对气候条件要求和反应的气候要素特征值，它可以是单要素的，也可以是多要素的综合特征值。确定合适的农业气候指标，目的是评价某一地区某些农业气候条件对具体作物或品种生长发育和产量形成的利弊程度；评定地区农业气候资源，分析农业气象灾害的气候规律，进行农业气候区划以及对农业技术措施的气候适应性做出论证等。

农业气候指标的种类和形式是多种多样的，可以用光热、水、气等基本气候要素值为其表达形式，因此，又可分为光能指标、热量指标、水分指标三类。

①光能指标。主要形式有光照时间、日照百分率、太阳总辐射、光合有效辐射和农田群体摄取的太阳辐射量等。

②热量指标。主要形式有日平均气温稳定通过各农业界限温度（0 ℃、5 ℃、10 ℃、15 ℃等）的初终日期、持续日数及其积温等。

③水分指标。主要形式有大气降水量、土壤湿度和有效贮水量及湿润度（干燥度）等。应用以上指标，对比作物需水量指标便可评定该地区的水分供应状况。

2. 气候的农业鉴定

（1）光资源鉴定。常用太阳总辐射（总量）、光合有效辐射、日照时间等指标鉴定一个地区的光能资源供应状况。

（2）热量资源鉴定。分析一个地区热量资源的供应状况。常用的指标有：农业界限温度稳定通过的日期、持续天数、活动积温、最热月平均温度、霜冻特征和无霜期、年极端最低温度等。

（3）水分资源鉴定。鉴定一个地区水分资源供应状况。常用年降水量（生长季降水量）、湿润指数或干燥指数（干燥度）以及水分盈亏等指标。

鉴定时主要对上述各项指标的地理分布、保证率等进行分析，在此基础上也可以分析各地的光合生产潜力、光热生产潜力以及光热水生产潜力（气候生产潜力）。

（六）农业气候区划

农业气候区划是指在农业气候分析的基础上，以对农业地理决定意义的农业气候指标为依据，遵循农业气候相似原理和地域分异规律进行分区。农业气候区划的主要目的是为制订农业生产计划和农业长远规划服务。

1. 农业气候区划的原则

农业气候区划的原则有综合因子原则和主导因子原则。综合因子原则主张在区划时尽量考虑组成气候的综合因子。主导因子原则认为，气候对自然的影响虽是它的整体，但各因子的作用是不均等的，可以根据不同区划的要求突出其中某些最重要的因子。

2. 农业气候区划方法

逐级分区法主要根据一个地区农业生产中与某作物关系最密切的气候因子，以产量地理分析、著名产区气候分析、栽培边缘地区气候分析或多年产量气候分析等方法，选择一个或一组主导农业气候指标作为一级划区依据，然后根据与农业生产的密切程度，逐次选择指标作为二级、三级区划依据。在步骤上完成一级分区后，再进行下一级分区，越分越细，最终将地区划分成若干个农业气候有差异的区域。这种方法主要应用于综合农业气候区划和专题作物气候区划。

3. 中国农业气候区划

中国农业气候区划是中国农业区划的一个部门区划，也是中国气候区划的一个专业区划。中国气候区划由三级组成，依次称为农业气候大区、农业气候带和农业气候区。

（1）一级区——农业气候大区。一级区的划分以光热水组合的显著差异导致大农业类型的不同为依据，将全国划分为3个农业气候大区，即东部季风农业气候大区、西北干旱农业气候大区和青藏高寒农业气候大区。

（2）二级区——农业气候带。二级区的划分根据农林结构及种植制度对热量的要求而划分为15个带，其中东部季风农业气候大区有10个农业气候带，分别为北温带、中温带、南温带、北亚热带、中亚热带、南亚热带、藏南亚热带、北热带、中热带、南热带；西北干旱农业气候大区含有两个农业气候带，分别为干旱中温带和干旱南温带；青藏高寒农业气候大区含有3个农业气候带，分别为高原寒带、高原亚寒带和高原温带。

（3）三级区——农业气候区。三级区的划分主要考虑农业气候特征，尤其是影响农业生产稳定性的水分条件和主要气象灾害，划分出55个农业气候区。

三、农业小气候

（一）农田小气候

农田小气候是以作物等植被为下垫面的小气候。在小气候形成的过程中，不仅受土层和气层之间的物质（如水汽、CO_2等）与能量（如辐射、潜热、土壤热量等）交换作用的影响，还受植被群体变化及其生物学过程的影响。

1. 太阳辐射

农田辐射的分布主要取决于植株高度、密度、叶层分布、叶片角度和方位等。无论哪一层叶片，光线主要来自上方，而下方的反射光是比较微弱的。来自四方的侧光，在植株上层，受太阳方位角和高度角的影响是很明显的，越到植株下层，则越是均匀。对光的分布而言，下层叶片的排列方式是无足轻重的。一般在作物生育初期，群体结构稀疏，所以在农田中，上下层间的相对光强差别不大，随着植株个体的增长，这个差别逐渐增大。在生育盛期，特别是封行后的生育关键期，尤其需要进入群体下层的光强适中，有利于群体光合作用进行。

2. 温度

不同的下垫面，不同的植被，因为枝叶的参差、涡旋体的大小和形状等与裸地有明显差异，直接影响农田的乱流交换，因此温度的分布是不同的。在稀疏植被地带，植被对地面的遮蔽不大，其温度分布与裸地情况基本相同，表现为日射型和辐射型。在茂盛植被地带，植被与其上方空气之间乱流交换降低，温度极值出现在绿体最茂盛的外活动面上。如果是土壤水分较大的地带或水田，则潜热变化占主导地位，大量热量用于蒸发和凝结，温度变化趋缓。

3. 空气湿度

主要取决于温度、蒸发和湍流强度。在稀疏植被地带，植物蒸腾量小，绝对湿度的分布与裸地情况相似；但在茂盛植被地带，茎叶密集区域为主要的蒸腾面，绝对湿度的分布与温度相似，极值出现在外活动面上。相对湿度白天的分布与温度类似，但在夜间，茂盛植被地带不同高度上相对湿度比较接近。水田的绝对湿度不论昼夜，都是随高度增加而降低，但在紧贴水面的薄层中，相对湿度白天随高度增加而降低，夜晚则随高度增加而增加。

4. 风和 CO_2

受植被对气流阻挡和摩擦作用，农（林）地中的风比裸地小得多。植被株间风速的分布与植物的类型、密度、高度有关。通常在植株间某一高度以下，乱流交换几乎消失，各种物理属性的输送主要靠分子扩散，只有在上层才真正出现与上层空气之间的乱流交换。

农田风速在水平分布总是由边行向里不断递减，其大小与作物种类，以及播种密度、生长期等都有关系。作物生长旺盛时期，农田风速在垂直方向上一般呈 S 型分布。这是因为作物中部茎叶比较稠密，水平风速受到较大的削弱，因此风速随高度的变化平缓；在作物的上部和基部，茎、叶相对稀疏，故风速随高度的变化剧烈，其中尤以上部最为明显。可见，植株对风速的削弱作用是非常显著的。另外，在靠近基部高度，相对风速有一个次大值，这是因为农田外的气流能较多地通过茎叶较稀的基部深入农田。

一般来说，CO_2浓度在植被层以上较大，在植被层内则较低，最低值出现在叶面积指数最大层附近。CO_2分布与乱流有关。白天特别是中午，植被层中的 CO_2是从上向下输送，而地面附近则从地面向上输送。

（二）果园小气候

果园小气候是以一定的大气候条件为背景的，果园小气候受到所在地形、坡向、坡度、水体、土壤性质等地面的自然环境影响。在建立果园时，果园的选址，要特别注意对于地形和土壤的利用，果园小气候受到果树的树种、树龄、树冠的疏密和形状以及人工管理措施的影响，耐阴的树种可以相对密植，相互遮阴，提高果园相对度；喜阳的树种种植时要稀疏一些，树冠内要及时修剪，保证果实的光照时间和光照度；树体高大、叶片大而茂密的树种，遮蔽程度较高，树冠内膛的通风透光条件就比较差；树体直立、叶片小而稀疏的树种，遮蔽程度轻，树冠内的通风透光好，果园内的光温条件和空气相对湿度条件差别较小。在海滩、河滩果园，风沙较大，一般都营造防护林带，小型果园在周围植树3～5行即可，防风沙，调节果园空气相对湿度，改善果园小气候。

1. 光照

果园中，树冠内的光照分布大致可以分为 4 层：第一层的光照在 70％以上，第二层光照为 50％～70％，第三层光照为 30％～50％，第四层光照不足 30％。树冠内不同高度上的光照度，也是从上向下减少的。随着果树树龄的增加，树冠内不同部位的光照度差别会越来越大，内膛的光照越来越少，合理修剪能显著改善内膛的光照条件。

2. 温度

果园内的温度分布主要取决于光照度的分布，夏季日光直射果树和果实，果实温度上升，温度过高，就会影响果实的膨大，出现日烧病。树体不同方位的温度也不同，向东部位的最高温度出现在中午之前，向南部位的最高温度出现在中午前后，向西部位的最高温度出现在下午。在生产中，要特别注意利用山地小气候和水体小气候，山地小气候夏季升温慢，最高气温低于平地，能避免热害；水体小气候冬季降温慢，最高气温高于陆地，能避免冻害。

3. 空气湿度

果园内的空气湿度，受到土壤湿度、果树大小、树种蒸腾能力和天气类型等因素的影响。例如，在雨季，果园内南坡的湿度比北坡的大，在旱季，北坡的湿度要高于南坡。耐阴的树种可以相对密植，相互遮阴，提高果园湿度，促进果树生长发育；喜阳的树种种植时要稀疏一些，树冠内要及时修剪，保证树冠内膛的通风透光，降低空气湿度。树体遮蔽程度高，果园内的空气相对湿度差别就比较大；树体遮蔽程度低，果园内的空气相对湿度差别较小。果园覆草可以使土壤湿度提高5%左右，特别是在旱季果园内，非常有利于果树的生长。

4. 风

微风对于调节果园内的温度、湿度很有利，大风有害。营造防护林是调节果园风速、减轻大风危害、增加冬季积雪的有效措施，丘陵山地果园的防护林防止土壤被冲刷，起到水土保持的作用。可见，果园小气候要素的时间和空间分布特征，也在各个方面影响着果树生长发育和果实产量品质形成。在建园时要注意对地形小气候的利用，还要注意果树的合理密植和适宜的修剪，给果树的生长发育创造出优越的小气候条件。

（三）保护地小气候

农业用地上采用覆盖物或风障等人工设施形成的小范围气候环境。利用覆盖物的光学和热学特性、密闭程度和空间控制，以及利用风障所产生的动力和热力效应，都可在不同程度上改变农田的辐射输送和湍流交换，形成适宜于农业生产的小气候条件。

1. 不同覆盖的气象效应

在不同覆盖物下地段的气象效应，与覆盖物的透光性、导热率、密闭程度有关。透光良好的塑料薄膜，能保持太阳辐射的大量进入，又能阻挡地面辐射的逸出，大大降低乱流交换，减少蒸发耗热，使保护地的温度增高，其效果表层比下层大，晴天比阴天大。密闭程度好的不透光覆盖物也能起到保温保湿的作用。常用覆盖物有塑料薄膜、无纺布、油布、稻草及某些肥料，有色薄膜还有改变光质的效果。

2. 喷洒化学制剂的气象效应

喷洒化学制剂可在水面、土壤表面和植物表面形成一层单分子或多分子薄膜，以产生增温或降温效应，如增温剂是通过抑制水分蒸发、减少热量消耗达到增温效果的，而降温剂是利用白色表面加强对太阳辐射的反射，以化学物质结合水相变化释放的热量，达到降温目的。

3. 风障的气象效应

风障具有防风和保温作用。在冷空气平流较强时，防风和保温作用是一致的，既是明显防风效应的地段，也是保温明显地段。由于障内风速降低，乱流交换减弱，蒸发降低，耗热减少，相对地提高了保温效应。但在静风或微风的晴夜，由于地表辐射散热较多，障内温度并不比障外高。因此，风障的防风效应，是它防寒保温作用的先决条件。风速降低越多，防寒保温效应也越大。

防风效应与风障和风向的夹角及对地面的倾角有关，有时需要随季节随时调整风障的方位和倾角，并且风障的高度不能过高或过低，风障高度一般在 2 m 左右，长度从几十米至百米甚至更长。由于冬季需防御盛行的偏北冷风侵袭植物，风障都取东西向。风障倾角和透风程度，随季节和地方而异。一般冬季和早春用不透风风障，障壁向南倾斜，与地面交角为 60°～70°；初夏以后，逐渐转换为透风的直立风障。

（四）温室小气候

近年来人们利用农业设施发展高效农业，如塑料大棚、日光温室、连栋温室等。这里以温室小气候为代表对此类农业设施小气候进行简要介绍。

1. 太阳辐射

温室内的光合有效辐射状况与覆盖物的光学性质有密切关系。生产上常用的覆盖物为聚氯乙烯、聚乙烯和玻璃，它们对可见光的透过率大致相当，但对紫外线的透过率却有较大差异，聚乙烯和聚氯乙烯对紫外线有一定的透过能力，而普通玻璃却几乎不能透过。因而玻璃温室的作物往往植株细弱、病害较多。玻璃对红外线的透过率也很低。据测定，大于 800 nm 的红外线全被玻璃吸收和反射而不能透过；而聚乙烯和聚氯乙烯却有相当高的透过率。夜间玻璃截留大气长波辐射的能力高于聚乙烯和聚氯乙烯，因此玻璃温室夜间的保温性能比聚乙烯和聚氯乙烯好。另外，对长波红外线的透过能力聚氯乙烯比聚乙烯小，说明夜间的保温性能前者比后者好。

2. 温度

温室的通风换气状况、覆盖材料、蒸散耗热、温室比面积（单位体积的表面积）及室外天气等诸多因素决定着温室内的温度。大型温室的比面积小，冷却效应小；小型温室的比面积大，冷却效应大。因此大温室的保温性能比小温室好。晴天温室内气温有明显的日变化，夜间气温平均比室外高 1～4 ℃；阴天温室内外温差减小，且日变化不明显，说明天气条件对温室的增温效果影响很大。温室内气温的分布很不均匀，室内各部位温差最大可达 5～8 ℃，晴朗白天南侧比北侧温度高 2～3 ℃，夜间南侧降温快。所以南侧温差大，光照条件好，对花卉、蔬菜生长十分有利。寒冷季节，尤其是夜间，温室内的增温防冻，对作物生育至关重要。为了调控温度，人们采用以下办法：

①在室外四周挖防寒沟，沟内填入杂草、谷壳等隔热物质，以减少土壤中热量的水平交换。

②采用多层覆盖，如薄膜温室的覆盖，可用两层薄膜，薄膜之间充以空气，或在大棚内另加小棚，在地面上再加地膜，也可在温室外夜间盖上草帘等。

③人工直接加热，如点燃煤炉或热风炉，输送暖气等。相反，吸热季节，温室的降温也必不可少。通常可采用通风、遮阴、喷淋等措施进行温度调控。

3. 空气湿度

温室内的水汽主要来源于土壤蒸发和植株蒸腾。温室内由于空气湍流交换受到抑制，水汽又被阻隔，造成温室内湿度全天都高于室外，经常处于饱和或接近饱和状态。因此常使植物蒸腾作用受到抑制，植株生长柔弱，易染病害。

4. CO_2

覆盖物的封闭作用，限制了温室内外CO_2的交换，使室内CO_2浓度的日变幅显著增大。在密闭温室内，从入夜到日出前，由于植物呼吸和土壤有机质分解，不断放出CO_2，使室内CO_2浓度升到500～1 000 μmol/mol；日出后随着作物光合作用的增强，CO_2浓度迅速下降；从9:00起直至午后，都处于最低值为100 μmol/mol左右，有时甚至低于80 μmol/mol，几乎处于或接近CO_2浓度的补偿点，对作物光合作用极为不利。若作物处于缺乏CO_2的饥饿状态时间过长，将使作物生长衰退，根系发育不良，产量降低。提高日间温室内CO_2浓度，可采取的办法常有：

①通风换气，可使室内CO_2浓度提高到300 μmol/mol左右。

②增施有机肥，可使室内CO_2浓度略有提高。

③直接在室内进行CO_2施肥，以提高浓度。

（五）农业地形小气候

在山区各地，由于受周围地形的遮蔽作用，一方面影响太阳辐射的吸收，另一方面对气流的变形有明显作用，从而形成不同的小气候，如方位差别形成坡地小气候，地形作用形成山顶和谷地小气候。

坡度和坡向对太阳辐射、温度、湿度和气流都有影响。在一定坡向一定坡度范围内，随着坡度增加，太阳辐射增加。一般地，阳坡（偏南坡）所得到的太阳辐射比较多，湿度较低，土壤蒸发多，干燥，温度偏高；而阴坡（偏北坡）的情况相反。在寒冷地区，冬季阴坡积雪时间较长，积雪融化慢，增温少，蒸发弱，土壤水分消耗慢。在暖季，整个坡地阳坡上部干而暖，下部湿而热；阴坡上部潮而凉，下部湿而凉。而在低纬度地区，阳坡和阴坡的差别不大。由于气流的变形，迎风坡及其两侧风速大于背风坡。

谷地和山顶的小气候明显不同。受周围山地的遮蔽，谷地不仅得到的太阳辐射和日照时间都比周围平地与山顶少，同时受山坡包围，谷地与邻近地段的空气交换也受到限制，热量和水汽交换也与山顶不同。在山谷风的作用下，昼间坡顶湿度大，夜间谷底湿度大。冬季，受冷径流影响，谷底植物更容易受到辐射霜冻，而冷平流会使山顶植物更容易遭受平流霜冻。在栽培植物时应注意谷底和山顶选种相对耐寒的作物和品种。

第五章　作物生产与养分供给

土壤是植物赖以生存的物质基础，为农作物提供水、肥、气、热等环境要素。了解土壤的形成与发育、物质组成、基本性质，以及植物的营养需求和土壤养分供给特征，是作物生产的基本知识，学习肥料种类和施肥技术则直接服务于作物生产。

第一节　土壤是作物生产的物质基础

一、土壤形成与发育

土壤是地球陆地上能够生长植物的疏松表层，土壤是由岩石经过复杂的物理、化学、生物过程演变而来的，而岩石是由各种矿物组成的，成土岩石及矿物深刻影响土壤的基本性质。地壳的组成、运动和地貌的产生与土壤矿物质有密切的关系，而土壤矿物质的成分和性质又对土壤的形成过程、理化和生物学性质，以及养分状况和肥力水平等有很大的影响。

（一）矿物学知识

矿物是地壳中的化学元素在各种地质作用（如火山爆发、地震、岩石风化等）下所形成的自然均质体。根据矿物形成原因可分为原生矿物和次生矿物。原生矿物是由地壳内部岩浆冷却后形成的矿物，而次生矿物是由原生矿物进一步风化形成的新的矿物。

1. 矿物的主要特征

（1）颜色。矿物的颜色多种多样，矿物学中一般将颜色分为3类：自色是矿物固有的颜色，它色是指由混入物引起的颜色，假色是由于某种物理光学过程所致的颜色。

（2）光泽。矿物表面反射可见光的能力，根据平滑表面反光的由强而弱分为金属光泽、半金属光泽、金刚光泽和玻璃光泽四级。金属和半金属光泽的矿物条痕一般为深色，金刚或玻璃光泽的矿物条痕为浅色或白色。此外，若矿物的反光面不平滑或呈集合体时，还可出现油脂光泽、树脂光泽、蜡状光泽、土状光泽及丝绢光泽和珍珠光泽等特殊光泽类型。

（3）硬度。指矿物抵抗外力作用（如压入、研磨）的机械强度。矿物学中最常用的是摩氏硬度，它是通过与具有标准硬度的矿物相互刻划比较而得出的。10种标准硬度的矿物组成了摩氏硬度计，它们从1度到10度分别为滑石、石膏、方解石、萤石、磷灰石、正长石、石英、黄玉、刚玉、金刚石。

（4）断口。矿物在外力作用如敲打下，沿任意方向产生的各种断面称为断口。断口依其形状主要有贝壳状、锯齿状、参差状、平坦状等。

(5) 解理。在外力作用下，矿物晶体沿着一定的结晶学平面破裂的固有特性称为解理。解理可分为极完全解理（如云母)、完全解理（如方解石)、中等解理（如普通辉石)、不完全解理（如磷灰石）和极不完全解理（如石英)。

(6) 其他特性还包括透明度、弹性、磁性等。

2. 矿物的分类

矿物的分类方法很多。根据矿物中化学组分的复杂程度可将矿物分成单质矿物和化合物。根据矿物的化学成分类型分类，可分4类：自然元素矿物（如金、自然银、硫黄、金刚石、石墨等)、硫化物类矿物（金属元素与硫的化合物)、氧化物及氢氧化物类矿物（包括重要造岩矿物石英以及铁、铝、铬、钛等的氧化物或氢氧化物)、含氧盐类矿物。

(二) 岩石学知识

地壳的化学成分极其复杂，几乎包括绝大多数已知元素，其中以氧、硅、铝和铁4种元素为主。而作为植物所需的营养元素不仅含量少，而且大部分以难溶化合物质形式被封闭在坚硬的岩石中，所以地壳表层岩石必须先经过风化破碎、外力搬运及沉积下来形成母质，母质经成土作用形成土壤，植物营养元素才可能释放出来，土壤才有肥力，植物才能正常生长。因此，研究土壤及其肥力特征必须从主要的成土岩石、矿物和母质入手。

岩石是构成地壳（岩石圈）的基本物质，是由一种或多种矿物有规律组合而成的矿物集合体。岩石据其成因可分为岩浆岩、沉积岩和变质岩三类。

1. 主要的成土岩石

(1) 岩浆岩。由地球内部熔融岩浆侵入地壳或喷出地面冷凝结晶而形成的岩石。前者称为侵入岩，后者称为喷出岩。侵入岩冷却慢，结晶粗，如花岗岩、正长岩；喷出岩冷却快，结晶细，呈多孔斑状结构，如玄武岩、流纹岩。岩浆岩的共同特征是没有层次结构和化石。

(2) 沉积岩。由各种先成的岩石（岩浆岩、变质岩和原有沉积岩）经风化、搬运、沉积、重新固结而成或由生物遗体堆积固结而成的岩石称为沉积岩，如砾岩、砂岩、页岩和石灰岩等。沉积岩有层次性，常含有生物化石。沉积岩覆盖了地壳表面积的75%，是形成土壤母质的主要岩石。

(3) 变质岩。各种先成岩石（岩浆岩、变质岩和原有变质岩）由于地壳运动或受到岩浆活动的影响处于高温高压条件下，岩石内部发生剧烈变化，其中的矿物发生重新结晶或结晶定向排列，甚至化学成分发生剧烈的变化而形成新的岩石，这种岩石称为变质岩。变质岩在构造上具有定向排列性，因而致密坚硬，呈片状结构，不易风化，如片麻岩、石英岩、大理岩等。

2. 成土岩石与土壤

(1) 成土岩石与土壤的化学组成和物理性质有密切关系，对土壤质地影响尤为显著。花岗岩、石英岩的土壤含石英较多，形成很多沙粒，质地粗，通透性好，保水保肥能力差；玄武岩、页岩地区的土壤，岩石中含有较多易风化的深色矿物，形成较多黏粒，通透性差，保水保肥能力强。

(2) 成土岩石影响土壤养分含量。母质中含正长石和云母较多时，土壤含钾素较多；

母质中含磷灰石较多时土壤含磷量高；含辉石、角闪石、橄榄石和褐铁矿多的土壤，则含有较多的钙、镁和铁等养分。

（3）成土岩石影响土壤酸碱度。石灰岩地区形成的土壤一般偏碱性；南方花岗岩地区的土壤一般偏酸性。

（三）地质作用

1. 地质作用概述

使地球的物质组成、内部构造和地表形态发生变化的作用，总称为地质作用。地质作用可分为地质内力作用和地质外力作用。前者包括地震、变质作用、岩浆活动和构造运动。地质外力作用包括风化作用、剥蚀作用、搬运作用、沉积作用和成岩作用。

引起地质作用的自然力称为地质营力，可分为地质内营力和地质外营力。地质内营力由地球内部的能引起，主要有地内热能、重力能、地球旋转能等；地质外营力主要由太阳能、潮汐能和生物能引起。

2. 地质作用与地貌

（1）地壳内营力作用和地貌。一是地壳的升降运动，引起海陆面积的变化。地壳上升，大陆面积扩大，海洋面积逐渐缩小；地壳下降，大陆面积逐渐缩小，海洋面积逐渐扩大。二是地壳的褶皱运动，指原来水平或近似水平的岩层变成褶皱而隆起形成山脉的运动。褶皱后岩层形成一个弯曲，称为褶曲，有背斜和向斜两种形式。三是地壳的断裂运动，岩层受到破坏产生断裂和错位现象，可形成地垒、地堑等。

（2）地壳的外营力作用和地貌。一是斜坡水流的侵蚀作用，降雨水流沿自然坡面向下流动，可造成土壤片蚀，在低洼地可形成细沟侵蚀。二是暂时性洪流作用，暴雨和大量积雪瞬间形成的洪流，在通过山谷流出山口和沟口之后，形成洪积扇。暂时性的水流也可形成侵蚀沟。

3. 岩石的风化

风化是指岩石、矿物在空气、水、温度和生物活动的影响下，发生机械破碎和化学变化的过程。按风化作用因素和特点，可将其分为物理风化、化学风化和生物风化 3 种类型。

（1）物理风化。指岩石、矿物在外力作用下崩解破碎，但不改变其化学成分和结构的过程。外力作用主要包括温度、结冰、水流和大风的磨蚀作用等。物理风化使岩石破碎成较疏松的堆积物，增大了表面积，产生了通气性和透水性，但由于形成的颗粒一般大于 0.01mm，毛管作用不强，保水能力较差。

（2）化学风化。指岩石、矿物在氧气、水、二氧化碳等大气因素作用（溶解、水化、水解和氧化）下，其组成矿物的化学成分发生分解或改变，直至形成在地表环境中稳定的新矿物。经过化学风化，岩石进一步分解，彻底改变了原来岩石内部矿物的组成和性质，并产生一批新的次生黏土矿物。这些次生黏土矿物的颗粒很细，一般小于 0.01mm，呈胶体分散状态，由此也产生一定的黏结性、可塑性和毛管现象，使水分、养分在一定程度上得以保蓄。

（3）生物风化。指岩石、矿物在生物及其分泌物或有机质分解产物的作用下进行的机械破碎和化学分解的过程。生物风化使风化产物中的植物营养元素在土壤母质表层集中，同时积累有机质，发展土壤肥力，因而也就意味着土壤成土过程的开始。自然界的物理风化、化学风化和生物风化作用绝不是单独进行的，而是相互联系、相互促进。岩石、矿物经过风化形成疏松的堆积物—成土母质。

（四）土壤形成因素

19世纪俄国土壤地理学家道库恰耶夫提出土壤是在母质、气候、生物、地形和时间五大成土因素综合作用下形成的。土壤形成的物质基础是母质；能量的基本来源是太阳；生物的功能是物质循环和能量交换，使无机能转变为有机能，太阳能转变为生物化学能，促进有机物质积累和土壤肥力的产生；地形和时间以及人为活动则影响土壤的形成速度和发育程度及方向。

1. 母质

母质是形成土壤的物质基础，是土壤的“骨架”。母质对土壤的影响主要体现在以下几个方面。

（1）母质性质影响成土速度、性质和方向。例如，在石英含量较高的花岗岩风化物中，抗风化很强的石英颗粒仍可保存在所发育的土壤中，而且因其所含的盐基成分（钾、钠、钙、镁）较少，在强淋溶下，极易完全淋失。

（2）母质性质影响成土类型。例如，在我国亚热带地区，石灰岩上的土壤发育成石灰岩土，而酸性岩上发育的则为红壤。

（3）成土母质影响土壤的养分情况。例如，钾长岩风化后所形成的土壤有较多的钾，斜长岩风化后所形成的土壤含有较多的钙，辉石和角闪石风化后所形成的土壤有较多的铁、镁和钙等元素。

（4）成土母质与土壤质地也密切相关。南方红壤中，红色风化壳和玄武岩上发育的土壤质地较黏重；在花岗岩和砂页岩上发育的土壤，质地居中；在砂岩和片岩上发育的土壤质地最轻。

（5）不同成土母质发育的土壤的矿物组成往往也有较大的差别。

（6）母质层次的不均一性会影响土壤的发育、形态特征和肥力特性。例如，冲积母质一般多出现沙、黏间层，其上发育的土壤也常具有沙、黏间层，极易在沙层之下和黏层之上形成滞水层，进而对土壤的肥力特点与生产性能产生深刻影响。一般而言，成土过程进行得越久，母质与土壤的性质差别就越大，但母质的某些性质仍会顽强地保留在土壤中。

2. 气候

气候对土壤形成的影响主要体现在两个方面，一是直接参与母质的风化，水热状况直接影响矿物质的分解与合成及物质积累和淋失；二是控制植物生长和微生物的活动，影响有机质的积累和分解，决定养料物质循环的速度。

（1）气候对土壤风化作用的影响。母岩和土壤中矿物质的风化速率直接受热量和水分条件的控制。一般来说，温度每升高10℃，化学反应速度平均提高1～2倍；温度从0℃增加到50℃时，化合物的解离度可升高7倍。因此，热带地区岩石矿物的风化速率和土壤形成速率、风化壳和土壤厚度比温带与寒带地区都要大得多。例如，花岗岩风化壳在广东可厚达30～40 m，在浙江一般为5～6 m，而在青藏高原常不足1 m。

（2）气候对土壤有机质的影响。有机质的分解和腐殖化是湿度与温度共同影响的结果。在其他成土因素相对稳定的条件下，表土有机质含量常随大气湿度的增加而增加。

(3) 气候对土壤黏土矿物类型的影响。在我国高温高湿的热带地区，硅酸盐和硅铝酸盐原生矿物风化剧烈，土壤中的黏土矿物一般以二氧化物和三氧化物为主；在亚热带湿润地区，硅酸盐和硅铝酸盐原生矿物风化比较迅速，土壤中的黏土矿物一般以高岭石或其他1∶1型硅铝酸盐黏土矿物为主；而在温带湿润地区，硅酸盐和硅铝酸盐原生矿物风化缓慢，土壤中的黏土矿物一般以伊利石、蒙脱石、绿泥石和蛭石等2∶1型硅铝酸盐黏土矿物为主。

(4) 气候对土壤物质迁移的影响。土壤中物质的迁移主要是以水为载体进行的。土壤中物质的迁移速度与数量随着水分和热量的增加而增大。例如，随我国西北向华北逐渐过渡，土壤中钾、钠、钙、镁等盐类的迁移能力不断增强，它们在土体中的分异也更加明显。由华北向东北过渡，除钾、钠、钙、镁等盐基淋失外，铁、铝等有自土表下移的趋势。由华北向华南过渡，除钾、钠、钙、镁等盐基淋失外，铁、铝等在土壤表层相对富集，硅遭到淋溶。

3. 生物

土壤形成的生物因素包括植物、土壤动物和土壤微生物。生物因素是促进土壤发生发展最活跃的因素。

(1) 植物在成土过程中的作用。植物在土壤形成中最重要的作用表现在土壤与植物之间物质和能量的交换过程上。植物尤其是高等绿色植物，利用太阳辐射能，合成有机质，把分散在母质、水体和大气中的营养元素有选择地吸收富集并以有机残体的形式聚集于母质或土壤表层。然后，经微生物的分解、合成作用或进一步的转化，使母质表层的营养物质与能量渐趋丰富，并加速母质的风化，推动土壤的发展。不同的植被类型有机残体的数量不同，一般说来，热带常绿阔叶林＞温带夏绿阔叶林＞寒带针叶林；草甸＞草甸草原＞干草原＞半荒漠和荒漠。大部分的植物有机质集中于土壤表层，但每年也有相当数量的新鲜有机质形成于根系，60%～70%的根系通常集中于土壤上部30～50 cm的土层。在总的植物量中，根部有机质占20%～30%，甚至高达90%。

(2) 土壤动物在成土过程中的作用。土壤动物区系的种类多、数量大，其残体作为土壤有机质的来源，参与土壤腐殖质的形成和养分的转化。动物的活动可疏松土壤，促进团聚结构的形成，如蚯蚓将吃进的有机质和矿物质混合后，形成粒状化的土壤结构，促使土壤变得肥沃。土壤动物种类的组成和数量在一定程度上是土壤类型与土壤性质的标志，可作为土壤肥力的指标。

(3) 土壤微生物在成土过程中的作用。微生物在土壤形成和肥力发展中的作用是非常复杂和多种多样的。从生物化学的观点来看，氮的固定、氨和硫化氢的氧化、硫酸盐和硝酸盐的还原以及溶液中铁化物、锰化物的沉淀等过程都有微生物的参与。总的来说，微生物对土壤形成的作用可概括为：分解有机质，释放各种养料为植物吸收利用；合成土壤腐殖质，发展土壤胶体性能；固定大气中的氮素，提高土壤含氮量；促进土壤物质的溶解和迁移，提高矿质养分的有效度。

4. 地形

地形与母质、生物、气候等因素的作用不同，它不提供任何新的物质，和土壤之间并不进行物质与能量的交换。其主要通过影响其他成土因素对土壤形成起作用：一方面是引起物质在地表进行再分配；另一方面使土壤及母质接受水热条件方面发生差异或重新分配。

（1）地形与母质的关系。不同的地形部位常分布有不同的母质。例如，在山地上部或台地上，主要是残积母质；坡地和山麓地带的母质多为坡积物；在山前平原的冲积扇地区，成土母质多为洪积物；而河流阶地、泛滥地和冲积平原、湖泊周围、滨海附近地区，相应的母质分别为冲积物、湖积物和海积物。

（2）地形与水热条件的关系。由于海拔、坡向和坡度的不同，引起的降水、太阳辐射吸收和地面辐射等也不相同。第一，地形支配地表径流，同时在很大程度上也决定地下水的活动情况。在较高的地形部位，部分降水受径流的影响，从高处流向低处，部分水分补给地下水源，土壤中的物质易遭淋失。在地形低洼处，土壤获得额外的水量，物质不易淋溶，腐殖质较易积累，土壤剖面的形态也有相应的变化。第二，地形的差别还可导致地形雨，在热带、亚热带低山区，随着海拔升高，降水量增加。此外，背风面的降水量与迎风面也有很大差异。第三，地形也影响地表温度，不同的海拔、坡度和方位对太阳辐射能吸收与地面散射不同，例如南坡常比北坡温度高。

（3）地形与土壤发育的关系。地形对土壤发育的影响，在山地表现尤为明显。山地地势变得高，坡度大，切割强烈，水热状况和植被变化大，因此山地土壤有垂直分布的特点。地形发育（地形受地质营力的作用也在不断发生变化）也对土壤发育带来深刻的影响。由于地壳的上升或下降，影响土壤的侵蚀与堆积过程及气候和植被状况，使土壤形成过程、土壤和土被发生演变。例如，随着河谷地形的演化，在不同地形部位上，可构成水成土壤（河漫滩）→半成土壤（低阶地）→地带性土壤（高阶地）的发生系列。

5. 时间

土壤发育时间的长短称为土壤年龄，包括土壤绝对年龄和土壤相对年龄。通常把土壤在当地新鲜风化层或新母质上开始发育时算到现今所经历的时间称为土壤绝对年龄。土壤相对年龄则指土壤的发育程度，一般用剖面分异程度加以确定。在一定区域内，土壤的发生土层分异越明显，剖面发育度就越高，相对年龄就越大。时间因素对土壤形成没有直接的影响，但时间因素可体现土壤的不断发展。成土时间长，受气候作用持久，土壤剖面发育完整，与母质差别大；成土时间短，受气候作用短，土壤剖面发育差，与母质差别小。

6. 人类活动

人类活动在土壤形成过程中具独特的作用，但它与其他5个因素有本质的区别，不能将其作为第六个因素，与其他自然因素同等看待。这是因为，首先，人类活动对土壤的影响是有意识、有目的、定向的。在农业生产实践中，在逐渐认识土壤发生发展客观规律的基础上，利用和改造土壤、培肥土壤，它的影响可以是较快的。其次，人类活动是社会性的，它受着社会制度和社会生产力的影响，在不同的社会制度和不同的生产力水平下，人类活动对土壤的影响及其效果有很大的差别。最后，人类对土壤的影响具有两重性。人类活动的影响可通过改变其他自然因素而起作用，并可分为有利和有害两个方面。利用合理，有助于土壤肥力的提高；利用不当，就会破坏土壤。例如，我国不同地区的土壤退化（土壤沙化、土壤流失、土壤盐渍化与次生盐渍化、土壤潜育化与次生潜育化、土壤肥力衰退和土壤污染等）。

（五）地质大循环与生物小循环

土壤形成过程是在地质大循环与生物小循环基础上进行的土体与环境，以及土体内部物质和能量转化、交流等的一系列物理作用、化学作用和生物化学作用的综合作用过程。

1. 地质大循环

裸露地表的岩石矿物风化后，其风化产物经淋溶、搬运、沉积，最后又重新形成岩石，这个岩石→风化物→岩石的循环过程称为物质的地质大循环。它的特点是时间长，范围广，植物养分元素不积累。

2. 生物小循环

生物在地质大循环的基础上，得到岩石风化产物中的养分，以构成生物有机体。生物死亡后经微生物的分解又重新释放出养分，再供下一代生物吸收利用。这种由风化释放出的无机养分转变为生物有机质，再转变为无机养分的循环是通过生物进行的，称为物质的生物小循环。它的特点是时间短，范围小，可促进植物养分元素的积累，使土壤中有限的植物营养元素得到无限的利用。

（六）土壤形成的主要过程

1. 原始成土过程

从岩石露出地表，着生微生物和低等植物开始到高等植物定居之前的土壤形成过程称为原始成土过程，这是土壤形成作用的起始点。根据过程中生物的变化，可把该过程分为3个阶段，首先是岩漆阶段，出现的生物为自养型微生物，如绿藻、硅藻等及其共生的固氮微生物，将许多营养元素吸收到生物地球化学过程中；第二阶段为地衣阶段，在这一阶段，各种异养型微生物（如细菌、黏菌、真菌和地衣）组成的原始植物群落，着生于岩石表面与细小孔隙中，通过生命活动促使矿物进一步分解，使细土和有机质不断增加；第三阶段为苔藓阶段，生物风化与成土过程的速度大大加快，为高等绿色植物的生长准备了肥沃的基质。高山冻寒气候条件下的成土作用主要以原始成土过程为主，寒冻土即是原始成土过程的产物。原始成土过程也可以与岩石风化同时进行。

2. 有机质积聚过程

有机质积聚过程是指在植物的作用下，有机质在土体上部积累过程。它是土壤形成中最为普遍的一个成土过程。有机质积累过程的结果，使土体发生分化，往往在土体上部形成一层暗色的腐殖质层。由于植被类型、覆盖度以及有机质的分解情况不同，有机质积聚的特点也各不相同。在半干旱和半湿润的温带草原、草甸或森林草原生物气候条件下，土壤中进行的是腐殖化过程，腐殖质层深厚，土层松软。在森林植被条件下，土壤中进行的是粗腐殖化过程，腐殖质层也较薄，其上是半分解的枯枝落叶层。在沼泽、河湖岸边的低湿地带，因受过度潮湿的水文地质条件影响，湿生及水生生物的有机残体不易被分解，土壤中进行的是泥炭化过程。

3. 熟化过程

土壤熟化过程是在耕作条件下，通过耕作、培肥与改良，促进水、肥、气、热诸因素不断协调，使土壤向有利于作物高产方面转化的过程。通常把种植旱作条件下定向培肥的土壤过程称为旱耕熟化过程；而把淹水耕作，在氧化还原交替条件下培肥的过程称为水耕熟化过程。熟化过程形成熟化层，耕作层即为最基本的熟化层。

4. 退化过程

退化过程是因自然环境不利因素和人为利用不当而引起土壤肥力下植物生长条件恶化和土壤生产力减退的过程。

二、土壤的物质组成

自然界的土壤是由矿物质与有机质（土壤固相）、土壤空气（土壤气相）和土壤溶液（土壤液相）三相组成的。这 4 种组成成分之间的容积比例关系比较简单，对于结构良好、适合植物生长的土体，一般土体容积的一半是由固体成分（矿物质和有机质）组成，另一半由颗粒间孔隙组成（内充满土壤溶液和土壤空气）。

（一）土壤矿物质

土壤矿物质指存在于土壤中的各种原生矿物和次生矿物。它是土壤的主体物质，是土壤的“骨骼”，一般占土壤固相部分质量的 95%～98%。

1. 土壤矿物质的来源

（1）岩石。土壤中的矿物质来自岩石的风化产物。岩石先经过风化破碎、外力搬运及沉积下来形成母质，母质经成土作用形成土壤，植物营养元素才可能释放出来，土壤才有肥力，植物才能正常生长。

（2）成土母质。岩石、矿物风化后形成的成土母质，有的残留在原地堆积，有的受风、水、重力或冰川等外力作用搬运到其他地方重新沉积下来，形成各种沉积物。按其搬运动力与沉积特点不同可分为以下几种类型。

①残积物。岩石经过风化后未经搬运而残留在原地的风化物，多分布在山地和丘陵上部。其特点是颗粒大小不均匀，层次薄，质地疏松，通气性好。其母质的矿物组成和化学性质与母岩几乎一致，表层质地较细，往下渐粗，逐渐过渡到岩石层，母岩对其特性影响很大。

②坡积物。风化物在重力和流水的作用下，被搬运到山坡的中部和下部而形成的堆积物。其特点是层次稍厚，无分选性。坡积物的性质决定于山坡上部的岩性，与下部母岩无过渡关系。

③洪积物。被山洪搬运的碎屑物在山前平原形成的沉积物，形如扇状。其特点是扇顶沉积物分选差，往往是石砾、黏粒与沙粒混存；在扇缘其沉积物多为黏粒及粉沙粒，水分条件好，养分也较丰富。

④冲积物。河水中夹带的泥沙，在中下游两岸或入海口沉积而成冲积物。它的分布范围广，面积大，所有的江河，在其中下游两岸都有这种母质分布，在我国华北平原、东北平原、长江中下游平原、珠江三角洲、四川成都平原及陕西渭河平原都有大面积的分布。其特点是具有明显的成层性和条带性，组成物质复杂，多形成肥沃的土壤。

⑤湖积物。湖积物由湖泊的静水沉积而成。其特点是一般质地偏黏，夹杂有大量的生物遗体。湖积物中的铁质在无氧条件下与磷酸结合形成蓝铁矿，有的还形成菱铁矿，致使泥呈现青灰色。这种母质养分丰富，有机质含量较高，往往形成肥沃的土壤。

⑥海积物。海边的海相沉积物，由海岸上升、海退或江河入海的回流淤积露出水面而

形成。其特点是各处粗细不一，有的全为沙粒，有的全为黏粒，质地细的养分量较高，粗的则养分少，而且都含有盐分，形成滨海盐土。

⑦风积物。风积物是由风力将其他成因的堆积物搬运沉积而成，其特点是质地粗，形成的土壤肥力低。

⑧黄土。第四纪沉积物。黄土可分为马兰黄土、离石黄土和午城黄土。另外，在长江中下游还分布着一种质地黏重，性质与黄土相似的下蜀黄土。

⑨红土。第四纪红色黏土，分布在我国南方，多呈红色、红棕色，质地黏重，养分少。

2. 土壤矿物质的组成

（1）土壤矿物质的矿物组成。

①原生矿物。在岩石的风化过程中没有改变化学组成而遗留在土壤中的一类矿物称为原生矿物。原生矿物多起源于岩浆岩和变质岩，土壤中的原生矿物主要是石英和原生硅铝酸盐类。土壤原生矿物对土壤肥力的作用主要有两方面，一方面构成土壤的“骨骼”；另一方面通过风化而释放各种养分，但这个过程是极缓慢的。

②次生矿物。原生矿物在风化和成土过程中，通过化学作用或生物作用而新生成的矿物，称为次生矿物。次生矿物多由沉积岩转化而来。次生矿物种类很多，有成分简单的盐类（碳酸盐、重碳酸盐等）；也有成分复杂的各种次生硅铝酸盐（高岭石、蒙脱石等）；还有各种晶质和非晶质的含水硅、铁、铝的氧化物（三水铝石等）。

③黏土矿物。土壤中的黏土矿物主要由层状硅酸盐黏土矿物组成，其次是非硅酸盐黏土矿物。前者可分为高岭石组、蒙脱石组、水化云母组和绿泥石组。它们主要通过同晶替代使土壤产生永久电荷，而且有吸附能力；后者是一些结构比较简单、水化程度不等的铁、锰、铝或硅的氧化物及其水合物和水铝英石。它们通过质子化和表面羟基 H^+ 的离解，既可带负电荷，也可带正电荷，决定因素是土壤溶液中 H^+ 浓度的高低。

土壤中粗大的矿物质颗粒（如石砾和沙粒）几乎全部由原生矿物组成，多以石英为主；粉粒也绝大部分是由石英和原生硅铝酸盐类矿物组成。极细小的颗粒中少部分为石英，绝大部分是由次生矿物组成。总之，矿物质颗粒越粗大，含英及原生硅铝酸盐类矿物越多；反之，矿物颗粒越细小，石英和原生硅铝酸盐类矿物含量越少，而次生矿物的含量越多。

（2）土壤矿物质的化学组成。成土矿物的化学组成很复杂，几乎包括地壳中所有的元素。其中氧、硅、铝、铁、钙、镁、钠、钾、钛和碳这 10 种元素占土壤矿物质总量的 99%以上。在这些元素中，以氧、硅、铝和铁 4 种元素含量最多。如以氧化物的形态来表示，SiO_2、Al_2O_3和 Fe_2O_3三者之和通常占土壤矿物质部分总质量的 75%以上，因此，它们是土壤的主要成分。在三者之中又以 SiO_2所占比例最大，其次为 Al_2O_3及 Fe_2O_3。

3. 土壤矿物质与土壤颗粒

土壤矿物以粗细不一、形状各异的颗粒形式存在，即是通常所说的土壤颗粒。土壤中土粒大小和数量的构成状况称为土壤颗粒组成（机械组成），土粒大小与土壤矿物成分及土壤化学成分有密切的关系，也影响土壤一系列的物理、化学及物理化学性质，是判断土壤质地的基础。

(1) 土壤粒级分类。一般是根据土粒当量粒径分为石砾、沙粒、粉粒和黏粒四级。

①石砾及沙粒。它们是风化碎屑物，其所含矿物成分和母岩基本一致，粒级大，抗风化，养分释放慢，比表面积小，无可塑性、黏结性、黏着性、吸附性和胀缩性。SiO_2含量在80%以上，有效养分贫乏。

②粉粒。粉粒颗粒较小，容易进一步风化，其矿物成分中有原生的也有次生的，有微弱的可塑性和胀缩性；湿时有明显的黏结性，干时黏结性减弱。粒间孔隙毛管作用强，毛管水运动速度快。SiO_2含量为60%～80%，营养元素含量比沙粒丰富。

③黏粒。黏粒颗粒极细小，比表面积大，粒间孔隙小，吸水易膨胀，使孔隙堵塞，土壤水分运动极慢。可塑性、黏着性和黏结性极强，干时收缩坚硬，湿时膨胀，保水保肥性强，SiO_2含量为40%～60%，营养元素丰富。

(2) 土壤颗粒的矿物组成。沙粒和粉粒主要是由各种耐风化的原生矿物组成，其中以石英最多，其次是原生硅酸盐矿物。土壤黏粒部分的矿物组成则完全不同，原生矿物很少，基本上是次生矿物。

(3) 土壤颗粒的化学组成。土壤各种颗粒的矿物组成不同，它们的化学组成也不同。沙粒和粉粒以石英和长石等原生矿物为主，二氧化硅含量较高；黏粒则以次生硅酸盐矿物为主，铁、钾、钙、镁等的含量较多。矿物质颗粒越粗，SiO_2含量越多；颗粒越细，SiO_2含量越少；而Al_2O_3、Fe_2O_3、CaO、MgO、K_2O等养分元素的含量变化趋势正相反。这是由于粗粒中多以石英和长石为主，石英是由SiO_2所组成，长石的分子组成中SiO_2所占的比例也很高。土壤的细粒部分主要由次生黏土矿物组成，与石英、长石相比，在其分子组成中SiO_2、Al_2O_3、Fe_2O_3所占的比例较小，其他元素含量相对增加，但总体上仍以此三者为主要成分。

4. 土壤质地

任何一种土壤，都是由粒径不同的各种土粒组成的，任何一种土壤都不可能只有单一的粒级。土壤颗粒组成（又称土壤机械组成）是指土壤中各粒级土粒含量（质量）百分率的组合，土壤质地是根据机械组成的一定范围划分的土壤类型。

土壤质地是土壤的基本性状之一，它直接影响土壤透水、保水、保肥、供肥、通气和导热等肥力特性以及土壤耕性等生产特性，与植物生长的关系十分密切。

(1) 沙土类。广泛分布在新疆、青海、甘肃和内蒙古等西北部干旱少雨的省区及各地沿河、沿海地区。沙土类养分贫瘠，保水保肥力弱，土温变化大，通透性强，耕作性能良好。这类土壤宜种植生育期短、耐贫瘠、要求土壤疏松、排水良好的作物，如花生、芝麻、块根块茎类、瓜类和果树等作物。

(2) 黏土类。养分含量丰富，保肥力强，水分渗透缓慢，内部排水困难，土温较稳定，耕性较差，发老苗而不发小苗。这类土壤宜种水稻、麦类、玉米、高粱、豆类等生育期长、需肥量大的作物。因排水不良，土壤闭气，易积累H_2S、CH_4等有害物质，应注意降渍防涝。

(3) 壤土类。广泛分布于黄土地区、华北平原、松辽平原长江中下游、珠江三角洲河网平原及河流两岸冲积平原上。壤土类由于沙黏适中，土壤中大小孔隙比例适当，故通气透水性良好，保肥力强，含水量适宜，土温比较稳定，黏性不大，宜耕期较长，耕性较好，适宜种植各种作物。由于沙黏适中，兼有沙土类和黏土类的优点，消除了沙土类和黏土类的缺点，群众称之为二合土，是农业生产上质地比较理想的土壤。

（二）土壤有机质

土壤有机质主要是由一些有机化合物组成，它包括土壤中各种动物和植物残体、微生物及其分解和合成的各种有机物质。

1. 土壤有机质的特性

（1）土壤有机质的来源。原始土壤中，最早出现在母质中的有机体是微生物。随着生物的进化和成土过程的发展，动植物残体及其分泌物就成为土壤有机质的基本来源。在自然土壤中，有机质主要来源于生长在土壤上的高等绿色植物（包括地上部分和地下部分），其次是生活在土壤中的动物和微生物。农业土壤中，土壤有机质的重要来源是每年施用的有机肥料和每年作物的残茬、根系及根系分泌物，以及施入或进入到土壤中的人畜粪便、工农业副产品的下脚料、城市生活垃圾、污水等。

（2）土壤有机质的存在形态。通过各种途径进入土壤中的有机质，不断被土壤微生物分解，所以土壤有机质一般呈下述3种形态。一是新鲜的有机物质，是指那些刚进入土壤不久，仍保持原来生物体解剖学特征的动植物残体，其基本上未受到微生物的分解作用。二是半分解的有机物质，指受到一定程度的微生物分解，原形态结构遭到破坏，已失去解剖学特征的有机质，其多呈分散的暗黑色碎屑和小块。三是腐殖质，指经微生物分解和再合成的一种褐色或暗褐色特殊的高分子有机化合物。腐殖质与矿物质土粒紧密结合，不能用机械方法分离。它是土壤有机质中最主要的一种形态，占有机质总量的85%～90%。

（3）土壤有机质的分解与转化。土壤有机质的分解与转化过程主要是生物化学过程。土壤有机质在微生物的作用下，向着两个方向转化，即有机质矿质化和有机质腐殖化。有机质矿化是指土壤有机质在微生物作用下，分解为简单无机化合物的过程，其最终产物为CO_2、H_2O，氮、磷和硫等则以矿质盐类释放出来，同时放出热量，为植物和微生物提供养分和能量。该过程也为形成土壤腐殖质提供物质来源。有机质腐殖化是形成土壤腐殖质的过程。腐殖化作用是一系列复杂过程的总称，其中主要是由微生物为主导的生化过程，但也可能有一些纯化学反应。目前一般认为腐殖化过程分两个阶段，第一阶段是植物残体分解产生简单的有机化合物；第二阶段是通过微生物对这些有机化合物的代谢作用和反复的循环利用，合成多元酚和醌；或来自植物的类木质素聚合形成高分子的多聚化合物，即腐殖质。

2. 土壤有机质的作用

（1）土壤有机质对土壤肥力的影响。提高土壤的持水性，减少水土流失；提供植物需要的养分；改善土壤物理性质；提高土壤的保肥性和缓冲性；提高土壤生物和酶的活性，促进养分的转化。

（2）土壤有机质在生态环境上的作用。土壤有机质有利于维持全球碳平衡；土壤有机质对重金属有较强的络合和富集能力；土壤有机质对农药等有机污染物的固定。

3. 土壤有机质的管理

自然土壤中，土壤有机质的含量反映了植物枯枝落叶和根系等有机质的加入量与有机质分解损失量之间的动态平衡。自然土壤一旦被耕作，这种动态平衡关系就遭到破坏。一方面，耕地上作物收获带走大部分的生物量，而留在土壤中的作物残茬和根系分泌物只占很少一部分；另一方面，耕作使土壤表层土壤充分混合，频繁的干湿交替作用及土壤通气状况的改善，导致土壤有机质的分解速度加快。适宜的土壤水分条件和养分供应促使微生物的活动更为活跃，进一步加剧了有机质的分解与转化。耕作还增强土壤的侵蚀，使土层变薄，也是土壤有机质减少的一个原因。一般而言，土壤有机质含量随着耕种年限的递增而下降，但在土壤耕种初期有机质的损失较快，大约耕种20年后土壤有机质的分解速率变慢，30～40年后基本达到平衡，这时土壤有机质稳定在一个较低的水平。土壤有机质的管理措施如下。

（1）合理的施肥措施。一是施用有机肥，使土壤有机质保持在适当的水平，既能保持土壤良好的性能，又能不断供给作物生长所需要的养分。常用的措施主要有秸秆覆盖、种植绿肥和增施农家肥等。二是施用氮肥，增加进入土壤的作物残体。施用铵态氮肥还可以导致土壤酸化，降低了土壤有机质的降解。

（2）适宜的耕种方式。免耕可以显著地增加土壤微生物生物量和微生物碳与有机碳的比率，使土壤有机质含量增加。这主要是由于免耕可有效地抑制土壤的过度通气，减少有机质的氧化降解。

（3）其他措施。增加土壤有机质含量的途径很多，可以说一切增加土壤有机物数量的方法都是增加土壤有机质的途径。农产品加工业的废水、废渣以及城市生活垃圾等含有大量的有机物质、水和能量，应充分利用。土壤水、气、热条件直接影响有机质转化和积累。渍水土壤腐殖化系数较旱地高，质地黏重土壤较质地沙土壤的腐殖化系数高。频繁耕作能增强土壤通气性，促进有机质的分解，而减少土壤的搅动可增加土壤有机质的积累。对水分过多的低湿地应排除过多的积水，以利于提高土温，促进有机质的分解。对于干旱干燥地块则应抑制过强的矿质化作用，促进有机质的积累。当然，在注重耕地土壤有机质数量的同时，还必须强调土壤有机质中要有合适比例的不同生物活性的有机质组成，如土壤腐殖质部分对维持良好的土壤结构性和保持土壤养分等性质方面起极其重要的作用。

（三）土壤溶液

土壤溶液通常可定义为含有溶质和溶解性气体的土壤间隙水，被称为“土体的“血液”。土壤溶液与土壤固相构成动态平衡体系，是土壤与环境间物质交换的载体，是物质迁移与运动的基础，也是提供作物有效养分最基本的途径。

1. 土壤溶液的组成

土壤溶液由土壤水分和溶质组成。土壤溶液中的溶质，按化学组成可分为有机物和无机物。有机物包括可溶性氨基酸、腐植酸、糖类和有机一金属离子的配合物；无机物包括Ca^{2+}、Mg^{2+}、Na^{+}、K^{+}、Cl^{-}、HCO_3^{-}和CO_3^{2-}，以及少量铁、锰、铜、锌等的盐类化合物。土壤溶液中含有各种植物必需的营养成分，养分的来源是从土壤固相释放到土壤溶液中的，这些养分对高等植物的生长发育起重要作用。土壤溶液中的污染物包括有机污染物和无机污染物。有机污染物如残存于土壤中的农药成分。无机污染物以重金属元素为主，如镉、汞、铅和砷在土壤中累积到一定限度，则可能影响植物生长、动物健康和人体健康。

2. 土壤溶液的提取

按采样原理，可将采样方法分为：离心法、提取法、置换法、压滤法、测渗法、吸杯法、扩散法和毛管法等。其中，前 4 种方法属于破坏性采样，后 4 种方法属于非破坏性采样。

3. 土壤溶液的特性

土壤溶液的性质常用浓度、活度、离子强度、导电性、酸碱性、氧化还原性及时空变异等来表示。

4. 土壤溶液的作用

(1) 土壤溶液是养分的转化剂。植物必需的 16 种营养元素中，除 C、H、O 主要从大气中获取外，其他如 N、P、K、Ca、Mg、S 等元素主要通过根系从地下土壤溶液中摄取。一般而言，元素养分由土壤颗粒（固相）进入土壤溶液（液相）的方法主要有溶解和解吸两种。溶解过程只限于沉淀固相，由溶度积控制；而解吸过程比较复杂。

(2) 土壤溶液是养分转移的载体。土壤中养分的输送实际上决定于土壤溶液中养分的扩散和质流作用。扩散是由于土体与根际之间养分的浓度差所引起的。扩散作用输送的养分一般为浓度低、移动缓慢的离子以及 Cu、Zn 等微量元素。一般而言，根系的活力越大，吸收养分的能力越强，则养分浓度梯度越大，离子扩散作用越强。质流是由水势差引起的养分向植物根系表面的迁移。一般认为，浓度较高，移动性大的离子主要由质流作用输送。从能量的角度看，土壤溶液发生质流的主要驱动力是土壤水的基质势差异。

(3) 土壤溶液是养分消耗过程的调节剂。植物对养分的摄取、土壤溶液的运移以及溶液养分浓度的降低导致新的养分转化。土壤溶液在不断更新，实现养分的动态平衡。

5. 影响土壤溶液动态平衡的因素

影响土壤溶液动态平衡的因素很多，既有外因（如气候、母质、地形和生物等），又有内因（如土壤土体构型、水热状况等诸多因素）。对于特定的土壤溶液而言，土壤溶液的动态平衡受土壤水分、植物种类及其生长状况、微生物群体活性、土壤溶液 pH 和土壤氧化还原电位（Eh）以及离子间的相互作用等因素的影响较大。

(1) 土壤水热状况。在一定程度上，土壤水分含量越高，土壤溶液中溶质离子的活度也较高。因此，可以通过降雨淋洗或农业灌溉等措施淋洗盐分，改良盐碱土。土壤温度对土壤溶液动态平衡的影响主要在于温度对土壤微生物和根系群体活性的影响从而间接地影响土壤溶液的组成和浓度。

(2) 土壤溶液化学特性。土壤溶液离子间的相互作用主要表现在阴阳离子间的协同或拮抗作用，以及它们之间的平衡互补效应。

(3) 介质 pH 和 Eh 的影响。pH 的变化可以改变土壤的电荷性质和土壤胶体的物理状况-扩散的环境条件及溶质元素在土壤中的化学行为和存在形态，从而影响溶质的运移和土壤溶液整体的动态变化。土壤溶液介质酸碱性和氧化还原状况的动态变化，对土壤溶液的溶解沉淀平衡以及离子的迁移等产生影响，从而影响土壤溶液的浓度及其组成的时空变异。

(4) 土壤生物有机体的影响。土壤有机质的分解和转化过程影响土壤溶液中溶质的数量、配合比例、存在状态和动态变化，对土壤溶液中的溶质运移产生重大影响。植物根系的吸收引起土壤溶液中各类养分的数量及其数量比和运移性能的变化，从而影响土壤溶液中溶质的运移。同时，植物在生长发育过程中，随着根系的生长，土壤溶液中离子组成发生了显著的变化。

6. 土壤溶液动态平衡的调节

土壤溶液动态平衡在生产实践方面的应用主要有土壤养分供应、土壤盐分运移和土壤污染物迁移等。

(1) 土壤养分供应的调控。通过改良土壤及其环境条件，采用优良的肥料结构、施肥制度、施肥技术等措施，调控土壤一植物系统中养分的转化、运移和相互关系，在生产实践中逐渐得到应用。

(2) 土壤盐分运移的调控。生产实践上控制土壤盐分的运移，常通过增施有机肥、合理轮作换茬、深耕改土等促使土壤培肥熟化。表土熟化后具有良好的土壤结构和较多较大的孔隙，能在土壤表面形成数厘米的干燥覆盖层，减小地面蒸发，抑制盐分上升。还可以减少地面径流，增加降雨入渗，加强淋盐作用，在灌溉淋盐和排水洗盐时促进盐分随水下移淋洗等，起到调控水盐动态，防治土壤盐渍化或次生盐渍化的作用。

(3) 土壤污染物迁移与降解的调控。农药和重金属在土壤环境中的移动一般较缓慢，常在各种条件下发生转化，土壤溶液常成为转化的媒介。

三、土壤的基本性质

土壤的基本性质主要包括土壤的孔隙性、结构性、耕性、酸碱性、电性以及氧化还原。以下将分别论述各种性质。

(一) 孔隙性

土壤是一个极其复杂的多孔体系，由固体土粒和粒间孔隙组成。土壤中土粒与土粒，土团与土团之间相互支撑，构成许多弯弯曲曲、粗细不同和形状各异的孔隙，即土壤孔隙。

土壤孔隙包括孔隙的数量、孔隙的大小及其比例，前者决定着液相和气相的总量，后者决定着液相和气相的比例。土壤孔隙的数量用孔（隙）度表示，由于土壤孔隙复杂多样，一般不直接测量，而是由土壤容重和相对密度计算而来。

1. 土壤孔隙性的计算

(1) 土壤相对密度。土壤相对密度是指单位体积（不包括孔隙体积）土壤固体颗粒的质量与同体积水质量之比。由于水的相对密度为 1 g/cm^3，所以，土壤相对密度在数值上等于单位体积土壤固体颗粒的质量。土壤相对密度决定于矿物组成与有机质的含量。我国土壤一般有机质含量不高，故一般土壤的相对密度常以 2.65 表示。

(2) 土壤容重。土壤容重又称假密度，是指单位体积的自然状态土壤（包括孔隙）的质量或重量，通常以 g/cm^3 表示。土壤容重与土壤质地、结构、有机质含量及土壤的松紧度等有关，又受到灌溉、排水及农业耕作等措施的影响。主要有以下特点：一般表层土壤容重小而下层容重大；土壤容重与孔隙容积大小呈负相关；有机质含量多，结构良好的土壤容重小。土壤容重可作为判断土壤肥力状况的指标之一。土壤容重过大，表明土壤紧实，不利于透水、通气、扎根，并会造成 Eh 下降而出现各种有毒物质危害植物根系。土壤容重太小，又会使有机质分解过度，并使植物根系扎不牢而易倾倒。

(3) 土壤孔隙度与孔隙比。土壤孔隙度是衡量土壤孔隙数量的指标。土壤孔隙度是指一定体积的土壤中，孔隙的体积占整个土壤体积的比例（%），也称为总孔隙度。土壤孔隙度一般不直接测定，而是根据土壤的相对密度和容重计算出来：土壤孔隙度＝（1－容重/相对密度）×100%。土壤中孔隙容积的数量也可用孔隙比表示。孔隙比是指一定容积土壤中的孔隙容积与土粒容积的比值。即，土壤孔隙比＝土壤孔隙度/（1－土壤孔隙度）。

2. 土壤孔隙类型

土壤的孔隙按其孔径大小，大致可分为毛管孔隙、通气孔隙和非活性孔隙。

（1）非活性孔隙。非活性孔隙又称为无效孔隙，它是土壤中最细的孔隙，当量孔径一般小于0.002 mm，土壤水吸力在0.15 MPa（1.5bar）以上。这种孔隙，几乎总是被土粒表面的吸附水所充满。这种孔隙中所保持的水分是靠土粒表面吸附力的作用，而不是靠毛管力的作用，水分运动极其缓慢。这种孔隙在农业上利用是不良的。在结构很差的黏质土壤中，非活性孔隙多。土越黏重，土粒的分散度越高，排列越紧密，则非活性孔越多。这种以非活性孔隙占优势的土壤虽然能保持大量的水分，但不能为作物所利用，称为无效水。而且这种土壤的通气透水性极差，植物扎根困难，耕作阻力大，土壤的黏结性、黏着性和可塑性均很强，土壤耕作质量极差。

（2）毛管孔隙。毛管孔隙比无效孔隙粗，其当量孔隙大小范围是0.02～0.002 mm，相应的土壤水吸力为0.015～0.15 MPa。由于水分能借毛管引力保持在毛管孔隙中，故称为毛管水。毛管水移动迅速，是植物最有效的水分形态。

（3）通气孔隙。通气孔隙比较粗大，其当量孔径大于0.02 mm，相应的土壤水吸力小于0.015 MPa。这种孔隙中的水分不能保持在其中，平时在重力作用下迅速排出，成为空气的通道，因此称为通气孔隙。通气孔隙的大小和数量直接影响土壤的通气透水性能。沙质土壤中多为粗大的通气孔隙，缺少细孔，通气透水性好，但保水性很差，容易漏水漏肥；黏质土则相反。一般旱地土壤通气孔隙应保持在8%～10%（按容积计）以上才较为合适。

3. 土壤孔隙状况与作物生长

土壤孔隙是容纳水分和空气的空间，是物质与能量交换的场所，也是植物根系伸展和土壤动物和微生物栖息、生活、繁衍的地方。土壤中孔隙的数量越多，水分和空气的容量就越大。土壤孔隙有粗有细，作用各不相同，粗的可以通气透水，细的可以蓄水保水。

（1）土壤松紧和孔隙状况与土壤肥力。土壤孔隙的大小和数量影响土壤松紧状况，而土地松紧状况的变化又反过来影响土壤孔隙的大小和数量。土壤紧实时，总孔度小，其中小孔隙多，大孔隙少，土壤容重增加；土壤疏松时，土壤孔隙度增大容重则下降。土壤疏松时保水与透水能力强，在干旱季节，由于土壤疏松，则易透风跑墒，不利于水分保蓄，故多采用耙、耱与镇压等方法使土壤紧实，以保蓄土壤水分。紧实的土壤蓄水少，渗水慢，在多雨季节易产生地面积水与地表径流。

（2）土壤松紧和孔隙状况与作物生长。各种作物对土壤松紧和孔隙状况的要求是不同的。例如，小麦为须根系，其穿透能力较强，当土壤孔隙度为38.2%，容重为1.63g/cm^{3}时，根系才不易透过。土壤过松或过紧对作物生长不利。过于紧实的黏重土壤，对种子发芽和幼苗出土均很不利，易造成缺苗断垄现象。土壤孔隙过大的土壤，植物根系往往不能与土壤密接，吸收水肥均感困难，作物幼苗往往因下层土壤沉陷将根拉断出现“吊死”现象。有时由于土质过松，植物扎根不稳，容易倒伏。

（二）结构性

土壤中的土粒，一般不呈单粒状态存在（沙土例外），而是相互胶结成各种形状和大小不一的土团存在于土壤中。这种土团就称为结构体或团聚体。土壤结构性是指土壤中单粒、次生单粒或团聚体的数量、相应的孔隙状况等综合特征。

1. 土壤结构体的形成

土壤结构的形成，首先是土壤单粒被黏粒、腐殖质等胶结物质胶结、凝聚成微团聚体（或称次生单粒），然后再通过胶体（主要是有机胶体）进一步胶结，同时在干湿交替、耕作及根系的穿插、挤压、分割等外力作用下形成结构体。

2. 土壤结构体的类型

通常是根据结构体的大小、外形以及与土壤肥力的关系划分的。

（1）块状和核状结构。块状和核状结构是指土粒胶结成长、宽、高三轴长度近似，土团大小在 10 mm 以上，近似立方体的结构体。

（2）柱状和棱柱状结构。柱状和棱柱状结构是指土粒胶结成纵轴长于横轴的柱状体，其体形一般较大。边面明显有一定形状，顶部圆而底部平，似柱子状者为柱状结构。若边面有明显棱角则称为棱柱状结构。这两种结构都是在质地黏重、有机质缺乏的心土和底土层中，干湿交替频繁有利于其形成。发育于第四纪黏土母质上的黄棕壤的心土和底土层，即有典型的棱柱状结构。这类结构体紧实，结构体之间有明显裂缝。水稻土的心土层有这种结构常引起漏水漏肥。

（3）片状结构。片状结构是一种土粒排列成水平状，三轴中两轴特别发育，纵轴特别短的结构体。在粉沙粒含量高的粉沙质土壤的表层，雨后或灌水后见到的结壳、结皮、板结等，即是片状结构。在片状结构体中，土粒排列紧凑，孔隙组成基本上是毛管孔隙，几乎没有大孔隙，对种子发芽、幼苗生长、根系发育等都极为不利。

（4）团粒状和粒状结构。团粒结构是指土粒胶结成长宽高三轴长度近似、土团直径为 0.25 mm，近似圆球形的结构体。团粒结构多在有机质含量肥沃的耕层土壤中出现。团粒结构具有水稳性（指泡水后结构体不散开）和不为机械力所破坏的特性。粒状结构大小与团粒近似，结构边面较明显，有棱角，此结构机质含量较低、熟化程度较差的土壤表层存在。微团粒结构或称微团聚体一般是指直径小于 0.25 mm 的结构体。结构好、肥力高的稻田土壤，渍水后大的结构体能散开成较粗的微团粒，显得土壤融和、松软，有利于根系生长。在微团粒内可闭蓄空气，微团粒间为自由水，为渍水条件下水气共存创造条件，使 Eh 不会过度降低，有利于根系吸收，并且使有毒物质不致大量出现。团粒结构是农业生产上最好的结构。具有团粒结构的土壤能增加土壤的蓄水量，提高土壤通气、透水、保水、供水性；具有团粒结构的土壤保肥供肥性好，能持续提供植物养分；具有团粒结构的土壤水气协调，富含有机质，土色也较暗，土温变化小，可以起到调节整个土壤温度的作用；具有团粒结构的土壤比较疏松，使作物根系容易穿插，而团粒内部又有利于根系的固着并给予较好的支持；具有团粒结构的土壤，其黏着性、黏结性都低，因而耕作阻力小，土体结构疏松，土壤耕性好。

3. 土壤结构性评价

当前对结构鉴定的标准，一般考虑两个方面，一个是结构体大小的分布及构成的孔隙状况；另一个是结构体的稳定性，它是指土壤结构体对水分的浸泡、冲击和机械压力、机械分散作用的抵抗力（分别称为水稳性和力稳性），以及对微生物分解破坏的抵抗力（称为生物学稳定性）。

4. 土壤结构性管理

（1）合理的土壤耕作。确定适耕时的最佳土壤含水量；确定良好的耕作方法；与施肥相结合。

（2）合理轮作与间套种。作物的合理配置可充分发挥改土效果。如禾本科与豆科牧草混播，南方稻区实行水旱轮作，在旱地禾本科与豆科作物轮作以及作物与绿肥作物的轮、间、套作等。

（3）增施有机肥料。施用各种有机肥料，包括绿肥和稻草直接还田等都能明显改良土壤结构。

（4）改良土壤的化学性质。在增施有机肥料改土的同时，对红壤等一些过酸的土壤施用一定数量的石灰，对过碱的土壤施用石膏，不仅可调节土壤的酸碱度，而且促进土壤团聚，改善土壤结构，对土壤颗粒高度分散的冷浸烂泥田增施石灰。

（5）施用土壤结构改良剂。土壤结构改良剂品种繁多，按其原料来源可分为天然土壤结构改良剂和人工合成土壤结构改良剂两大类。天然土壤结构改良剂是利用天然有机物，从中提取作为团粒的胶结剂。人工合成土壤结构改良剂是利用现代合成化学技术，将某种或数种作为合成材料的聚合单体，聚合或缩合成具有上述天然高分子化合物特性的聚合物制剂，作为促进分散土粒形成团粒的胶结剂。

（三）耕性

1. 土壤耕性的含义

土壤耕性是指耕作时土壤所表现出来的一系列物理性和物理机械性的总称。土壤耕性通常用土壤耕作难易、耕作质量好坏和宜耕期长短 3 项指标来综合评价。

（1）耕作难易。耕作难易即耕作时土壤阻力的大小，这是判断土壤耕性好坏的首要条件。良好的土壤耕性要求耕作时省工、省劲、易耕。耕作难易直接影响耕作效率的高低。一般质地较轻、有机质含量较高、结构较好的土壤耕作阻力较小。

（2）耕作质量的好坏。良好的土壤耕性，耕作后松散，容易耙碎，土体不会僵板，土壤松紧度适中，孔隙状况较好，有利于种子发芽、出土、幼苗生长及根系穿扎，也有利于土壤保温保墒、通气和养分转化。

（3）宜耕期长短。耕性良好的土壤宜耕期长，干湿都比较易于耕作。一般质地较轻的土壤宜耕期长，质地黏重的土壤宜耕期短。

2. 影响土壤耕性的因素

（1）土壤水分含量影响土壤的黏结性、黏着性、可塑性、胀缩性和压实性等物理机械性质，从而影响其耕性。

（2）土壤质地与耕性的关系也很密切。黏重的土壤，其黏结性、黏着性和塑性都比较强，干时表现极强黏结性，水分稍多时又出现塑性和黏着性，因而宜耕范围窄。

（3）土壤腐殖质对土壤结持性等物理机械性有良好影响。因而，有机质含量高的土壤，宜耕范围宽，耕作质量高。

3. 改善土壤耕性的措施

（1）掌握宜耕的土壤含水量。控制土壤含水量在宜耕状态时进行土壤耕作，是既可减少耕作阻力，又可提高耕作质量的关键措施。

（2）增施有机肥料。增施有机肥料可提高土壤有机质含量，从而促进有机无机复合胶体与团粒结构的形成，降低黏质土的黏结性、黏着性和塑性及增强沙质土的黏结性，并使土壤黏着性和疏松多孔，因而改善土壤耕性。

（3）改良土壤质地。黏土掺沙，可减弱黏重土壤的黏结性、黏着性、塑性和起浆性；沙土掺泥，可增强土壤的黏结性，并减弱土壤的淀浆板结性。

（4）创造良好的土壤结构。良好的土壤结构，如团粒结构，其土壤的黏结性、黏着性和塑性减弱，松紧适度，通气透水，耕性良好。

（四）酸碱性

土壤酸碱性是指土壤溶液呈酸性、中性或碱性的程度。土壤的酸碱程度决定于土壤溶液中游离的氢离子与氢氧离子浓度的比例。当土壤溶液中的氢离子浓度大于氢氧离子浓度时，呈酸性反应；反之，呈碱性反应；二者浓度相等时，则呈中性反应。

1. 土壤酸性

酸性的土壤溶液中含有一定的酸性盐和有机酸与无机酸类，而与溶液处于动态平衡的土壤胶体，则吸附有一定数量的致酸离子 H^+ 和 Al^{3+}（水解后产生 H^+）。土壤之所以有各种致酸物质，主要是和气候、母质、生物等自然因素以及人类农业实践有关。例如，我国南方的酸性土，大都处于高温、高湿的条件下，风化作用强烈，土中下行水的主导作用盛行，盐基离子不断淋失，土壤胶体的负电荷点便逐渐被 H^+ 所占据，使土壤逐渐向酸性发展。如果灌溉水中含有酸性物质较多（锈水、铁水），也可使土中的 H^+ 增多。

一般将土壤酸度分为活性酸和潜性酸。活性酸是由土壤溶液中的氢离子所引起的酸度。土壤中的活性酸一般浓度很低，为简便起见，通常用 pH 来表示溶液中的 H^+ 浓度，就是通常所说的土壤酸碱性，或称为土壤反应。潜性酸是指吸收在土壤胶体上，且能被代换进入土壤溶液中的 H^+ 和 Al^{3+}。它们平时不显现酸性，只有通过离子交换作用，被其他阳离子交换到土壤溶液中呈游离状态时，才显现出酸性。

2. 土壤碱性

土壤碱度主要决定于土壤中碳酸钠、碳酸氢钠、碳酸钙以及土壤胶体上交换性钠的含量。它们水解后均呈碱性或强碱性反应。

3. 土壤缓冲性

当加酸或加碱于土壤中时，土壤的酸碱反应并不因此而产生剧烈变化，这种缓和土壤酸碱度变化的能力，称为土壤的缓冲性能。土壤缓冲性能可以使土壤 pH 保持在一个相对稳定的范围内。土壤的缓冲性对植物根系的正常生长和微生物的生命活动均具有重要意义。

4. 土壤酸碱性与植物生长的关系

（1）土壤酸碱性与土壤肥力的关系。土壤酸碱性影响土壤养分的有效性。土壤中的有机态养分要经过微生物的转化后才能成有效态养分，而参与分解有机质的微生物，大多数都在接近中性的环境中活动最旺盛，因而许多养分在接近中性时有效性最大；土壤酸碱度影响土壤胶体的带电性。pH 高，可变负电荷也大，因而胶体的阳离子交换量也增大，土壤的保肥供肥能力增强。土壤酸碱性影响土壤的物理性质。在酸性的黏质红壤上胶体多吸附 Al^{3+} 和 H^{+}，而 Ca^{2+} 多已淋失，在有机质缺乏的情况下，土壤物理性质恶化，黏重板结，透水通气不良。

（2）土壤酸碱性与植物生长的关系。各种植物对土壤酸碱度都有它的最适范围，这是植物在长期的自然选择过程中形成的。甚至是同一植物的不同品种对 pH 的最适范围可能也有很大差别。

第二节　植物与土壤营养条件

一、植物的矿质营养

维持植物正常的生命活动，除需要大量的水分和二氧化碳以外，还需要各种矿质元素。植物所需的矿质元素主要是根系从土壤中吸收的。植物矿质营养是指植物对矿质元素的吸收、运转和同化等过程以及矿质元素在植物生命活动中的作用。

（一）植物体内的元素

将植物材料在 105 ℃下烘干至恒重后在 600 ℃下高温烘烤，干物质中绝大部分有机物中的碳、氢、氧、氮、硫等元素以二氧化碳、水、氮气、氮和硫的氧化物等气体形式会发出来，剩余的不能挥发的灰白色残渣称为植物灰分，灰分中存在的元素称为灰分元素，它们直接或间接来自土壤矿质，故又称为矿质元素。虽然氮不存在于灰分中，但是大部分植物体内的氮素主要是从土壤中获取。

不同种植物体内的矿质元素含量不同，同一植物的不同组织或器官的矿质元素也不同。一般来说，营养器官矿质成分变幅较大，而生殖器官变幅较小。此外，生长在不同环境条件下的同种植物或不同年龄的同种植物体内矿质元素含量也会有所不同，一般幼龄植株或组织的氮、磷和钾含量高，而较老的植株或组织中，钙、锰、铁和硼含量较高。

（二）植物的必需矿质元素

植物的必需元素是指植物正常生长发育必不可少的营养元素。判断某种元素是否为植物的必需元素有三条标准，即不可缺少性、不可替代性、直接功能性。根据上述标准，现已确定的植物必需营养元素有 17 种。其中必需矿质元素共有 14 种，即氮、磷、钾、钙、镁、硫、铁、铜、硼、锌、锰、钼、镍、氯；植物自大气和水中摄取的非矿质必需元素为碳、氢、氧。根据植物体内各种必需元素的含量，一般将其分为大量元素和微量元素两大类。植物的大量元素包括碳、氢、氧、氮、磷、钾、钙、硫 9 种，此类元素分别占植物体干重的 0.01%～10%；微量元素有氯、铁、硼、锰、锌、铜、镍、钼 8 种，这些元素各自占植物体干重的 10^{-7}～10^{-4}。

（三）植物必需元素的生理功能

必需元素在植物生长发育过程中的生理功能概括起来主要有以下几个方面：一是作为活细胞结构的物质组成成分，如细胞壁和细胞膜等结构中存在的钙离子对稳定这些结构有重要作用；二是作为能量转换过程中的电子传递体，如铁离子和铜离子在呼吸和光合电子传递中作为不可或缺的电子传递体；三是作为活细胞电化学平衡的重要介质，在稳定细胞质的电荷平衡、维持适当的跨膜电位等方面有重要作用；四是作为活细胞的重要渗透物质调节细胞的膨压，如钾离子、氯离子等在细胞渗透压调节中的重要作用；五是作为重要的细胞信号转导信使，如钙离子已被证明是细胞信号转导中的重要第二信使；六是许多离子是酶的辅基，参与代谢调节；等等。以下简述各种必需矿质元素的生理功能及缺乏该种元素时植物表现的症状。

1. 氮

是蛋白质、核酸、磷脂及其他植物生长发育所必需的有机氮化合物的构成成分，这些物质生活细胞赖以生存的结构或功能成分，因此氮被称为“生命元素”。氮元素具有多种重要生理生化功能，因此植物生长环境中氮元素供应是否充足，直接影响细胞的分裂和生长及整体的生长发育。当氮肥供应充足时，植株枝叶繁茂、躯体简大、分蘖（分枝）能力强，籽粒中蛋白质含量高。在除碳、氢、氧外的植物必需元素中，植物的正常生长发育对氮的需要量最大。因此，在作物栽培中应特别注意氮肥的供应。作物生产中常用的人粪尿、尿素、硝酸铵、硫酸铵、碳酸氢铵等肥料，主要是为作物生长供给氮素营养。当然，过量施用氮肥也会对植物生长发育造成负面影响，氮素供应过多时，植物叶片大而深绿，植株柔软披散、徒长、根冠比较小，营养生长过旺而影响生殖生长，茎秆中的机械组织不发达，易造成倒伏和被病虫害侵害等。同时，过量施用氮肥也会对环境造成污染。植株缺氮的主要症状是生长缓慢，植株矮小，茎秆纤细，叶小且早衰，根的生长受阻。缺氮影响叶绿素的合成，叶片表现出均匀缺绿。在缺氮后期或严重缺氮时，叶片或叶的一部分坏死。缺氮症状首先从老叶开始逐渐向幼叶发展。谷类作物缺氮时分蘖不良，单位面积穗数和每穗粒数减少，籽粒变小。

2. 磷

主要以 $H_2PO_4^-$ 或 HPO_4^{2-} 的形式被植物吸收。植物体中磷元素的分布很不均匀，根、茎的生长点较多，嫩叶比老叶多，果实、种子中也较丰富。磷是核酸、蛋白质、磷脂等活细胞内多种功能性物质的重要成分，与活细胞的能量代谢、各种有机物的合成和分解代谢、细胞信号传导、基因表达调控等几乎所有的生命活动过程密切相关。由于磷参与多种代谢过程，而且在生命活动最旺盛的分生组织中含量较高，因此在作物栽培中适量施磷对植株的分蘖、分枝及根系生长都有良好作用。因为磷与氮的吸收利用关系密切，所以缺氮时，磷肥的效果就不能充分发挥、只有氮、磷配合施用，才能充分发挥磷肥的效果。植物在生长发育过程中缺少磷的供应会影响细胞生长和分裂，使分蘖、分枝减少，幼芽、幼叶生长停滞，茎、根纤细，植株矮小，花果脱落，成熟延迟；缺磷时，植物体内蛋白质合成下降、糖的运转受阻，从而使营养器官中糖的含量相对提高，促进了花青素的形成，故缺磷时叶片呈现不正常的暗绿色或紫红色的典型病症。磷肥施用过多时，植株叶片组织会出现小焦斑，为磷酸钙沉淀所致。磷过多还会阻碍植物对硅的吸收，易导致水稻感病。

3. 钾

在土壤中以 KCl、K_2SO_4 等盐类形式存在，在土壤溶液或水中解离成 K^+ 而被植物根系吸收。植物体的所有活细胞的细胞质中均含有大量钾离子，而在幼嫩的植物组织和器官中（如生长点、形成层、幼叶）及生理生化活动较为活跃的组织和器官（如功能叶片、幼根等）则相对含量更高。K^+是大多数植物活细胞中含量最高的无机离子，因此也是调节植物细胞渗透势的最重要组分。K^+通过对叶片气孔保卫细胞渗透势的调节而显著地调控气孔的开、闭运动，从而影响植物的蒸腾作用。K^+有使原生质胶体膨胀的作用，故施钾肥能提高作物的抗旱性。K^+还是植物细胞中最重要的电荷平衡成分，在维系活细胞正常生命活动所必需的跨膜（细胞膜、液泡膜、叶绿体膜、线粒体膜等）电位中有不可替代的作用。植物在生长发育过程中缺少钾供应时，植株茎秆柔弱、易倒伏，抗旱、抗寒性降低，叶片失水，蛋白质、叶绿素等物质被分解破坏，叶色变黄而叶组织逐渐坏死。缺钾时还会出现叶缘焦枯，生长缓慢等现象，由于叶中部生长仍较快，因此整个叶子会形成杯状弯曲，或发生皱缩。钾是可被重复利用元素，故缺素症状首先出现在较老的组织或器官（如老叶）。

4. 钙

以钙离子（Ca^{2+}）的形式被植物吸收利用。钙是植物细胞壁胞间层中果胶酸钙的重要成分，因此，缺钙时，细胞分裂不能进行或不能完成，而形成多核细胞。钙离子能作为磷脂中的磷酸与蛋白质的羧基间联结的桥梁，具有稳定膜结构的作用。钙可与植物体内的草酸形成草酸钙结晶，消除过量草酸对植物的毒害。钙对植物抵御病原菌的侵染有一定作用，钙供应不足时容易产生病害。一些水果和蔬菜的生理病害就是因缺钙引起的。钙也是各种酶的活化剂，如由ATP水解酶、磷脂水解酶等催化的反应都需要钙离子的参与。缺钙初期顶芽、幼叶呈淡绿色，继而叶尖出现典型的钩状，随后坏死。缺素症状首先表现在地上部幼茎、幼叶上。

5. 镁

以离子状态（Mg^{2+}）被吸收进入植物体，它在体内一部分与有机物结合，另一部分仍以游离的离子状态存在。镁是叶绿素分子的构成成分，又是RuBP羧化酶、核酮糖-5-磷酸激酶等参与光合碳代谢的酶的活化剂；镁离子在叶绿体基质与类囊体基质之间起着电荷平衡的重要作用，镁离子还是ATP酶的激活剂。因此镁离子对光合作用、呼吸作用及能量代谢有至关重要的作用。此外，镁离子是葡萄糖激酶、果糖激酶、丙酮酸激酶、乙酰CoA合成酶、异柠檬酸脱氢酶、α-酮戊二酸脱氢酶、苹果酸合成酶、琥珀酰辅酶A合成酶等酶的活化剂，因而与糖类的转化和降解及氮代谢密切相关。镁离子还是核糖核酸聚合酶的活化剂，对DNA和RNA的合成有重要调控作用。具有合成蛋白质能力的核糖体是由许多亚单位组成的，而镁能使这些亚单位结合形成稳定的复合结构。如果镁的浓度过低，则核糖体的复合结构解体为亚单位，导致其丧失合成蛋白质的功能。而且，镁离子还参与蛋白质合成中氨基酸的活化过程。镁离子供应短缺时导致叶绿素合成受阻，最终使叶片失绿，其特点是首先从叶片边缘开始枯黄，而叶脉较多的叶中央仍可保持一定绿色，这是与缺氮症状的主要区别。严重缺镁时可引起叶片的早衰与脱落，最终导致植株枯黄、死亡。

6. 硫

主要以SO_4^{2-}的形式被植物吸收。SO_4^{2-}进入植物体后，一部分仍以SO_4^{2-}的形式存在，而大部分则被还原同化为含硫氨基酸（如胱氨酸、半胱氨酸和甲硫氨酸）。这些含硫氨基酸是蛋白质的重要组成成分，特别是这些含硫氨基酸残基往往是功能蛋白的活性中心所在。一些功能蛋白的活性调控也往往通过这些含硫氨基酸残基的二硫键（—S—S—）与巯基（—SH）之间的氧化还原转换而完成。蛋白质中含硫氨基酸间的—SH 与—S—S—的转换还具有调节植物体内的氧化还原反应、稳定蛋白质空间结构等作用。辅酶 A 和硫胺素、生物素等维生素也含有硫，且辅酶 A 中的硫氢基（—SH）具有储藏能量的作用。硫还是硫氧还蛋白、铁硫蛋白与固氮酶的组分，因而硫在光合电子传递、豆科植物根瘤中根瘤菌的固氮作用过程中起重要作用。硫元素在植物体内不易移动，缺硫时一般在幼叶首先表现缺绿症状，且新叶均衡失绿，呈黄白色并易脱落。缺硫情况在作物生产实践中很少遇到，因为土壤中有足够的硫以满足植物的生长发育需要。

7. 铁

主要以 Fe^{2+} 的螯合物被植物吸收。铁进入植物体内之后就处于较为固定的状态而不易被转运。铁离子在植物体内以二价（Fe^{2+}）和三价（Fe^{3+}）两种形式存在，二者之间的转换构成了活细胞内最重要的氧化还原系统，因此 Fe^{2+}/Fe^{3+} 是许多与氧化还原相关的酶的辅基，如细胞色素、细胞色素氧化酶、过氧化物酶和过氧化氢酶、豆科植物根瘤菌中的血红蛋白等；Fe^{2+}/Fe^{3+} 也是光合和呼吸电子传递链中的重要电子传递体，如光合和呼吸电子传递链中的细胞色素、光合电子传递链中的铁硫蛋白和铁氧还蛋白等都是含铁蛋白。铁是合成叶绿素所必需的，催化叶绿素合成的酶中有几个酶的活性表达需要 Fe^{2+}。植物在生长发育过程中缺铁时，由于叶绿素合成受阻而导致叶片发黄。铁是不易被重复利用的元素，因而缺铁最明显的症状是幼芽幼叶缺绿发黄，甚至变为黄白色，而老龄叶片仍为绿色。一般情况下土壤中的含铁量能满足植物生长发育的需要，但在碱性或石灰质土壤中，铁易形成不溶性的化合物而使植物表现出缺素症状。

8. 铜

在通气良好的土壤中，铜多以二价离子（Cu^{2+}）的形式被吸收，而在潮湿缺氧的土壤中，则多以一价离子（Cu^{+}）的形式被吸收。与铁离子的情况类似，铜离子在植物体内以一价（Cu^{+}）和二价（Cu^{2+}）两种形式存在，二者之间的转换构成了活细胞内又一重要的氧化还原系统，因此 Cu^{+}/Cu^{2+} 是许多与氧化还原相关的酶的辅基，如铜作为多酚氧化酶、抗坏血酸氧化酶等的辅基起传递电子的作用，在呼吸作用的氧化还原反应中起重要作用。铜也是质体蓝素的成分，参与光合电子传递。植物缺铜时，叶片生长缓慢，呈现蓝绿色，幼叶缺绿，随之出现枯斑，最后死亡脱落。另外，缺铜会导致叶片栅栏组织退化，气孔下面形成空腔，使植株即使在水分供应充足时也会因蒸腾过度而发生萎蔫。

9. 硼

以硼酸（H_3BO_3）的形式被植物吸收。硼与花粉形成、花粉管萌发和受精有密切关系。缺硼时，花药花丝萎缩、花粉母细胞不能向四分体分化、授粉后的花粉不能萌发。用 ^{14}C 标记的蔗糖试验证明，硼参与糖的运转与代谢。硼有激活尿苷二磷酸葡萄糖焦磷酸化酶的作用，故能促进蔗糖的合成。尿苷二磷酸葡萄糖不仅可参与蔗糖的生物合成，还在合成果胶等多种糖类物质中起重要作用。硼还能促进植物根系发育，特别对豆科植物根瘤的形成影响较大，因为硼能影响糖类的运输，从而影响根对根瘤菌糖类的供应。因此，缺硼可阻碍根瘤形成，降低豆科植物的固氮能力。此外，用 ^{14}C-氨基酸的标记试验发现，缺硼时很少有新的蛋白质合成。缺硼时，植株的有性生殖过程受阻而导致结实减少。油菜出现的“花而不实”和棉花上出现的“蕾而不花”等现象都有可能与缺硼有关。缺硼时根尖、茎尖的生长点停止生长，侧根侧芽大量发生，其后侧根侧芽的生长点又死亡，而形成簇生状。甜菜的干腐病、花椰菜的褐腐病、马铃薯的卷叶病等都与缺硼有关。

10. 锌

以二价离子（Zn^{2+}）的形式被植物吸收。锌是色氨酸合成酶的必要成分，缺锌时植物合成色氨酸的反应受阻，而色氨酸是合成吲哚乙酸的前体。因此缺锌时植物体内的生长素合成过程受到抑制，从而导致植物生长受阻，出现通常所说的“小叶病”。锌是碳酸酐酶的成分，此酶催化 $CO_2+H_2O \longrightarrow H_2CO_3$ 的反应。由于被植物吸收和释放的 CO_2，通常都先溶于水，而这一反应由碳酸酐酶催化，因此缺锌时呼吸和光合作用均会受到影响。锌也是谷氨酸脱氢酶及羧肽酶的组成成分，因此在氮代谢中也起一定作用。

11. 锰

锰主要以 Mn^{2+} 形式被植物吸收。由于锰离子可以多种不同化合价的形式存在，因此是植物细胞中与氧化还原、电子传递等过程密切相关的元素。锰是叶绿体中光合放氧复合体的重要组成，由于光合放氧复合体的不同氧化状态是由锰原子的不同氧化状态所决定的，因此缺锰时光合放氧受到抑制。锰也是维持叶绿素正常结构的必需元素。此外，锰是许多酶的活化剂，如一些转移磷酸的酶和三羧酸循环中的柠檬酸脱氢酶、草酰琥珀酸脱氢酶、α-酮戊二酸脱氢酶、苹果酸脱氢酶、柠檬酸合成酶等。锰还是硝酸还原的辅助因素，缺锰时硝酸被还原成氨的过程受到抑制，进而使氨基酸和蛋白质的合成受阻。总之，锰与植物的光合、呼吸、叶绿素和蛋白质的合成等重要代谢过程密切相关。缺锰时植物不能形成叶绿素，叶脉间失绿褪色，但叶脉仍保持绿色，叶片自叶缘开始枯黄，此为缺锰与缺铁的主要区别。

12. 钼

钼以 MoO_4^{2-} 的形式被植物吸收。钼是硝酸还原酶的组成成分，缺钼则硝酸的还原过程受到抑制，植株表现出缺氮病症。豆科植物根瘤菌的固氮过程必须有钼的参与，因为 N_2 的还原是在固氮酶的催化下进行的，而固氮酶是由铁蛋白和铁钼蛋白组成的。缺钼时，植株叶片较小、叶脉间失绿、叶片上有坏死斑点，且叶边缘焦枯，向内卷曲。禾谷类作物在缺钼时籽粒皱缩或不能形成籽粒。

13. 镍

镍以 Ni^{2+} 的形式被植物吸收。镍是脲酶的必需辅基，脲酶的作用是将尿素水解为 CO_2 和 NH_4^+。无镍时，脲酶失活，尿素在植物体内积累，最终对植物造成毒害。大多数植物在代谢过程中产生尿素。例如，许多豆科植物在根瘤的固氮过程中产生一些含脲基的化合物，而这些含脲基的化合物的进步代谢则必然产生尿素，无镍时，尿素不能被及时分解而积累，结果首先造成叶片的尖端和边缘组织坏死，严重时叶片整体坏死而影响植物的正常生长发育。腺嘌呤和鸟嘌呤的降解过程中也产生含脲基的化合物及尿素，所有的植物都存在嘌呤化合物的降解，因此也必须由镍激活的脲酶降解尿素。

14. 氯

氯以 Cl^- 的形式被植物吸收，进入植物体内后绝大部分仍以 Cl^- 的形式存在，只有极少量的氯被结合进有机物，其中，4-氯吲哚乙酸是一种天然的生长素类激素。在光合作用中 Cl^- 参与水的光解氧化过程。叶和根细胞的分裂也需要 Cl^- 的参与。Cl^- 是植物细胞内含量最高的无机阴离子，作为 K^+ 等阳离子的电荷平衡成分，在细胞的渗透调节和电荷平衡等方面起重要作用。例如，在气孔运动调节过程中，Cl^- 进出保卫细胞除参与渗透势的调节外，同时还对保卫细胞跨膜电位的维持和变化有重要作用。缺氯时，植株叶片萎蔫、失绿坏死，最后变为褐色；同时根系生长受阻、变粗，根尖变为棒状。

（四）根系吸收矿质元素的过程

植物根系吸收矿质元素大致经过三个过程：

①土壤溶液中多数以离子形式存在的矿质元素到达根组织表面。

②经质外体或共质体途径进入根组织维管束的木质部导管。

③进入木质部导管的矿质元素随木质部汁液在蒸腾拉力和根压的共同作用下上运至植物的地上部分。

植物对水分和矿质的吸收是既相互联系，又相对独立的。所谓两者相关表现为矿质元素需溶于水中才能被根系吸收，而且活细胞对矿质元素的吸收导致了细胞水势的降低，从而又促进了植物细胞吸收水分。所谓两者相互独立则是指两者的吸收并不一定成比例且吸收机制也不同，水分吸收的动力主要来自蒸腾拉力，而矿质元素的吸收则需消耗代谢能量。此外，两者的运输去向也不尽相同，水分主要被运输至叶片，而矿质元素则主要被运输至当时的生长中心。

二、土壤的养分供给

土壤养分可分为速效养分、缓效养分和无效养分。速效养分是指能够直接被植物吸收利用或通过便捷的形态转化后就能被植物吸收利用的养分形态，主要包括水溶态养分和交换态养分。缓效养分不易直接被植物吸收，但可以缓慢释放出来转化为速效养分，二者保持一定的平衡关系。无效养分则是指不能被植物直接吸收利用，且较难向速效养分形态转化的养分。土壤养分的持续协调供应取决于有效性养分的多少和各种形态的养分之间相互转化，以及各种养分的平衡关系。

（一）土壤氮素

1. 土壤氮素含量

土壤中氮素的含量受多种因素影响而变异性很大。我国农田耕层土壤平均含氮量为1.05 g/kg，非耕地为1.43 g/kg。水土流失严重，贫瘠荒漠及沙丘土壤的含氮可低于0.5 g/kg。影响土壤含氮量的因素有以下几个。

（1）气候。影响土壤含氮量的气候因素主要是温度和湿度。相同湿度条件下，低温有利于土壤氮素积累，实验资料归纳出：年平均温度下降10 ℃，土壤氮含量增加1～2倍。而在温度相同的条件下，土壤湿度增加，土壤中的氮素积累也增加。

（2）植被。不同植被覆盖下土壤氮素积累有明显差异，通常草本植物覆盖者多于木本植物覆盖者，豆科植物覆盖者多于禾本科植物覆盖者，阔叶林覆盖者多于针叶林覆盖者，落叶林覆盖者多于常绿林覆盖者。植物种类与生长状况等也会影响土壤氮素积累。

（3）地形。地形影响土壤的水热分配，特别是山地随海拔高度变化，土壤氮素含量有明显差异。在没有严重侵蚀的条件下，随着海拔升高，土壤含氮量增加，而当海拔超过一定高度时，由于植被类型发生明显变化，土壤含氮量反而降低。此外，山坡的走向也影响土壤的含氮量，一般北坡土壤含氮量高于南坡。

（4）土壤质地和矿物类型。质地和黏粒矿物类型对土壤含氮量也有影响，土壤质地黏重和 2∶1 型矿物有利于土壤氮素积累。

（5）耕作利用方式。土地利用、土壤耕作和施肥对土壤含氮量也有很大的影响。例如，水田与旱地、轮作方式、耕翻频度和施肥情况不同，土壤含氮量都会有明显差异。

2. 土壤氮素形态及其有效性

（1）有机态氮。有机态氮占土壤氮素总量的 95%以上。按其溶解度和水解的难易程度分与品质为水溶性有机氮、水解性有机氮及非水解性有机氮 3 类。

（2）无机态氮。土壤中无机态氮数量很少，表土中一般只占全氮量的 1.0%～2.0%，最多不超过 5.0%～8.0%，表土以下的土层含量更少。铵态氮（NH_4^+）和硝态氮（NO_3^-）是土壤中无机氮的主要形态。

（3）气态氮。土壤空气中存在的气态氮一般不计算在土壤氮素之内。土壤空气与大气含氮量大体相当，约为 78%；水田土壤中氮气含量较少，只有 7.5%～10%。氮气只有经过微生物的固定才能转化为植物氮源，土壤生物固氮是植物吸收氮素的重要来之一。

3. 土壤氮素转化

（1）土壤有机氮的矿质化。土壤有机氮的矿化过程就是土壤中的有机氮化合物，在微生物的作用下逐步分解，最终产生铵盐的过程。矿化过程大体分为氨基化和氨化两个阶段。

（2）土壤氮的挥发。土壤中氨态氮的挥发与土壤的酸碱反应有密切关系。中性到碱性土壤都会有氨的挥发，石灰性土壤和碱性土壤中氨的挥发问题更为突出。土壤碱性越强，质地越轻，氨的挥发越严重。

（3）硝化作用。硝化作用是指氨或铵盐，在通气良好的条件下，经过微生物氧化生成硝（酸）态氮的过程。这一过程包括氨或铵盐氧化成亚硝（酸）态氮和亚硝（酸）态氮再氧化成硝态氮两个阶段。在通气良好的土壤中，硝化作用的速率大于亚硝化作用，所以旱地很少有亚硝酸态氮积累。

（4）反硝化作用。无氧条件下，硝酸盐在反硝化微生物作用下被还原为氮气和氮氧化物的过程称为反硝化作用。

（5）土壤氮素固定。土壤氮素的固定指土壤中各种形态的氮转化和迁移，暂时失去生物有效性的过程。土壤氮素固定主要包括黏土矿物对铵的固定和有机质和微生物对无机氮的固持作用等。主要有 NH_4^+ 晶格固定，有机质对亚硝态氮的化学固定作用，无机氮的生物固定三种固定方式。

4. 农田土壤氮平衡

土壤氮平衡是指一定的土体在指定时段内氮素收支状况。土壤生态系统中的氮素参与两个交叉循环，一个是土壤系统的内循环，另一个是土壤与大气和水体之间的循环，即外循环。这两个循环交叉构成了自然界的氮素循环。

5. 土壤氮素调节

（1）土壤氮素调节的方向。从土壤氮素的转化过程可知，矿质化是土壤有机氮转化为有效氮的过程，硝化作用把铵态氮（NH_4^+）转变成硝态氮（NO_3^-），硝态氮极易随水淋失；反硝化作用和氨挥发是土壤氮损失主要途径；通过合理施肥和其他农业措施，增加土壤有机氮的储备，控制有机氮的矿化速率，调节土壤氮素供应强度，以满足作物高产、高效和优质生产的需要，同时减少氮损失，提高土壤氮素利用率是土壤氮素调控的目标。

（2）土壤氮素的主要调控措施。土壤氮素的主要调控措施土壤氮素的调节主要包括加强生物固氮、改变C/N、合理施肥和改善土壤管理。

（二）土壤磷素

磷是作物生长最重要的营养元素之一。土壤中的磷素缺乏会影响作物正常生长，并妨碍植物对其他营养元素的吸收，从而限制产量和产品质量提高。

1. 土壤磷的含量

我国土壤含磷量一般为0.2～11 g/kg，有明显的地域分布差异。全磷量由南到北、从东到西（西北）逐渐增加。南方的红壤、砖红壤含磷量很低，广东的硅质砖红壤全磷量小于0.04 g/kg；北方的石灰性土壤含磷较丰富，含量大于0.6 g/kg；东北黑土高达1.7 g/kg；而磷质石灰土为特殊土壤类型，全磷含量在10 g/kg左右，属极丰富水平。影响土壤含磷量的因素：磷量受母质类型和成土过程（包括耕作和施肥）的双重影响。磷在风化过程中的迁移率很小，因此土壤中的全磷含量与母岩风化物中的矿物组成直接相关。发育在富磷矿物母质上的土壤含磷量高，相同母质发育的土壤，质地黏重的土壤比质地轻的含磷量高；与土壤氮素相同，随土壤有机质含量的提高，土壤全磷量也相应增加。此外，土壤利用方式与施肥水平对土壤含磷量也有影响。

2. 土壤磷的形态及其有效性

（1）土壤有机磷。根据资料，在耕作壤中，一般有机磷含量占全磷量的25%～56%。东北地区的黑土有机磷的含量较高，可达70%以上；而在侵蚀严重的红壤中有机磷不足全磷量的10%；黏质土有机磷含量比沙土高。土壤中有机磷化合物主要有核酸类及磷脂类。

（2）土壤无机磷。土壤中的无机磷化合物种类繁多，多以正磷酸盐形态存在，可分为矿物态、吸附态和水溶态。

3. 土壤中磷的转化

土壤中有机磷经矿化后变成无机磷酸盐，与其他来源的无机磷酸盐一同随土壤酸碱度和氧化还原条件变化进行转化。从可溶状态转化为难溶状态，称为固磷作用。土壤磷的固定主要有磷的化学沉淀固定、磷的表面吸附固定、磷的闭蓄固定及磷的生物固定等几种方式。

（1）磷的化学沉淀固定。在酸性土壤中，铁、铝、锰等离子可与土壤中的可溶性磷酸根结合产生沉淀，开始形成的是无定形磷酸铁、铝，随着时间推移，逐渐转变为结晶态，从而失去有效性。而在碱性或中性土壤中，钙、镁等离子与土壤中可溶性磷酸根结合生成磷酸钙、镁盐沉淀，最初形成的是弱酸溶性的磷酸二钙（$CaHPO_4 \cdot 2H_2O$），随后脱水老化，Ca/P逐渐增大，生成一系列的磷酸钙盐，溶解度逐渐减少，最后成为磷灰石。

（2）磷的表面吸附固定。土壤中磷酸根表面吸附固定分为专性吸附和非专性吸附。非专性吸附是物理吸附，是靠土壤胶体所带正电荷通过静电引力将带负电荷的磷酸根吸持在固相表面。这种吸附的磷酸根离子是一种良好的保存机制，可被其他阴离子代换解吸重新进入土壤溶液成为有效磷。

（3）磷的闭蓄固定。土壤中的磷酸盐被不溶性的氧化铁或氢氧化铁和不溶性钙质所包被而失去有效性，称为闭蓄固定。

（4）磷的生物固定。土壤微生物吸收有效磷形成生物体的有机磷化合物，磷暂时失去对植物的有效性，这种现象，称为生物固磷作用。当生物残体归还土壤后，磷又可被分解被释放出来。

4. 土壤供磷能力调节

（1）调节土壤环境，促进磷素释放。可通过调节土壤酸碱度、增加土壤有机质含量及改变土壤的水分状况等措施增加土壤磷的有效性。

（2）防止土壤侵蚀，减少磷素损失。土壤中磷的淋失几乎可以忽略不计。但在一些水土流失严重的地区，地表径流侵蚀土壤可以将土壤磷素迁移到水体，一方面造成土壤磷损失另一方面污染水环境。搞好水土保持是减少土壤磷素损失的重要途径。

（3）科学施用磷肥，提高磷的利用率。速效性磷肥应采取集中施用的方法，还可采取叶面喷施，尽量减少与土壤的接触，减少磷素固定。将磷肥与有机肥混合堆沤后一起施用，也可以提高磷的有效性。磷肥施用还应考虑到土壤条件、作物种类和轮作制度，选择适宜的方法和施用期。如油-稻、（绿）肥-稻的轮作方式下，在前茬作物上施磷肥有助于提高磷素利用率。

（三）土壤钾素

1. 土壤钾素含量

土壤含钾量我国土壤全钾（KO）含量为0.5～25.0 g/kg，呈南低北高、东低西高趋势。虽然土壤全钾量要比全氮、全磷高得多，但大部分是不能为植物直接吸收的矿物态钾。土壤中速效钾的含量一般不超过全钾量的2%。影响土壤含钾量的因素：

①成土母质。成土母质是影响土壤钾素含量的重要因素。当母质中含有长石和云母类高钾矿物较多时，土壤含钾量就高。

②气候-生物条件。相同的母质发育的土壤，由于气候-生物条件所决定的风化淋溶强度不同，土壤全钾含量有很大差异。

③质地。土壤颗粒的大小不同，其矿物和化学元素组成不同，从而影响土壤含钾量。一般黏质和壤质土壤含钾量高于沙质土壤。

④耕作施肥。不同的耕作制度下，种植的作物种类和施用钾肥的水平不同，土壤含钾有明显差异，作物秸秆含有较多的钾，实行秸秆还田，可以增加土壤含钾量。

2. 土壤钾的形态

土壤中钾按化学形态可以分为水溶性钾、交换性钾和矿物态钾。

（1）水溶性钾。水溶性钾以离子形态存在于土壤溶液中的钾，可被植物直接吸收利用，常被认为是土壤供钾能力的强度因素。水溶性钾在土壤中含量很低，一般情况下，土壤溶液中的钾在0.2～10 mmol/L范围内，只占植物生长所需量的一小部分。

（2）交换性钾。交换性钾是指土壤胶体表面吸附的钾离子。交换性钾和水溶性钾之间存在动态平衡。交换性钾是土壤供钾能力的容量因素，也是当季作物可以吸收利用的主要钾素形态。

（3）矿物态钾。矿物态钾指土壤原生矿物和次生矿物晶格中的钾。矿物态钾占土壤全钾量的 90%～98%，不溶于水，也不能被交换，只有经过风化作用，才能转化为速效钾。

水溶性钾和交换性钾可被当季作物吸收利用，统称为速效钾；矿物态钾是土壤钾的主要贮藏形态，不能被作物直接吸收利用，按其黏土矿物的种类和作物的有效程度，有的是难交换性的中效钾，有的是非交换性的缓效钾和无效钾。

3. 土壤钾素转化

土壤结构中的钾经矿物风化后释放出来，便处于复杂的动态平衡之中。这种转化对植物有效性而言分为两个方向。

（1）土壤钾的释放。土壤钾的释放是指土壤中的无效钾和缓效钾有效化的过程。矿物态钾的风化释放，其过程是非常缓慢的。其速度取决于矿物自身的稳定性和外界环境条件。非交换性钾的释放，实质上是钾离子从晶层间固定态向矿物吸附表面或土壤溶液缓慢扩散的过程。

（2）土壤钾素的固定。土壤钾素的固定是指速效性钾转化成缓效钾，甚至转化成矿物态钾的过程。当土壤中速效钾较多时，交换性钾进入 2∶1 型层状矿物层中，交换性钾被束缚为非交换性钾。失去对植物的速效性。影响土壤钾素固定能力的因素主要是黏粒矿物种类、土壤水分条件、土壤酸碱度和铵离子浓度等因素。

4. 土壤供钾能力

土壤储量一定数量的钾是保证钾素供给的基础。土壤的供钾能力取决于土壤钾素的固定和淋失。其速度取决于土壤中速效钾与缓效钾的数量，各形态钾之间的转化速率也影响土壤供钾能力。事实上，矿物态钾向交换性钾转化的速率非常缓慢，非交换钾向交换钾转化的速率较慢，需要数天或数月的时间。而交换性钾向水溶性钾的转化则是瞬间完成的，通常只需要几分钟。促进矿物风化和缓效钾释放是保证钾素供应的关键。

5. 土壤供钾能力调节

土壤供钾能力调节目的是促进土壤钾释放、减少钾的固定和淋失。可以通过控制水分、耕翻晒垡、增施有机肥料、实行秸秆还田及合理施用钾肥等措施实现。

三、植物对养分的吸收

（一）植物根系对养分的吸收

1. 养分离子向根表的迁移

养分离子向根系的迁移可通过截获、扩散和质流 3 个环节实现。

（1）截获。由于植物根系的生长而接近土壤养分的过程称为截获。植物根系在土壤中的伸展使植物根系不断与新的土粒密切接触，当黏粒表面所吸附的阳离子与根表面所吸附的 H^+ 离子两者水膜相互重叠时，就会发生离子交换。一般情况是根细胞外 H^+ 和黏粒扩散层交换性阳离子进行交换，这种交换称为接触吸收。有时根部也能分泌各种营养离子（如钾离子）。如果与黏粒相接触，同理也能进行接触交换，这种交换称为接触排出。实际上，接触交换作用非常微弱，因为黏粒表面与根表面距离要非常近才有可能进行。所以，很多离子靠接触交换（即截获吸收）的离子态养分是微不足道的，只有如钙、镁等离子通过截获方式被吸收的比例较大。

（2）质流。植物由于蒸腾作用需要从土壤吸收大量的水分。当土壤中的水分流向根表的同时，溶解在水中的养分也随着水分的流动而迁移至根表。影响养分通过质流向根表迁移数量的主要因素是植物的蒸腾作用和土壤溶液中养分的浓度。当气温较高，植物蒸腾作用强时，水分损失多，使根际周围的溶液不断地流入根表，土壤中的离子态养分也就随着水流到达根表。随土壤溶液中离子态养分含量的增加，随着水流到达根表的养分量也增加。硝态氮、钙和镁等元素在土壤溶液中含量高，由质流供给作物的份额较大。

（3）扩散。当根对养分的吸收量大于养分由质流迁移到根表的量时，根表养分离子浓度下降，根际某些养分出现亏缺，使根表与附近土体间产生浓度梯度。养分就会由浓度高的土体向浓度低的根表扩散。养分在土壤中的扩散受到很多因素的影响，如土体中水分含量、养分离子的性质、养分扩散系数、土壤质地及土壤温度等。

不同的元素在土壤中迁移的方式不同，主要受土壤溶液中的元素浓度、植物叶面积系数、温度等因素影响。土壤溶液中浓度大的元素（如钙和镁等）通常以质流的方式迁移为主，而土壤中浓度低的元素（如磷等）则以扩散的迁移方式为主。叶面积大、温度高时，养分以质流方式迁移为主，而叶面积小、温度低时以扩散方式迁移为主。

2. 根系对离子态养分的吸收

养分离子是带电的，因此，它在跨越细胞膜时的运动趋势既受制于其带电性质（电势）又受浓度（化学势）的影响，两者合称为电化学势。养分离子被植物吸收而进入植物细胞内的方式包括被动吸收和主动吸收。

（1）被动吸收。养分顺电化学势梯度进入根细胞内时，不需消耗代谢提供能量，这种吸收称为被动吸收。被动吸收是指离子顺着电化学势梯度进行的过程。这一过程不需要消耗代谢能量，无选择性，因而也称为非代谢性吸收。被动吸收的方式：

①简单扩散。当外部溶液离子电化学势高于细胞内部离子电化学势时，离子可通过扩散进入细胞而被作物吸收。然而，随着外部离子浓度的降低，电化学势梯度变小，吸收速率随之变小，直至细胞内外离子电化学势达到平衡为止。因此，离子的电化学势梯度是被动吸收的前提条件。

②杜南扩散。植物吸收离子的过程中，即使细胞内某些离子浓度已经超过外界溶液浓度，外界离子仍能向细胞内移动，这是因为植物细胞的细胞膜是一种半透性膜，在细胞内含有带负电荷的蛋白质分子（R^-），它不能扩散到细胞外。这样细胞膜就产生了电场。这种养分离子在电场的作用下的扩散称为杜南扩散，由于 R^- 不能扩散到膜外，当经过一段时间，细胞内外离子扩散速度趋于相等，即达到平衡。杜南扩散原理说明，根吸收离子还受许多因素的影响，单以浓度梯度解释是不全面的，还应考虑其他物理因素、化学因素和生物因素的影响。

植物被动吸收不仅受外界环境条件的影响，而且和植物根的阳离子交换量以及根的自由空间有关。离子态养分除来源于土壤外，植物根系的呼吸作用产生碳酸，碳酸离解为 H＋和 HCO_3^-，可与土壤中阴阳离子交换而被吸收。

（2）主动吸收。细胞膜内外存在电化学势梯度，凡是逆电化学势梯度进入根细胞内的养分，吸收时都需要消耗代谢提供的能量，这种逆电化学势梯度的吸收称为主动吸收。主动吸收是根部吸收矿质元素的主要形式。泵运输是主动吸收的主要理论。泵运输理论认为，细胞膜上存在着 ATP 酶，它催化 ATP 水解释放能量，驱动离子的转运。

植物细胞膜上的离子泵主要有质子泵和钙泵。质子泵运输学说认为植物细胞对离子的吸收和运输是由膜上的生电质子泵推动的。生电质子泵也称为 H^+ 泵 ATP 酶或 H^+-ATP 酶。ATP 驱动质细胞上的生电质子泵将细胞内侧的 H^+ 向细胞外侧泵出，细胞外侧的 H^+ 浓度增加，结果使细胞膜两侧产生了质子浓度梯度和膜电位梯度，两者合称为电化学势梯度。细胞外侧的阳离子就利用这种跨膜的电化学势梯度经过膜上的通道蛋白进入细胞内；同时，由于细胞膜外侧的 H^+ 要顺着浓度梯度扩散到细胞膜内侧，因此细胞膜外侧的阴离子就与 H^+ 一道经过膜上的载体蛋白同向运输到细胞内。生电质子泵工作的过程，是一种利用能量逆着电化学势梯度转运 H^+ 的过程，它是主动运输的过程，也称为初级主动运输，由它所建立的跨膜电化学势梯度，又促进了细胞对矿质元素的吸收，矿质元素以这种方式进入细胞的过程便是一种间接利用能量的方式，称为次级主动运输。钙泵也称为 Ca^{2+}-ATP 酶，它催化细胞膜内侧的 ATP 水解，释放出能量，驱动细胞内的钙离子泵出细胞，由于其活性依赖于 ATP 与 Mg 的结合，因此又称为（Ca^{2+}，Mg^{2+}）-ATP 酶。

除了上述植物细胞对矿物质的选择性吸收的方式外，胞饮作用是植物细胞的非选择性吸收方式。细胞通过膜的内折从外界直接摄取物质进入细胞的过程，称为胞饮作用。当物质吸附在细胞膜时，细胞膜内陷，液体和物质便进入，然后细胞膜内折，逐渐包围着液体和物质，形成小囊泡，并向细胞内部移动。囊泡把物质转移给细胞质。由于胞饮作用是非选择性吸收，它在吸收水分的同时把水分中的物质如各种盐类和大分子物质甚至病毒一起吸收进来。

3. 影响养分吸收的因素

植物对养分的吸收受很多环境及内在因素的影响，其中土壤中养分的有效性是影响植物吸收养分的重要因素。土壤养分的有效性，主要受土壤肥力状况及理化性状的影响。

（1）光照。光照直接影响根系对养分的吸收和利用。根系主要靠主动吸收过程吸收养分，需要消耗能量，而能量主要来源于光合作用形成的能量物质（ATP），所以光照和能量来源与养分吸收呈正相关。

（2）温度。在一定范围内，随温度升高，作物根系吸收养分的数量增加。其原因有两方面，一是温度升高影响植物对养分吸收的能力；另一方面，温度直接影响土壤中养分的扩散速率以及微生物的活动，从而提高养分的有效性。但是温度过高不利于根系吸收养分，因为温度过高，会使植物体内的蛋白质的酶失去活性，影响养分吸收。

（3）土壤通气状况。良好的通气条件对根的生长和养分的吸收都有利。良好的土壤通气性有利于土壤有机养分矿化为无机养分，从而对根系吸收养分有利。另外，土壤通气好，氧气充足，根系呼吸旺盛，释放的能量多，也能促进根系吸收。土壤通气性还影响根系的活力及土壤养分的形态。不同形态的养分有效性相差甚远。

（4）土壤 pH。土壤 pH 不仅影响土壤中各种营养元素的有效性，也影响植物对不同离子的吸收。一般来说，酸性条件有利于植物对阴离子的吸收，碱性条件有利于植物对阳离子的吸收。另外，不同植物对 pH 的反应也不一样，有的作物适应 pH 的能力较强，有的则较弱。

（5）土壤水分。水分是养分迁移的介质，土壤中肥料的溶解、有机肥的矿化、营养的迁移及运输等都离不开水，适宜的土壤水分条件能促进作物对养分吸收与利用。但水分太多也会影响土壤溶液的养分浓度及土壤的通气状况。

(6) 离子间的相互作用。土壤中离子间的作用可以影响植物对不同离子的吸收，其中比较重要的有养分离子间的颉颃作用和协助作用。

除开以上的环境因素对养分吸收的影响之外，还包括一些内在因素能影响植物对养分的吸收，如植物本身的遗传特性以及施用其他激素来促进作物对养分的吸收。

4. 植物对有机态养分的吸收

采用灭菌培养法结合元素示踪法，证明植物不但能吸收无机养分，而且也能吸收有机养分。据孙羲等研究，有机肥料有营养作用，在灭菌的培养液中，水稻植株能吸收 α-1C-葡萄糖，在短期内就能运到穗部。又选用脱氧核糖核酸（DNA）按同样培养液进行灭菌增养并与等量氮、磷无机养分比较，均培养 20 d，以稻苗干重作为营养效应指标，结果证明，脱氧核糖核酸处理的稻苗干重比作为对照的无机营养处理的高 33.6%。此外，水稻还能吸收利用各种氨基酸，有些氨基酸（如组氨酸、甘氨酸）的营养效应超过硫酸铵。

除水稻外，大麦、小麦和菜豆能吸收各种磷酸己糖和磷酸甘油酸等。使用微放射自显影研究证明 ^{14}C-胡敏酸分子能完整地被植物吸收。

另外，植物细胞也和动物一样，有胞饮作用，当细胞进行胞饮时，细胞膜先内陷，把许多大分子（如球蛋白、核糖核酸，甚至病毒等）连同水分和无机盐类一起包围起来，形成水囊泡，逐渐向细胞内部移动，最后进入细胞质中。胞饮作用是一种需要能量的过程，在植物细胞内不是经常发生的，它不是细胞对养分主动吸收的主要途径。

（二）叶部对养分的吸收

植物通过根以外的器官主要是叶面吸收养分来营养本身的现象称为植物的根外营养。早期认为，叶部吸收养分是从叶片角质层和气孔进入，最后通过细胞膜而进入细胞内。现在多认为，根外营养的机制可能是通过角质层上的裂缝和从表层细胞延伸到角质层的外质连丝，使喷洒于植物叶部的养分进入叶细胞内，参与代谢过程。叶部吸收养分的机制与根部吸收养分相似。植物吸收养分不仅取决于养分的种类、浓度、介质反应、溶液与叶面的接触时间以及植物吸收器官的年龄等；而且和植物体内的代谢作用密切有关。

例如甘薯及马铃薯，淀粉的合成是属于糖类代谢，而磷钾对糖类的代谢有密切关系，所以磷钾肥在甘薯及马铃薯栽培上，特别是在淀粉累积时显得很重要，而生产实践也早证明栽培块茎作物采用磷钾根外追肥，不仅能提高产量，还能改善品质。另外，植物生长后期，根部吸收养分的能力减弱，根外追肥就能及时弥补根部吸收养分的不足。

在石灰性土壤或盐渍土上，铁多呈不溶性的三价铁，植物难以吸收而患缺绿症；在红黄壤上栽培果树，也常发生微量元素不足。采用根外追肥可直接供给养分，避免养分为土壤所吸附或转化，提高肥料利用率。

四、植物对养分的运输与利用

植物根系从介质中吸收的矿质，一部分在根细胞中被同化利用，另一部分通过皮层组织进入木质部疏导系统向地上部输送，供应地上部生长发育所需要。植物地上部绿色组织合成的光合产物及部分矿质养分则可通过韧皮部系统运输到根部。这就构成植物体内的物质循环系统，调节养分在植物体内的分配。

（一）养分的短距离运输

根外介质中的养分从根表皮细胞进入根内，经皮层组织到达中柱的迁移过程称为养分的横向运输。由于其迁移距离短，又称为短距离运输。

养分的横向运输（短距离运输）有两条途径：质外体途径和共质体途径。质外体是由细胞壁和细胞间隙所组成的连续体。它与外部介质相通，是水分和养分可以自由出入的地方，养分迁移速率快。共质体是由细胞原生质（不包括液泡）组成，穿过细胞壁的胞间连丝把细胞与细胞连成一个整体，这些相互联系起来的原生质整体称为共质体。共质体通道靠胞间连丝把养分从一个细胞的原生质转运到另一个细胞的原生质中，借助原生质的环流，带动养分的运输，最后向中柱转运。

（二）养分的长距离运输

1. 木质部运输

养分从根经木质部或韧皮部到达地上部的运输以及养分从地上部经韧皮部向根的运输过程，称为养分的纵向运输。由于纵向运输迁移距离较长，又称为长距离运输。木质部中养分移动的驱动力是根压和蒸腾作用。在木质部中，养分向上移动过程中会发生一些次生过程。

2. 韧皮部运输

韧皮部运输养分的特点是在活细胞内进行的，而且具有两个方向运输的功能。一般来说，韧皮部运输养分以下行为主。养分在韧皮部中的运输受蒸腾作用的影响很小。不同营养元素在韧皮部中的移动性不同，一般按其移动的难易分为移动性大、移动小和难移动的3组。很多养分在韧皮部的运输，在很大程度上取决于养分进入筛管的难易。离子养分进入筛管是跨膜的主动运输，凡是影响能量供应的因素都可能对离子进入筛管产生影响。

（三）木质部与韧皮部之间养分的转移

木质部与韧皮部在养分运输方面有不同的特点，但两者之间相距很近，在两个运输系统间也存在着养分的相互交换。在养分浓度方面，韧皮部要高于木质部，因而养分从韧皮部向木质部的转移为顺浓度梯度，可以通过筛管细胞膜的渗漏作用来实现。相反，养分从木质部向韧皮部的转移是逆浓度梯度、需要能量的主动运输过程，这种转移主要需由转移细胞进行。木质部首先把养分运送到转移细胞中，然后由转移细胞运转到韧皮部。养分通过木质部向上运输，经转移细胞进入韧皮部，养分在韧皮部中既可以继续向上运输到需要养分的器官或部位，也可以向下再回到根部。这就形成了植物体内养分的循环。

（四）养分的再利用

植物某一器官或部位中的矿质养分可通过韧皮部运往其他器官或部位，从而被再度利用，这种现象称为矿质养分的再利用。植物体内有些矿质养分能被再度利用，这些矿质养分称为可再利用养分。而另一些养分不能被再度利用，称为不可再利用养分。

1. 养分再利用的过程

养分的再利用过程，包括养分的激活、进入韧皮部和进入新器官3个步骤。

（1）养分的激活。养分离子在细胞中被转化为可运输的形态的过程。这一过程是由来自需要养分的新器官发出的“养分饥饿”信号引起的，该信号传递到老器官后引起该部位细胞中的某种运输系统激活而启动，将细胞内的养分转移到细胞外，准备进行长距离运输。

（2）进入韧皮部。被激活的养分转移到细胞外的质外体后，再通过细胞膜的主动运输进入韧皮部筛管中。进入筛管中的养分根据植物的需要而进行韧皮部的长距离运输。

（3）进入新器官。养分通过韧皮部或木质部，先运至靠近新器官的部位，再经过跨细胞膜的主动运输过程卸入需要养分的新器官内。

2. 养分再利用与缺素部位

在植物的营养生长阶段，生长介质的养分供应出现持久性或暂时性的不足时，会造成植物体内营养不良。为维持植物的生长，养分从老器官向新器官的转移是十分必要的。然而，植物体内不同养分的再利用程度是不相同的，再利用程度大的元素，养分缺乏症状首先出现在老的部位；而不能再利用的养分，在缺乏时由于不能从老部位运向新部位，因而缺素症状首先表现在幼嫩器官。

3. 养分再利用与生殖生长

植物生长进入生殖生长阶段后，同化产物主要供应生殖器官发育所需。因此运输到根的量急剧下降，从而使根的活力减弱，养分吸收功能衰退，导致植物体内养分总量增加不多，各器官中养分含量主要靠体内再分配进行调节。营养器官将养分运往生殖器官，养分在营养器官和生殖器官中的比例不断发生变化，即营养器官中的养分所占比例逐渐减少。

第三节　肥料种类与施肥技术

一、常用肥料种类

（一）有机肥料

有机肥料是指由动物的排泄物或动植物残体等富含有机质的副产品资源为主要原料，经发酵腐熟后而成的肥料。有机肥有改良土壤、培肥地力、提高土壤养分活力、净化土壤生态环境、保障蔬菜优质高产高效益等特点，是设施蔬菜栽培不可替代的肥料。设施蔬菜栽培常用的有机肥料主要有商品有机肥料和农家肥有机肥料除能提供作物养分、维持地力外，在改善作物品质、培肥等方面是化学肥料无法代替的。

1. 有机肥料的分类及特点

（1）粪尿肥。包括人粪尿、畜粪尿、禽粪、厩肥等，其中畜禽粪尿数量大，养分丰富，在我国所供养分占到农村有机肥料总量的63%～72%。

（2）堆沤肥。包括秸秆还田、堆肥、沤肥和沼气肥。我国主要农作物秸秆稻草、麦秸和玉米秸，如还田率分别按30%，45%和20%计，每年可用作有机肥料的秸秆就有1.3亿t以上，约可提供氮素66万t、磷素40万t、钾素99万t。此外，秸秆还是堆、沤肥和家畜垫圈的重要原料。

（3）绿肥。包括栽培绿肥和野生绿肥。我国绿肥种植面积较大的省份是湖南和江西，其中紫云英种植面积在1 000万亩以上。目前我国多以种植饲料绿肥为主，直接翻耕的绿肥较少。

（4）杂肥。包括城市垃圾、泥炭及腐植酸类肥料、油粕类肥料、污水污泥等。随着城市的发展、城镇人口的增加和农副产品加工业的增多，杂肥类在有机肥料资源中所占的比重越来越大。在杂肥类中又以垃圾为主。

2. 有机肥料的施用

（1）人粪尿的施用。经腐熟无害化处理的人粪尿是优质的有机肥料，但因其含1%左右氯化钠，所以盐土、碱土或排水不良的低洼地应少用。此外，腐熟的人粪尿有机质含量极少，且含有较多的NH_4^+和Na^+，长期单独施用对土壤胶体有分散作用，所以在质地过沙或过黏而又缺少有机质的土壤上施用时，应配合施用堆、厩肥。人粪尿适用于大多数作物，尤其对叶菜类、桑和麻等作物有良好肥效。但是，对忌氯作物如烟草、薯类、甜菜等作物应适当少用。人粪尿既可做基肥，也可做追肥，做追肥应分次施用，基肥应配合磷、钾肥。一般大田作物的施用量7 500～15 000 kg/hm²，但对需氮较多的叶菜类或生育期较长的作物如玉米等可用15 000～22 500 kg/hm²。

（2）厩肥的性质与施用。新鲜厩肥一般不直接施用，因为易出现微生物与作物争水、争肥的现象。如果在淹水条件下，还会引起反硝化作用，增加氮的损失。如土壤质地较轻，排水较好，气温较高，或作物生育期较长，可选用半腐熟的厩肥使用。腐熟的厩肥质量差异很大，施入土壤后当季肥料利用率也不一样。厩肥中氮素当季利用率变幅为10%～30%；磷素的有效性较高，可达30%～40%，大大超过化学磷肥；钾的利用率也很高，达60%～70%。厩肥可为作物提供多种营养元素，主要特点是含有大量的腐殖质和微生物，在提高土壤肥力和化肥肥效上有明显的作用。厩肥富含有机质，肥效迟缓而持久，一般做基肥施用。施用时应根据土壤肥力、作物类型和气候条件综合考虑：

①土壤条件。质地黏重的土壤，应选用腐熟程度较高的厩肥，要求翻耕适当浅些。对质地较轻的沙质土壤，粪肥易于分解，但不持久，应选用半腐熟的厩肥。对冷浸田、阴坡地，可用热性肥料，如马厩肥，以达到改良土壤和促进幼苗生长的效果。

②作物种类。凡是生育期较长的作物，如油菜、玉米、麻、红苕、马铃薯等可用半腐熟的厩肥。生育期短的作物，如蔬菜类作物，需用完全腐熟的厩肥。对于淹水栽培的作物如水稻宜施用腐熟的厩肥。

③气候条件。干旱地区或降雨少的季节，宜施用完全腐熟的厩肥，翻耕宜深。温暖而湿润的地区或雨季，可施用半腐熟的厩肥，翻耕宜浅。厩肥做基肥施用时，可撒施或集中施用。

（3）堆肥的施用。堆肥主要用作基肥，适合各种土壤和作物，施用量一般为15 000～30 000 kg/hm²。用量多时，可结合耕地，犁翻入土；用量少时，可采用穴施或条施，以充分发挥肥效。对于高温多雨、沙质土壤地区中的生育期长的作物，如油菜、水稻、玉米等均可施用半腐熟或腐熟程度稍低的堆肥；相反，在干旱、冷浸而又黏质土壤地区的冬季作物，如生育期短的蔬菜等适宜施用完全腐熟的堆肥。腐熟的堆肥也可做种肥或追肥。做种肥时应配合一定量的速效磷肥；做追肥应适当提前，以利发挥肥效。无论采用何种方式施用堆肥，都要注意只要堆肥一启封，就要及时将肥料运到田间，施入土中，以减少养分损失。

（4）腐植酸类肥料及施用。

①腐植酸铵。由于原料来源不一，生产方式各异，腐植酸铵的质量差异较大，速效氮

在2%～4%，水溶性在15%～30%。由于腐植酸铵含氮量低，施用量应高于其他化学氮肥。一般质量中等的腐植酸铵用量不宜超过1 500 kg/hm²。腐植酸铵的肥效稳长。一般宜做基肥，做追肥效果较差。做基肥施用时，旱地应采用沟施、穴施等集中施肥方式，便于根系吸收，但不宜与根系直接接触。水田则以耙田时施用肥效较好，面施易造成表层浓度过高和养分易于流失。此外，腐植酸铵还应注意配合磷、钾肥施用，有利于提高磷、钾肥的利用率。

②硝基腐植酸铵（简称硝基腐铵）。这是一种质量较好的腐肥，腐植酸含量高（40%以上），大部分溶于水，除铵态氮外，还含有硝态氮，全氮可达6%左右。生长刺激作用也比较强。此外，对减少速效磷的固定，提供微量元素营养，均有一定作用。硝基腐铵适用于各种土壤和作物。施加硝基腐铵等氮量化肥增产10%～20%。但这种肥料生产成本较高，必须设法降低成本，才能达到增产增收。硝基腐铵的施用方法与腐铵类似。

③腐植酸钠（简称腐钠）。主要用于刺激作物生长。可用于浸种、浸根、叶面喷施等。

（二）化学氮肥

1. 化学氮肥的种类、性质及施用方法

（1）铵态氮肥。目前，铵态氮肥有碳铵、氯化铵、硫酸铵和液氨。我国目前常用的是碳铵、少量的氯化铵和硫酸铵，国外有液氨。铵态氮肥施入土壤之后，容易被土壤无机胶体吸附或固定，移动性较小，淋溶损失少，肥效相对较长；可以氧化成为硝酸盐或被微生物转化成有机氮；在碱性和钙质土壤中容易发生挥发损失，在施用铵态氮肥时，应避免一次大量施入，以免引起营养失调。

（2）硝态氮肥。施入土壤后，不被土壤胶体吸附或固定，与铵态氮肥相比较，移动性大，容易淋溶损失，肥效较为迅速；能被土壤微生物还原成氮（硝酸盐还原作用）或反硝化成气态氮；本身无毒，过量吸收无害；主动吸收，促进植物吸收钙、镁、钾等阳离子。

（3）酰胺态氮肥。酰铵态氮肥施入土壤之后，以分子形态存在，与土壤胶体形成氢键吸附后，在土壤中移动缓慢，淋溶损失少；经脲酶的水解作用产生铵盐；肥效比铵态氮和硝态氮迟缓；容易吸收，适宜叶面追肥；对钙、镁、钾等其他阳离子的吸收无明显影响。

2. 提高氮肥利用率的途径

作物吸收肥料氮的数量占施氮量的百分数称为氮肥利用率。氮肥利用率是衡量氮肥施用是否合理的一项重要指标。合理施用氮肥是提高利用率的重要途径。

（1）作物种类。不同作物对氮的需要量各异，一般双子叶植物的需氮量大于单子叶植物。同种作物，不同品种对氮的需要量也存在很大差异，高产品种大于低产品种，杂交水稻大于常规水稻。即使是同一品种，在不同生育期对氮的需要量也不一致，以水稻为例，在秧苗期、分蘖期、幼穗分化期、抽穗期和成熟期吸收氮的百分率分别为0.5%，23.16%，51.40%，12.31%和12.63%。因此，在施用氮肥时要区别作物种类、品种和生育时期，这样才能提高氮肥利用率。

（2）土壤条件。土壤氮素的丰缺状况是施用氮肥的重要依据之一。土壤全氮和有效氮含量高，供氮能力强，从肥料中吸收的氮就减少；相反，来自肥料中的氮增多。因此，土壤的供氮能力是施用氮肥的基础。沙性土壤黏粒含量少，大多缺乏有机-无机胶体，保肥能力差。在施用氮肥，应“前轻后重、少量多次”，防止作物后期脱肥。相反，黏质土壤

沙粒含量少，土壤富含有机-无机胶体，保肥能力强。在施用氮肥，应“前重后轻”防止作物贪青晚熟。壤质土沙黏比例适中，既有沙质土壤良好的通透性，又具黏质土壤的保肥性。在整个作物生长期中，供肥平稳，对于氮肥的施用要求不十分严格。

（3）肥料品种。铵态氮肥在土壤中移动缓慢，不易淋失。用于稻田应施入还原层，防止表层施用，以免在表面被氧化成硝态氮，易造成淋溶损失或发生反硝化损失。用于旱地（尤为碱性土壤）时，容易发生挥发损失，应深施盖土。硝态氮肥不能被土壤胶体吸附，在多雨地区和稻田中容易随水流失或转变成气态氮。因此，适宜用于少雨区的旱地作物。酰铵态氮肥溶于水之后，以分子形态存在于土壤溶液之中，然后被土壤胶体逐渐通过氢键吸附。因此，稻田施用初期容易随水流失，故要注意施肥后的田间水分管理。另外，酰铵态氮水解后转变成碳酸铵，稳定性差，易分解成氨，造成氮素挥发损失，故也应深施盖土。

（4）施用方法。无论是水田还是旱地，铵态氮肥和酰胺态氮肥都宜深施，并准确掌握施肥量和施肥时期。

（三）化学磷肥

磷肥以磷为主要养分的肥料。磷肥肥效的大小（显著程度）和快慢决定于磷肥中有效的 P_2O_5的含量、土壤性质、施肥方法、作物种类等。

1. 磷肥的种类

（1）根据来源划分。可分为：

①天然磷肥，如海鸟粪、兽骨粉和鱼骨粉等。

②化学磷肥，如过磷酸钙、重过磷酸钙、钙镁磷肥、磷矿粉等。

（2）按所含磷酸盐的溶解性能划分。可分为：

①水溶性磷肥，如普通过磷酸钙、重过磷酸钙等。其主要成分是磷酸一钙。易溶于水，肥效较快。

②枸溶性磷肥，如沉淀磷肥、钢渣磷肥、钙镁磷肥等。其主要成分是磷酸二钙。微溶于水而溶于水 2%枸橼酸溶液，肥效较慢。

③难溶性磷肥，如骨粉和磷矿粉。其主要成分是磷酸三钙。微溶于水和 2%枸橼酸溶液，须在土壤中逐渐转变为磷酸一钙或磷酸二钙后才能发生肥效。

2. 提高磷肥利用率的途径

磷与氮不同，它在土壤中既不挥发，也很少损失，但极易被土壤所固定。因此，尽量减少土壤对磷的固定，防止磷酸的退化作用，增加磷与根系的接触面积，是合理施用磷肥的关键。

（1）相对集中施用。在固磷能力强的土壤上，采用条施、穴施、蘸秧根等相对集中施用的方法。磷肥在土壤中移动较慢，应适当深施于根系密集分布的土层中。一般认为，在作物生长期的前 1/3，作物吸收的磷占总吸磷量的 2/3。因此，磷肥的施用应以基肥为主，配施种肥，早施追肥，达到提高磷肥的利用率的目的。

（2）水溶性磷肥和有机肥料配合施用。有机肥料可以显著降低土壤磷的固定。

（3）氮、磷肥配合施用。我国农田缺磷的土壤往往也可能缺氮。如果土壤中氮素成为限制作物产量的因子，单独施用磷肥也不可能表现出较好的增产效果。另外，作物对各种养分的需求及其吸收能力是有一定比例的。只有保持氮、磷平衡协调，才能获得增产。此外，作物体内许多含磷化合物，都是既含氮又含磷，氮、磷配合施用，有利于增强作物的新陈代谢活动，促进作物的根系的生长发育，提高作物在全生育期吸收养分的能力以及磷肥的利用率。

（四）化学钾肥

1. 钾肥的种类

（1）硫酸钾（K_2SO_4）。硫酸钾为白色或淡黄色结晶，分子式为 K_2SO_4，含 K_2O 50%～52%，易溶于水，吸湿性小，贮存时不易结块，属于化学中性，生理酸性肥料。硫酸钾可做基肥、追肥。由于钾在土壤中移动性较差，故宜做基肥，并应注意施肥深度。如做追肥时，则应注意早施及集中条施或穴施到植物根系密集层，以减少钾的固定。也有利于根系吸收。硫酸钾适用于各种植物。对十字花科等需硫植物特别有利，但对于水稻，在还原性较强的土壤上，它不及氯化钾。硫酸钾价格较贵，一般情况下，除在忌氯作物上以外，应尽量选用氯化钾。

（2）氯化钾（KCl）。氯化钾为白色结晶，易溶于水，肥效迅速，分子式为 KCl，含 K_2O 50%～60%，属化学中性，生理酸性肥料。

2. 钾肥的合理施用

（1）土壤供钾能力与钾肥肥效。土壤钾的供应水平是指土壤中速效钾的含量和缓效性钾的贮藏量及其释放速度。只有土壤钾的供应水平低于某一界限时，钾肥才能发挥其肥效。根据各地大量钾肥试验证明，土壤速效钾含量水平是决定钾肥肥效的基础条件。土壤速效钾的指标数值由于各地的气候、土壤、植物等条件不同，在幅度上略有差异。土壤速效钾仅能反应当季植物钾素的供应情况，而由于速效钾含量易受施肥、季节等因素影响，所以难以反映土壤的供钾特点。

（2）植物种类与钾肥肥效。不同植物的需钾量和吸钾能力不同，因此对钾肥的反应也各异。由于钾影响蛋白质和脂肪代谢，因此豆科和油料施用钾肥也有良好效果，特别在豆科绿肥上能获得明显而稳定的增产效果。据南方 892 个钾肥试验结果：豆科绿肥施钾增产幅度为 44.3%～135.1%；棉花、烟草、薯类及油料植物增产幅度 11.7%～43.3%；而禾本科植物除大麦增产 32.9%，水稻、小麦、玉米等只增产 9.4%～16.0%。因禾谷类植物对钾的需要量较少，同时这些植物吸收钾的能力较强，所以在相同条件下，钾肥肥效较差。

（3）肥料配合与钾肥肥效。氮、磷、钾三要素在植物体内对物质代谢的影响是相互促进、相互制约的，因此植物对氮、磷、钾的需要有一定比例。就是说钾肥肥效与氮、磷肥供应水平有关。当土壤中氮、磷含量比较低，单施钾肥的效果往往不明显，随着氮、磷肥用量的增加，施用钾肥才能获得增产；反之，当单施氮肥或仅施氮、磷肥、不配合施用钾肥，氮、磷肥的增产效益也不能得到充分发挥，有时甚至会由于偏施氮肥而招致减产，因此，必须注意氮、磷、钾的合理施用。

（4）钾肥肥效与土壤水分含量的关系。土壤水分含量与作物钾肥肥效存在着明显的水肥交互作用，由于土壤中钾素的迁移主要靠扩散途径，而土壤水分强烈影响着钾离子在土壤中的扩散途径和速率，因此干旱年份，土壤缺乏灌溉条件的地方更应注意钾肥的施用，而多雨季节或灌溉条件比较好的地方可适当减少钾肥用量。

（5）钾肥的施用技术。钾肥应早施，因钾在植物体内移动性大，缺钾症状出现晚。若出现缺钾症状再补施钾肥，为时已晚。

（五）复合肥料

复合肥料是指氮、磷、钾三种养分中，至少有两种养分标明量的由化学方法和（或）掺混方法制成的肥料。由于能够提高肥效、简化施肥技术、减少施肥次数，提高作物产量和品质，避免单质肥料不合理施用造成的环境污染等问题，其生产和使用越来越受到人们的重视，是中国用量最大的肥料品种。复合肥料具有确定的分子式，可根据分子式计算出各养分的含量。随着土壤肥料学和农业施肥技术的发展，农业已走向科学施肥。科学施肥须根据不同的土壤类型和性质、肥力水平、作物种类和气候条件等因素决定施肥品种和数量，这样就可以避免土壤中过量施用或短缺一种或几种营养元素而造成浪费。

1. 磷酸铵系复合肥

（1）磷酸铵。磷酸铵简称磷铵，是由氨中和浓缩磷酸而生成的一组产物。由于氨中和的程度不同，主要产物有磷酸一铵（$NH_4H_2PO_4$）和磷酸二铵［$(NH_4)_2HPO_4$］。磷酸一铵又称安福粉，是白色四面体结晶，性质稳定，氨不易挥发，饱和水溶液的 pH 为 3.47。养分总量 62%～66%，其中 N 为 11%～13%，P_2O_5 为 51%～53%。其溶解度为在 25 ℃时每 100 mL 水可溶解 41.6 g。磷铵可做基肥、追肥和种肥。做种肥时用量不宜过多。应避免与种子直接接触，以免影响发芽与烧苗。磷铵是磷多氮少的复合肥，宜用于需磷较多的作物如豆科作物等，用于其他作物时要适当配施单质氮肥。磷铵不宜与草木灰、石灰等碱性肥料混施，否则氨会挥发，磷的有效性也会降低。磷铵是一种不含副成分的高浓度氮、磷复合肥，适宜于远程运输。贮存时应注意防止吸潮。

（2）偏磷酸铵（NH_4PO_3）。偏磷酸铵是将元素磷在空气中燃烧生成 P_2O_5，在高温和水蒸气存在的条件下，和氨反应生成偏磷酸铵。偏磷酸铵工业产品一般含 N11%～12%，含 P_2O_5 58%～62%，总有效养分 69%～84%，其中氮素的 82%～98%为铵态氮，磷有 95%～99%为枸溶性磷。偏磷酸铵稍有吸湿性，但不易结块，适宜于酸性和中性土壤上施用，在石灰性土壤上肥效稍差。其用法可照磷酸铵。

（3）磷酸二氢钾（KH_2PO_4）。磷酸二氢钾是一种高浓度的磷、钾复合肥料。目前主要采用离子交换法生产磷酸二氢钾，它不仅可用廉价的氯化钾代替昂贵的碳酸钾或氢氧化钾，而且可用氨中和湿法磷酸除去大部分杂质，获得较纯的磷酸一铵溶液作为离子交换的原料，解决了不用热法磷酸的问题。原料及能耗等比通用的中和法节省 30%以上。纯净的磷酸二氢钾为灰白色粉末，吸湿性小，物理性状好，易溶于水，在 20℃时每 100 mL 水可溶解 23 g，水溶液的 pH 为 3～4。磷酸二氢钾由于价格昂贵，目前多用于根外追肥和浸种。多数作物每公顷喷施 0.1%～0.2%的磷酸二氢钾溶液 750～1 125 kg，连续喷施2～3 次，可获得 10%左右的增产效果，但要注意喷施时间，水稻、小麦在拔节—孕穗期，棉花以花期喷施为宜。用 0.2%的磷酸二氢钾浸种 20 h 左右，晾干后播种，也有一定的增产效果。

（4）氨化过磷酸钙。是用氨处理过磷酸钙而制成的一种物理性质较好的氮磷复合肥料。其中含 N 2%～3%，含 P_2O_5 13%～15%。由于将氨通入过磷酸钙后能使其中的游离酸得到中和，过磷酸钙的吸湿性、结块性和腐蚀性大为降低，贮、运、施均较方便，同时又增加了氮素养分。因氨化作用是放热反应，所以氨化时能蒸发掉一部分水分，亦能改善产品的物理性质。氨化过磷酸钙是一种含有磷酸一铵、硫酸铵、磷酸一钙和磷酸二钙等成分的肥料。氨化过磷酸钙对多数作物的肥效略优于等磷量的过磷酸钙，对豆科作物肥效较显著。由于氨化过磷酸钙的氮、磷比约为1∶6，施用时应配合氮肥才能充分发挥肥效。

2. 硝酸磷肥系复合肥

(1) 硝酸磷肥。是由硝酸分解磷矿粉而制成的氮、磷复合肥料。其优点是用硝酸分解磷矿，既可节省硫源，同时硝酸本身又含有氮。硝酸磷肥中的氮素形态有很大一部分是硝态氮，故宜施于旱地，而不宜用于水田。其中氮、磷质量分数比较接近，所以也不宜施在豆科作物和甜菜等作物上，否则影响固氮效果和降低甜菜含糖量。硝酸磷肥宜优先施在含钾较高而氮、磷、有机质均缺的北方石灰性土壤上，且颗粒不宜过大。硝酸磷肥在大气湿度为40%～60%时即开始吸潮，在贮、运、施时应注意防湿防潮。

(2) 硝酸钾（KNO_3）。将硝酸钠和氯化钾溶在一起进行复分解后再重新结晶而制成。我国的硝酸钾有一部分是由土硝提制的，故又称火硝。为斜方或菱形白色结晶，含N 12%～15%，含K_2O 45%～46%，不含副成分，吸湿性小。硝酸钾宜做追肥，但不宜做基肥或种肥；宜施用于旱地，而不宜施于水田，宜施于马铃薯、甘薯、甜菜、烟草等喜钾作物。烟草既喜钾，又喜硝态氮，而种烟草的土壤中硝化细菌又常常受到抑制，铵态氮不易转化。因此，烟草最适宜施用硝酸钾。

（六）混合肥料

混合肥料是由机械方法混合几种单一肥料、或一种单一肥料与二元或三元复合肥料混合而得。有时可在其中加入一些填充物，以改善肥料的物理和化学性质。

1. 化学肥料的混合

(1) 可以混合的情况。硫酸铵和过磷酸钙、硫酸铵和磷矿粉、尿素和磷酸盐肥料、硝酸铵和氯化钾。它们混合后，形成氮磷和氮钾复合肥，不但养分没有损失，而且还能减少各种肥料单独施用时的不良作用和提高肥效，如硝酸铵和氯化钾混合后，潮解小，具有良好的物理性状，便于施用。硫铵与磷矿粉混合施用，可以增加磷矿粉的溶解度，提高磷矿粉的肥效。

(2) 可以暂时混合但不可久置的情况。有些肥料混合后应立即施用，不会使蔬菜作物发生不良影响，但如果混合长期放置，就会引起有效养分含量降低，物理性状变坏。如过磷酸钙和硝态氮肥（硝酸铵等）两者混合，更加容易潮解，还能引起硝态氮的逐渐分解，造成氮素损失。尿素和氯化钾、石灰氮和氯化钾混合后放置时间长，也会增加吸湿性而使肥料物理性状变坏。

(3) 不可混合的情况。这类肥料混合后，会引起养分损失，降低肥效。如铵态氮肥（硝酸铵、硫酸铵等）与碱性肥料（如石灰、钢渣磷肥、石灰氮或草木灰等）混合后会引起氮的损失。如将过磷酸钙等速效磷肥料与碱性肥料石灰氮、石灰、钢渣磷肥、草木灰等混合后，就会引起磷酸退化作用，降低有效磷含量。难溶性磷肥与碱性肥料混合，使得难溶性磷肥中的磷更难为作物吸收利用。

2. 有机肥料的混合

(1) 可以混合的情况：如厩肥、堆肥与钙镁磷肥混合，厩、堆肥在发酵中产生的有机酸可以促进难溶性磷的分解。厩、堆肥与过磷酸钙混合，可以减少磷肥中的有效磷与土壤接触，防止磷被土壤固定。酸性强的有机肥，如高位草炭与碱性肥料（如石灰、钢渣磷肥、石灰氮或草木灰等）混合时，碱性肥料中的碱性可以来中和草炭的酸性。人粪尿混入少量过磷酸钙可以形成磷酸二铵，减少和防止氨的挥发损失。

（2）不宜混合的情况：某些未腐熟厩肥、堆肥不能与硝酸盐肥料混合，否则容易产生反硝化作用，引起氮的损失。新鲜的、含有大量纤维物质的有机物质，最好不要与矿质肥料混合，应该等到它腐熟后再与矿质肥料混合，不过也有例外，就是即使是腐熟的人粪尿也不要与碱性肥料混合，以免加速氨的挥发。

（七）微生物肥料

微生物制剂是指由有益微生物制成的，含有能够改善作物营养条件，用于农业生产中能够获得肥料效应的活体微生物（细菌）制剂，过去也称为菌肥。微生物制剂或生物肥料含有大量活的微生物，是以微生物生命活动的产物来改善作物营养条件，发挥土壤潜在肥力，刺激作物生长发育，抵抗病菌为害，从而提高农作物产量的。可见微生物制剂或生物肥料与其他有机肥料和无机肥料不同，它本身并不能直接提供作物需要的营养元素。根据微生物制剂或生物肥料的上述性质与特点，首先要求菌肥必须含有足够数量的有效微生物，并配合有机肥料和无机肥料共同使用；其次要在施用后保证这些微生物进行活动的适宜环境条件，并调整作物和微生物相互间的关系，促进有益微生物的大量繁殖，充分发挥其肥效和增产作用。

1. 单一菌种制剂

（1）能将空气中的惰性氮素转化成作物可直接吸收的离子态氮素，在保证作物的氮素营养上起着重要作用的微生物制剂。属于这一类的有根瘤菌制剂（如花生根瘤菌制剂、大豆根瘤菌制剂、紫云英根瘤菌制剂和苕子根瘤菌制剂等）、固氮菌制剂（如圆褐固氮菌制剂）和固氮蓝细菌（如鱼腥藻、念珠藻等）等。

（2）能分解土壤中的有机质，释放出其中的营养物质供植物吸收的微生物制剂。这类制剂有有机磷细菌制剂（如解磷大芽孢杆菌、解磷极毛杆菌制剂等）和综合细菌制剂（如AMB细菌制剂）。

（3）能分解土壤中难溶性的矿物，并把它们转化成易溶性的矿质化合物，从而帮助植物吸收各种矿质元素的微生物制剂。其中主要的是硅酸盐细菌制剂和无机磷细菌制剂。硅酸盐细菌制剂有硅酸盐细菌和钾细菌制剂等。无机磷细菌制剂有磷细菌、黑曲霉和氧化硫硫杆菌制剂等。

（4）对某些植物的病原菌具有拮抗作用，能防治植物病害，刺激作物生长发育的微生物制剂。属于这一类的有抗生菌制剂（如放线菌制剂等）。

（5）菌根菌制剂。VA菌根是一种土壤真菌，它与多种植物根系共生，其菌丝可以吸收更多的营养供给植物吸收利用，其中以对磷的作用最明显。菌根真菌产生的磷酸酶，在将土壤中的不溶性磷转变成可溶性磷过程中起重要作用，其酶活性往往是无菌根植物的好几倍。此外，外生菌根菌还可产生大量的草酸盐，通过与铁、铝等的螯合，释放出土壤中固定态碳酸盐，从而对植物吸收磷产生有利影响。

2. 复合菌种制剂

由于作物生长发育需要多种营养元素，单一菌种、单一功能的微生物制剂已经不能满足现代农业发展的需求。现代微生物制剂不仅仅由单一的菌种构成，而更加趋向于复合菌株组成的多功能微生物制剂。

（1）微生物-微量元素复合生物制剂。微量元素在植物体内是酶或辅酶的组成成分，对高等植物叶绿素、蛋白质的合成、光合作用，对养分的吸收和利用方面起着促进和调节的作用。

（2）联合固氮菌复合微生物制剂。由于植物的分泌物和根的脱落物提供能源物质，固氮微生物利用这些能源生活和固氮，因此称为联合固氮体系。

（3）固氮菌、根瘤菌、磷细菌和钾细菌复合微生物制剂。这种生物制剂可以供给作物一定量的氮、磷和钾元素。选用不同的固氮菌、根瘤菌、磷细菌和钾细菌，分别接种到各种菌的富集培养基上，在适宜的温度条件下培养，达到所要求的活菌数后，再按比例混合，制成菌剂，其效果优于单株菌接种。如 Bomsinow 微生物有机制剂同时具有氨化、硫化和解磷的功能。

（4）有机无机生物复合肥料。在长期应用微生物制剂的实践中，人们认识到，单独施用微生物制剂满足不了作物对营养元素的需要，微生物制剂的增产效果是有限的，应注意多种肥料的配合施用。

（5）多菌株多营养生物复合肥。这种生物复合肥是利用多种生理生化习性相关的菌株共同发酵制造的一种无毒、无环境污染、可改良土壤的水溶性肥料。它是微生物发酵分解制造的生物肥，适用于各种农作物，可以改善作物品质，缩短生长周期，提高作物产量。

3. 微生物制剂的作用

由于生物制剂是含有某一种或几种微生物的制品，因此不同种类生物制剂的作用是不同的。

（1）固氮作用。例如根瘤菌和固氮菌，它们在适宜的环境条件下，可以固定空气中的氮素，增加土壤氮素含量，改善作物的氮素营养，提高当季作物和后作的产量。

（2）分解作用。土壤中的有机物质和某些难溶性的养分不能直接被植物吸收。许多微生物制剂可将它们转化为有效养分，供作物吸收利用。

（3）促生作用。许多试验证明，当施用某种微生物制剂以后，可使土壤中该种有益微生物占绝对优势，由于它们的活动，不仅增加了土壤中的有效养分含量，而且还促进了各种维生素的合成，如维生素 B_1、维生素 B_2、维生素 B_6、维生素 B_{12} 等，以利于作物生长。

（4）抗病作用。有些菌制剂除了促生作用外，还能分泌出能杀真菌和细菌的抗生素，抑制致病的真菌和细菌的生长，因此施用此类菌制剂能增强作物的抗病能力，防止水稻烂秧，减轻棉花苗期根腐病、黄萎病、甘薯黑斑病、小麦锈病、稻纹枯病、稻白叶枯病和稻瘟病的发病率。

4. 微生物制剂施用的注意事项

一是避免开袋后长期不用；二是避免高温、干旱条件下施用；三是避免与农药同时使用；四是避免与过酸过碱的肥料混合使用；五是避免与未腐熟的农家肥混用或堆肥；六是要注意与化肥或农家肥配合施用。

（八）缓（控）释肥

缓释氮肥指肥料中氮的释放速率延缓。可供植物持续吸收利用。控释氮肥指肥料中氮的释放速率能按植物的需要有控制地释放。在生物或化学作用下可分解的有机氮化合物肥料通常被称为缓释肥（SPFs），而对生物和化学作用等因素不敏感的包膜肥料通常被称为控释肥（CRFs），它们又统称为长效氮肥，按性质与作用机理可分为合成有机微溶性氮肥和包膜氮肥两类。这类肥料的共同特点是肥料中氮素在水中的溶解度小，释放慢，可以逐步释放出氮素供作物吸收，故肥效稳而长，一次施用能在一定程度上供应作物全生育期对氮的需求，即使一次大量施用不会对种子、幼苗或根系造成伤害。由于释放慢或有控制释放能降低氮素损失，减少环境污染，适合于沙土、多雨地区、多年生林木、果树、草地和花卉等施用。目前由于生产成本较高，价格昂贵，养分释放的速率和时间还较难控制，限制了在农业上的广泛应用和推广。

二、作物营养诊断

农作物在生长发育过程中，需要吸收必需的营养元素。这些元素在作物体内的含量多少不一，生理作用各异。作物营养诊断是指根据作物形态、生理、生化等指标并结合土壤分析判断作物营养元素丰缺状况的方法（技术）。最早的诊断方法是根据作物的叶色、植株发育程度及缺素和元素毒害的症状等形态方法判断作物的营养状况，随后，外形诊断与土壤、作物养分含量分析相结合，逐步奠定了由定性走向定量诊断的基础。营养诊断的出发点是确定作物产量形成与作物体或某一器官、组织内营养元素含量之间的关系。

当作物组织内某种营养元素处于缺乏状况，即含量低于养分临界值（植物正常生长时体内必须保持的养分数量）时，作物产量随营养元素的增加而迅速上升；当作物体内养分含量达到养分临界值时，作物产量即达最高点；超过临界值时，作物产量可以维持在最高水平上，但超过临界值的那部分营养元素对产量不起作用，这部分养料的吸收为奢侈吸收；而当作物体内养分含量大大超过养分临界值时，作物产量非但不增加，反而有所下降，即发生营养元素的过量毒害。为了诊断作物体内营养元素的含量状况，通常采用下列方法：

（一）形态诊断法

通过观察作物外部形态的某些异常特征以判断其体内营养元素不足或过剩的方法（作物缺素症）。主要凭视觉进行判断，较简单方便。但作物因营养失调而表现出的外部形态症状并不都具有特异性，同一类型的症状可能由几种不同元素失调引起；因缺乏同种元素而在不同植物体上表现出的症状也会有较大的差异。因此即使是训练有素的工作者，也难免误诊。另外，当植株处于潜在缺乏时植株外部并没有明显的症状，等到症状明显时却已影响到作物的产量和品质，采取补救措施后仍会对作物造成一定的危害。

（二）化学诊断法

此法借助化学分析对植株、叶片及其组织液中营养元素的含量进行测定，并与由试验确定的养分临界值相比较，从而判断营养元素的丰缺情况。成败的关键取决于养分临界值的精确性和取样的代表性。由于同一作物器官在不同生育期的化学成分及含量差异较大，应用此法时必须对采样时期和采样部位作出统一规定，以资比较。

（三）酶诊断法

又称生物化学诊断法。通过对作物体内某些酶活性的测定，间接地判断作物体内某营养元素的丰缺情况。例如，对碳酸酐酶活性的测定，能判断作物是否缺锌，锌含量不足时这种酶的活性将明显减弱。此法灵敏度高，且酶作用引起的变化早于外表形态的变化，用以诊断早期的潜在营养缺乏，尤为适宜。此外，显微化学法、组织解剖方法以及电子探针方法等也开始应用于作物营养诊断。

（四）植株无损测试诊断

随着科学技术的发展一些具有智能化和信息化的测试技术得到发展，作物营养诊断逐步向依据作物生长状况的作物营养诊断发展，为了便于田间生长作物氮素营养状况的快速诊断，日本研发生产了手持式 SPAD 502 叶绿素仪，其原理是基于对红光的强烈吸收和对远红外光的低吸收，具有操作简单、数据获取迅速、不需要耗材、对植株和环境没有副作用等优点。用 SPAD 值估计叶片单位重量含氮量，在田间通过测试植物的叶片绿度估测作物氮营养的状况，已经在大部分作物上得到应用和推广。近年来，遥感技术在精确农业管理（尤其是精准施肥）方面发挥了非常大的作用，这也是智慧农业的重要发展方向。

三、常规施肥技术

（一）基肥

基肥也称底肥，指作物播种或定植前、多年生作物在生长季末或生长季初，结合土壤耕作所施用的肥料。它主要是供给植物整个生长期中所需要的基础养分，为作物生长发育创造良好的土壤条件，也有改良土壤、培肥地力的作用。用作基施的肥料主要是有机肥和在土壤中移动性小或发挥肥效较慢的化肥，如磷肥、钾肥和一些微量元素肥料。

作物基肥施肥方法有：

①撒施。将肥料均匀地撒布于土壤表面，结合犁、耙将肥料翻入土中，使其与根系生长的主要土层混合，使种子萌发后就可以吸收到养分。撒施适用于施肥量大的密植作物或根系分布广的作物。

②条施。结合犁地开沟将肥料相对集中地施在作物播种行附近. 种子与肥料距离较近，能及时供给作物需要。这种施肥方法适合于条播作物和肥料较少的情况。

③分层施肥。结合播种前耕作分层施用基肥的方法，多用在施肥量较大的情况。一般迟效性肥料多施于土壤耕层的中下部，速效性肥料施于耕层的上部，以适应不同时期作物根系的吸收能力，充分发挥肥料的增产作用。

④全层施肥。指将肥料均匀地施于耕层内。这种方法适合于水田采用。将肥料撒施于土表，边撒肥边旋耕，深度在 10 cm 左右，使肥料与土壤充分混合，减少肥料的损失，有利于作物根系的吸收。

（二）追肥

追肥是指在植物生长期间为补充和调节植物营养而施用的肥料。追肥的主要目的是补充基肥的不足和满足植物中后期的营养需求。追肥施用比较灵活，要根据作物生长的不同时期所表现出来的元素缺乏症，对症追肥。氮钾及微肥是最常见的追肥品种。追肥可以土施也可以喷施，土施容易造成机械伤害，而喷施适用于紧急缺素状况，供应养分快，但供应量不足，因此多用于需求量较少的微量元素的施用。在农业生产中，通常采用基肥、种肥和追肥相结合。追肥种类比较多，大致都是根据作物不同的生育期来称呼的，例如育苗肥、分蘖肥、拔节肥、孕穗肥、粒肥、喷肥等。

常见的追肥方法有五种：

①撒施法。一般在土壤湿润时直接撒施在作物的株行间。

②随水灌施。将肥料融入水里，随水施入作物的根系周围。

③埋施法。在作物的株间与行间开沟挖坑，将肥料施入覆土。

④机械作业追施。运用自动化设备采用滴灌技术，浇灌在作物的根系周围土壤。

⑤根外追肥。主要指叶面喷施。叶面施肥时，光照不能太强，一般在16：00—17：00较好，气温不能太高，否则易蒸发、干燥、不利于叶面吸收。

四、现代施肥新技术

（一）测土配方施肥技术

面对“一控两减三基本”的要求，怎样实现减少化肥使用总量但不减产，是作物生产的一项重大课题。测土配方施肥是以土壤测试和肥料田间试验为基础，根据作物需肥规律、土壤供肥特点和肥料效应，在合理施用有机肥的基础上，提出氮、磷、钾和中量元素、微量元素等肥料的施用品种、数量施肥时期和施用方法（图5-1）。配方肥料是以土壤测试和田间试验为基础，根据作物需肥规律、土壤供肥性能和肥料效应，以各种单质化肥和（或）复混肥料为原料，采用掺混或造粒工艺制成的适合于特定区域、特定作物的肥料。实施测土配方施肥的好处就是节省开支，增加收入和增强地力，减少污染、病虫害的发生和浪费。

图5-1　测土配方施肥技术流程

（二）水肥一体化技术

水肥一体化起源于无土栽培，并伴随高效灌溉技术的发展得以发展。我国水肥一体化技术的研究始于1975年，进入21世纪后迅速发展，目前在都市农业的蔬菜生产、花卉生产和新疆棉花生产中已得到广泛应用。

水肥一体化技术是将灌溉与施肥融为一体的现代农业新技术。一套完整的水肥一体化系统包括水源工程、首部枢纽、田间输配水管网系统和滴水器等组分。布设在田间的各种土壤传感器获取土壤养分和水分的实时数据，通过物联网体系反馈到水肥一体化的计算机控制系统，根据田间作物对水分和养分的需求情况决策供水供肥策略并制订水肥配比，再由首部枢纽控制供水供肥具体数据，通过恒压变频供水系统和输配水管网向田间供给含肥水液，最后通过田间滴水器均匀、定时、定量供水供肥，浸润作物根系生长区域，使根系始终保持疏松和适宜的含水量及养分供给水平（图5-2）。

（三）精准施肥技术

精准施肥以作物生长模型和作物营养专家系统为基础，以差异化土壤理化性质、气象

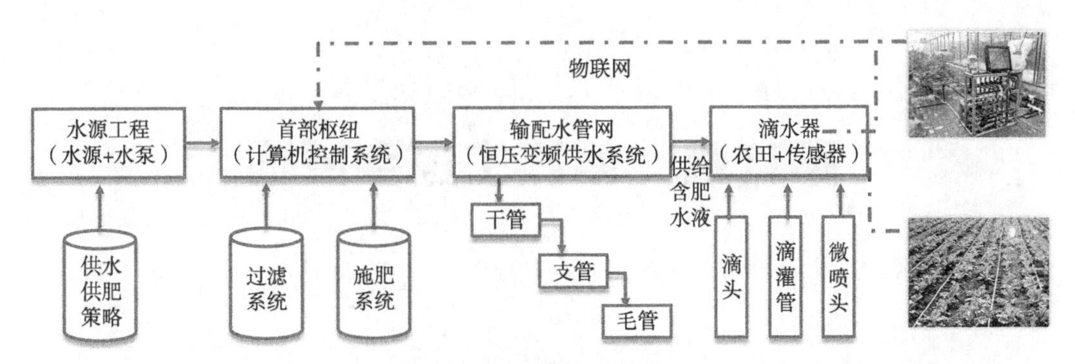

图 5-2　水肥一体化技术体系

因子和作物生长发育状况等大数据资源为支撑，依托现代工业装备技术的现代施肥技术，实现养分对农作物的精准供应。精准施肥是农业传感技术、农业物联网技术、农业遥感技术、地理信息技术、现代生物技术、现代农艺技术、机械装备技术和化工技术的优化组合。其中机械装备技术是指研发专用施肥机械以实现定点施肥，化工技术是指肥料研发中的缓释肥、控释肥和特殊肥料剂型研发（图 5-3）。

图 5-3　精准施肥技术体系

第六章 植物生理学原理

作物生产必须掌握植物生理学基本原理，植物营养生理的相关内容在第五章已作论述，本章主要阐述植物的水分生理、植物的光合作用和植物的呼吸作用相关内容。

第一节 植物的水分生理

植物对水分的吸收、转运和散失的过程构成了植物水分生理的主要内容。在生物体内，水通常以束缚水和自由水两种状态存在。束缚水是指紧密吸附在胶体颗粒或大分子表面不能移动的水，这部分水不易流失和流动，其含量变化小，不起溶媒作用，受外界环境影响较小，所以束缚水含量增高，有利于提高植物的抗逆性。自由水是指不可被吸附、可以自由移动的水，可作为溶媒，主要功能是转运营养物质、供给蒸腾水分、补充束缚水、维持植物体一定的紧张状态、参与细胞各种代谢过程，其含量比较易受环境变化的影响。水在植物体内具有重要的生理作用。水是细胞原生质体的主要成分；水是植物代谢过程中重要的反应物质；水是植物体内各种物质代谢的介质；水能保持植物的固有姿态；水能有效降低植物的体温；水是植物原生质体胶体良好的稳定剂。

一、植物对水分的吸收

（一）植物细胞的吸水

细胞对水分的吸收主要有渗透性吸水和吸胀吸水两种方式，成熟细胞主要靠渗透性吸水，风干种子等无液泡的细胞主要靠吸胀吸水。将植物细胞置于水势高于细胞水势的溶液中，水会顺水势梯度向细胞内运动直至细胞内外的水势达到平衡；将植物细胞置于水势低于细胞水势的溶液中，细胞内的水分会向外渗透，这样细胞的体积会逐渐缩小，如果细胞进一步失水，原生质收缩成团，与细胞壁完全分离，这一现象称为质壁分离。

细胞的生长、光合作用及作物的产量都和植物细胞的水势状况密切相关。因此，植物生理学家发展了很多种方法对植物组织和细胞的水势进行测量，例如，干湿球湿度计法、压力室法、冰点下降法、压力探针法等。

（二）植物根系的吸水

1. 根系吸水的区域

根系是植物吸收水的主要器官。植物一生要散失大量的水分以满足其生理需要，特别是在炎热的气候条件下，植物散失水分的速率是很高的，因此植物的根系必须具有大量吸收水的能力以维持植物整体的水分平衡。但植物根系各部分吸水能力是不同的，主要的吸水区域是根尖。根尖的幼嫩部分包括分生区、伸长区和根毛区。在根尖，位于伸长区后端的根毛区表皮细胞凸起，形成大量根毛，这是根系吸水的主要部位。根毛的生长不但扩大了根吸收水分的面积，而且使根能够更紧密地接触土壤颗粒，有利于水分的吸收。根毛区输导组织发达，对水分移动的阻力小，所以吸水速度较快。在根尖以上的其他区域，由于表皮细胞的木质化或木栓化而吸水能力较差。根毛的寿命很短，一般只有几天，随着根的不断生长，新的根毛又会不断形成，即在根系的生长过程中不断地消失并不断地形成。虽然根的顶端是水的主要吸收部位，但是随着蒸腾速率的加快，根顶端的吸水将不能满足蒸腾的需要，在高蒸腾速率时，根上吸水最快的区域也会逐渐从根的顶端向根的基部转移。

2. 根系吸水的途径

植物根内部可分为共质体和质外体两部分（图 6-1）。共质体途径也称细胞—细胞途径，是指水分依次通过细胞原生质由皮层进入中柱导管的过程。水分在共质体中的运输，就是跨膜的运输，所以移动速度一般较慢。质外体途径即指水分通过根系质外体由皮层进入中柱导管的过程。质外体也叫自由空间，水分在其中可自由扩散移动，不穿越任何膜结构，移动阻力小，运动速度快。但由于根系内皮层细胞壁增厚形成凯氏带，这是水不能通过的木栓化物质，它将根系质外体分为两个区域，以内皮层为界，其外为外部质外体，其内则为内部质外体。水分以质外体途径移动时，也必须借助于共质体才能通过内皮层，才能进入中柱。

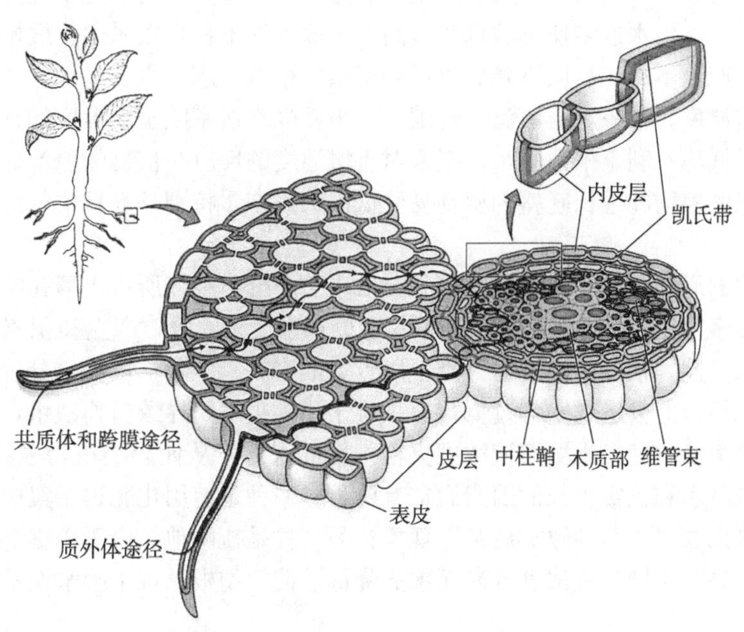

图 6-1 植物根吸收水分的途径示意（Taiz et al.，2015）

3. 植物根系的提水作用

植物蒸腾作用是产生蒸腾拉力并促进根系吸水的根本原因，但在蒸腾作用降低时，植物根系却会产生另一种作用。实验表明，在植物蒸腾降低的情况下，处于深层湿润土壤中的部分根系吸收水分，并通过输导组织运至浅层根系，进而释放到周围较干燥土壤之中，这种现象称为植物根系的提水作用。根系提水作用能够在干旱条件下使干燥的浅层根际土壤变得湿润，具有重要的生理意义：

①维持干燥浅层土壤中根系的生长，以致在干旱胁迫时不至于大量死亡，是植物一种重要的抗旱生存机制。

②增加浅层土壤水分，提高土壤养分的有效性。已有研究表明，当下层有较多的有效水时，表层或亚表层养分缺乏的程度，特别是磷素缺乏的程度，将会因根系提水作用使表层土壤含水量增加而减轻。

③有利于植物从表层干土中吸收微量元素。

④有利于维系植物根际共生微生物的生存，维持根系活力。

4. 影响根系吸水的环境因素

根据植物根系吸水的机理，凡影响土壤水势和蒸腾的因素都会影响根系的吸水，根系生长在土壤中，土壤因素是影响根系吸水的直接因素。

（1）土壤水分。土壤水分状况与植物根系吸水密切相关。土壤水分不足时，土壤水势与植物根系中柱细胞的水势差减小，根系吸水减少，引起地上部细胞膨压降低，植株就会出现萎蔫。萎蔫分永久性萎蔫和暂时性萎蔫两种情况。

①暂时性萎蔫，即植物仅在白天蒸腾强烈时叶片出现萎蔫现象，但当夜间或蒸腾降低后即可恢复。

②永久性萎蔫，即当植物经过夜间或降低蒸腾之后，萎蔫仍不能恢复的现象。在我国南方的一些地区，雨水过多使土壤水势过高，土壤通气不良，根系生长缓慢，加上光照不足，导致作物产量不高，品质下降。也不利于植物根系吸水和生长。

（2）土壤温度。在一定土壤温度范围内，根系吸水速率随土壤温度的升高而加快，但温度过高或过低均不利于根系吸水。根系对土壤温度的反应与植物的原产地和生长状态有关，一般喜温的植物和生长旺盛的植物易受低温的影响，特别是夏日中午冷水浇灌，不利于根系吸水。

（3）土壤的通气状况。土壤的通气状况取决于水分与空气所占土壤孔隙的比例。如果土壤中水分过多，则通气不良，CO_2积累易造成根系无氧呼吸，产生和积累酒精，使根细胞原生质中毒变性，根系吸水能力下降，以致造成涝灾。但若土壤中水分过少，虽然通气很好，氧气充足，但会造成水势过低，根系难于正常吸水，导致植物缺水，影响生长。

（4）土壤溶液浓度。土壤溶液浓度决定土壤的水势，从而影响植物根系吸水的速率。影响植物根系吸水和正常生长的因素通常有两种：一种是使用化肥过于集中或过多，使种子或植物根系无法吸水而导致“烧苗”现象；另一种是盐碱地，由于土壤溶液中溶有较多的盐分离子，导致土壤溶液浓度升高而水势降低，使植物根系难于吸水而不能正常生长或不能生长。

二、植物的蒸腾作用

植物通过根系从土壤中吸水进入体内后，只有其中一小部分用于代谢，而绝大部分都散失到了体外，其散失途径有两种：一种是通过吐水现象，以液体形式直接排出体外；另一种则是通过气孔、皮孔及角质层缝隙，以水蒸气的状态散失到体外，即蒸腾作用。

（一）蒸腾作用的生理意义

蒸腾的生理作用是个争议较大的问题。虽然有研究者认为蒸腾可能在水分和矿质营养的运输方面有作用，但是蒸腾作用似乎并非这些过程所必需。对矿质元素的跟踪研究也表明，植物可以重复利用自身的矿质元素，蒸腾的减少并不成为矿质营养的限制因子。在多数情况下，蒸腾反而会造成植物发生水分亏缺。因此蒸腾作用也许是陆生植物为解决光合作用吸收CO_2的需要而不得不付出的水分散失的代价。在不影响光合作用的前提下，减少蒸腾作用可能更有利于植物的生长。

陆生植物在吸收光能进行光合作用时，叶片的温度会升高。过高的植物叶温会加速植物的呼吸作用，甚至破坏植物的光合系统。蒸腾作用可以通过水分的散失带走大量热能。这可能是蒸腾作用对植物生理活动的有利方面。

（二）蒸腾作用的度量指标

1. 蒸腾速率

蒸腾速率也叫蒸腾强度或蒸腾率，是指单位叶面积在单位时间蒸腾散失水分的数量，一般用 g/（m^2・h）或 mg/（dm^2・h）表示。

2. 蒸腾效率

蒸腾效率也称为蒸腾比率指植物每蒸腾 1kg 水所生成干物质的克数。常用单位是 g/kg。

3. 蒸腾系数

蒸腾系数也称需水量，为蒸腾效率的倒数，是指植物每制造 1 克干物质所消耗水的克数，用 g/g 表示。一般蒸腾系数越小，说明植物水分利用率越高。

（三）气孔蒸腾

水分通过气孔进行的蒸腾称为气孔蒸腾。陆生植物面临的一个困难是，植物既要从气孔中获取CO_2进行光合作用，又要防止水分的散失。气孔正是植物在进化过程中产生的解决这个矛盾的重要结构。气孔是叶表皮细胞分化形成的小孔隙。气孔可以通过调节其小孔的大小来控制气体进出叶子。当夜晚植物停止光合作用无须从空气中获取CO_2时，气孔关闭从而避免了水分的散失；当阳光普照、水源充足，植物进行光合作用需要大量CO_2时，气孔又会张开以满足光合作用对CO_2的需要，这时水分的供应可以充分满足蒸腾的需要，而蒸腾也给叶子带来光合作用所需的矿质元素。在土壤水分发生亏缺时，气孔会维持较小的孔径甚至完全关闭，以避免脱水的伤害。

1. 气孔复合体

气孔的小孔是由一对特化的表皮细胞围绕而成的，这对特化的细胞称为保卫细胞。保卫细胞总的来说可以分为两大类（图 6-2）。一类存在于大部分双子叶植物及许多单子叶植物、苔藓类植物、蕨类植物和裸子植物中，是一对肾形的细胞，并列形成椭圆的外形，中间是通气的小孔。另一类保卫细胞存在于许多草本植物和某些单子叶植物（如棕榈）中，是一对并列的呈哑铃状的细胞，两端是哑铃的球状体，中间两个哑铃之间的缝隙即通气小孔。在两个保卫细胞的外侧各有一个分化的表皮细胞，称为副卫细胞，帮助保卫细胞控制小孔。保卫细胞、副卫细胞或邻近细胞及保卫细胞中间的小孔合在一起称为气孔复合体。

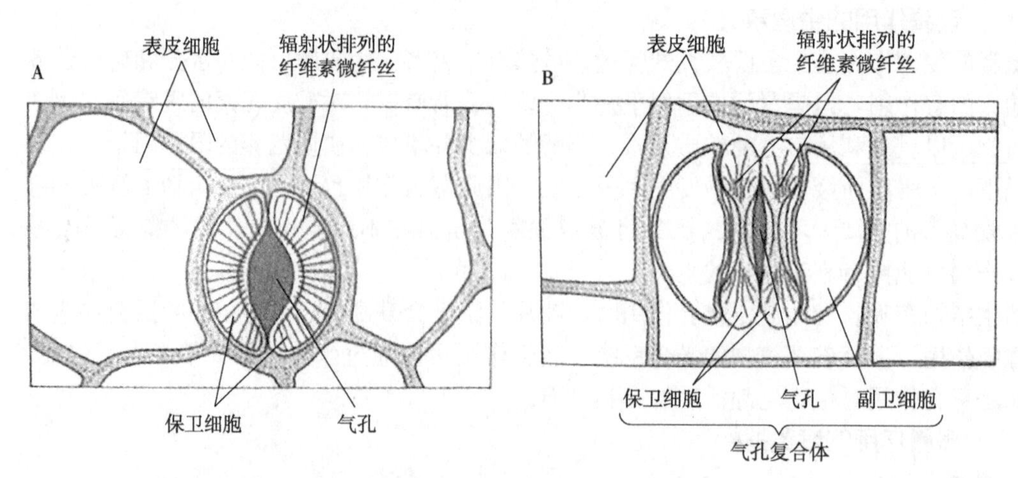

图 6-2 肾形（A）和哑铃形（B）两类气孔复合体（Taiz et al.，2015）

2. 气体扩散的小孔规律

气孔蒸腾的最大特点就是具有极高的蒸腾速率。气孔虽然很多，但是其总面积仅占叶片表面积的 1%，但其蒸发量相当于相同自由水面蒸发量的 50%，甚至 100%。这是因为气孔的面积很小，水通过小孔蒸发的扩散过程是依气体扩散的小孔定律进行的。气体通过小孔表面的扩散速率不是与小孔的面积成正比，而是与小孔的周长成正比，这就是气体扩散的小孔定律。因此，气孔的蒸腾速率要比同面积自由水面的蒸发快得多。

3. 气孔运动的方式

保卫细胞的运动（或形状的改变）可以导致小孔关闭或打开。对于具有肾形保卫细胞的气孔，当一对肾形保卫细胞向外弯曲时，它们之间的小孔就会打开，反之就会关闭。对于具有哑铃形保卫细胞的气孔，当保卫细胞两端的哑铃球膨胀变大时，它们之间的缝隙就会变宽，孔道变大，反之孔道就会关闭。大多数植物的气孔在白天张开，使大气中 CO_2 扩散进入叶内用于光合作用，而在夜晚光合作用停止时，气孔关闭以减少水分的散失。

4. 环境因素对气孔运动的影响

光照是气孔运动的主要调节因素。大多数植物的气孔在光照下张开，而在黑暗下关闭。引起气孔张开所需要的光照度很低，只相当于全光照的 1/1000～1/30，刚刚够净光合作用的发生。CO_2是光合作用的反应物，低浓度 CO_2可以导致大多数植物气孔张开。即使在黑暗条件下，用无 CO_2的空气处理叶片同样会引起气孔的张开。而用高浓度的 CO_2 处理则会使气孔部分关闭，降低蒸腾。水分是气孔运动的直接调节者。当土壤水分不足和蒸腾过强时，往往会因为植物体内水分收支不平衡而使保卫细胞膨压降低，气孔开度减小或关闭。同样，当久雨造成土壤水分过多时，也能引起气孔开度的降低或关闭。原因是表皮细胞过度充水膨胀，会挤压体积较小的保卫细胞，迫使气孔关闭。水分还直接影响大气的湿度。环境水分过多时，大气湿度增大，其蒸汽压升高，从而减小了气孔内外的蒸汽压差，气孔下腔内的水蒸气不易扩散出去，使蒸腾降低。反之，蒸腾加快。温度对气孔开度的影响主要是通过酶促反应来间接进行的。在一定温度范围内，气孔开度一般随温度的升高而增大，并在 30 ℃时开度最大。当温度超过 30 ℃或低于 10 ℃时，气孔开度降低或关闭。风会使气孔关闭。这可能也是间接的影响。因为风可以降低气孔的气体扩散阻力，因而使叶内CO_2浓度增加，此外风也会加速水的散失，导致气孔的关闭。虽然气孔的运动受各种环境信号的控制，但是气孔运动有其自身的内在节律。如果将植物置于黑暗中，气孔白天开张夜晚关闭的24h周期节律仍然可以维持一段时间。

5. 气孔运动的调节机制

总的来说，引起气孔运动的直接原因是保卫细胞的膨压发生改变。当保卫细胞的膨压发生改变时，由于细胞壁的不均匀加厚，细胞会发生相应的变形。保卫细胞的膨压变化是受多种生理学机制所调节的。

(1) 气孔运动对光的反应。在无水分胁迫的自然环境中，光是最主要的控制气孔运动的环境信号。气孔对光的反应是两个不同系统的综合效果，一个依赖于保卫细胞的光合作用，另一个则是被蓝光所推动。红光和蓝光都可以引起气孔张开，但蓝光使气孔张开的效率是红光的10倍。通常认为，红光是通过间接效应，而蓝光是直接对气孔开启起作用的。

(2) 气孔运动对水分亏缺的反应。除了光照的影响之外，对气孔运动影响最大的外界因素是水分状况。当植物受到干旱胁迫时，最先感受水分发生亏缺的器官是根。当土壤中水分逐渐发生亏缺而植物叶中尚未发生水分亏缺时，气孔首先会发生关闭。进一步的研究发现，根部合成的植物激素脱落酸（ABA）可以随木质部液流向地上部转移，对气孔的运动进行调节。植物的缺水也可以发生在叶片的叶肉细胞。当植物蒸腾很快而植物的吸水来不及进行补偿时，或者当旱情严重、土壤中水分很少时，叶肉细胞都可能发生缺水。叶肉细胞发生水分亏缺会引起气孔关闭。

(3) 气孔运动的信号转导过程。气孔保卫细胞在接收了外界信号之后，必须经过一系列的信号转导过程，最终对气孔运动进行调节。气孔运动涉及许多信号传导途径。钙离子、活性氧、磷酸肌醇、G-蛋白、磷脂酶、蛋白激酶及钙调素等都与气孔运动有关。在细胞中参与气孔调节的信号传递过程是相当复杂的，许多植物细胞中存在的信号转导途径都参与了气孔运动的调节，保卫细胞也因而成为研究植物细胞信号转导途径的模式细胞。

(4) 气孔运动的渗透调节。外界信号在经过一系列的信号转导途径后，最终对气孔运动进行调控。一般来说，保卫细胞的膨压变化是由于离子和有机物质进出保卫细胞使细胞的渗透势发生改变，细胞的水势也就发生改变，细胞水势的改变会引起水进出细胞，因此导致细胞膨压发生改变。

三、植物体内水分运输

在大多数植物体中，木质部是植物体内进行水分运输的主要途径。植物通过根系从土壤中吸收大量水分，经细胞和维管束系统的运输，最后以水蒸气的形式到达叶片气孔的气孔下腔，并通过气孔散失到大气之中。

(一) 木质部结构

维管束是植物中进行长距离运输的输导组织。维管束由木质部和韧皮部组成。木质部是水分运输的主要通道，包括管胞、导管分子、木质部薄皮细胞及纤维细胞，其中只有木质部薄皮细胞是生活细胞。

木质部中输导水分的细胞具有非常特别的结构，这样的结构使它们可以极为有效地运输大量的水分。木质部中的输导细胞称为管状分子，主要有管胞和导管分子两类。管胞是伸长的纺锤形细胞，其侧壁由许多小凹坑作为相邻管胞间的通道，称为纹孔。纹孔是管胞壁上多孔的微小区域，不具次生壁，初生壁也较薄。两相邻管胞间的纹孔常成对形成，因此也称为纹孔对。纹孔对是相邻管胞间水分转移的低阻通道，其间包括两层初生壁及中间的薄层纹孔膜。裸子植物管胞的纹孔膜中央常有一加厚部位称为纹孔塞。纹孔塞如同一个阀门，当其插入边缘加厚的圆形或椭圆形的纹孔中就会导致纹孔关闭，这对于防止气泡的进入是很重要的。导管分子比管胞要短一些和宽一些。导管分子一个一个通过穿孔板（两端的壁上形成孔或洞的区域）连接起来就形成导管。

（二）木质部水分运输速率

导管分子间没有膜的阻隔，在木质部中组成毛细管道，形成植物体内水分运输极为有效的途径。水分的运动是被管道两端压力差所驱动的。水分在木质部中运动的速率可以达到相当快的程度。水分运输的速率取决于植物的种类和植物蒸腾的速率，可达 1～45 m/h。

（三）木质部水分向上运输的机制

水分沿其导管上升的机制至少涉及两个方面，一是上升的动力，二是导管中水分的连续性。其上升的动力一个是根压，另一个是蒸腾拉力。在植物体内，水分沿导管上升运动受几种力的共同影响：

①水柱向上的蒸腾拉力。

②随着导管水柱的上升，由于水分子本身的重量而产生逐渐增大的向下的重力，重力与蒸腾拉力方向相反，形成了一种使水柱断裂的力，即张力。

③极性水分子之间存在氢键，所以具有较大的内聚力。

④水分子与导管或管胞壁的纤维素分子间具有较大的吸附力。由于水分子的内聚力远大于张力，更由于亲水的纤维素分子与水分子产生的吸附力比张力和内聚力更大，所以完全可以使导管中的水柱保持连续不断，这样，导管中的水分就源源不断地在蒸腾拉力作用下运往植物的各个部分。

然而，植物导管或管胞中并非完全没有气体，少量气体的存在也并非会完全中断导管中水分的运输。当水柱张力增大时，溶解在水分中的气体逸出也会形成气泡，这种现象称为气穴现象。气穴现象的形成当然会影响水分沿导管上升的速度。

第二节　植物的光合作用

光合作用是植物（包括光合细菌）利用光能将二氧化碳同化为糖类的过程。光合作用是植物体内最重要的生命活动过程，也是地球上最重要的化学反应过程。

光合作用将太阳光能转换为可用于生命过程的化学能并合成有机物。光合作用利用太阳的能量将空气中的二氧化碳还原为有机物，而需氧生物的呼吸作用又将有机物氧化为二氧化碳和水，因此形成了二氧化碳和氧的循环。

植物光合作用的总体过程可用以下的反应式表示。

$$CO_2 + H_2O \xrightarrow[\text{绿色植物}]{\text{光能}} (CH_2O) + O_2$$

式中，(CH_2O) 表示糖类，光合作用过程中，CO_2被还原成糖类，H_2O 被氧化并释放出 O_2。

一、叶绿体与光合色素

植物的光合作用是在绿色细胞的叶绿体中进行的。叶绿体具有特殊的结构，并含有多种色素，这是和它的光合作用机能相适应的。

（一）叶绿体的结构

高等植物的叶绿体，多数为扁平椭圆形的小颗粒，是存在于细胞质中的细胞器，每个植物细胞中含有数十个到数百个叶绿体，可占细胞体积的 40%。叶绿体的大小和数目因物种、细胞种类、生理状况和环境而不同。叶绿体一般均匀分布在细胞质基质中，有时也靠近核或细胞壁。叶绿体的外围是双层膜结构，叶绿体内是复杂的膜系统和基质（图 6-3）。

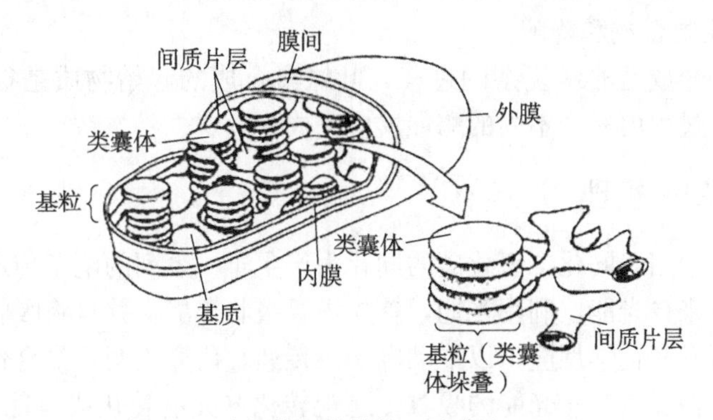

图 6-3　叶绿体超微结构（沈建忠，2006）

1. 叶绿体被膜

叶绿体由双层膜包围，称为叶绿体被膜，是叶绿体的保护屏障，其外层膜称为外被膜，其内层膜称为内被膜。外膜透性强，内膜透性差，是控制物质进出叶绿体的选择性屏障。内外两层膜间有间隙，称为膜间隙。

2. 类囊体

叶绿体内膜结构的基本单位是类囊体，类囊体是压扁了的囊状体，呈圆饼状。类囊体膜的形成大大地增加了膜片层的总面积，利于有效地收集光能、增加光反应界面。光合作用的光反应在类囊体上进行。所有光合作用的色素和参与光反应的蛋白复合体都位于类囊体膜上，类囊体结构对光能的吸收和传递、光化学反应、电子传递和 ATP 的产生都有至关重要的作用。

3. 叶绿体基质

叶绿体膜内呈流动状态的基础物质称为基质。其中含有酶类、无机离子、核糖体、淀粉粒等物质。光合作用中催化碳固定及淀粉合成的酶系统存在于基质中，所以，光合作用的 CO_2固定还原及淀粉合成都在叶绿体基质中完成。

（二）光合色素

在光合作用过程中吸收光能的色素统称为光合色素。与植物光合作用相关的色素都位于叶绿体中。叶绿体中的光合色素有 3 种：叶绿素类、类胡萝卜素和藻胆素类。高等植物叶绿体中含有前两类，藻胆素仅存在于藻类植物中。

1. 植物体内的光合色素

叶绿素主要有叶绿素 a 和叶绿素 b 两种。叶绿素 a 呈蓝绿色，叶绿素 b 呈黄绿色。类胡萝卜素是黄色或橙黄色的色素，包括胡萝卜素和叶黄素。藻胆素存在于蓝细菌和红藻中，分别为藻蓝素和藻红素。

2. 光合色素的光学特性

植物光合作用对光能的利用是从光合色素对光的吸收开始的。叶绿素和类胡萝卜素具有特殊的吸收光谱。叶绿素吸收光谱的最强吸收区是波长为 640～660 nm 的红光和 430～450 nm 的蓝紫光。胡萝卜素和叶黄素的最大吸收带在 400～500 nm 的蓝紫光部分（图 6-5A）。从光合作用光谱——不同波长下植物的光合作用放氧速率图谱和吸收光谱的比较可以看出，高等植物光合作用最有效的光是红光和蓝紫光。

3. 叶绿素的生物合成和降解

叶绿素的生物合成是非常复杂的过程，叶绿素合成的起始物质是谷氨酸或 α-酮戊二酸。叶绿素的降解过程由完全不同的酶促反应完成。

二、光合作用的机理

植物光合作用中用于同化二氧化碳的同化力产生于一系列的电子传递过程，而这个电子传递过程的动力来自光能。利用光能，首先需要吸收光能，并且将吸收的能量传递到特定的光反应中心引发光化学反应，以推动电子的传递。研究表明，光合作用可大致分为三大步骤：首先是原初反应——光能的吸收传递与转化（光能转化成电能）；其次是电子传递与光合磷酸化——电能转化成活跃的化学能（同化力的产生）；最后是二氧化碳的同化——活跃的化学能转化成稳定的化学能（糖类的合成）。其中第一、二步需要在有光的情况下才能进行，一般统称为光反应，第三步则在光下或暗中均可进行，为了与光反应相区别，一般称为暗反应。

（一）原初反应

1. 光能的吸收与传递

对光能的吸收与传递的一系列研究表明，原初反应是由光合单位完成的。光合单位按其中色素的功能分为聚光色素和反应中心色素。聚光色素没有光化学活性，只有吸收和传递光能的作用。它们像漏斗一样，将光能聚集到反应中心色素。绝大多数光合色素包括大部分叶绿素 a 和全部叶绿素 b、类胡萝卜素类都属于聚光色素。反应中心色素是指具有光化学活性的色素，既能捕获光能，又能将光能转化为电能，因此，反应中心色素又称为光能的捕捉器和转换器，由一些特殊的叶绿素 a 分子构成。

光能在色素分子间的传递中，一个色素分子吸收光能被激发后，其中高能电子的振动会引起附近另一个分子中某个电子的振动，当第二个分子的电子振动被诱导起来，就发生了电子激发能量的传递，第一个分子中原来被激发的电子便停止振动。光能在分子间的传递过程是单纯的物理过程，而光化学反应则涉及分子的化学变化。

2. 光能的转换

光合反应中心是一个复杂的色素蛋白复合体，它是由反应中心色素分子（特殊状态的叶绿素 a 分子)、原初电子受体和原初电子供体组成。它们协同进行光化学反应，完成光能转换。

(二) 电子传递与光合磷酸化

在原初反应中，通过光引发的氧化还原反应，电子供体被氧化，电子受体被还原，实现了将光能转变为电能的过程。但这种状态的电能极不稳定，生物体还无法利用。必须通过电子传递和光合磷酸化过程，使其转变为活跃的化学能。

1. 两个光系统

1957 年 Emerson 等用绿藻做实验，他们用 685 nm 远红光照射绿藻再补充 650 nm 红光照射，量子效率大大增加，大于两者分开照射时量子效率的总和。使用不同波长的光同时照射，光合效率增加的现象，称为双光增益效应。他们从双光增益效应的现象中推测植物体内存在两个光化学反应系统，它们协同作用完成电子传递和光合磷酸化过程。现在已从叶绿体光合片层中分离出了两个光系统：光系统Ⅰ（PSⅠ）和光系统Ⅱ（PSⅡ）。PSⅡ主要分布在类囊体的垛叠部分，颗粒较大。反应中心色素是 P_{680}。PSⅡ的功能是利用光能进行水的光氧化。这一过程发生在类囊体膜的两侧，在膜内侧进行水的光氧化。PSⅠ颗粒较小，存在于基质片层和基粒片层的非垛叠区。PSⅠ复合体是由反应中心色素 P_{700}、电子受体和 PSⅠ聚光复合体 3 部分组成。

2. 电子传递

在反应中心进行光化学反应实现了电荷的分离，被原初电子受体接受的高能电子将进行进一步传递，最终交给烟酰胺腺嘌呤二核苷磷酸 $NADP^+$；氧化态的 P_{680} 也将最终从水中获得电子而还原。整个过程是在类囊体膜上的一系列电子传递体间进行的。根据电子的传递顺序和其氧化还原电位作图，形成一条类似英文字母 Z 的光合作用电子传递途径，称为 Z 链（图 6-4）。Z 链是光合作用电子传递的主要途径。其中，PSI 和 PSI 的反应中心在光能驱动下发生电荷分离；PSII 反应中心色素 P_{680} 主要吸收 680 nm 的红光，产生强氧化剂用以氧化水，释放电子和质子；PSI 反应中心色素 P_{700} 主要吸收 700 nm 的远红光，产生强还原剂，使 $NADP^+$ 还原。这两个光反应系统通过一系列的电子传递体串接起来进

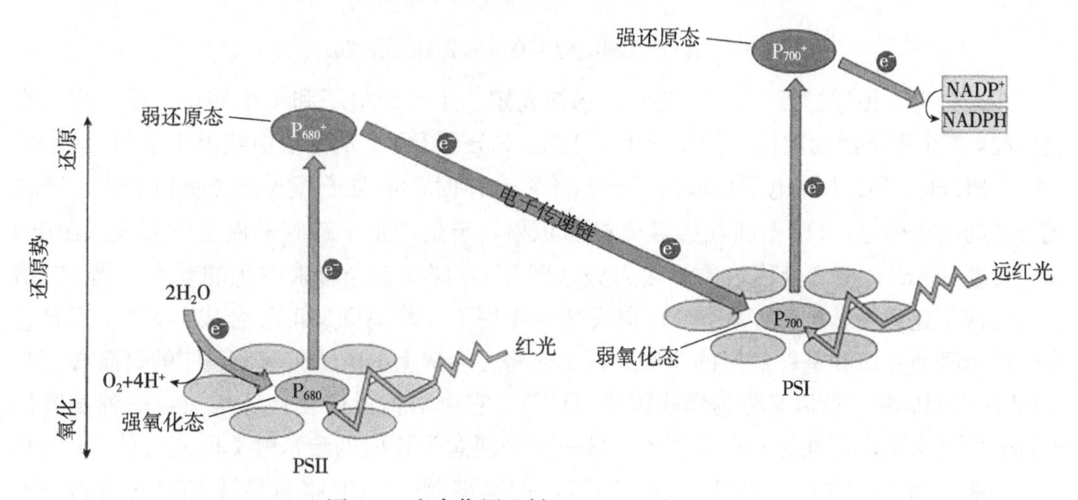

图 6-4 光合作用 Z 链（Taiz et al.，2015）

行电子传递，最终形成还原型烟酰胺腺嘌呤二核苷酸磷酸 NADPH，在电子传递的同时形成跨类囊体膜的质子电动势，用于腺苷三磷酸（ATP）的合成。所形成的 NADPH 和 ATP 将用于还原 CO_2 产生有机物的过程。因此，电子传递链是光合作用形成同化力的核心环节。

3. 光合磷酸化

叶绿体利用光能将无机磷酸和 ADP 合成 ATP 的过程，称为光合磷酸化。由于电子传递有不同的途径，因此相应地也有非环式光合磷酸化和环式光合磷酸化等的区分，但在体内磷酸化的机制是相同的。ATP 合成与光合作用电子传递相偶联，如发生电子传递而不伴随磷酸化则称为解偶联。ATP 的合成是通过化学渗透机制在类囊体膜上的 ATP 合酶上进行的（图 6-5）。

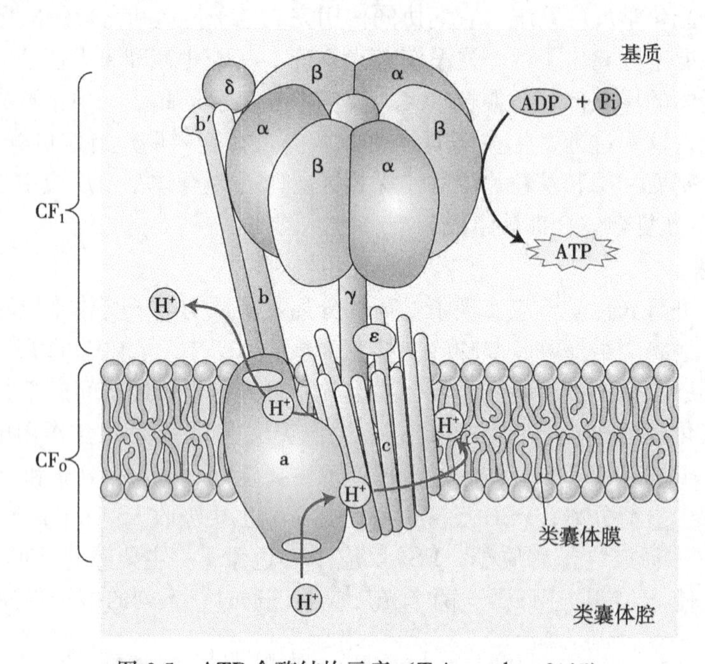

图 6-5 ATP 合酶结构示意（Taiz et al.，2015）

在光合电子传递过程中，在 PSⅡ，水被光解产生 4 个电子和 4 个质子，质子进入类囊体腔，4 个电子经两次传递给 2 分子 PQ 后，2 分子 PQ 又从基质中获得 4 个 H^+，形成 2 分子 PQH_2。PQH_2将电子传递给 Cyt b_6-f 复合体时，将质子释放到类囊体腔内。随着光合链的电子传递，H^+不断在类囊体腔内积累，于是产生了跨膜的质子浓度差（ΔpH）和电势差（ΔE），两者合称为质子动力势（PMF），即推动光合磷酸化的动力。当 H^+沿着浓度梯度返回到基质时，在 ATP 合成酶的作用下，将 ADP 和 Pi 合成 ATP。ATP 合成酶位于基质片层和基粒片层的非垛叠区。它将光合链上的电子传递和 H^+的跨膜转运与 ATP 合成相偶联，所以又称为偶联因子（CF）。它由两种蛋白复合体构成：一种是突出于膜表面具有亲水特性的 CF_1复合体；另一种是埋置于膜内的疏水性 CF_0复合体。CF_1具催化功能，呈球形结构，而 CF_0则构成了 H^+的跨膜通道。CF 很容易被 EDTA 等螯合剂溶液所洗脱，而 CF_0则需要去污剂才能除去。

（三）碳的同化

在光合作用光反应过程中，伴随 H_2O 被光解氧化及光合作用电子传递，$NADP^+$ 被还原为 NADPH，与电子传递偶联的光合磷酸化产生了 ATP，即将光能转换为活跃的化学能。在叶绿体基质中，利用 ATP 与 NADPH 储存的能量，即同化力，通过一系列酶促反应，催化 CO_2 还原为稳定的糖类，这就是 CO_2 同化或称碳固定的过程。在适应各种生态环境中，不同植物发展了不同的碳同化途径，包括卡尔文循环（C_3 途径）、C_4 途径与 CAM 途径。其中卡尔文循环为 CO_2 同化的基本途径。

1. C_3 途径

1946 年美国加州大学的卡尔文与本森的实验室发现了小球藻光合作用中 CO_2 固定的反应步骤，由此推导出 CO_2 同化的途径，称为卡尔文循环。在这条途径中，CO_2 被固定后形成的最初稳定产物为三碳化合物 3-磷酸甘油酸（PGA），所以也称为 C_3 途径或光合碳还原循环。这是植物光合作用固定 CO_2 的基本循环，是放氧光合生物同化 CO_2 的共有途径。只用该途径进行碳同化的植物称为 C_3 植物。C_3 途径可分为 3 个阶段：羧化阶段、还原阶段和再生阶段。

（1）羧化阶段。羧化阶段是指通过受体固定 CO_2 形成羧酸的过程。C_3 途径的 CO_2 受体是五碳化合物——核酮糖-1，5-二磷酸（RuBP）。在核酮糖-1，5-二磷酸羧化酶（RuBP）的作用下，1 分子的 RuBP 接受 1 分子 CO_2 形成 2 分子的 3 磷酸甘油酸（PGA）。

（2）还原阶段。在羧化反应中形成的 3-PGA 为有机酸，在叶绿体基质中，利用光反应中生成的 ATP 与 NADPH 将 3-PGA 进一步还原为丙糖磷酸。3-磷酸甘油酸激酶催化 3-PGA 的磷酸化反应形成 1，3-二磷酸甘油酸（1，3-BPGA），再由 NADP-甘油醛-3-磷酸脱氢酶催化形成甘油醛 3-磷酸（GAP），GAP 可异构为磷酸二羟丙酮（DHAP），统称为丙糖磷酸。丙糖磷酸是叶绿体中光合碳同化的重要产物。至此，3-PGA 被还原为糖，光合作用光反应中形成的 ATP 与 NADPH 携带的能量转储于糖类中。

（3）再生阶段。再生阶段是 GAP 经过一系列转变，重新形成 CO_2 受体 RuBP 的过程。经羧化反应和还原反应形成的 GAP 经过三碳糖、四碳糖、五碳糖、六碳糖、七碳糖的一系列反应转化，形成核酮糖-5-磷酸（RuSP），最后由核酮糖-5-磷酸激酶催化，消耗 ATP，再形成 RuBP。再生过程自 GAP 始，最终形成 RuBP。

（4）C_3 途径的调节。C_3 途径的调节作用，主要表现在 3 个方面。C_3 途径的酶类多数为光调节酶，也就是说只有通过光的诱导作用，才能表现出催化活性，又称光适应酶。它们在光下活化，暗中失活，所以在测定光合作用时，必须进行预光照 30～40min，光适应后再进行测定。否则，测定结果会很低。代谢物的浓度影响反应进行的速率和方向，例如 PGA 转变为 DPGA，再由 DPGA 还原为 GAP 的过程中受质量作用的调节。当叶绿体内 ADP 和 $NADP^+$ 积累时，不利于 GAP 的形成，相反，当 ATP 和 NADPH 较多时，会加速 PGA 还原为 GAP 的过程。叶绿体内 CO_2 还原形成的磷酸丙糖通过叶绿体膜上的 Pi 转运器向外输出，其输出的速率受细胞质中 Pi 的调节。当细胞质中蔗糖合成减少时，Pi 的释放也就减少，使输入叶绿体内的无机磷减少，导致 ATP 合成受阻，ATP 水平下降和磷酸丙糖的输出受阻，影响 C_3 途径进行。

2. C_4途径

在研究光合作用碳代谢过程中，在用放射性同位素$^{14}CO_2$对甘蔗、玉米进行标记时，发现70%～80%的$^{14}CO_2$的固定最初产物为四碳化合物而不是三碳化合物。研究表明，这个四碳化合物为四碳羧酸以CO_2固定的，最初稳定产物为四碳化合物的光合碳同化途径称为C_4途径。现在已证明被子植物中有20多个科近2 000种植物以C_4途径同化CO_2。这种以C_4途径同化CO_2的植物称为C_4植物。

C_4途径的CO_2受体是叶肉细胞质中的磷酸烯醇式丙酮酸（PEP），催化的酶是PEP羧化酶（PEPC），形成的最初稳定产物是草酰乙酸（OAA）。CO_2是以HCO_3^-形式被固定的。该反应发生在细胞质中。

草酰乙酸由NADP-苹果酸脱氢酶催化形成苹果酸，该酶存在于叶绿体中，反应在叶绿体中进行。

也有一些植物不形成苹果酸，而是形成天冬氨酸（Asp）。在谷草转氨酶作用下，草酰乙酸接受氨基酸的氨基，形成天冬氨酸，该反应在细胞质中进行。

在叶肉细胞中形成的苹果酸或天冬氨酸通过胞间连丝被运到维管束鞘细胞（BSC）中去。四碳二羧酸在BSC中脱羧形成CO_2和丙酮酸，丙酮酸再从BSC运回到叶肉细胞。在叶肉细胞叶绿体中，丙酮酸经丙酮酸磷酸双激酶（PPDK）催化，重新形成CO_2受体——PEP。

由四碳二羧酸脱羧形成的CO_2在BSC叶绿体中经C_3途径再次被固定，根据进入BSC中四碳二羧酸种类和脱羧反应的不同，又将C_4途径分为3种亚类型：NADP苹果酸酶型、NAD苹果酸酶型和PEP羧激酶型。

C_4途径中，CO_2在叶肉细胞中被固定形成四碳酸，然后转移到BSC中脱羧释放CO_2，使BSC细胞中CO_2浓度比空气中高出20倍左右，这种循环相当于CO_2泵的作用，因为PEPC对CO_2的亲和力大于Rubisco对CO_2的亲和力这样，当环境CO_2浓度较低时，C_4途径CO_2的同化速率远高于C_3途径。但由于丙酮酸转变为CO_2受体PEP的反应中要消耗2个ATP，这样C_4途径每固定1分子CO_2要比C_3途径多消耗2分子ATP。C_4途径每固定1分子CO_2要消耗5个ATP，2个NADPH。

C_4途径的酶活性受光和代谢物水平的调节。PEPC、NADP-苹果酸脱氢酶和丙酮酸磷酸双激酶是光活化酶，它们在暗中被钝化。苹果酸和天冬氨酸抑制PEPC的活性，而G6P、PEP则促进PEPC的活性。同时，二价金属离子Mn^{2+}和Mg^{2+}也是C_4途径中NADP-苹果酸酶、NAD-苹果酸酶、PEP羧激酶的活化剂。

3. 景天酸代谢途径（CAM途径）

干旱地区生长的景天科植物如景天和落地生根，在长期干旱环境条件下，其形态结构已发生了明显的适应性变化，同时也形成了一种特殊的CO_2固定方式。夜间气孔张开吸收CO_2，在PEPC的催化下，PEP接受CO_2形成OAA，还原为苹果酸后贮存于液泡中。白天气孔关闭，液泡中的苹果酸便进入细胞质，在苹果酸酶的作用下氧化脱羧，放出CO_2，进入卡尔文循环，形成淀粉等。

同时，C_3途径所产生的淀粉通过糖酵解过程，形成PEP，再接受CO_2进入循环。这样，植物体在夜间有机酸含量会逐渐增加，pH下降，淀粉含量下降。白天有机酸含量逐渐减少，pH 增加，淀粉含量增加。白天和夜间植物体的绿色光合器官有机酸含量呈现有规律变化，这种光合 CO_2 固定途径称为景天酸代谢（CAM）。具有 CAM 途径同化 CO_2 的植物称为 CAM 植物（CAM plant）。

从 C_3、4 和 CAM3 种光合碳代谢途径可以看出，C_3 途径是光合碳代谢的基本途径，只有此途径才能将 CO_2 还原为磷酸丙糖并进一步合成淀粉或输出到叶绿体外合成蔗糖。C_4 途径和 CAM 途径是对 C_3 途径的补充，是植物在低浓度 CO_2 条件和干旱条件下形成的光合碳代谢的特殊适应类型。

4. C_3 植物、C_4 植物与 CAM 植物光合特性比较

不同光合碳代谢途径的植物，在叶片解剖结构光合与生理生态特性上有很大的差异。不同植物的光合碳代谢途径是对特定生态环境的适应和进化的结果。C_4 植物比 C_3 植物进化，特别是禾本科中的 C_4 植物较多。三类植物主要分布地区也有所不同。在高光强、高温及相对湿度较低的条件下，C_4 植物的光合速率比 C_3 植物高，但在光照弱、温度低的条件下，C_4 植物的光合速率甚至比 C_3 植物还低。

不同的碳代谢途径也不是截然分开的，常随植物的器官、生育期及环境条件而变化。某些植物的解剖结构和光合碳固定的特性介于 C_3 植物与 C_4 植物之间，如禾本科的黍属、粟米草科的粟米草属、苋科的莲子草属、菊科的黄菊属、紫茉莉科的叶子花属等。这些植物的维管束鞘细胞不如 C_4 植物发达，不像 C_4 植物那样 Rubisco 和 PEPC 被严格分开定位在不同的细胞中，但叶肉细胞有分化，具有两种催化羧化反应的酶，CO_2 同化以卡尔文循环为主，但也有有限的 C_4 循环。这些植物的光呼吸也介于 C_3 植物与 C_4 植物之间。目前一般认为，C_3-C_4 中间型植物是从 C_3 植物到 C_4 植物进化的中间过渡类型。

同时，某些植物在环境条件发生变化或发育的不同阶段，也会在 C_3 与 C_4 途径间转换。例如，C_3 植物烟草感染花叶病毒后，则在幼叶中出现 C_4 途径。禾本科的毛颖草在低温多雨地区以 C_3 途径固定 CO_2，而在高温干旱地区则经 C_4 途径固定 CO_2。玉米幼苗叶片具 C_3 植物的某些特征，至第五叶才具有完全的 C_4 植物特征；C_4 植物衰老时，也会出现 C_3 植物的某些特征。CAM 植物也有专性与兼性之分。光合碳代谢途径的多样性及其相互间的转化也是植物对多变的生态环境的适应性。

三、影响光合作用的因素

（一）内部因素

植物叶片的光合速率受叶片厚度、单位叶面积细胞数目、气孔数目、RuBP 羧化酶、PEP 羧化酶和叶绿素含量等诸多生理生化指标的影响，并表现出品种间的差异特性。叶片的光合速率与叶龄也有密切关系，刚发生的叶片由于光合器官发育不健全，叶绿体片层结构不发达，光合色素含量少，光合碳固定的酶含量少、活性弱，气孔开度小，以及呼吸代谢旺盛等因素，叶片光合速率较低。随着叶片面积、光合器官数量的增加，光合速率迅速增加，当叶片达最大面积和最大厚度时，光合速率也同时达到最大值。此后随着叶片的衰老和脱落，光合速率逐渐下降，最后停止。整株植物的光合作用则受叶面积、群体冠层结构的影响。在不同生育期中也发生明显变化，但一般以营养生长旺盛期为最强，开花及果实生长期下降。

叶片光合产物的积累和输出也是影响光合作用的重要因素。当植株去花或去果实时，叶片光合产物输出受阻，积累于叶片中的光合产物会使叶片光合速率下降；反之，去掉部分叶片，剩余叶片光合产物输出增多，积累减少，会刺激保留叶片的光合速率。

（二）外界因素

1. 光照

光是光合作用能量的来源，又是叶绿素形成的条件，光照还影响气孔的开闭，因而影响CO_2的进入，还能影响大气温度和湿度的变化。因此，光照条件对光合速率关系极为密切。植物在无光条件下不进行光合作用，可以测得呼吸释放的CO_2量，随光强增加，光合速率迅速上升，当达到某一光照度，光合速率等于呼吸速率时，即吸收的CO_2与释放的CO_2相等，此时测定表观光合速率为零，这时的光强称为光补偿点。生长在不同环境中的植物的光补偿点不同，一般来说，阳生植物光补偿点较高；阴生植物的呼吸速率较低，其光补偿点也低。所以在弱光下，植物生存适应的一种反应是低光补偿点，能更充分地利用低强度光。

在光补偿点以上的一定光强范围内，随着光照度的增加，光合速率成正比迅速上升，在此范围内，光强是光合作用的主要限制因子。当超过一定光强时，光合速率的增加减慢，达到某一光强，光合速率不再增加，表现出光饱和现象，此时的光照度称为光饱和点。不同植物的光饱和点差异很大，阳生植物的光饱和点明显高于阴生植物，C_4植物的光饱和点高于C_3植物。在一般光照下，C_4植物没有明显的光饱和现象，因为C_4植物同化CO_2消耗更多的同化力，而且可充分利用较低浓度的CO_2。而C_3植物的光饱和点仅为全光照的1/4～1/2。所以在高温、高光强下，C_3植物常出现光饱和现象，而C_4植物仍保持较高的光合速率，在利用日光能方面优于C_3植物。

植物的光补偿点和光饱和点随其他环境条件变化而变化。当CO_2浓度增高时，光补偿点降低而光饱和点升高；温度升高时，光补偿点升高。植物的光补偿点和光饱和点显示了植物叶片对强光和弱光的利用能力，代表了植物的需光特性。这些特性在选用某地区栽培作物品种与正确选择间种、套作的作物和林带树种搭配方面，以及在决定作物的密植程度方面有重要的参考价值。可考虑如何降低作物的光补偿点，而提高作物的光饱和点，以最大限度地利用日光能。

光合作用也与光质有关，不同波长光的光合量子产率不同。由于叶绿体色素的吸收高峰在红光和蓝紫光部分，因此在能量相等时，红光、蓝光量子产率高于黄绿光。另外，光合作用依赖于PSⅠ与PSⅡ间的协调运转，光质也影响两个光系统的状态及光能的分配进而影响光化学效率。

2. CO_2

CO_2是光合作用的原料。大气中CO_2经叶片表面的气孔进入细胞间隙，再进入叶肉细胞叶绿体。在CO_2扩散的途径中，受到叶片表面的水气界面层阻力、气孔阻力、细胞间隙阻力和进入叶肉细胞及叶绿体的阻力。大气中的CO_2浓度一般都不能满足植物光合作用的需求，所以在温度适宜、无风、光照较强的晴朗天气里，植物往往处于CO_2“饥饿”状态；随着CO_2浓度增加，光合速率增加，当植物光合作用吸收的CO_2量与呼吸作用和光呼吸释放的CO_2量达到动态平衡时，环境中的CO_2浓度称为CO_2补偿点。随CO_2浓度升高，植物的光合速率呈线性快速上升，但到一定 CO_2 浓度时，光合速率不再增加，这时环境中的 CO_2 浓度称为该植物的 CO_2 饱和点。CO_2 补偿点也受其他环境因素的影响。在温度升高、光照较弱、水分亏缺等条件下，CO_2 补偿点上升，光合作用下降。在温室栽培中，加强通风、增施 CO_2 可防止植物出现 CO_2 “饥饿”；在大田生产中，增施有机肥，经土壤微生物分解释放 CO_2，能有效地提高作物的光合效率。

3. 温度

温度影响光合碳同化有关酶的催化活性，是影响光合作用的重要因素，同时光合产物的转化、合成和输出也受温度影响。在强光和高 CO_2 浓度条件下，温度成为主要限制因素。温度对叶片光合作用和呼吸作用的影响也不相同，低温对光合作用的抑制作用大于呼吸作用，在高温条件下，叶片光合作用下降幅度也大于呼吸作用。研究表明，在温度胁迫条件下，叶绿体光合膜系统要比线粒体膜相对敏感，叶绿体光合膜系统更易受伤害。在较大的温度范围内均可测得植物叶片的光合作用。不同温度条件下，植物叶片的光合作用呈单峰型曲线变化，分为光合作用的最低温度、最适温度和最高温度，即光合作用的温度三基点。不同植物类型和物种光合作用的温度响应有明显变化。同时，生长环境的温度也影响光合作用的温度响应曲线，同一种植物在高温条件下生长的植物叶片光合作用的最适温度要高于低温条件下生长的植物叶片。

4. 水分

水是光合作用的原料，没有水就不能进行光合作用。但是，与同是光合作用原料的 CO_2 相比，用于光合作用的水仅为植物从土壤吸收或蒸腾失水的1%以下，一般而言，不会由于作为原料的水的供应不足而影响光合作用。缺水时叶片气孔开度减小，影响 CO_2 进入，而使光合作用的原料缺乏，光合速率下降。光合速率随缺水与恢复供水发生明显的下降与恢复。从这一点讲 C_4 植物比 C_3 植物更抗干旱，因为 C_4 植物通过浓缩 CO_2 的机制，在气孔开度减小时仍能保持维管束鞘细胞中有充分的 CO_2，保持 Rubisco 催化的羧化反应正常进行。另外，水分亏缺时，一些水解酶活性提高，不利于糖的合成。缺水还影响细胞伸长生长并抑制蛋白质合成，而使光合面积减小，限制了植物的光合作用。在较严重缺水时，光合机构受损，电子传递速率下降，光合磷酸化解偶联，影响同化力的形成。在严重缺水时，叶绿体片层结构受到破坏，叶片光合能力不再能恢复。水分过多时，也会因土壤通气不良、根系发育不好或根系活力降低而间接影响光合作用。

5. 矿质营养

矿质营养影响了植物的光合面积、光合时间和光合能力。具体可在如下几方面起作用：N、P、K、Mg 等叶绿素的组分及叶绿体的组成成分，其中 N 与叶绿素含量、叶绿体发育、光合酶活性的关系都很大，所以氮素营养对光合作用的影响最为显著；Fe、Mn、Cu、Zn 等作为酶的辅基或活化剂而影响叶绿素的生物合成。在光合电子传递链中，主要的电子传递体是含 Cu、Fe 的蛋白质；Mn、Cl 作为放氧复合体的成分参与 H_2O 的光解；光合作用中同化力 ATP 和 NADPH 的形成及许多中间磷酸化合物都需要无机磷酸；K、Ca 影响气孔开闭而影响 CO_2 的出入。K、Mg、Zn 等是多种重要的相关酶的活化剂。

四、植物的光能利用率

（一）光合作用与作物产量形成

作物产量取决于干物质积累的多少，其中从土壤中吸收的矿质营养仅占5%～10%，有机物占90%～95%这些有机物都是直接或间接地来自光合作用。人类收获的经济产量是以生物产量为基础的。

经济产量＝生物产量×经济系数

式中，经济产量是指人们要求收获的经济器官的干重；生物产量是植物一生中所累积的物质总干重；经济系数与品种遗传特性、栽培管理措施及物质的分配有关。

生物产量＝总光合产量－呼吸消耗

总光合产量＝光合速率×光合面积×光合时间

所以：

经济产量＝（光合速率×光合面积×光合时间－呼吸消耗）×经济系数

其中光合速率是最关键的因素，与品种遗传特性及各种外界条件的影响相关。光合面积与品种特性、叶面积及群体结构有关。光合时间与生育期、日照时数及叶片的寿命等有关。呼吸消耗包括光呼吸和暗呼吸的实际消耗，凡是影响呼吸的各因素都与之有关。此外，其他如落花、落果、病虫害等也减少了生物产量。

提高作物产量的途径，主要是通过促进光合作用，如控制环境条件，提高光合速率，延长光合时间；提高群体光能利用率；减少光合产物的消耗；调节光合产物的分配和利用等。在农业生产中，关键的是提高作物群体的光能利用率。

（二）提高作物光能利用率的途径

1. 延长光合时间

可通过提高复种指数、延长生育期或补充光照等措施来适当延长光合时间。复种指数是指全年作物的收获面积与耕地面积之比。我国传统的间种、套作及目前应用的温室栽培或育苗移栽都可有效地提高复种指数，减少从播种到苗期的漏光损失。对高秆与矮秆、喜阳与喜阴、紧株型与松散株型的作物搭配能充分利用光能和地力。

2. 增加光合面积

通过合理密植或改变作物的株型等可有效增加叶片的总面积，也就增加了单位土地面积上的总光合面积。这项措施的关键在于合理的种植密度，既使群体得到适当发展，又使个体得到充分发育，以达到既充分利用光能与地力，又充分发挥作物的各优良特性的目的。在生产上常用叶面积系数（LAI）作为一个衡量密植是否合理、作物群体发育是否正常的指标。

LAI＝绿叶总面积/土地面积

当LAI在2.5以下时，随其增加，光合产量增加，一般为5～7较好，过高时，则叶片太密而群体郁闭，下部叶片不能正常进行光合作用，通风不良，呼吸消耗增加，也易引起病害与倒伏，反而使产量下降。同时要掌握合理的叶面积系数的动态变化。前期叶面积扩展增加较快，减少漏光；中期保持LAI相对稳定，但也要避免叶片过多；后期LAI的下降要慢，以延长光合时间，这与经济产量关系极大。不同株型植物的LAI及密植程度不同，目前多培育矮秆、叶片厚而直立的品种，可适当增加密植程度。

3. 提高光合效率

光合效率受作物本身的光合特性和外界光、温、水、气和肥等因素影响。在选育高光合效率作物品种的基础上，创造合理的群体结构，改善作物冠层的光、温、水、气条件，才能提高光合效率和光能利用率。例如，在地面上铺设反光薄膜，增加冠层下部的光强；采用遮光措施，避免强光伤害；通过浇水、施肥调控作物的长势；通过增施有机肥，实行秸秆还田，促进微生物分解有机物释放 CO_2 等措施，提高冠层内的 CO_2 浓度。以上措施能提高光合效率，因而均有可能提高作物的光能利用率。

第三节　植物的呼吸作用

呼吸作用是在所有生物体中进行的基本生理过程。呼吸作用是生物氧化的过程，是生物体将细胞内的有机物通过有控制的步骤逐步氧化分解，并释放能量的过程。根据呼吸过程中是否有氧的参与，可分为有氧呼吸和无氧呼吸两大类型。

高等植物呼吸代谢的特点，一是复杂性，呼吸作用的整个过程是一系列复杂的酶促反应，是物质代谢和能量代谢的中心，它的中间产物又是合成多种重要有机物的原料，起到物质代谢的枢纽作用；二是呼吸代谢的多样性，表现在呼吸化学途径的多样性、电子传递系统的多样性和末端氧化酶系统的多样性。

一、植物的呼吸代谢

高等植物体内存在着多条呼吸代谢的生化途径，这是植物在长期进化过程中所形成的对多变环境的适应性。呼吸底物（糖）首先通过糖酵解降解为丙酮酸，在缺氧条件下进行酒精发酵或乳酸发酵，在有氧条件下丙酮酸进入三羧酸循环。同时己糖也可不经糖酵解而直接氧化分解，进入戊糖磷酸途径。此外，还有乙醛酸循环途径和乙醇酸氧化途径等。

（一）糖酵解

糖酵解一般是指己糖经一系列无氧的氧化过程而分解为丙酮酸的代谢途径。糖酵解途径也称 EMP 途径，这是以对糖酵解途径做出重要贡献的三位科学家 Embden、Meyerhof 和 Parnas 的姓氏的字头来命名的。

糖酵解过程并不直接需要氧，整个过程在细胞质基质中进行。参与糖酵解各反应的酶都存在于细胞质中。糖酵解的化学历程包括己糖的活化、己糖裂解和丙糖氧化 3 个阶段。糖酵解的底物己糖来自淀粉、蔗糖。淀粉经磷酸化酶降解成葡萄糖-1-磷酸；蔗糖在转化酶作用下可形成 D-葡萄糖或 D-果糖；如果底物是葡萄糖或果糖，都需经磷酸化作用活化形成葡萄糖 6-磷酸或果糖 6-磷酸之后，在一系列酶参与下，形成 2 分子的丙酮酸，使己糖发生部分氧化，还原 NAD^+ 为 $NADH+H^+$。糖酵解过程中糖分子的氧化分解是在没有氧分子的参与下进行的，其氧化作用所需的氧来自水分子和被氧化的糖分子。在缺氧情况下，EMP 途径形成的 NADH 用于还原乙醛为乙醇，或还原丙酮酸为乳酸，进入无氧呼吸途径。如果氧充足，NADH 可在线粒体中氧化，而丙酮酸进入三羧酸循环彻底氧化分解成 CO_2 和 H_2O。所以，糖酵解是有氧呼吸和无氧呼吸经历的共同阶段。

糖酵解总反应可概括为：

$$C_6H_{12}O_6+2NAD^++2ADP+2Pi\rightarrow 2CH_3COCOOH+2NADH+2H^++2ATP+2H_2O$$

糖酵解的生理意义：①糖酵解普遍存在于生物体中，是有氧呼吸和无氧呼吸经历的共同阶段。②糖酵解的产物丙酮酸，生化上非常活跃，可通过各种代谢途径产生不同物质。③通过糖酵解为生命活动提供部分能量。对厌氧生物来说，糖酵解是糖分解和获取能量的主要方式。

（二）三羧酸循环

糖酵解的产物丙酮酸，在有氧条件下进入线粒体，通过一个包括三羧酸和二羧酸的循环而逐步氧化分解，最终形成水和二氧化碳的过程，称为三羧酸循环（TCAC），又称为TCA循环。这个循环是由英国生物化学家Hains Krebs首先发现的，所以又称Krebs循环。三羧酸循环普遍存在于动物、植物、微生物细胞中，是在线粒体内膜所包围的基质中进行的，其内含有三羧酸循环中的全部酶。

由于1分子葡萄糖产生2分子丙酮酸，所以TCA循环的总反应式可归纳为：

$$2CH_3COCOOH+8NAD^++2FAD+2ADP+2Pi+4H_2O\rightarrow$$
$$6CO_2+8NADH+8H^++2FADH_2+2ATP$$

三羧酸循环特点及生理学意义主要表现在以下几个方面。

①在TCA循环中有5次脱氢过程，脱下5对氢原子，其中4对氢用于还原NAD生成NADH，1对氢用于还原FAD生成FADH，经呼吸链将H^+和电子传递给氧生成水，同时偶联氧化磷酸化生成ATP。因而，TCA循环是生物体利用糖和其他物质氧化获得能量的有效途径。

②TCA循环中一系列的脱羧反应是呼吸作用释放CO_2的来源。1分子丙酮酸可产生3分子CO_2。当环境中CO_2浓度增高时，脱羧反应减慢，呼吸作用就减弱。TCA循环中释放的CO_2中的氧，不是靠大气中的氧气直接把碳氧化，而是靠被氧化的底物中的氧和水分子中的氧来实现的。

③TCA循环中并没有氧分子的直接参与，但此循环必须在有氧条件下才能进行，因为只有氧的存在，才能使NAD和FAD在线粒体中再生，否则TCA循环就会受阻。

④TCA循环的起始底物乙酰CoA不仅是糖代谢的中间产物，也是脂肪、蛋白质和核酸及其他物质的代谢产物。又可通过中间产物与其他代谢途径发生联系和相互转化。

（三）磷酸戊糖途径

磷酸戊糖途径是一个由葡萄糖-6-磷酸直接氧化的过程，经历了氧化阶段（不可逆）和非氧化阶段（可逆）。氧化阶段中六碳的葡萄糖-6-磷酸（G6P）转变成五碳的核酮糖-5-磷酸（Ru5P），释放1分子CO_2，产生2分子NADPH。然后Ru5P经一系列转化，形成果糖-6-磷酸（F6P）和3-磷酸甘油醛（GAP），再转变为果糖-6-磷酸（F6P），最后又转变为葡萄糖-6-磷酸（G6P），重新循环。这是非氧化阶段，也成为葡萄糖再生阶段。

磷酸戊糖途径的总反应式为：

$$6G6P+12NADP^++7H_2O\rightarrow 6CO_2+12NADPH+12H^++5G6P+Pi$$

磷酸戊糖途径特点及生理学意义主要表现在以下几点。

①在整个反应过程中，脱氢酶的辅酶是$NADP^+$，而不是TCA循环中的NAD^+。每

氧化1分子葡萄糖-6-磷酸，可生成12分子的NADPH，它是体内生物合成中还原剂的主要来源。如脂肪酸、固醇的合成，硝酸盐、亚硝酸盐的还原、氨的同化等反应中NADPH作为主要供氢体提供所必需还原力。

②它的中间产物为许多化合物的合成提供原料，特别是核糖-5-磷酸和核酮糖-5-磷酸为核酸合成提供原料，这是由葡萄糖向核酸合成的唯一代谢途径。

③非氧化阶段的一系列中间产物及酶类与光合作用中的卡尔文循环的大多数中间产物和酶相同，从而把光合作用和呼吸作用联系起来。

④植物感病时PPP途径升高，提高抗病力。赤藓糖-4-磷酸和磷酸烯醇式丙酮酸可以合成莽草酸，经莽草酸途径转化为芳香族氨基酸，也可转变成多酚类抗病物质如绿原酸、咖啡酸等，提高植物抗病力。

二、植物的光呼吸

绿色细胞在光下吸收氧气，氧化乙醇酸，放出二氧化碳的过程称为光呼吸。由于植物细胞通常的呼吸作用在光下和暗中都能进行，为了便于与光呼吸区别，将植物细胞通常的呼吸作用称为暗呼吸。

（一）光呼吸的生物化学

光呼吸也是生物氧化过程，其被氧化的底物是乙醇酸。乙醇酸来自RuBP的氧化，催化此反应的酶是RuBP加氧酶。现已知RuBP羧化酶和RuBP加氧酶是同一种酶，该酶具有双重催化功能，既能催化羧化反应，又能催化加氧反应，其全称为RuBP羧化酶/加氧酶，其催化反应进行的方向取决于CO_2和O_2的浓度。当O_2浓度低，CO_2浓度高时，催化羧化反应，生成2分子PGA，进入C_3途径；当O_2浓度高，CO_2浓度低时，催化加氧反应，生成1分子PGA和1分子的磷酸乙醇酸；后者在磷酸乙醇酸酶的作用下，脱去磷酸形成乙醇酸。

光呼吸过程是由叶绿体、过氧化物体和线粒体3种细胞器协同作用完成的，是一个循环过程。光呼吸代谢途径实际上是乙醇酸的循环氧化过程，又称为C_2光呼吸碳氧化循环（PCO循环），简称为C_2循环。

在叶绿体中形成的乙醇酸转运到过氧化体。由乙醇酸氧化酶催化，乙醇酸被氧化为乙醛酸，同时形成H_2O_2，H_2O_2经过氧化氢酶催化形成H_2O和O_2。乙醛酸经转氨作用形成甘氨酸，进入线粒体。在线粒体中2分子甘氨酸通过氧化脱羧和转甲基作用形成1分子丝氨酸，此反应产生NADH和NH_3，并释放出CO_2。丝氨酸转回到过氧化体并与乙醛酸进行转氨基作用，形成羟基丙酮酸，羟基丙酮酸在甘油酸脱氢酶的作用下，消耗NADH还原为甘油酸。甘油酸从过氧化体转运回叶绿体，在甘油酸激酶的作用下，消耗1分子ATP形成PGA，进入C_3途径。在光呼吸循环过程中，2分子的乙醇酸循环一次释放1分子的CO_2，O_2的吸收发生在叶绿体和过氧化体，CO_2的释放在线粒体。

（二）光呼吸的生理功能

从光呼吸的生化途径可以看出，光呼吸过程将光合固定的碳素转变为CO_2释放掉，同时也间接和直接地浪费了同化力ATP和NADPH。据估计，在正常大气条件下，C_3植物通过光呼吸要损失光合所固定碳素的20%～40%。但许多研究结果认为，光呼吸具有下述生理意义。

1. 防止强光对光合器官的破坏作用

在强光照条件下，光反应过程中形成的同化力超过了光合 CO_2同化的需要，叶绿体内 ATP 和 NADPH 过剩。$NADP^+$不足，由光能激发的电子会传递给 O_2，形成超氧自由基 $\cdot O_2^-$，$\cdot O_2^-$对光合机构特别是光合膜系统有破坏作用。通过光呼吸作用消耗过多的 ATP 和 NADPH，从而对光合机构起保护作用。

2. 消除乙醇酸的毒害作用

由于 Rubisco 具有催化羧化和加氧的双重特性。乙醇酸的产生是不可避免的，乙醇酸的积累会对细胞产生伤害作用，通过光呼吸消耗掉乙醇酸使细胞免受伤害。

3. 维持 C_3途径的运转

当由于气孔关闭或外界 CO_2供应不足时，通过光呼吸作用产生 CO_2供 C_3途径利用，以维持 C_3途径的低水平运转。

4. 参与氮代谢过程

光呼吸代谢中涉及甘氨酸、丝氨酸和谷氨酸等的形成和转化，由此推测它可能是绿色细胞氮代谢的一个部分，或是种补充途径。

三、影响呼吸作用的因素

（一）温度

温度影响酶的活性，因此温度是影响呼吸速率的重要因素。植物的呼吸作用有最适温度、最低温度和最高温度。所谓最适温度是指植物可以保持稳定的最高呼吸速率的温度。一般温带植物的呼吸最适温度在 25～30 ℃。呼吸的最低和最高温度是指植物能进行呼吸的温度低限和高限，不同种类植物的呼吸最低温度和最高温度有很大的差异。温度对植物呼吸作用的影响和植物的生理状态有关的。呼吸作用的最高温度一般为 35～45 ℃，高温下短时间内呼吸速率可超过最适温度时的呼吸速率，但时间稍长后，呼吸速率就会急剧下降，这是因为高温加速酶的钝化和变性。温度对呼吸的效应被应用于果实和蔬菜的储藏。较低的储藏温度通常可以降低果实和蔬菜的呼吸强度，延长果实和蔬菜的储藏时间。但是在一定低温范围，可能会引起淀粉的降解，改变果实或蔬菜的品质，因此需要根据储藏物选择适合的温度。

（二）氧气

氧气是植物正常呼吸的重要因子，氧不足直接影响呼吸速率和呼吸途径。当氧浓度下降时，有氧呼吸迅速降低，而无氧呼吸逐渐增高。植物如长时间进行无氧呼吸，必然要消耗更多的养料以维持正常的生命活动，甚至产生酒精中毒现象，使蛋白质变性而导致植物受伤而死亡。高氧浓度也会产生危害，如线粒体膜受损、细胞膜受损、蛋白质合成受阻、细胞分裂受抑制等，这可能与活性氧代谢形成自由基有关。

（三）二氧化碳

大气中二氧化碳的含量约为 0.033%，这样的浓度不会抑制植物组织的呼吸作用。当二氧化碳的含量增加到 3%～5%时，对呼吸作用有一定的抑制。这种效应也被用于蔬菜和果实的储藏。通常情况下，果实被储藏于 2%～3%氧气和 3%～5%二氧化碳的低温条件下，以降低储藏果实呼吸速率。保持一定的氧气可以减少发酵代谢的发生。高浓度的二氧化碳会抑制乙烯对果实成熟的效应。

（四）光照

在光下，植物同时进行光合作用和呼吸作用。光下丙酮酸脱氢酶（催化丙酮酸脱羧进入柠檬酸循环的酶）活性下降到黑暗下活性的25%左右，这与在光下总的线粒体呼吸速率下降是一致的，但线粒体呼吸速率的下降程度目前还不清楚。除正常的线粒体呼吸外，在光下植物还进行着光呼吸。一般植物正常的线粒体呼吸速率远低于光合速率，要低6～20倍。而光呼吸可达到总光合速率的20%～40%，因此在日间光呼吸提供的NADH可能远多于正常呼吸途径提供的。不过，即使在光下，线粒体呼吸仍是叶片细胞质ATP的主要供应者。呼吸作用也为光下的生物合成反应提供前体物质，如α-酮戊二酸是氨同化作用所需要的。

（五）伤害

物理性的伤害会引起呼吸的增加，这种呼吸的增加不但是由于线粒体呼吸的增加，而且也是因为非线粒体呼吸的增加。在这类呼吸中通常是利用氧进行氧化反应，产生某种保护性的物质，并不涉及CO_2的释放和ATP的生成。

（六）离子

当植物培养在无离子水中，加入离子会刺激呼吸的增加，这种现象被称为盐呼吸。盐呼吸产生的原因还不清楚，可能是由于离子的吸收需要ATP，因而呼吸的速率增加。

四、呼吸作用与农业生产

呼吸作用是植物物质代谢和能量代谢的中心，对植物的生长发育及物质吸收、运输和转化等方面起到十分重要的作用。掌握呼吸作用的规律，利用外界环境条件来促进或抑制呼吸作用，对于农业生产以及农产品贮藏保鲜具有重要意义。

（一）呼吸效率的概念

呼吸效率是指每消耗1 g葡萄糖可合成生物大分子物质的克数。一般把呼吸分为两类，一类是生长呼吸，用于生物大分子的合成、离子吸收、细胞分裂和生长等。另一类是维持呼吸，用于维持细胞的活性。维持呼吸是相对稳定的，每天每克干重植物保持活性约需消耗15～20 mg葡萄糖，而生长呼吸则随生长发育状况而不同。从植物的一生看，种子萌发到苗期，主要进行生长呼吸，呼吸效率高，随着营养体的生长，维持呼吸逐渐增高。

（二）呼吸作用与作物栽培

在农业生产上的许多栽培管理措施都是直接或间接地保证作物呼吸作用的正常进行。例如，谷物种子浸种催芽时，用温水淋种和不时翻种，目的是控制温度和通气，使呼吸保持适度以利迅速发芽。水稻育秧中常采用的湿润育秧，以及在寒潮来临时灌水护秧，寒潮过后适时排水，是为了使根系得到充分氧气，达到培育壮秧、防止烂秧的目的。

在大田栽培中，作物适时中耕松土和黏土掺沙，是为了防止土壤板结，有利于根系周围的氧气供应，以保证根的正常呼吸。低洼地开沟排水，降低地下水位，可改善土壤通气条件，促进根的生长。由于光合作用的最适温度比呼吸的最适温度低，因此种植不能太密，封行不能过早。在高温和光线不足情况下，呼吸消耗过大，净同化率过低，影响产量的提高。

（三）呼吸作用与粮食贮藏

干种子的呼吸速率与粮食贮藏有密切关系。含水量很低的风干种子呼吸速率极低。含水量较低时，种子中原生质处于凝胶状态，呼吸酶活性极低，呼吸微弱，可以安全贮藏，此时的种子含水量称为安全含水量。当种子含水量超过某一值时，呼吸速率骤然上升，而且随水分含量的增加呼吸直线上升。其原因是种子含水量增加后，原生质由凝胶态转变成溶胶态，自由水含量增加，呼吸酶活性增强，呼吸也就增强。当呼吸加快时，引起体内有机物的大量消耗，同时呼吸产生的水分，会使粮堆湿度升高，即所谓粮食“出汗”现象。种子上附着的微生物，在75%以上的相对湿度中迅速繁殖，呼吸也增强。呼吸放出的热量，又使粮堆温度升高，反过来又促使呼吸增强，最后导致粮食发热霉变。因此，在贮藏过程中，必须降低呼吸速率，确保安全贮藏。

在贮藏期，可采用通风或密闭的方法，降低温度来减少呼吸。还可以对库房内的空气成分加以控制，适当增加二氧化碳含量和降低氧的含量。

（四）呼吸作用与果蔬贮藏

果蔬贮藏不能干燥，因干燥会造成皱缩，失去新鲜状态，呼吸反而增高。果蔬可采用降低温度和降低氧浓度的措施进行贮藏。某些果实成熟到一定程度，会产生呼吸速率突然增高，而后又迅速降低的现象，称为呼吸跃变现象。乙烯是植物催熟激素，果实的呼吸跃变与乙烯形成有关。呼吸跃变现象的出现与温度关系很大。在果实贮藏和运输中，可通过调控措施延迟其成熟。一是降低温度，推迟呼吸跃变的发生。二是利用 CO_2/O_2 的比值进行气调，增加环境中二氧化碳浓度，降低氧浓度，这样可抑制果实中乙烯的形成，推迟呼吸跃变的发生。

第四节　植物的生长发育

一、植物生长物质

植物生长物质包括植物激素和植物生长调节剂。

（一）植物激素

植物激素是在植物体内合成的，对植物生长发育有显著调节作用的微量有机物。植物激素的特点：内生的；能在植物体内移动；低浓度就有显著调节作用。植物激素主要类型有生长素类、赤霉素类、细胞分裂素类、脱落酸和乙烯。种数最多的激素是赤霉素，分子结构最简单的激素是乙烯。

1. 生长素类

生长素即吲哚乙酸（IAA），是第一个被发现的植物激素。生长素在植物体内分布广，但主要分布在生长旺盛和幼嫩的部位，如茎尖、根尖、受精子房等。生长素的生理作用：

①生长素能促进营养器官的伸长，在适宜浓度下对芽、茎、根细胞的伸长有明显的促进作用，高浓度时则会抑制生长。

②促进细胞分裂、子房膨大、果实发育和单性结实。

③植物生长中抑制腋芽生长的顶端优势，与生长素的极性运输及分布有密切关系，生

长素还有促进愈伤组织形成和诱导生根的作用。

2. 赤霉素类

赤霉素（GAs）普遍存在于高等植物体内，赤霉素活性最高的部位是植株生长最旺盛的部位。营养芽、幼叶、正在发育的种子和胚胎等含量高，合成也最活跃。成熟或衰老的部位则含量低。赤霉素在植物体内没有极性运输，体内合成后可做双向运输，向下运输通过韧皮部，向上运输通过木质部随蒸腾流上升。赤霉素的生理作用有：

①促进细胞分裂和茎的伸长。

②促进抽薹开花。

③打破休眠。

④促进雄花分化和提高结实率。

⑤促进单性结实。

3. 分裂素类

细胞分裂素（CTK）普遍存在于旺盛生长的、正在进行分裂的组织或器官、未成熟种子、萌发种子和正在生长的果实。运输无极性，可随木质部蒸腾流向上输送。分裂素类的生理作用：

①促进细胞分裂，故缺乏细胞分裂素时易形成多核细胞。

②促进芽的分化。

③促进细胞扩大。

④促进侧芽发育。

⑤延缓叶片衰老。

4. 脱落酸

高等植物各器官和组织中都有脱落酸（ABA），其中以将要脱落或进入休眠的器官和组织中较多，在逆境条件下 ABA 含量会迅速增多。脱落酸生理作用：

①促进休眠。

②促进气孔关闭。

③抑制生长。

④促进脱落。

⑤增加抗逆性。

5. 乙烯

高等植物的所有部分，如叶、茎、根、花、果实、种子等在一定条件下都会产生乙烯，其生物合成过程一定要在具有完整膜结构的活细胞中才能进行。乙烯在植物体内易于移动。乙烯的生理作用：

①改变生长习性。

②促进成熟。

③促进脱落。

④促进开花和雌花分化。

（二）植物激素间的相互作用和调节

植物激素对植物生长发育过程的调节与控制，在大多数情况下，不是单独发挥作用，而是通过复杂的途径综合和协调地调节着植物的生长发育进程。植物激素间的相互作用表现在协同、拮抗、反馈、连锁方面。

(三) 植物生长调节剂

植物生长调节剂是在低浓度下对植物的生长发育具有调节作用的外源有机化合物。植物生长调节剂包括生长促进剂、生长抑制剂、生长延缓剂等，种类很多。

植物生长调节剂的特点：

①人工合成的。

②与植物激素具有相似作用。

二、光和温度的影响

(一) 光

1. 直接作用（对植物形态建成的作用）

(1) 光对生长的抑制作用。红光、蓝紫光抑制植物生长，紫外光抑制作用更明显。

(2) 光促进组织的分化。如黄化现象，红光下，远红光吸收型（Pfr）水平高，不黄化；暗中 Pfr 转变为红光吸收型（Pr），植物黄化。

2. 间接作用（光合作用的必要条件）

不同波长的光作用效果不同。红光促进叶的伸长，抑制茎过度伸长，对黄化苗恢复正常形态起着最有效的作用；蓝紫光也抑制生长，阻止黄化；紫外光对生长的抑制作用更明显。

(二) 温度

由于温度影响光合、呼吸等代谢功能，所以影响细胞发育和植物生长。不同植物种类、同一植物不同器官、不同生育时期生长温度的三基点都不一样。能使植物生长最健壮的温度称为最适温度。

三、营养生长及其调控

(一) 种子的萌发

从形态角度看是具有生活力的种子吸水后，胚生长突破种皮并形成幼苗的过程。从生理角度看是无休眠或解除休眠的种子吸水后出静止状态转为生理活动状态引起胚生长。从分子生物学角度看是水分等因子使种子的某些基因和酶活化，引发一系列与胚生长有关的反应。

1. 种子萌发时需要的外界条件

(1) 足够的水分。土壤干旱会破坏作物体内水分平衡，严重影响灌浆，造成自立不饱满，导致减产。水分过多，由于缺氧导致根系受到损伤，光合速率下降，种子不能正常成熟。

(2) 充足的氧气。种子萌发过程需要进行旺盛的物质代谢和运输，需要通过呼吸作用来提供能量和物质。

(3) 适宜的温度。温度对种子的成熟及干物质的积累影响较大，温度过高呼吸消耗大，籽粒不饱满；温度过低不利于有机物质转运与转化，成熟期推迟。

(4) 适当的光照（需光种子）。光照度直接影响种子内有机物质的积累。此外，光照度也影响籽粒的蛋白质含量和含油量。

2. 种子萌发时的生理生化变化

(1) 种子吸水的变化。吸水是种子萌发的首要条件。干燥的种子必须吸收足够的水分才能恢复细胞的各种代谢功能。种子萌发过程的吸水可以分为“快—慢—快”3个阶段。

(2) 呼吸作用的变化。呼吸作用变化也可分为3个阶段。在种子吸水的第一阶段，干种子中的酶和线粒体在吸水后发生活化，呼吸作用也随之增加；在吸水的迟缓期，呼吸作用的增长也暂时减慢，原因是干种子中已有的呼吸酶及线粒体系统已经活化，但新的呼吸酶和线粒体的大量形成尚需要一定时间，此外，胚根还没有突破种皮，O_2的供应受到一定限制；吸水的第三阶段，由于胚根突破种皮后，O_2供应得到改善，并且此时形成了大量新的呼吸酶和线粒体系统，呼吸作用再次迅速增加。

(3) 核酸与酶的变化。种子萌发时各种酶开始活化，呼吸和代谢作用急剧增强。酶系统的形成可经过不同的途径，一是已经存在于干种子中的酶原因水合作用而活化；二是通过新的RNA诱导合成蛋白质，形成新的酶。

(4) 贮藏物质的转化与利用。种子中贮藏的有机物主要有糖类、蛋白质和脂肪等。根据这些有机物含量的多少，可将种子划分为淀粉种子、油料种子和蛋白种子。种子萌发时，贮藏的有机物被酶分解为小分子化合物并运输到幼胚供其生长利用。

(二) 植物的生长和运动

1. 生长的基本规律

慢—快—慢的S形曲线。根据S形曲线可将植物生长分为指数期（绝对生长速率不断提高，而相对生长速率大体保持不变）；线性期（绝对生长速率量最大，且保持不变，而相对生长速率却在递减）；衰减期（绝对和相对生长速率均趋向于零值）。

2. 植物生长的周期性

植物生长的周期性是指植株或器官生长速率随昼夜或季节变化发生有规律变化的现象。

(1) 昼夜周期性。指植物的生长速率随昼夜的温度、水分、光照变化而发生有规律的变化的现象。

(2) 季节周期性。指植物的生长随季节的温度、水分、光照变化而发生有规律的变化的现象变化。通常把植株生长发育随昼夜温度变化及季节性周期变化而发生有规律的变化的现象称为温周期现象。

3. 植物的运动

植物的某些器官在内外因素作用下发生的有限位置变化称为植物运动。

(1) 向性运动。指植物的某些器官由于受到外界环境的单向刺激而产生的运动。向性运动是生长性运动、不可逆。如向光性、向重性、向水性、向化性等。

(2) 感性运动。指由没有一定方向性的外界刺激所引起的运动，运动的方向与外界刺激的方向无关。如感夜性、感温性等。

4. 植物生长的相关性

(1) 地上部分和地下部分相关性。相互促进：根提供地上部所需水、矿质营养；根能产生氨基酸、CTK、GA、ABA；根能合成植物碱地上部分供地下部分所需的维生素，

IAA，糖等。相互抑制：由于外界条件变化，会影响地上部分和地下部分生长的平衡。地上部分和地下部分相关性常用根冠比来衡量。根冠比能反应植物生长状况，以及环境条件对地上部分和地下部分的不同影响。根冠比大，有利植物生长。

（2）主茎与侧枝的相关性。植物的顶芽和侧芽、主根与侧根之间，由于它们发育的早迟和所处部位的不同，在生长势上有着明显的差异。一般是顶芽生长较快，侧芽则较慢，甚至潜伏不长。顶端优势指主茎顶芽生长占据优势，抑制侧枝侧芽发展的现象。当去除顶芽之后，侧芽才得以加速生长或者萌发。顶端优势的产生原因如下：营养学观点认为是顶端垄断了大部分营养物质；激素观点认为顶端产生的 IAA 向下运输而抑制侧芽生长；营养转移观点认为由于 IAA 调节作用，将营养物调运至茎端。原发优势观点认为器官发育的先后顺序可以决定各器官间的优势顺序。

（3）营养生长与生殖生长的相关性。依赖性：营养生长是生殖生长的基础。花的分化必须是营养生长到一定阶段才能分化形成花。生殖生长所需的养料大部分由营养器官供应。对立性：营养生长过旺，会影响到生殖器官的形成和发育。生殖生长过旺，会吸收较多营养物质，抑制了营养生长的生长。

四、生殖生长及其调控

（一）低温和花的诱导

1. 春化作用

植物必须经历一段时间的持续低温才能由营养生长阶段转入生殖阶段生长的现象称为春化作用。低温是春化作用的主导因子，通常春化作用的温度为 0～15 ℃，并需要持续一定时间。不同作物春化作用所需要的温度不同，如冬小麦、萝卜、油菜等为 0～5 ℃，春小麦为 5～15 ℃。除低温外，春化作用还需要氧、水分和糖类（呼吸作用的底物）。干种子不能接受春化，种子春化时的含水量一般需在 40%以上。春化作用在未完全通过前可因高温（25～40 ℃）处理而解除，称为脱春化。脱春化后的种子还可以再春化。

2. 春化作用的时期、部位和刺激传导

感受低温的时期种子萌发到幼苗生长期均可。感受低温的部位有细胞分裂的组织或即将进行分裂的细胞中。春化效应的传递为韧皮部传递，春化作用的刺激传导以春化素形式传导。

3. 春化作用的生理生化变化

完成春化作用的小麦种子呼吸速率升高，冬小麦种子中可溶性蛋白及游离氨基酸含量增加，其中脯氨酸增加较多；作物体内赤霉素含量增加。在春化过程中核酸（特别是 RNA）在体内含量增加，代谢加速，而且 RNA 性质也有所变化。

4. 春化作用在农业生产上的应用

（1）提早成熟、加速育种。农业上人工给予低温处理种子，使之完成春化作用。育种中利用春化一年中可培育 3～4 代冬性作物，加速育种进程，春小麦进行春化处理，可适当晚播，避开“倒春寒”。

（2）调种引种。不同地区气温条件不同，南北纬度有低高之分，引种时要了解该品种对低温的要求，如，冬小麦北种南引时低温不能满足，使之不能开花。

（3）控制花期。低温处理可使秋播的一、二年生草本花卉改为春播，当年开花，去春化可控制某些植物开花。

（二）光周期对花的诱导

1. 光周期现象

自然界昼夜间的光暗交替称为光周期。昼夜的相对长度对植物生长发育的影响称为光周期现象。植物光周期反应类型有以下三种：

（1）短日照植物。日照长度短于一定的临界值，才能开花的植物。一定的日照范围内，日照越短，开花越早。相反，则延迟开花，或不开花。秋季开花的植物多属于短日植物，如大豆、玉米、高粱、菊花、烟。

（2）长日照植物。日照必须长于一定临界值才能开花的植物。光照越长，开花越早，否则开花推迟，或不开花。春季开花的植物多属于长日植物。

（3）中性植物。开花对日照长短要求不严格，在自然条件下就能开花的植物。如番茄、黄瓜、辣椒、茄子等。

临界日长指诱导短日植物开花所需的最长日照时数，或诱导长日植物开花所需的最短日照时数。临界暗期指在昼夜周期中短日植物能够开花所必需的最短暗期长度，或长日植物能够开花所必需的最长暗期长度。

2. 光周期诱导

（1）光周期诱导。光周期反应敏感的植物只要在一定时期中接受一定天数的光周期刺激，就可以进行花芽分化的现象。

（2）光周期效应。植物一旦经过适宜的光周期处理，以后即使处于不适宜的光周期下，仍然可以保持刺激的效果。

光周期诱导暗期比光期更重要，尤其短日植物要求连续长黑暗，若在暗期中，哪怕是短时间被闪光所间断，也将使暗期的诱导失效。

感受光周期刺激的部位是成熟叶片，而发生反应的部位是芽，可见二者之间必有某种刺激信息的传导。

3. 光周期现象的应用

（1）引种和育种应用。长日植物北种南引，生育期会延长，所以应引早熟种。短日植物北种南引，生育期会缩短，所以应引晚熟种。对光周期要求严格的作物引种时，一定要对其光周期的要求和引进地区的光周期进行分析，并进行试验。杂交育种上通过调整光周期解决雌、雄花期不遇，加快繁殖速度。

（2）控制花期。人工控制光周期可促进或延迟开花。

（3）调节营养生长和生殖生长。

（三）植物的感光受体

植物对外界光环境的一系列响应都是基于感光受体对光的吸收。主要的感光受体包括光合色素、光敏色素、隐花色素和向光素。它们在植物体内各司其职，影响着植物的光合生理、代谢生理、形态建成等方方面面。

1. 光合色素

光合色素是光系统的基础构件，光合色素包括了叶绿素 a、叶绿素 b 和类胡萝卜素。

主要承担光合作用中的光能接收、能量传递、光电转换等光合过程。在光合作用中由于两个光系统 PsⅡ和 PsⅠ的存在，表现出当红光和远红光一起照射时光合速率远高于单色照射的双光增益现象。

2. 光敏色素

光敏色素由生色基团和脱辅基蛋白共价结合而成，包括远红光吸收型（Pfr）和红光吸收型（Pr）两种类型，主要吸收 600～700 nm 的红光及 700～760 nm 的远红光，通过远红光和红光的可逆作用调节植物的生理活动。在植物体中，光敏色素主要参与调控种子萌发、幼苗形成、光合系统的建立、避阴反应、开花时间和昼夜节律响应等过程。此外，还对植株的抗逆生理起到调控作用。

3. 隐花色素

隐花色素是蓝光受体，主要吸收 320～500 nm 的蓝光和近紫外光 UV-A，吸收峰大致位于 375 nm、420 nm、450 nm 和 480 nm。隐花色素主要参与植株体内的开花调控。此外，它还参与调控植株的向性生长、气孔开张、细胞周期、保卫细胞的发育、根的发育、非生物胁迫、顶端优势、果实和胚珠的发育、细胞程序性死亡、种子休眠、病原体反应和磁场感应等过程。

4. 向光素

向光素是继光敏色素和隐花色素之后发现的一种蓝光受体，可与黄素单核苷酸结合后进行磷酸化作用。能够调节植物的趋光性、叶绿体运动、气孔开放、叶伸展和抑制黄化苗的胚轴伸长。

（四）红光、远红光的可逆现象

红光一般表现出对植株的节间伸长抑制、促进分蘖以及增加叶绿素、类胡萝卜素、可溶性糖等物质的积累。远红光一般与红光配比使用，由于吸收红光与远红光的光敏色素结构问题，因而红光与远红光对植株的效果能相互转化、相互抵消。在生长室内以白色荧光灯为主要光源时用 LEDs 补充远红光，花色素苷、类胡萝卜素和叶绿素含量降低，而植株鲜重、干重、茎长、叶长和叶宽增加。

五、成熟、衰老及其调控

（一）种子的成熟及调控

1. 生理生化变化

（1）种子成熟期间的物质变化。可溶性的低分子化合物（如葡萄糖、蔗糖、氨基酸）运往种子，在种子中逐渐转化为不溶性的高分子化合物（如淀粉、蛋白质和脂肪等），并积累起来。

（2）呼吸速率变化。机物积累迅速时，呼吸作用也旺盛，种子接近成熟时，呼吸作用逐渐降低。

（3）种子含水量。随着种子的成熟而逐渐减少。

（4）激素变化。赤霉素和生长素含量增加，调节有机物向籽粒的运输和积累。

2. 外界条件对种子成熟和化学成分的影响

（1）干燥与热风。造成籽粒瘦小，产量大减。干旱也可使籽粒的化学成分发生变化。

不实的种子中蛋白质的相对含量较高。

(2) 温度。种子成熟期间，适当的低温有利于油脂的累积。在油脂品质上，种子成熟时温度较低而昼夜温差大时，利于不饱和脂肪酸的形成；在相反的情形下，利于饱和脂肪酸的形成。

(二) 果实的成熟及调控

果实的成熟是果实充分成长以后到衰老之间的一个发育阶段。而果实的完熟则指成熟的果实经过一系列的质变，达到最佳食用的状态和时期。通常所说的成熟也往往包含了完熟过程。肉质果实发育的好坏和成熟情况影响着果实的产量和食用品质。

1. 果实的生长

果实的生长和营养器官的生长一样，也表现出“慢—快—慢”的生长大周期特性，呈典型的S形生长曲线，如苹果、梨、香蕉等植物的果实。但有些植物如桃、李、杏等果实在生长中期出现一个缓慢生长期，表现出慢—快—慢—快—慢的生长节奏，呈双S形生长曲线。这个缓慢生长期是果肉暂时停止生长，而内果皮木质、果核变硬和胚迅速发育的时期。果实第二次迅速增长的时期，主要是中果皮细胞的膨大和营养物质的大量积累。

2. 呼吸骤变

当果实成熟到一定程度时，呼吸速率首先是降低，然后突然增高，最后又下降，此时果实便进入完全成熟。这个呼吸高峰，便称为呼吸骤变或称呼吸峰。

3. 肉质果实成熟时的生理生化变化

(1) 果实变甜，淀粉转变为可溶性糖。

(2) 有机酸减少，有机酸的合成被抑制，部分酸转变成糖，部分酸被用于呼吸消耗或与 K^+、Ca^{2+} 等阳离子结合生成盐。

(3) 果实软化，果肉细胞壁中层的果胶质变为可溶性的果胶，果肉细胞中的淀粉粒的消失（淀粉转变为可溶性糖）。

(4) 香气产生，成熟果实发出其特有的香气，是由于果实内含有微量的挥发性物质，其化学成分相当复杂，主要是酯、醇、醛等。

(5) 涩味消失，单宁被过氧化物酶氧化成无涩味的过氧化物，凝结成不溶于水的胶状物质。

(6) 色泽变艳，果皮中叶绿素被破坏，类胡萝卜素仍较多存在，呈现黄色，或者由于形成花色素而呈现红色。

(三) 植物的衰老及调控

1. 衰老的类型

植物的衰老通常指植物的器官或整个植株的生理活动和功能的不可逆衰退过程。衰老总是先于一个器官或整株的死亡，是植物发育的正常过程。衰老与老化不同，老化是指植物在发育过程中发生的结构和生理方面的衰退性变化，一般不会立即死亡。如种子在储藏过程中发生的生活力的衰退，发芽率下降等。

根据植株与器官衰老的具体情况，一般可以将植物衰老分为4种类型：

①整体衰老，如一年生或二年生植物，包括主要的农作物，在开花结实后，即使在适宜生长的条件下，随着果实和种子的产生和成熟，整株植物也会衰老死亡。

②地上部衰老，多年生草本植物和灌木，地上部每年在一定时期衰老死亡，而根系和

其他地下系统仍然继续生存多年。

③落叶衰老，如多年生落叶木本植物，叶片会发生季节性的同步衰老脱落。

④渐进衰老，比如多年生常绿木本植物的茎和根能生活多年，而叶片和繁殖器官则渐次衰老脱落。

2. 衰老的意义

衰老是植物发育过程中由遗传控制的一种主动过程，是植物在长期进化和自然选择过程中形成的一种不可避免的生物学现象。衰老有其积极的生物学意义，有利于植物适应不良的环境条件。植物衰老可能与胁迫抗性相偶联，一些诱导衰老的转录因子也同时存在胁迫响应，有利于植物抗逆性的提高。此外，一、二年生的植物在衰老时，其营养器官中的物质降解、撤退并再分配到种子、块茎和球茎等新生器官中去；花衰老时其衰老部分的养分撤离，能使受精胚珠正常发育；果实成熟衰老使得种子充实，并借助动物传播种子，有利于繁衍后代。

3. 植物衰老的原因

（1）激素平衡学说。植物体内或器官内各种内源激素的不平衡会引起衰老。一般来说，抑制衰老激素（如CTK、IAA、GA）与促进衰老的激素（如乙烯、ABA）之间可相互作用、协同调控衰老的过程。

（2）营养亏缺假说。该假说认为在自然条件下，一、二年生植物一旦开花结实，全株就会衰老死亡。这是因为开花后生殖器官是植株当时的生长中心，生殖器官发育时垄断了植株营养的分配，使营养器官得不到充足的营养而衰老死亡。

4. 衰老的遗传调控及外界条件对衰老的影响

植株或器官的衰老主要受遗传基因的控制，同时也受到环境因子的影响。

（1）衰老的遗传调控。植物的衰老过程涉及植物代谢过程中一系列基因的复杂调控。如植物叶片衰老过程中可能有一些基因如编码与光合作用有关的蛋白质RuBP羧化酶受到抑制而低水平表达，甚至完全不表达；而另一些基因则在衰老期间被激活，其表达增强。

（2）环境因素对衰老的影响。

①光。适宜的光照度能延缓小麦、燕麦、烟草等多种作物连体叶片或离体叶片的衰老，而弱光甚至黑暗能诱导或加速衰老的过程。强光对植物有伤害作用，也会加速衰老。不同光质对衰老的作用不同，红光可阻止叶绿素和蛋白质的降解，从而延缓衰老，远红光则可消除红光的作用；蓝光显著延缓绿豆叶片衰老；紫外光因可诱发叶绿体中自由基的形成而促进衰老。此外，日照长短能影响ABA和GA的生物合成，从而影响器官衰老。

②水分。干旱或水涝下ABA和乙烯的合成增加，从而加速叶绿体的解体，降低光合速率，呼吸速率升高，物质分解加速，促进衰老。

③矿质营养。营养元素的缺乏会促进衰老，特别是N、P、K、Ca、Mg、Fe的缺乏会影响叶片叶绿素含量、光合速率和光合产物的积累，从而加速衰老的进程。

④气体。若O_2浓度过高，则会加速自由基形成，引发衰老。低浓度CO_2促进乙烯形成，从而促进衰老；高浓度CO_2（5%～10%）可抑制乙烯形成和呼吸作用，因而延缓衰老。

⑤其他不良环境条件。低温、盐胁迫、重金属、大气污染、病虫害等不良环境条件都不同程度地促进植株或器官的衰老。这些边境因素都要通过体内调节机制（如激素水平、

信号转导、基因表达）而影响衰老。

5. 植物生长物质对衰老的影响

乙烯不仅能促进果实成熟，也是诱导衰老的主要激素。乙烯使呼吸电子传递转向抗氰途径，物质消耗多，ATP生成少而促进衰老。另外，乙烯能引起叶绿素降解并使细胞膜结构发生变化。

ABA也是衰老的正调控因子，通过调控气孔开闭和细胞膜的通透性，从而调控叶片的衰老，ABA也可能通过诱导乙烯的产生而引起衰老。干旱、高盐、低温等环境胁迫能提高ABA水平并加速植株衰老。

茉莉酸和茉莉酸甲酯在调控发育和胁迫诱导的叶片衰老过程中也有重要的作用。茉莉酸能加快叶绿素的降解，加速Rubisco分解，促进乙烯合成，提高蛋白酶与核酸酶等水解酶活性，加速生物大分子降解，从而促进衰老。

延缓叶片衰老是CTK最主要的生理作用。在初始衰老的叶片上喷施CTK，常能显著地延缓衰老，有时甚至可逆转衰老。CTK可延缓离体叶片叶绿素降解，延缓Rubisco和PEPC活性的降低，影响RNA的合成，提高蛋白质的合成能力。生产上应用CTK可延长果蔬贮藏时间，防止果树生理性落果等。

一般低浓度的IAA能延缓衰老，而高浓度IAA对衰老有促进作用，这可能与IAA能促进乙烯合成有关。此外，IAA还与胞液内游离态Ca^{2+}浓度的增加以及钙在细胞之间的运输有密切关系，因为钙也可通过推迟并抑制乙烯、H_2O_2的生成，提高CAT、SOD等的活性，维持膜的稳定性等对植物衰老起调控作用。

外源施用GA也能使叶片的衰老延迟。GA能阻止叶绿素和蛋白质的降解，抑制脂氧合酶的活性，因而有一定的延衰效应。也有人认为GA通过与ABA相互拮抗来调控叶片的衰老进程。

另外，多胺也可以起到推迟衰老的作用。多胺不仅可调节膜的物理化学性质，稳定膜上的分子组成，清除活性氧自由基，也可调节生物大分子合成及作用，并能抑制乙烯的合成及作用。衰老时多胺生物合成酶活性下降，而氧化酶活性上升，使多胺水平下降。

第五节 植物逆境生理

植物正常生长需要适宜的环境条件，而自然环境并不总是适宜于植物生长。由于地理位置的不同、气候条件的恶劣变化以及人类活动等诸多因素，造成各种不利于植物生长发育的不良环境条件，导致植物受到伤害甚至死亡。因而，研究植物在各种逆境条件下的生长发育规律，提高植物对不良环境条件的抵御能力，对于农业和林业生产具有重要意义。

一、植物对逆境的适应

（一）逆境与植物的抗逆性

对植物生命活动不利的环境条件称为逆境，也称为胁迫。胁迫包括生物胁迫（如病害、虫害和杂草等）和非生物胁迫（低温、高温、干害、盐渍、水涝等）。研究植物在逆境下的生理反应及其适应与抵抗逆境的机理的科学，称为逆境生理。处于逆境下的植物，常常因为反常生理过程的出现而受害。但是，不同种类的植物处于同样程度的逆境下受害程度并不相同，同一植物在不同的生长发育时期对逆境的敏感性也有差异。因此，当逆境来临时，有些植物无法继续生存，而有些却还能接近正常地生活下去。植物对于不良环境胁迫的适应性和抵抗能力，称为抗逆性。植物应对胁迫产生的物理、化学上的变化称为胁变，其中可逆的能够恢复的变化称为弹性胁变，而不可逆的变化称为塑性胁变。

植物的抗逆性可分为三类。第一类是避逆性，是植物通过调节生活周期而避开逆境条件，在相对适宜的环境中完成其生活史的方式。第二类是御逆性，即植物自身通过一系列改变营造出一种内部环境，即使在极为不良的环境条件下，植物仍维持正常生理状态。第三类是耐逆性，是指植物体通过代谢反应阻止、降低或修复由逆境造成的损伤，使其在逆境下保持正常的生理活动。

植物的抗逆性是其对环境的适应性反应，是逐渐形成的，这种适应性形成的过程，称为抗性锻炼。通过锻炼可以提高植物对逆境的抵抗能力。

（二）植物在逆境下的形态与生理变化

1. 形态变化

逆境条件下植物形态表现出明显的变化。如干旱胁迫导致叶片和嫩茎萎蔫，气孔开度减小甚至关闭。淹水使叶片黄化、干枯根系褐变甚至腐烂。高温下叶片出现死斑、变褐，树皮开裂。病原菌侵染叶片出现病斑。在显微镜下则可发现逆境往往使细胞膜受到损伤破裂，叶绿体、线粒体等细胞器结构遭到破坏，细胞的区域化被打破，原生质的运动特性改变，多种细胞器发生形变或损伤等。

2. 生理变化

在冰冻、低温、高温、干旱、盐渍、土壤过湿、病害等各种逆境条件下，植物体的水分状况有相似变化，即植物吸水力降低，蒸腾量降低，但由于蒸腾量大于吸水量，植物组织的含水量降低而产生萎蔫。植物含水量的降低使组织中束缚水含量相对增加，从而又使植物的抗逆性增强。

在任何一种逆境条件下，植物的光合作用都呈下降趋势。而逆境下植物的呼吸作用变化有 3 种类型：呼吸强度降低、呼吸强度先升高后降低和呼吸作用明显增强。另外，低温、高温、干旱、淹水胁迫等促进淀粉降解为葡萄糖和蔗糖，这可能与磷酸化酶活力增强有关；在蛋白质代谢中，低温、高温、干旱、盐渍胁迫促使蛋白质降解，可溶性氮增加。

（三）渗透调节与抗逆性

1. 渗透调节

多种逆境会对植物产生水分胁迫。水分胁迫时植物体内积累各种有机物质和无机物质、提高细胞液浓度，降低其渗透势，保持一定的压力势，这样就可以保持其体内水分，适应水分胁迫环境，这种现象称为渗透调节。渗透调节是在细胞水平上进行的，在维持部分气孔开放和一定的光合强度及保持细胞继续生长等方面具有重要意义。

2. 渗透调节物质

渗透调节物质的种类很多，大致可分为两大类：一类是由外界进入细胞的无机离子，另一类是在细胞内合成的有机物质。

（1）无机离子。逆境下细胞内常常累积无机离子以调节渗透势，特别是盐生植物主要靠细胞内无机离子的累积来进行渗透调节。无机离子进入细胞后主要累积在液泡中，主要作为液泡的渗透调节物质。

（2）脯氨酸。脯氨酸是最重要和有效的渗透调节物质。外源脯氨酸也可以减轻高等植物的渗透胁迫。脯氨酸在抗逆中的作用有两点：一是作为渗透调节物质，保持原生质与环境的渗透平衡；二是保持膜结构的完整性。脯氨酸与蛋白质相互作用能增加蛋白质的可溶性和减少可溶性蛋白的沉淀，增强蛋白质的水合作用。

（3）甜菜碱。发现多种植物在逆境下都有甜菜碱的积累。在水分亏缺时，甜菜碱积累比脯氨酸慢，解除水分胁迫时，甜菜碱的降解也比脯氨酸慢。甜菜碱也是细胞质渗透调节物质，主要分布于细胞质中。

（4）可溶性糖。可溶性糖包括蔗糖、葡萄糖、果糖、半乳糖等。可溶性糖的积累主要是来源于淀粉等大分子糖类的分解，以及光合产物形成过程中直接形成的低分子糖类。

3. 渗透调节物质的特点及作用

渗透调节物质种类虽多，但它们都有如下共同特点：分子质量小、容易溶解；有机调节物在生理 pH 范围内不带静电荷；能被细胞膜保持住；引起酶结构变化的作用极小；在酶结构稍有变化时，能使酶构象稳定，而不至于溶解；生成迅速，并能累积到足以调节渗透势。

植物在逆境下产生渗透调节是对逆境的一种适应性反应，不同植物对逆境的反应不同，因而细胞内累积的渗透调节物质也不同，但这些渗透调节物质都在渗透调节过程中起作用。在生产实践中，也可用外施渗透调节物质的方法来提高植物的抗性。

（四）植物激素在抗逆性中的作用

植物对逆境的适应是受遗传性和植物激素两种因素制约的。逆境可促使植物体内激素的含量和活性发生变化，并通过这些变化影响其生理过程。

脱落酸（ABA）在植物激素调节植物对逆境的适应中显得最为重要。ABA 在植物抗逆性中的作用是关闭气孔，保持组织内的水分平衡，并能增强根的吸水能力，也调节植物对结冰和低温的反应。在低温、高温、干旱和盐害等多种胁迫下，植物体内脱落酸含量大幅度升高，这种现象的产生是由于逆境胁迫增加了叶绿体膜对脱落酸的通透性，并加快根系合成的脱落酸向叶片的运输及积累所致。

植物在干旱、大气污染、机械刺激、化学胁迫、病害等逆境下，体内乙烯成几倍至几十倍增加，这种在逆境下大量产生的乙烯称为应激乙烯或逆境乙烯，当胁迫解除时则恢复到正常水平，组织一旦死亡，乙烯就停止产生。

当叶片缺水时，内源赤霉素活性迅速下降，赤霉素含量的降低先于脱落酸含量的上升，这是赤霉素和脱落酸的合成前体相同的缘故。叶片缺水时叶内细胞分裂素含量会减少，吲哚乙酸含量下降。与脱落酸和赤霉素的绝对含量相比，脱落酸/赤霉素比值更能反映出与抗冷性的关系。同一品种在抗冷锻炼期间，随着脱落酸/赤霉素比值升高，抗冷性逐渐增加；而在脱锻炼期间，随有脱落酸/赤霉素比值降低，抗冷性也逐渐减弱。

（五）膜的变化与自由基平衡

1. 逆境下膜的变化

生物膜的透性对逆境的反应是比较敏感的，在各种逆境发生时，细胞膜透性增大，内膜系统可能膨胀、收缩或破损。在正常条件下生物膜的膜脂呈液晶态，当温度下降到一定程度时，膜脂变为凝胶态。膜脂相变会导致原生质停止流动，透性加大。

2. 自由基平衡

植物组织中通过多种途径产生 O_2^-、·OH 等自由基，这些自由基具有很强的氧化能力，对许多生物功能分子有破坏作用。细胞内也存在消除这些自由基的多种途径，如超氧化物歧化酶（SOD）可以消除 O_2^-，细胞中 H_2O_2的积累可使 CO_2的固定效率降低，而过氧化氢酶（CAT）和过氧化物酶（POD）能分解 H_2O_2，只有 SOD、CAT 和 POD 三者的活性协调一致，才能使自由基维持在一个低水平。以上这些酶由于能有效地清除自由基而被称为保护酶。植物体内还有一些非酶类的有机分子，如细胞色素、还原型谷胱甘肽、甘露醇、抗坏血酸、维生素 E、胡萝卜素等能直接或间接地清除自由基。

正常情况下细胞内自由基的产生和清除处于动态平衡状态，自由基水平很低，不会伤害细胞。可是当植物受到胁迫时，自由基累积过多，这个平衡就被打破。SOD 和其他保护酶活性下降，同时还产生较多的膜脂过氧化产物，膜的完整性被破坏。其次自由基积累过多，也会使膜脂产生脱脂化作用，膜结构破坏。膜系统的破坏会引起一系列的生理生化紊乱，再加上自由基对一些生物功能分子的直接破坏，这样植物就会受伤害，如果胁迫强度增大，或胁迫时间延长，植物就有可能死亡。

（六）逆境蛋白与抗逆相关基因

1. 逆境蛋白

人们已发现多种逆境诱导形成新的蛋白质或酶，这些蛋白质统称为逆境蛋白。

（1）热激蛋白。在高于植物正常生长温度下诱导合成热激蛋白，又称热休克蛋白。

（2）低温诱导蛋白。低温下也会形成新的蛋白称为低温诱导蛋白。

（3）病程相关蛋白。植物被病原菌感染后也能形成与抗病性有关的一类蛋白，称为病程相关蛋白。

（4）盐逆境蛋白。植物在受到盐胁迫时会形成一些新蛋白质或使某些蛋白质合成增强，称为盐逆境蛋白。

（5）其他逆境蛋白。逆境还能诱导植物产生同工蛋白或同工酶、厌氧蛋白、紫外线诱导蛋白、干旱逆境蛋白、化学试剂诱导蛋白等。

2. 抗逆相关基因

逆境蛋白与抗逆相关基因的表达，使植物在代谢和结构上发生改变，进而增强抵抗外界不良环境的能力。

二、植物的抗寒性与抗热性

（一）抗寒性

温度过高或过低都会影响植物的正常生长发育。温度低于最低温度使植物受到不同程度的伤害以致死亡，即产生寒害。低温是限制植物生长和地理分布的重要环境因子之一，不同植物对低温的反应有差异。按照低温的不同程度，植物受到的寒害可分为冷害和冻害。

1. 冷害

冷害是指冰点以上低温对植物造成的伤害，通常引起喜温植物的生理障碍。而植物对冰点以上低温的适应能力称为抗冷性。植物受冷害后会出现伤斑，组织变得柔软萎蔫，花芽分化被破坏，结实率降低等现象。

（1）冷害引起的生理生化变化。

①水分平衡的失调。植物遭受冷害后，最明显的变化是水分的丢失和植株的萎蔫，细胞吸水能力和蒸腾速度都显著下降，但吸水受抑的程度甚于蒸腾，因此破坏了植物体的水分平衡。寒潮过后，受害植物往往叶尖、叶片甚至整个枝条干枯。

②光合作用和呼吸作用的变化。低温影响叶绿素生物合成，并且直接影响光合过程。所以植物遭受冷害后，光合速率显著下降，冷害持续越久，光合速率下降越大。呼吸速率在冷害期间明显上升，随后则迅速下降。

③输导组织的破坏。木本植物遭受寒害后，常引起输导组织的破坏。韧皮部的受害影响光合产物的运转，使非绿色部分的饥饿现象更加严重。

④代谢的紊乱。植物遭受寒害后，代谢的协调性受到破坏，水解酶类的活性高于合成酶类活性，酶促反应平衡失调，总的趋势是合成作用减弱，水解作用增强，并且引起许多有毒中间产物的积累。表现为蛋白质含量减少，可溶性氮化物含量增加，淀粉含量降低，可溶性糖含量增加，活性氧清除系统活性下降，活性氧积累，引发膜脂过氧化伤害，内源乙烯和脱落酸含量明显增加。

（2）抗冷性的机制。由于冷害引起的一系列有害效应归因于膜脂的相变，所以膜脂的相变温度与抗冷性有密切关系，不同植物的膜脂相变温度不同。在多种植物中发现，抗冷物种线粒体膜中不饱和脂肪酸的含量大于不抗寒物种。膜脂中不饱和脂肪酸的含量与环境温度有关，低温有利于不饱和脂肪酸的形成。因此，植物的抗冷性可以通过低温锻炼而提高。

2. 冻害

冰点以下低温引起植物组织结冰伤害，称为冻害。植物受冻后的一般症状：叶片呈烫伤状，细胞失去膨压，组织柔软，叶色变褐等。温带地区冬季的气温经常可以低于零度，所以冻害是植物越冬的严重威胁。

（1）冻害的机制。一是结冰伤害，植物体细胞结冰可有两种类型：胞间结冰和胞内结冰。二是膜损伤，冻害引起细胞损伤主要是膜系统受到伤害。胞间结冰可引起脱水、机械伤害和渗透改变三重胁迫，引起代谢失调，严重时导致植株死亡。三是蛋白质变性。

（2）植物对冻害的生理适应。植物在长期进化过程中，对冬季低温在生长习性方面有各种特殊适应方式。例如，一年生植物主要以干燥种子形式越冬；大多数多年生草本植物越冬时地上部死亡，而以埋藏于土壤中的延存器官（如鳞茎、块茎等）度过冬天；大多数木本植物形成或加强保护组织（如芽鳞片、木栓层等）和落叶。

植物在冬季来临之前，随着气温的逐渐降低，体内发生了一系列适应低温的生理生化变化，抗寒力逐渐加强。这种提高抗寒能力的过程，称为抗寒锻炼。植物抗寒性强弱是植物长期对不良环境适应的结果，是植物的本性。但即使是抗寒性很强的植物，在未进行过抗寒锻炼之前，对寒冷的抵抗能力还是很弱的。例如，针叶树的抗寒性很强，在冬季可以忍耐－40～－30 ℃的严寒，而在夏季若处于人为的－8 ℃下便会冻死。

在冬季低温来临之前，植物在生理生化方面对低温的适应性表现为：

①植株含水量下降。随着温度下降，植株吸水较少，含水量逐渐下降。随着抗寒锻炼过程的推进，细胞内亲水性胶体加强，使束缚水含量相对提高，而自由水含量则相对减少。由于束缚水不易结冰和蒸腾，所以，总含水量减少和束缚水量相对增多，有利于植物抗寒性的加强。

②保护物质增多。温度下降时，越冬植物体内可溶性糖（主要是葡萄糖和蔗糖）含量增多，这一方面可提高细胞液浓度，使冰点降低；另一方面也可防止细胞质过度脱水，保护细胞质胶体不致遇冷凝固。因此，糖是植物抗寒性的主要保护物质。抗寒性强的植物在低温时其可溶性糖含量比抗寒性弱的植物高。脂肪也是保护物质之一。脂质化合物集中在细胞质表层，水分不易透过，代谢降低，胞内不易结冰，防止过度脱水。

③呼吸减弱。植株的呼吸随着温度的下降逐渐减弱，其中抗寒弱的植株或品种减弱得很快，而抗寒性强的则减弱得较慢，比较平稳。细胞呼吸微弱，消耗糖分少，有利于糖分积累；呼吸弱，代谢活动低，有利于对不良环境条件的抵抗。

④ABA 含量增多。多年生树木的叶子，随着秋季日照变短、气温降低，逐渐形成较多的 ABA 并运到生长点（芽），抑制茎伸长，形成休眠芽，叶子脱落，植株进入休眠阶段，提高抗寒力。ABA 水平与抗寒性呈正相关。

⑤生长停止，进入休眠。冬季来临之前，呼吸减弱，ABA 含量增多，顶端分生组织的有丝分裂活动减少，生长速度变慢，节间缩短。在电子显微镜下观察，在活跃的生长时期，无论是春小麦还是冬小麦，细胞核膜都具有相当大的孔；当进入寒冬季节，冬小麦的核膜开口逐渐关闭，而春小麦的核膜开口仍然张开。这种核膜开口的动态，可能是细胞分裂和生长活动的一个控制与调节因素。核膜开口关闭，细胞核与细胞质之间物质交流停止，细胞分裂和生长活动受到抑制，植株进入休眠；如核膜开口不关闭，核和质之间继续交流物质，植株继续生长。

⑥低温诱导蛋白的形成。低温诱导蛋白能降低胞液冰点，保护膜蛋白结构与活性，有利于植物在冰冻时忍受脱水胁迫，减少细胞冰冻失水，增强抗寒性。

（3）提高抗寒性的途径。

①抗寒锻炼。霜冻到来之前，缓慢降低温度，植物逐渐完成适应低温的一系列代谢变化，增强抗冻能力。经过低温锻炼后，细胞内糖等保护性物质含量增加，束缚水/自由水比例增大，原生质黏度、弹性增大，代谢减弱，膜中不饱和脂肪酸增多，抗寒性增强。

②化学调控。施用植物生长调节剂，如生长延缓剂、ABA 等，使植株矮化、气孔关闭，增强保水能力，从而提高植物的抗寒性。

③农业措施。选用抗寒品种，加强水肥等管理。如适时播种、培土、增施磷钾肥、厩肥、熏烟、冬灌、盖草及地膜覆盖等，都可起到保护植物、预防寒害的作用。

（二）抗热性

由高温引起的伤害称为热害。植物对高温胁迫的适应称为抗热性。植物受高温伤害后会出现一系列症状：叶子出现水渍状烫伤，随后变褐、坏死、脱落；花瓣、花药失水；子房萎缩脱落；树干开裂，深达韧皮部，造成韧皮部的偏心生长。

1. 热害的机理

(1) 直接伤害。直接伤害是高温直接影响原生质组分的结构，一般在接触高温的当时或事后很快就出现热害的症状，如树木的“日灼病”就是典型的直接伤害。日灼病通常发生在受到强烈日光曝晒的茎干南侧，在树皮上出现深陷的溃伤。高温造成直接伤害的原因有两个：

①蛋白质变性。高温使肽链间的氢键断裂，破坏了蛋白质分子的空间构象。温度对蛋白质分子的最初影响是变性，这种变性通常是可逆的，如果变性的蛋白质又在高温的继续影响下凝聚起来，就造成分子构象的不可逆破坏。蛋白质必须有充足的水分才能自由移动和展开其空间构象，同时也较易变性。植物种子之所以能抗高温，即与其含水量低有关。

②生物膜的破坏。植物在高温下，膜脂液化，并且膜脂与膜蛋白间的静电键或疏水键断裂，使膜脂游离出来，膜系统彻底破坏。脂肪酸饱和程度越高，膜的热稳定性越好，耐热性越强。

(2) 间接伤害。间接伤害是指高温引起植物代谢紊乱，使植物受害。其发展过程通常较为缓慢。造成间接伤害的原因主要有三个：

①饥饿。由于光合作用的最适温度低于呼吸作用的最适温度，高温下呼吸速率大于光合速率，植物只能靠消耗体内贮存的养分维持生命，时间久，则饥饿致死。

②氨毒害。高温抑制含氮有机物的合成，造成氨的积累，毒害细胞。由于有机酸能与氨结合形成酰胺，解除氨的毒害，所以有机酸含量高的植物抗热能力亦较强。肉质植物之所以能耐高温，主要就是依靠体内旺盛的有机酸代谢。

③高温条件下蛋白质合成速度下降，水解作用加强。

2. 植物抗热的机制

植物的耐热性与蛋白质的耐热性有密切关系。蛋白质的耐热性可能体现在它防止不可逆变性或凝聚的能力上。耐热植物的酶具有较高的热稳定性。植物耐热性的另一重要因素，是耐热植物具有较强的蛋白质合成能力，能迅速补偿在高温下被破坏的蛋白质或酶。树木对森林火灾的抗性亦属于抗热性，但这主要决定于树皮的绝热效应，而与原生质的耐热性关系不大。

3. 提高植物抗热性的途径

(1) 培育和使用抗热植物新品种。利用热激蛋白原理和抗热适应性变化特征，选育抗热植物新品种并应用推广，这是提高植物抗热性的最根本、最直接的有效途径。

(2) 高温锻炼。将植物置于尚不能引起致死的热胁迫条件下，进行周期性、短时间的处理之后，植物的耐热性会被诱导而提高，对致死温度产生一定的抗性，即高温锻炼能提高植物的抗热性。

(3) 化学调控。喷洒 $CaCl_2$、$ZnSO_4$、KH_2PO_4 等物质可增加生物膜的热稳定性；使用 IAA、CTK 等生理活性物质，能够防止高温造成的损伤。把有机酸（如柠檬酸、苹果酸）引入植物体内，在代谢过程中因形成酰胺而使氨含量减少，热害症状可大大减轻。

(4) 改善栽培措施。栽培作物时充分合理灌溉，增加小气候湿度，促进蒸腾，有利于降温。此外，采用高秆与矮秆、耐热作物与不耐热作物间作套种，及人工遮阴等措施都可有效提高作物抗热性。

三、植物的抗旱性与抗涝性

植物常遭受的有害影响之一是缺水，当植物耗水大于吸水时，其组织内会发生水分亏缺：过度水分亏缺的现象，称为干旱。

（一）抗旱性

1. 旱害的类型

根据引起水分亏缺的原因，可将干旱分为三类型：土壤干旱、大气干旱和生理干旱。

土壤干旱是指土壤中有效水的缺乏或不足，植物根系无法获得维持其正常生理活动所需的水分。

大气干旱是指大气高温、低湿，植物蒸腾过强，根系吸收的水分不能补偿蒸腾的消耗。大气干旱时土壤不一定缺水，但持久的大气干旱会使土壤失水过多而引起土壤干旱。

生理干旱有时大气和土壤并不干旱，但由于土温过低或土壤溶液渗透势太低而妨碍根系吸水，也会使植物体丧失水分平衡，这种情况称为生理干旱。例如，土壤溶液浓度过高、土壤存在有毒物质、土壤温度过低等，都可导致生理干旱，造成植物吸水困难。

2. 旱害的机理

植物在水分亏缺严重时，细胞失去紧张，叶片和茎的幼嫩部分下垂，这种现象称为萎蔫。萎蔫可分为暂时萎蔫和永久萎蔫两种。

暂时萎蔫：虽然土壤中含水量减少，但仍能吸水，而只是由于破坏了作物蒸腾的平衡引起的萎蔫，称之为暂时萎蔫。

永久萎蔫：亦称永久凋萎。由于土壤中含水量的减少，使植物的吸水几乎停止，植物在很弱的蒸腾作用下失去水分，致呈现完全萎蔫状态，这样的萎蔫称之为永久萎蔫。

旱害主要是永久萎蔫对植物产生的伤害。

植物遇到干旱时的主要生理表现：

①膜受损伤。缺水时，正常的膜双层结构被破坏，出现孔隙，会渗出糖、氨基酸等大量溶质。脂质双分子层缺水时也会替换膜蛋白，与溶质一起渗漏，所以丧失选择透性，破坏细胞区室化，膜上酶的活性也丧失。

②光合作用受阻。干旱抑制光合作用的原因有二：一是气孔影响。水分亏缺使气孔开度减小甚至完全关闭，气孔阻力增大影响 CO_2 吸收，光合下降；二是叶绿体影响。严重缺水时叶绿体变形，叶绿体片层膜系统受损，叶绿素含量减少等，导致叶绿体光合活性下降。

③酶活力变化。水分逆境使参与合成反应的酶类和一些本身周转很快的酶类活性下降；而使水解酶类和某些氧化酶的活性增加。

④原生质机械损伤。正常条件下，生活细胞的原生质体和细胞壁紧紧贴在一起，当细胞干旱失水时，液泡收缩，原生质体随细胞壁一起收缩，形成褶皱，使原生质体受到损伤。

植物遇到干旱时通过各部位间水分重新分配、渗透调节、激素变化等措施保持一定的生长能力和生理功能。

3. 植物抗旱的机制

（1）根系的抗旱特性。根是植物的主要吸水器官，根系分布的深度和广度对植物的抗旱能力有重大影响。在严重干旱时死亡率最高的常是一些浅根性树种。具有很深主根的树木抗旱力较强，甚至在栽植后的头几年就能经受住夏季干旱的考验。因此，苗木的根冠比与抗旱能力密切相关。

（2）地上部分的抗旱特性。植物体的水分绝大部分是通过叶子散失的，所以地上部分的抗旱特性主要表现在叶部。叶片小、栅栏组织高度发达、角质层厚、叶面和气孔前室中质的沉积，以及气孔下陷等形态、解剖学特点，都足以降低蒸腾，使植物能适应干旱环境。

（3）细胞和原生质的抗旱特性。在干旱地区植物细胞的“小型化”，亦有助于提高抗旱能力。液泡小而原生质和贮藏物质所占比例大的细胞，耐干旱的能力亦较强，因为这种细胞在脱水时不易引起原生质的急剧变形。种子之所以能忍受强烈的失水，即与此有关。

4. 提高植物抗旱性的途径

（1）抗旱锻炼。将植物在适当的缺水条件下处理若干时间，使之能适应以后的干旱环境，称为抗旱锻炼。例如，农业上对玉米、谷子、棉花等的“蹲苗”措施。

（2）合理施肥。合理使用P、K肥，适当控制N肥，可提高植物的抗旱性。P可增加有机磷化合物的合成，促进原生质的生成，增加抗旱能力；K促进植物糖代谢，增加细胞渗透势，维持气孔保卫细胞的膨压，利于气孔张开，促进光合作用。一些微量元素也有助于提高植物的抗旱性。

（3）施用抗蒸腾剂。抗蒸腾剂是指能够降低蒸腾作用的化学药剂，其作用是促进气孔关闭。但这些药剂对植物或多或少会有毒害，使用时应控制浓度，且不宜长期使用。ABA促使气孔关闭，可用作抗蒸腾剂。此外，生长延缓剂等也可提高作物抗旱性。

（二）抗涝性

1. 涝害的类型

涝害是指水分过多对植物的危害。植物对积水或土壤过湿的适应力和抵抗力称为植物的抗涝性。土壤过湿、水分处于饱和状态，土壤含水量超过了田间最大持水量，根系生长在沼泽化的泥浆中，这种涝害称为湿害。典型的涝害是指田间积水淹没植物的局部或全部，使其受到伤害的现象。处于低洼、沼泽地带、河边的耕地，在发生洪水或暴雨之后，常有涝害发生。

2. 涝害的机理

涝害的危害主要是由于水分过多引起缺氧，从而引发一系列次生胁迫，对植物造成伤害。

（1）对植物形态和生长的伤害。水涝缺氧使植物地上部分与根系的生长均受到阻碍。受涝的植株个体矮小、叶色变黄、根尖变黑，叶柄偏上生长。若种子淹水，则芽鞘伸长、叶片黄化、根不生长，只有在氧气充足时根才能生长。

（2）乙烯增加。淹水条件下植物体内乙烯含量增加。高浓度的乙烯会引起叶片卷曲、偏上生长、脱落、茎膨大加粗、根系生长减慢、花瓣褪色等。

（3）代谢紊乱。涝害使植物的光合作用显著下降，其原因：一是CO_2吸收受阻、淹水叶片照光减弱、同化产物运输受阻；二是有氧呼吸受抑，无氧呼吸加强，ATP合成减少，同时积累大量的无氧呼吸产物，如丙酮酸、乙醇、乳酸等，导致代谢紊乱；三是根系也因有毒物质伤害和缺少能量供应，吸收能力降低或减少。

（4）引起植物营养失调。遭受涝害的植物常发生营养失调，这是由于根系受水涝伤害后根系活力下降，同时无氧呼吸导致ATP供应减少，阻碍根系对离子的主动吸收。

（5）引起活性氧的积累。发生涝害胁迫时，植物叶片仍处在有氧的环境，各种活性氧的产生增加，而清除能力减弱，结果导致活性氧积累，使植物叶绿体、线粒体的结构和功能受到伤害。

3. 提高植物抗涝性的途径

为了避免和减轻植物涝害，常见的提高植物抗涝性的途径有：兴修水利，防止洪涝灾害发生；采用高畦栽培，减轻湿害；及时排涝，清洗植株，保证光合、呼吸作用顺利进行；适当施肥，尽快恢复植株正常生长；通过各种育种技术，改良、筛选、培育抗涝品种。

四、植物的抗盐性

在一些气候干燥、地势低洼的干旱、半干旱地区，由于蒸发强烈，水分蒸发会把地下盐分带到土壤表层；加上降水量小，不能把土壤表面的盐分淋溶排走，致使土壤表面积累较多盐分。土壤盐分过多对植物产生不利效应而造成的伤害，称为盐害。

（一）盐害的机理

一般将植物盐害分为原初盐害和次生盐害。原初盐害是指盐胁迫对植物细胞膜的直接影响，从而不同程度地使膜结构和功能受到伤害；次生盐害是由于土壤盐分过多，使土壤水势下降，从而对植物产生渗透胁迫。

1. 渗透胁迫

由于土壤盐分含量过多，土壤溶液渗透势降低，导致植物吸水困难，严重时甚至会造成植物组织内水分外渗，对植物产生渗透胁迫，引起一系列的生理异常，即形成生理干旱。

2. 细胞膜破坏

高浓度的NaCl可置换细胞膜结合的Ca^{2+}，膜结合的Na^{+}/Ca^{2+}增加，膜结构破坏，功能也改变，细胞内的K^{+}、磷和有机溶质外渗，细胞K^{+}/Na^{+}下降，抑制液泡膜焦磷酸酶的活性和胞质中的H^{+}跨液泡膜运输，跨液泡膜运输的pH梯度下降，液泡碱化，不利于Na^{+}在液泡内积累。

3. 离子失调

在发生盐胁迫的土壤中，Na^{+}、Cl^{-}、Mg^{2+}、SO_{2}^{-}等含量过高，会引起对K^{-}、HPO_{2}^{-}或NO_{3}^{-}等营养元素的吸收减少，使植物出现缺素症状。

4. 代谢紊乱

盐胁迫抑制植物的生长和发育，引发氧化胁迫及其他的代谢失调。

（二）植物抗盐的机制

植物对盐分过多的适应能力称为抗盐性。盐胁迫对植物的伤害是多重性的，植物在长期的适应过程中也形成了多样性的应对策略与机制。在生理盐层面上，植物的抗盐机制可分为避盐性和耐盐性。

1. 避盐

有些植物虽然生长在盐渍环境中，但细胞质内盐分含量并不高，可以通过某些生理机制避免体内盐分过多，这种对盐渍环境的适应能力称为避盐。

2. 耐盐

植物通过对自身的生理过程或代谢反应的改变来适应和忍受细胞内的高盐环境称为耐盐。

（三）提高植物抗盐性的途径

1. 抗盐锻炼

植物的抗盐能力是在个体发育中形成的，因此，用一定浓度的盐溶液处理种子，可提高植物的抗盐能力。

2. 使用生长调节剂

利用生长调节剂促进植物生长，稀释其体内盐分。如喷施 IAA 或用 IAA 浸种，可促进作物生长和吸水，提高抗盐性。用 ABA 诱导气孔关闭，可减少蒸腾作用和盐的被动吸收，提高作物的抗盐性。

3. 抗盐育种

利用杂交育种、转基因等分子育种新技术选育抗盐突变体，利用离体组织和细胞培养技术筛选新的耐盐种质，使其适应盐碱土环境。

五、植物的抗病性

在自然环境下，植物除了遭受非生物胁迫的影响外，还需要面对各种病原微生物的侵染和威胁。病害引起植物伤亡，影响产量甚大。植物对病原微生物侵染的抵抗力，称为植物的抗病性。

（一）病原微生物的致病类型

由于受到病原微生物（包括细菌、真菌和病毒）的侵染而使植物的生长发育遭受不良影响，甚至导致植物死亡的现象，称为植物的病害。

1. 真菌致病

真菌是主要的植物病原微生物，许多真菌都可以引起植物病害。如由藻状菌中的致病疫霉引起的马铃薯晚疫病。病原真菌可以利用机械压力或酶解作用直接穿透植物表层侵入植物。

2. 细菌致病

病原细菌多由植物的气孔、皮孔或伤口等孔隙入侵植物，寄生于植物组织或导管中，常引起植物产生斑点、白叶、顶死、萎蔫、软腐和过度生长等病症。它们多能存活于植物组织或种子中，或进入土壤中营腐生。

3. 病毒致病

植物细胞的细胞壁几乎不可能被病毒破坏并引起感染。所以植物病毒通常通过两种常见的机制传播：水平传播和垂直传播。水平传播指植物病毒通过外部来源传播，病毒可以通过机械损伤（扦插、修剪和嫁接）、载体（细菌、真菌、线虫和昆虫等）穿透植物的外部保护层进入寄主细胞。垂直传播中，病毒是从母体继承的。已知能引起植物病害的病毒有300余种。病毒在植物体内的分布有局部性和全面性两种，进入寄主细胞的病毒在复制自身的同时，干扰和破坏了寄主细胞的正常生理代谢活动，从而产生植物受害的症状。

（二）病害的机理

植物感染病原后，其代谢过程发生一系列的生理生化变化，直至最后出现病状。

1. 水分平衡失调

植物染病后首先表现为萎蔫或猝倒等症状，主要是因为水分平衡失调。造成水分平衡失调的原因主要有：有些病原微生物破坏植物根部，使其吸水能力下降；维管束被病菌、病菌引起的寄生代谢产物或是导管形成胼胝体等堵塞，水流阻力增大，水分向上运输中断；病原微生物破坏植物的细胞质结构，透性加大，蒸腾加强，水分散失加快。

2. 呼吸速率明显升高

染病作物的呼吸作用大大加强，染病组织的呼吸一般比健康组织的增加10倍。呼吸加强的原因，一方面是病原微生物本身具有强烈的呼吸作用；另一方面是寄主呼吸速率加快。

3. 光合作用下降

植物一般感病几小时到几十小时后，光合作用开始下降。其原因可能是因为染病组织的叶绿体被破坏，叶绿素含量减少；叶绿体内相关酶活性下降，CO_2同化速率降低。随着感染的加重，光合更弱，甚至完全失去同化CO_2的能力。

4. 激素变化引起生长异常

某些病害症状与植物激素含量增多有关。组织在染病过程中，同时大量形成各种植物激素，其中以IAA最突出。

5. 同化物运输受阻

植物感病后同化物较多地运向染病部位，这与染病组织呼吸增高一致。

（三）植物抗病的机制

植物可以通过多种机制来抵抗病原物的侵染。植物的抗病性是植物形态结构和生理生化等方面在时间和空间上综合表现的结果，它是建立在一系列物质代谢基础上，通过有关抗病基因表达和产生抗病调控物质来实现的。植物抗病的途径很多，主要介绍以下几种。

1. 形态结构屏障

许多植物组织表面都有阻止病菌的侵入机体的角质层保护。此外，植物在受到病原体感染后，侵犯部位就会发生细胞壁的木质化、胼胝体的积累和伸展蛋白的增加等现象也可阻止病原菌的侵染。

2. 加强氧化酶活性

当病原微生物侵入作物体时，该部分组织的氧化酶活性加强，有助于提高植物对病原微生物的抵抗。凡是过氧化物酶、抗坏血酸氧化酶活性高的品种，对真菌病害的抵抗力也较强，即植物呼吸作用与抗病能力呈正相关。

3. 发生过敏反应

过敏反应是植物抗病的主动防御反应，在抗病植物与病原菌接触时，在局部发生细胞程序化死亡，其表现是被侵染部位的细胞迅速坏死而产生枯斑，从而使得病原微生物不能继续从寄主获得营养而死亡，抑制病原物的进一步入侵。

4. 产生植保素

植保素是植物受侵染后而产生的一类相对分子质量低的抗病原物的次生代谢物。当病原菌入侵形成入侵点后，在侵入点四周的组织形成坏死斑，限制病原扩展。

5. 产生植物凝集素

植物凝集素是一类能与多糖结合或使细胞凝集的蛋白，多数为糖蛋白。

6. 合成病程相关蛋白

病程相关蛋白是植物感染后产生的一种或多种新的蛋白质。病程相关蛋白不是病原菌专一的，而是由寄主植物反应类型决定。

(四) 提高植物抗病性的途径

1. 培育抗病品种

与其他提高植物抗逆性的途径一样，通过传统的方法和分子生物学的方法培育抗病品种，应用推广抗病新品种是提高植物抗病性的根本途径。

2. 诱导抗病

植物对病原微生物的抗性可以通过诱导产生。利用生物或物理、化学的因子处理植株，改变植物对病害的反应，使植物对某一病害或某些病害由原来的感病转变为抗病性现象称为诱导抗病性。

3. 农业措施

采用合理的农业措施，加强田间管理，在一定程度上也能提高植物的抗病性，防止病害的发生。

六、植物抗性与环境污染

环境污染指自然地或人为地向环境中排放某种物质而超过环境的自净能力，使环境的质量降低、生态系统失去平衡，对人类的生存与发展造成不利影响的现象。环境污染可分为大气污染、水体污染和土壤污染。其中以大气污染和水体污染对植物的影响最大，不仅范围广、接触面积大，而且容易转化为土壤污染。

(一) 大气污染

1. 主要大气污染物

大气污染是指大气中污染物的浓度达到或超过了有害程度，导致破坏生态系统和人类正常生存、发展的条件，对人和生物造成危害和影响的过程。大气的污染物主要来源于燃料燃烧时排放的废气，工业生产中排放的粉尘、废气以及汽车尾气等，其种类很多，主要包括硫化物、氧化物、氟化物、粉尘和光化学烟雾等。

2. 大气污染对植物的危害

大气污染危害植物的程度不仅与植物的类型、发育阶段及环境条件等有关，也与有害气体的种类、浓度和持续时间等有关，污染物进入细胞后积累浓度超过植物的敏感阈值即产生危害。危害可分为急性、慢性和隐性 3 种。

(1) 急性危害。急性危害是指较高浓度有害气体在短时间内对植物造成的危害。初期叶片灰绿，细胞质、细胞膜和细胞壁解体，叶片逐渐变暗，出现水渍斑，叶片变软，枯萎脱落，严重时整株死亡。

（2）慢性危害。慢性危害是指低浓度污染物长时间对植物形成的危害。叶绿素合成受阻，叶片失绿，生长受抑制。

（3）隐性危害。隐性危害是指更低浓度的污染长时期对植物生长发育的影响。通常植物外部形态无明显症状，只造成生理障碍，使代谢异常，产量和品质下降。

几种主要污染物对植物的伤害：

①二氧化硫（SO_2）。硫是植物必需的矿质元素之一，植物所需要的硫90%来自大气，因此一定浓度的SO_2对植物是有利的。但如果大气中的含硫量超过了植物的要求，就会导致硫在植物体内积累，达到一定浓度时，会对植物造成伤害。

②氟化物。氟化物是对植物毒性很强的污染物，如氟化氢（HF）等。HF是植物体内一些酶的抑制剂，影响某些酶的活性，干扰代谢。

③氮氧化物。大气中的氮氧化物包括二氧化氮（NO_2）、一氧化氮（NO）和硝酸雾，其中NO_2所占比例最大，毒性最强。叶片受到NO_2伤害后，最初形成不规则水渍斑，然后扩展到全叶，并产生不规则的白色、黄褐色坏死斑点。

④臭氧（O_3）。O_3是光化学烟雾中的主要成分，所占比例最大，氧化能力极强。O_3伤害症状一般出现于成熟的叶片，主要表现为初期叶面呈红棕色、紫红色、褐色或灰色伤斑，随着受害程度加剧，斑点由稀疏变密，并形成不规则坏疽；叶卷曲，叶缘和叶尖干枯而脱落。

⑤过氧化乙酰硝酸酯（PAN）。PAN毒性很强，空气中PAN浓度达到20 ug/L时，植物就会受到伤害，主要伤害叶肉海绵组织。伤害症状主要表现为初期叶背面呈银灰色或古铜色斑点，严重时变成褐色且扩展到叶片表面。

（二）水体污染

1. 水体污染分类

水体污染是指水体因某种污染物的介入，而导致其化学、物理、生物等方面特性的改变，从而影响水的有效利用，危害人体健康或者破坏生态环境，造成水质恶化的现象。

水体污染可以根据污染物的排放方式分为点源污染和面源污染两类。环境污染物的来源称为污染源。点源污染是指污染物质从集中的地点排入水体，如工业废水及生活污水的排放口。其特点是排污频繁，变化规律服从工业生产废水和城市生活污水的排放规律，对它可以进行直接测定或者定量化。面源污染则是污染物大面积排放而造成的水污染，如施用化肥和农药后的农田灌排水中常含有农药和化肥的成分，以及城市、矿山在雨季雨水冲刷地面污物形成的地面径流等。

水体污染还可以根据污染的来源不同划分为工业污染、生活污染和农业污染三类。

①工业污染。即工业生产中废水排放所造成的水污染，其排放量大，成分复杂，有毒物质含量高，污染严重并难以处理。

②生活污染。主要指城镇、村庄和风景旅游区中的粪便及有机废弃物和废水造成的水污染。

③农业污染。主要是农药、化肥的过量使用和水土流失造成的污染，也包括水产养殖

投放饵料、渔药造成的水体局部污染。

（三）土壤污染

土壤污染是指土壤中积累的有毒、有害物质超过土壤的自净能力，使土壤的组成、结构和功能发生变化，使相关的土壤微生物的活动受到抑制和破坏，进而使植物的生长发育、人畜健康等遭受影响与危害的一种土壤环境。土壤污染主要来自水体污染和大气污染。污水灌溉农田，有毒物质会沉积于土壤；空气污染物受重力作用随雨、雪落于地表渗入土壤内，造成土壤污染。此外，施用某些残留量较高的化肥、农药也会导致土壤污染。土壤污染对植物的危害除了大气、水体污染物的伤害外，还能引起土壤理化性质的变化，破坏土壤结构，从而影响土壤微生物的活动和植物的生长发育。

（四）植物在环境保护中的作用

植物在环境保护中具有多方面的作用，它能够调节气候、保持水土、防风固沙、绿化环境，还具有净化空气、净化污染以及监测污染物浓度等功能。

1. 植物在修复污染环境中的作用

植物修复是指利用特定植物对某种环境污染物的吸收、超量积累、降解、固定、转移、挥发及促进根际微生物共存体系等特性，利用在受污染的环境中种植植物的方法，实现部分或完全修复土壤污染、水体污染和大气污染目标的一种环境污染原位治理技术。植物修复具有处理效果好、耗能少、适应性广等优点，还可以与绿化环境及景观改善相结合，实现生态修复的最大效益，同时构造出和谐的生态环境。

（1）植物在水污染净化中的作用。一些植物对水污染有较强的抗性。通过种植植物净化水质，是利用植物特别是水生维管束植物能够大量吸收营养物质，或降解转化有毒有害物质为无毒物质的性质。在废水或受到污染的天然水体中种植大量耐污染净化较强的水生高等植物，使其通过自身的生命活动将水中的污染物质分解转化为营养物质或富集到体内，有的形成络合物而降低毒性，从而改善水质，减轻或消除水污染。

（2）植物在空气污染净化中的作用。植物的叶片能够吸收二氧化碳、氟化氢、氯气等多种有害气体或富集于体内而减少空气中的有毒物质。如地衣、垂柳、臭椿、山楂、丁香等吸收 SO_2 的能力强，能积累较多的硫化物；垂柳、拐枣、油茶能吸收大量的氟化物，体内含氟量很高时仍能正常生长。银柳、赤杨、花曲柳都是净化氯气较强的树种。喜树、梓、接骨木等树种具有吸苯能力；樟、悬铃木、连翘等具有良好的吸臭氧能力；夹竹桃、棕榈、桑等能在汞蒸汽的环境下生长良好，不受危害；而大叶黄杨、女贞、悬铃木、榆树、石榴等在铅蒸汽条件下都未有受害症状。因此，在产生有害气体的污染源附近，选择与其相适应的具有吸收和抗性强的树种进行绿化，对于防止污染、净化空气是十分有益的。

（3）植物在土壤污染净化中的作用。植物能够吸附土壤中的重金属、农药、石油和持久性有机物等污染物。植物修复是目前修复重金属污染的关键方法之一，在一定程度上能够恢复土壤土质，且不会对土壤造成二次污染。利用东南景天、蜈蚣草、苎麻等超富集植物能够原位修复土壤重金属污染，而且具有效果好、成本低、改良土壤质量的优点。豆科的红三叶、紫花苜蓿，禾本科的高羊茅、紫羊茅，藜科的厚皮菜等植物对土壤多环芳烃污染物均表现出较好的祛除效果。植物在土壤污染修复中发挥的作用越来越受到重视。

植物修复是一个自然过程，修复周期较长，对于深层污染的修复有困难；同时，气候及地质等因素使得植物的生长受到限制。此外，植物死亡或者腐烂后，植物体内积累、固定的污染物可能释放回环境中，污染物也可能通过“植物—动物”的食物链再次进入自然界。

2. 植物在监测环境污染中的作用

低浓度的污染物用仪器测定时有困难，但可利用某些植物对某一污染物特别敏感的特性来监控当地的污染程度。对污染物反应敏感的植物称为环境污染指示植物或监测植物。

第七章　作物生产的生态学原理

生态学是研究生物与环境及其相互关系的科学，为作物生产提供了重要的基本知识、基本理论和基本技能。生态学研究可以从细胞—组织—器官—个体—种群—群落—生态系统—生物圈等不同组织层次来研究生物与环境及其相互关系，作物生态研究涉及不同的尺度水平，本章仅讨论个体、种群、群落、系统四个层次的内容。

第一节　个体生态学原理

一、生态因子的生态作用

生态因子也称环境因子，是指环境中对生物的生长、发育、生殖、行为和分布等有着直接或间接影响的环境要素，如光照、温度、水分、食物和伴生生物等。生态因子中生物生存所不可缺少的环境要素称为生活因子，也称为生存因子。

根据生态因子在自然地理环境中的存在状态，可以分为：

①气候因子。包括光、温度、水分、空气等。根据各因子的特点和性质，还可再细分为若干因子。如光因子可分为光强、光质和光周期等，温度因子可分为平均温度、积温、节律性变温和非节律性变温等。

②土壤因子。土壤是气候因子和生物因子共同作用的产物，土壤因子包括土壤结构、土壤的理化性质、土壤肥力和土壤生物等。

③地形因子。地形因子如地面的起伏、坡度、坡向、阴坡和阳坡等，通过影响气候和土壤，间接地影响植物的生长和分布。

④水分因子。指水体温度、酸碱度、盐分、电导率、溶解氧含量等水体指标。

⑤生物因子。生物因子包括生物之间的各种相互关系，如捕食、寄生、竞争和互惠共生等。

⑥人为因子。把人为因子从生物因子中分离出来是为了强调人的作用的特殊性和重要性。人类活动对自然界的影响越来越大且越来越带有全球性，各种生物都直接或间接受到人类活动的巨大影响。

（一）生态因子的作用方式

1. 生态因子的综合作用

生态环境是由许多生态因子组合起来的综合体，对生物起着综合的生态作用。每一个生态因子都是在与其他因子的相互影响、相互制约中起作用的，任何因子的变化都会在不同程度上引起其他因子的变化。例如光照度的变化必然会引起大气和土壤温度、湿度的改变，这就是生态因子的综合作用。

2. 主导因子作用

对生物起作用的诸多因子是非等价的，其中有1～2个是起主要作用的主导因子。主导因子的改变常会引起其他生态因子发生明显变化或使生物的生长发育发生明显变化，如光周期现象中的日照时间和植物春化阶段的低温因子就是主导因子。

3. 生态因子间的不可替代性和可调剂性

生态因子虽非等价，但都不可缺少，一个因子的缺失不能由另一个因子来代替。但某一因子的数量不足，有时可以由其他因子来补偿，并且仍然获得相似或相同的效益。例如光照不足所引起的光合作用的下降可由CO_2浓度的增加得到补偿。

4. 生态因子作用的阶段性

生物生长发育不同阶段对生态因子的需求不同，具有阶段性特点。例如，低温在某些作物春化阶段中是必须的生态条件，但在以后的生长发育时期，低温对植物则是有害的。此外，同一生态因子在植物某一发育阶段可能不起作用，而在另一发育阶段，则为植物所必须。例如，光照时间在植物的春化阶段并不起作用，但在光周期阶段则是十分重要的。

5. 生态因子的直接作用和间接作用

生态因子对生物的作用有的是直接的，有的是间接的。因此，生态因子又可分为直接因子和间接因子。直接影响或参与生物新陈代谢的生态因子为直接因子，不直接影响生物生长的生态因子则为间接因子。例如，对植物而言，光、温、水、气和养分是直接因子，而地形、海拔、坡度和坡向等为间接因子。

6. 限制性作用

在生态系统中，不可避免地存在一些对生物生长发育和繁殖产生不利影响的因子，影响生物个体数量和分布特征，它们对生物实质上起着限制性作用。

（二）生态因子作用规律

1. 最小因子定律（最小养分率）

1840年农业化学家利比希（J. Liebig）在研究营养元素与植物生长的关系时发现，植物生长并非经常受到大量需要的营养物质的限制（如水、CO_2和氮、磷、钾等营养元素），其实际生长发育状态往往取决于供应状态处于相对最小量的营养物质。因此他提出"植物的生长取决于那些处于最少量的营养元素"，后人称之为利比希最小因子定律。最小因子定律是指生物的生长发育取决于数量最不足的生活因子。也就是说，在众多的生活因子中，数量最不能满足生物生长发育需要的那个因子，往往决定生物的生长速度。此时，改善这个因子，就能起到明显的增产效果。如土壤缺磷时，增施磷肥增产效果很好。

2. 耐性定理

生态学家谢尔福德（V. E. Shelford）于1913年研究指出，生物的生存需要依赖环境中的多种条件，而且生物对生存环境的耐受性有一个生态学的最小量和最大量的界限，这个最小量到最大量的限度范围称为生物的耐性范围，也即是其生态幅（图7-1）。生物对环境的适应存在耐性限度的法则称耐性定理。生物只有处于这两个限度范围之内才能生存，任何因子不足或过多，接近或超过了某种生物的耐受限度，该种生物的生存就会受到影响，甚至灭绝。由此可见，任何接近或超过耐性限度的因子都可能是限制因子。

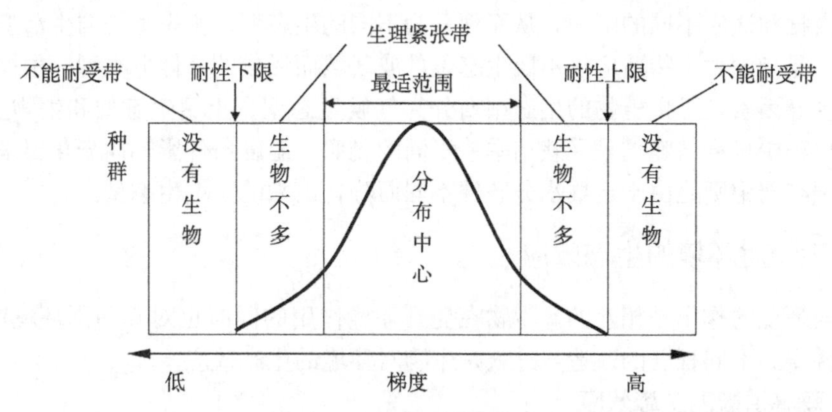

图 7-1　耐性定理与生物分布

后来的研究对耐性定理也进行了补充：每种生物对每个生态因子都有一个耐受范围，耐受范围有宽有窄；对所有因子耐受范围都很宽的生物，一般分布很广；生物在整个发育过程中，耐受性不同，繁殖期通常是一个敏感期；当一个因子处于不适状态时，生物对另一个因子的耐受能力可能下降；生物实际上并不在某一特定环境因子最适的范围内生活，可能是因为有其他更重要的因子在起作用。

二、生物对环境的生态适应

生物在与环境长期的相互作用中，形成一些具有生存意义的特征。依靠这些特征，生物能免受各种环境因素的不利影响和伤害，同时还能有效地从其生境获取所需的物质、能量，以确保个体发育的正常进行。生态适应是生物界中极为普遍的现象，一般分为趋同适应和趋异适应两类。

（一）趋同适应

所谓趋同适应，是指亲缘关系相当疏远的生物，由于长期生活在相同的环境之中，通过变异、选择和适应，在器官形态等方面出现相似性状的现象。如仙人掌科的植物适应沙漠干旱生活，具有多汁的茎，叶子退化呈刺状。而生活在相同环境下的属于不同类群的植物，出现与其相似的外部形态，如菊科的仙人笔、大戟科的霸王鞭等。蝙蝠与鸟类、鲸与鱼类等是动物趋同适应的典型例子。蝙蝠和鲸同属哺乳动物，但是蝙蝠的前肢不同于一般的兽类，而形同于鸟类的翅膀，适应于飞行活动；鲸由于长期生活在水环境中，体形呈纺锤形，它们的前肢也发育成类似鱼类的胸鳍。按趋同适应的结果，可把生物划分为不同的生活型。生活型是指生物对综合环境条件长期适应而在外貌上反映出来的类型。不同学者有不同的生活型划分方法。植物的生活型划分一般是按植物的大小、形状、分枝以及生命周期的长短等，将植物分为乔木、灌木、半灌木、木质藤本、多年生草本、一年生草本、垫状植物等。

（二）趋异适应

趋异适应是指亲缘关系相近的同种生物，长期生活在不同的环境条件下，形成了不同的形态结构、生理特性、适应方式和途径等。趋异适应的结果是使同一类群的生物产生多样化，以占据和适应不同的空间，从而划分为不同的生态型。生态型是与生活型相对应的一个概念，是指同种生物适应于不同生态条件或区域而形成的个体群类型。根据引起生态型分化的主导因素，可把植物的生态型划分为气候生态型、土壤生态型和生物生态型等。例如，栽培稻中早稻与晚稻是受栽培季节不同的光照、温度条件影响而分化出来的气候生态型，水稻与陆稻则是由于土壤水分条件不同而分化出来的土壤生态型。

三、生物对环境的生态效应

生物与环境的作用是相互的。生物在受到环境作用的同时也对其周围环境产生影响，使环境条件得到不同程度的改造，这就是生物对环境的生态效应。

（一）森林植被的生态效应

森林植被是地球上最主要的初级生产者，是生物圈中数量最大的植物群落，也是对维持人类生存环境作用最大的陆地生态系统。森林植被的生态效应表现在以下几方面。

1. 保持水土，涵养水源

林冠可以截留10%～30%的降水，林下的枯枝落叶层和疏松的土壤可使50%～80%的降水渗入林地土层，形成地下水，减少了地表径流和对表土的冲刷。

2. 调节气候，增加降水

森林具有强大的蒸腾作用，森林上空的空气湿度比无林地区上空高12%～25%，具有增加有林地区降水量的作用。

3. 保护环境，净化空气

1 hm^2阔叶林在生长季节通过光合作用每天可以吸收约1 000 kg二氧化碳，同时释放出约730 kg氧气。1 hm^2森林每年可吸尘30～70 t。森林内多种植物能够吸收空气中的有毒气体。

4. 防风固沙，保护农田

森林中的树木体型高大，根系发达，具有强大的防风功能。1 hm^2防风林可以保护农田10 hm^2，高温期温度降低0.2～1.8 ℃，低温期温度升高0.3～0.6 ℃，空气相对湿度提高2%～4%。由此可见，森林对改善环境，保障农作物高产、稳产具有十分重要的意义。

（二）淡水生物的生态效应

淡水浮游生物包括浮游植物和浮游动物，浮游植物能吸收水中各种矿质养分和有机物，使水体保持一定的清洁度，增加水体的溶氧量，对水体理化性质的变化起主导作用，同时形成水域生态系统的初级生产力。渔业生产上所讲的培养水质或肥水，实质上就是繁殖浮游生物。浮游生物生产力的大小，预示着池塘鱼类产量的高低。浮游生物是鲢、鳙、罗非鱼等鱼类的主要饵料。多种鱼类共同对水体环境发生影响。草食性鱼类的粪便可以促进浮游生物的繁殖，为鲢、鳙提供饵料。鲢、鳙鱼等滤食性鱼类取食浮游生物和细菌，使水质变清，有利于草食性鱼类的生活。鲢、鳙、罗非鱼等鱼类摄食有机碎屑，也可以保护水质。这样，水生生物与环境构成一个良性循环的生态系统。既具有良好的生产能力，又具有较强的自净能力。湖泊中，水生植物常占有重要地位，大量植物有机残体沉积于湖底，积极参与湖盆的填平作用。水生植物具有过滤泥沙、减缓水流的作用，促使湖水透明度加大，改善了水域环境。

（三）草原植被的生态效应

草原植被主要由各种天然杂草或人工牧草及分散生长的树木组成。牧草特别是豆科牧草能改良草原土壤。豆科牧草形成根瘤，具有生物固氮功能。据试验，每年每公顷草木樨能固氮 127.5 kg，苜蓿能固氮 330 kg。草原植被每年生产大量的有机物残体，经过微生物分解，可增加土壤有机质和腐殖质的积累。草原植被与森林植被一样，具有涵养水分、保持水土、净化环境等作用，还有一个重要作用是固定流沙。据测定，北方牧场、农闲地与庄稼地的土壤侵蚀比林地和草地大 40～110 倍。在降水较多地区，牧草地的保土力为作物地的 300～800 倍，保水力为作物地的 1 000 倍。近年来国家推行草场实行围栏分区轮放，控制适宜的放牧强度和轮放周期，促进牧草再生，实现持续利用，防止水土流失和沙漠化。

第二节　种群生态学原理

一、种群及其特征

（一）生物种群

种群是在一定空间中，能相互进行杂交、具有一定结构、一定遗传特性的同种个体的总和。种群由个体组成，但不等于是个体的简单相加，这是因为有机体之间存在着非独立性的交互作用，从而在整体上呈现出一种有组织、有结构的特性。种与种群是两个不同的概念，种是一种生物学分类单位，种群则是某生物种在特定空间内的个体集合。种群表现出一系列的基本特征，包括种群大小与密度、种群的空间分布、出生率与死亡率、迁入与迁出、年龄结构、性别比例等。

（二）种群密度与空间分布

一个种群的个体数目或生物量多少，称为种群大小。单位面积或单位容积内某种群的个体数目或生物量称为密度。例如，每公顷 1 500 株杉树，每立方米水体 5 尾草鱼。

由于自然环境的多样性，以及种内、种间的竞争，每一种群在一定空间中都会呈现出特有的分布形式。一般来说，种群分布的状态及其形式，可分为三种类型：

①随机分布。每一个体在种群中各个点上出现的机会是相等的，并且某一个体的位置不受其他个体分布的影响。随机分布比较少见，因为在环境和资源分布均匀一致、种群内个体间没有彼此吸引或排斥时才易产生随机分布。例如森林地被层中的一些蜘蛛，海岸潮间带的一些蚌类。

②均匀分布。种群内的个体等距离分布。均匀分布的产生原因主要是种群内个体间的竞争，例如森林中植物竞争阳光和土壤中的营养，沙漠中植物竞争土壤水分等。分泌有毒物质于土壤中以阻止同种植物籽苗的生长是形成均匀分布的另一原因。此外很多人工栽植的种群也呈均匀分布。

③集群分布。是指个体的分布极不均匀，常成群、成簇、斑点状密集分布（图 7-2）。

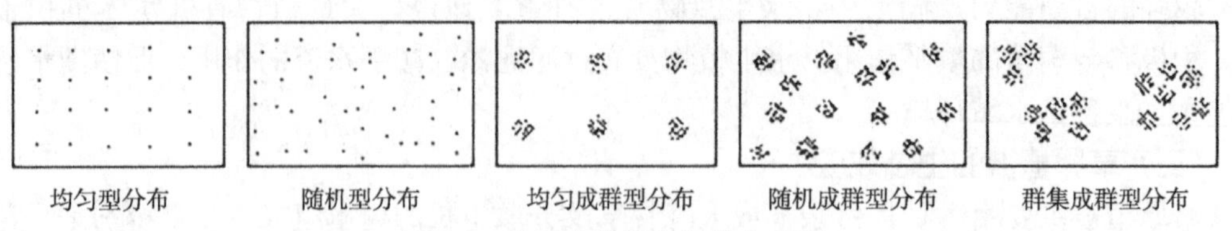

图 7-2　种群个体的空间分布类型

（三）出生率和死亡率

出生率和死亡率是影响种群动态的两个因素。出生率是指种群产生的新个体占总个体数的比率。出生是一广义的术语，包括分裂、出芽、结籽、孵化、产仔等方式。常常区分为最大出生率（也称生理出生率）和实际出生率（也称生态出生率）。前者是指理想条件下（即无任何生态因子的限制作用，生殖只受生理因素所限制）的种群出生率，对某个特定种群，它是一个常数。后者是特定环境下种群实际的出生率。同样，死亡率是指某时期内（通常是一年）死亡人数与总人口之比，可分为最低死亡率（也称生理死亡率）和实际死亡率（也称生态死亡率）。前者是种群在最适环境下，其个体由于年老而死亡，即都活到了其生理寿命；而后者则是在特定环境下的实际死亡率，即多数或部分个体死于捕食者、疾病、不良气候等因素。最大出生率和最小死亡率都是理论上的概念，能反映种群潜在的能力和实际能力的差距，以及在预测种群未来动态时起到参数作用。

（四）迁入和迁出

迁入是由别的种群进入领地。迁出是指种群内个体由于种种原因而离开种群的领地。它们描述了各地种群之间进行基因交流的生态过程。迁入与迁出过程的研究比较复杂和困难，一些种群由于其分布界限难以划定，而且迁入和迁出的研究方法也有待进一步完善。

（五）种群的年龄结构

种群的年龄结构是指不同年龄组的个体在种群内的分布情况，即各个年龄或年龄组的个体数占整个种群个体总数的比例结构。种群的年龄结构越复杂，种群的适应能力越强。研究种群的年龄结构对深入分析种群动态和进行预测预报具有重要意义。

种群的年龄结构与出生率和死亡率密切相关。一般说来，如果其他条件相等，种群中具有繁殖能力的个体比例越大，种群的出生率就越高；而种群中缺乏繁殖能力的年老个体比例越大，种群的死亡率就越高。

一般用年龄金字塔来表示种群的年龄结构。年龄金字塔可划分为三个基本类型（图 7-3）：

①增长型种群。种群中有大量幼体，而老年个体较少。种群的出生率大于死亡率，是迅速增长的种群。

②稳定型种群。种群中各个年龄级的个体比例适中，出生率与死亡率大致相平衡，所以种群数量趋于稳定。

③衰退型种群。种群中幼体比例减少而老体比例增大，种群的死亡率大于出生率，种群数量趋于减少。

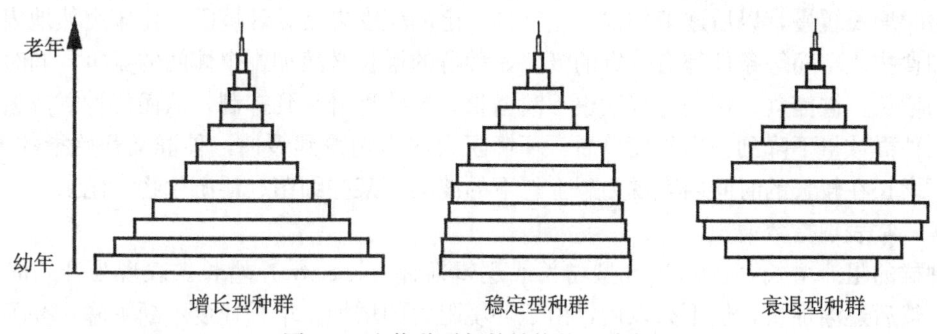

图 7-3　生物种群年龄结构的三种类型

（六）种群的性别比例

种群的性别比例是种群中雌雄个体所占的比例。种群的性别比例关系到种群当前的生育力、死亡率和繁殖特点。在高等动物中性别比例多为 1∶1。某些动物和社会性昆虫雌性较多。植物多数是雌雄同株，没有性别比例问题，但某些雌雄异株植物性别比例可能变异较大。

二、种群增长规律

（一）种群增长的两种形式

笼统地说，种群增长是种群的生物潜力与其所处环境的环境阻力共同作用的结果。在这里，生物潜力是指生物在最适宜的环境条件下，由种群的内在因素决定的最大增殖能力，也称为内禀增长率。而环境阻力则是指外界环境条件中阻止或妨碍生物达到或保持其生物潜力的那些生物因素（如捕食者）和非生物因素（如空间、食物等）。种群在一个不受限制的环境中，可能实现其生物潜力，但这种条件实际上是不存在的，是一种理想状态。在现实环境中，任何种群的增长都要受到有限的空间和食物资源以及其他生物的影响等“环境阻力”，使种群的实际增长率低于其内禀增长率。也就是说，环境阻力的存在必然使种群的无限制增长受到限制，决定了种群实现其生物潜力总有一定的限度，这个限度就是环境容纳量，也称环境承载力，它是一定的环境所能容纳或承载的最大种群数量或最大种群密度。环境容纳量决定了种群的增长是不可能稳定地超过环境的承载能力的。种群增长主要有两种形式，即指数增长和阻滞增长（图 7-4）。

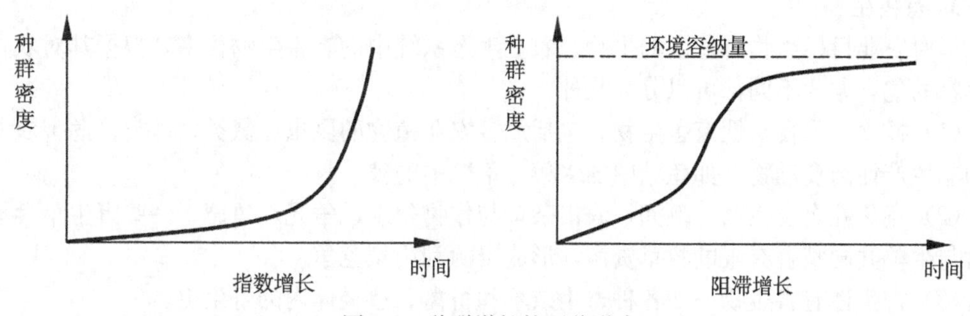

图 7-4　种群增长的两种形式

种群的指数增长也称为 J 型增长。种群数量随时间的变化规律呈指数曲线形式，表现为开始时增长缓慢，以后逐渐加快，上升到一定的程度以后，环境阻力比较突然地表现出来，如食物、空间等条件都有一定的极限，种群的增长必然加剧个体间的竞争，同时随着种群的增长，被捕食、疾病等因素也不断增长，导致种群受到抑制，从而使种群数量急剧下降；种群数量下降到一定程度以后，环境阻力的影响得到缓冲，种群又开始指数上升，使种群增长在较长的时间内表现为忽上忽下的波动。某些细菌、浮游生物、昆虫、一年生杂草等，常表现指数增长。

种群的阻滞增长，也称为S型增长或逻辑斯谛（logistic）增长。表现为开始时增长缓慢，然后逐渐加快，但不久以后，由于环境阻力的增加，增长速度不断下降，并不断靠近一条渐近线，这条渐近线就是可能达到的最大种群密度，即环境容纳量。自然界的大多数种群都是按这种形式增长的。

（二）种群的调节

种群调节是指种群恢复到其变动平均密度的趋向。种群具有一定的稳定性，能够减少波动，保持在一个稳定的数量上。减少种群的波动具有明显的好处，因为当种群数量波动到种群数量最小值或最大值时，该物种都有可能出现灭绝的危险。在自然界中，种群密度的极端值是很少达到的，因为有一系列的调节机制发挥作用。种群的数量变动是两组相互矛盾的过程——出生和死亡、迁入和迁出相互作用的综合结果。因此，所有影响上述四个因素的因子都会影响种群的数量变动，决定种群数量变动过程的是各种因子的综合作用。

三、农业生物种群

（一）农业生物种群的分类

农业生态系统中的生物种类很多，根据农业生产的目的和要求，可以分为四类。

1. 农业目标生物

指人类栽种、培育和饲养的各种生产性生物。包括各种农作物、林木、果树、蔬菜、花卉、牧草、食用菌、家畜、家禽、鱼类及经济昆虫等。它们能直接为人类提供所需要的农产品。

2. 有益生物

指直接或间接地对农业目标生物有益的生物，如豆科作物的根瘤菌、害虫的天敌、授粉昆虫等。

3. 有害生物

指对农业目标生物有危害的生物。农业生态系统中的有害生物很多，根据其对农业目标生物的危害方式不同，可以分为几种。

（1）捕食（采食）性有害生物。包括危害农业植物的昆虫、鼠类、鸟类；危害农业动物的非生产性肉食动物，如鱼塘中的水獭、草原中的狼。

（2）竞争性有害生物。例如，农田杂草与作物争水、争光、争肥，一些野生草食动物也常与牛羊共同啃食有限的牧草资源，形成资源利用型竞争。

（3）寄生性有害生物。如各种寄生杂草和畜禽、鱼类体内的寄生虫。

（4）致病微生物。农业目标生物的病害多数是由一些致病的细菌、真菌、病毒等引起的。此外，农业生态系统中还有一些生物虽不直接危害农业目标生物，却是一些致病微生物或寄生生物的中间宿主或传播媒介，间接地加重了对农业目标生物的危害。

4. 中性生物

指那些对农业目标生物无明显影响的生物。实际上，中性生物是很少存在的，生长在农业生态系统内的生物或多或少都可能直接或间接地影响农业目标生物的生长、发育和繁殖。

（二）农业目标生物的基本特征

生长在农业生态系统中的其他非生产性生物，与自然生态系统中的生物种群并无明显差异。因此，这里仅讨论农业目标生物的基本特征。农业目标生物的基本特征有以下 5 个方面。

①种群密度大、种群内个体分布均匀。农业生产总是希望通过高密度的种植和饲养，以提高单位面积上的产量。为达到这一目的，人为地使种群内的个体分布均匀是一种重要手段，因为这样有利于个体间的平等竞争，使之享受等量的空间和资源，避免优势者和劣势者的分化，从而提高群体的生产性能。

②个体间差异小、基因型单一。由于农业目标生物往往是一些定型的品种，个体间基因型的相似性，不仅导致相似的形态特征、生理特性和个体发育程序，而且也具有相近的生产性能。这正是人类对农业目标生物的要求。

③人工选育、种群进化快。农业目标生物不仅要面对“自然选择”，同时还要面对“人工选择”。育种工作者的成就使品种不断更新，加速了种群的进化。但这种进化已不再是单纯地适应自然环境，更重要的是适应人类的需要，所以说农业目标生物的进化方向是人类决定的。

④个体繁殖性能受到严格的人为控制。自然生态系统的生物种群，其个体繁殖性能取决于自身条件及其周围的环境（包括生物环境如是否有配偶等）。而农业目标生物种群中的个体繁殖性能，在很大程度上受到人为干预。例如，收获营养器官的作物其个体繁殖性能往往受到抑制，而收获果实和种子的作物则可能得到加强；在农业动物中，用于繁殖的个体其繁殖性能得以充分发挥，而其他个体则可能因人为措施而丧失繁殖性能。

⑤种群波动大。农业生产的季节性，使农业目标生物种群的数量表现出明显的波动，形成时间上的不连续性。每一个生产周期中种群密度的大小主要取决于人为的安排，人类可以随意地增大或减小种群密度，使种群数量受到严格的人为调节和控制。并且，农业目标生物种群在很大程度上依赖于这种调节和控制。

第三节　群落生态学原理

一、群落及其基本特征

在自然界，没有一个生物种群是独立存在的，在其所处地段上，必然还存在着其他生物种群。一定地段上所有生物种群的集合，就形成一个生物群落。例如，一片森林或一个湖泊，其中所有的生物种群就构成一个生物群落。生物群落内各个生物种群通过一定的相互联系、相互制约和相互补偿，长期共存于同一环境，形成一个具有一定结构和功能的整体。

常见的群落分类和命名方法有：根据群落中的优势种来命名，如马尾松林群落、木荷林群落；根据群落所占的自然生境来命名，如岩壁植被；根据优势种的主要生活型来命名，如亚热带常绿阔叶林群落、草甸沼泽群落；根据群落中的特征种来命名，如木荷群落；根据群落动态来进行分类和命名。

群落的基本特征包括群落的物种组成、群落的数量特征、群落的结构特征。

（一）群落的物种组成

1. 群落的物种组成

物种组成是决定群落性质的最重要的因素，也是鉴别不同群落类型的基本特征。调查群落中的物种组成，对组成群落的物种进行逐一登记，编制出所研究群落的生物物种名录，是研究群落特征的第一步。通常选择群落中各物种分布较均匀的地方，圈定一定的面积，登记这一面积中的所有物种，然后按照一定的顺序成倍扩大面积，登记新增加的种类。开始时，面积扩大，物种随之迅速增加，但逐渐扩大面积后，物种增加的比例减少，最后，面积再增大，种类却很少增加。依据两者的关系，绘制种类-面积曲线图。曲线最初陡峭上升，而后水平延伸，开始延伸的一点所示的面积，即为群落最小面积。所谓群落最小面积，就是指至少要求这样大的空间，才能包括组成群落的大多数物种。群落最小面积能够表现群落结构的主要特征。植物群落最小面积比较容易确定，用上述方法即可求得。但动物群落最小面积较难确定，常采用间接指标（如根据大熊猫的粪便、觅食量等指标）加以统计分析，确定其最小面积。

2. 植物群落成员型分类

在植物群落研究中，常根据物种在群落中的作用而进行分类。

（1）优势种和建群种。优势种指对群落的结构和群落环境的形成有明显控制作用的植物种。它们通常是那些个体数量多、投影盖度大、生物量高、体积较大、生活能力较强的种。群落的不同层次可以有各自的优势种，其中优势种起着构建群落的作用，常称为建群种。

（2）亚优势种。亚优势种指个体数量与作用都次于优势种，在决定群落性质和控制群落环境方面也起着一定作用的植物种。在复层群落中，它经常居于较低的亚层。如南亚热带雨林中的红鳞蒲桃和大针茅草原中的冷蒿在有些情况下可能成为亚优势种。

（3）伴生种。伴生种与优势种相伴存在，但不起主要作用。如马尾松林中的乌饭树、米饭花等。

（4）偶见种。偶见种是那些在群落中出现频率很低的种类，多半数量稀少，如常绿阔叶林或南亚热带雨林中分布的观光木，这些物种随着生境的缩小濒临灭绝，应加强保护。偶见种可能是偶然被人为带入或随着某种条件的改变而侵入群落中，也可能是衰退中的残遗种，如某些阔叶林中马尾松。有些偶见种的出现具有生态指示意义。

（二）群落的数量特征

有了一份较完整的群落的生物种类名录，只能反映群落中有哪些物种，只有对物种组成进行数量分析，才能进一步说明群落的特征。群落的数量特征主要包括密度、多度、频度、盖度、重量、体积、优势度与重要值等指标，在对群落进行专题研究时才使用相应的数量特征指标，此处不进行详细介绍，有兴趣者可查阅相关资料。

（三）群落的结构特征

1. 群落外貌

群落外貌是指生物群落的外部形态或表相。它是群落中生物与生物、生物与环境相互作用的综合反映。陆地生物群落的外貌是由组成群落的植物种类、植物的季相、植物的生活期及其生活型所决定的，即主要取决于植被的特征。水生生物群落的外貌主要取决于水的深度和水流特征。

2. 群落的季相

一年中气候的变化是有规律的，可以区分出季节。群落中各种植物的生长发育也有规律地交替发展，其中主要层的植物季节性变化，使得群落表现为不同的季节性外貌，即为群落的季相。温带地区四季分明，群落的季相变化十分显著。如温带草原中有 4 个或 5 个季相：早春，气温回升，植物开始发芽生长，草原一片嫩绿，即为春季季相；入夏后，炎热多雨，植物生长繁茂，色彩丰富，出现夏季季相；秋末，植物开始干枯休眠，呈红黄相间的秋季季相；冬季季相则一片枯黄。掌握作物群落的季相变化和物候进程，是合理安排种植制度、充分利用环境资源、提高复种指数的重要途径。

3. 群落的垂直结构

群落的垂直结构主要指群落的分层现象。陆地群落的分层与光的利用有关。森林群落从上往下，依次可划分为乔木层、灌木层、草本层和地被层等层次。群落不仅地上部分成层，地下也具有成层性，植物群落的地下成层性是由于不同植物的根系在土壤中达到的深度不同而形成的，土层越深根量越少。群落中动物的分层现象也很普遍。动物之所以有分层现象，主要与食物有关，因为群落不同层次提供不同的食物，其次还与不同层次的微气候条件有关。水生生物群落的分层现象，主要取决于水中的透光情况、水温和溶解氧的含量等。在水域环境中，植物可分为挺水植物、漂浮植物、沉水植物等；动物有水面生活的水蝇、水层生活的仰泳蝽和水底生活的蝎蝽等。鱼类经常活动在特殊的水域。如青鱼、草鱼、鲢鱼、鳙鱼四大家鱼，就分布在不同的层次上。农田生物群落也因作物的种类、栽培条件的差异，形成不同的层次结构。如稻田的昆虫群落，上层主要分布有稻苞虫、稻纵卷叶螟等，中下层主要分布有稻飞虱、叶蝉等，地下层主要分布有稻叶甲幼虫、双翅目幼虫等。

4. 群落的水平结构

群落的水平结构是指群落在水平方向上的配置状况或水平格局。任何植物群落中，都不存在环境的绝对一致性。各种植物在群落中的不均匀配置，使群落在外形上表现为斑块相间，称为镶嵌性，具有这种特征的植物群落称为镶嵌群落。每一个斑块就是一个小群落，小群落是由环境因子在水平方向上的差异导致生物种类的空间分布不相同而形成的各种小型生物组合，它们彼此组合，形成了群落的镶嵌性。群落内部环境因子的不均匀性是群落镶嵌性的主要形成原因。在一定空间地段，地形起伏变化引起土壤水分、肥力以及生境类型等生态因子的交替变化，而导致两个以上的植物群落（通常是群落片段）有规律地重复交替出现的结构格局，称为群落复合体。群落交错区又称生态交错区或生态过渡带，是两个或多个群落之间（或生态地带之间）的过渡区域。如森林和草原之间的森林草原过渡带，水生群落和陆地群落之间的湿地过渡带。群落交错区是种群竞争的紧张地带，这里的生境条件具有特殊性、异质性和不稳定性，可包含相邻两个群落共有的物种以及群落交错区特有的物种。

二、群落内的种间关系

生物群落内的生物种群之间，存在着的相互依存、相互制约和相互补偿的关系，这就是种间关系，也称为种间相互作用。如果用“+”“-”和“0”分别表示某一物种对另一物种的生长与存活产生有利作用、抑制作用和无影响，则两个生物种群之间的关系可表示9种类型（表7-1）。群落内的种间关系是多种多样的，但归纳起来，主要有正相互作用和负相互作用两种基本类型，其中竞争、捕食、寄生、偏害作用属于负相互作用，偏利作用、原始合作、互利共生属于正相互作用。

表7-1 种间关系的基本类型

作用类型	物种1	物种2	相互作用的一般特征
中性作用	0	0	两个种群彼此都不受影响
竞争：直接干涉型	—	—	两个种群直接相互抑制
竞争：资源利用型	—	—	资源缺乏时间接相互抑制
偏害作用	—	0	种群1受抑制，种群2不受影响
寄生	+	—	寄生者得利，宿主受害
捕食	+	—	捕食者得利，猎物受害
偏利作用	+	0	共生者得利，宿主无影响
原始合作	+	+	二者均有利，但不发生依赖关系
互利共生	+	+	双方都有利，且彼此依赖

（一）种间竞争

种间竞争是指两物种或更多物种共同利用同样的有限资源而产生的相互竞争作用。种间竞争的结果可能是两个种群形成协调的平衡状态；或者一个种群取代另一个种群；或者一个种群将另一个种群赶到别的空间去；或者产生生态位分离，如食性分离、空间分离等，从而改变原生态系统的种群结构。竞争能力取决于物种的生态习性、生活型和生态幅等。

生态位是生态学中的一个重要概念，指物种在生物群落或生态系统中的地位和角色。对于某一生物种群来说，它只能生活在一定环境条件范围内，并利用特定的资源，甚至只能在特殊时间里在该环境中出现（例如，食虫的蝙蝠是夜间活动的，当时鸟类很少在觅食）。

（二）捕食

捕食可定义为一种生物摄取其他种生物个体的全部或部分为食，前者称为捕食者，后者称为猎物或被食者。狭义的捕食是指食肉动物吃食草动物或其他动物，例如狮吃斑马。广义的捕食除包括上述情况，还包括食草动物吃绿色植物，寄生物从宿主获得营养等。

从理论上说，捕食者和猎物的种群数量变动是相关的。当捕食者密度增大时，猎物种群数量将被压低；而当猎物数量低到一定水平后，必然又会影响到捕食者的数量；随着捕食者密度的下降，捕食压力减小，猎物种群又会再次增加，这样就形成了一个反馈调节。捕食者与猎物的相互适应不是一朝一夕形成的，而是长期协同进化的结果。所以捕食者可以作为自然选择的力量对猎物的质量起一定的调节作用。研究捕食行为，可促进农林业生产中应用生物手段防治病虫害，如利用七星瓢虫等天敌控制蚜虫等害虫的大发生等。

（三）寄生

寄生是指一个种（寄生物）寄居于另一个种（宿主）的体内或体表，靠宿主体液、组织或已消化物质获取营养而生存。寄生物从较大的宿主组织中摄取营养物，是一种弱者依附于强者的情况。寄生物可以分为微寄生物、大寄生物两大类。微寄生物在宿主体内或表面繁殖，主要的微寄生物有病毒、细菌、真菌和原生动物。大寄生物在宿主体内或表面生长，但不繁殖，动植物的大寄生物主要是无脊椎动物。应注意寄生物的身体大小并不总是决定它们是微寄生物还是大寄生物的因素。比如，蚜虫是植物的微寄生物（在植物表面繁殖），而真菌可能是昆虫和植物的大寄生物，它们在宿主死去前不繁殖。捕食者通常杀死猎物，而寄生者多次地摄取宿主的营养，一般不立即或直接杀死宿主。寄生蜂将卵产在昆虫幼虫内，随着发育过程逐步消耗宿主的全部内脏器官，最后剩下空壳，一般称为拟寄生。拟寄生是一种介于寄生和捕食之间的种间关系。

随着宿主密度的增长，宿主与寄生物的接触势必增加，造成寄生物广泛扩散和传播，宿主种群中的流行病将不可避免。流行病使宿主大量死亡，未死亡而存活下来的宿主往往形成具有免疫力的种群；密度的下降也减少了与寄生物接触的强度，于是流行病趋向于结束，宿主种群再次增长，又开始了寄生物和宿主两个种群数量变动的新周期。流行病学是当今十分吸引生态学家的一个领域。医学上丰富的记录以及农作物疾病的流行记录，提供了宝贵的素材，是发展生态学理论的基础。

（四）偏害作用

相互作用的两个种群，一个种群受抑制而对另一个种群无影响，这样的种间关系就称为偏害作用。例如，青霉菌产生的青霉素可杀死多种细菌；冬黑麦对小麦、向日葵对蓖麻、番茄对黄瓜都有抑制作用；玉米对苹果根的分布产生不利影响；洋槐树皮分泌的挥发性物质能抑制多种草本植物的生长。根据这一特性，在农业生产中，应避免具有偏害作用的物种进行间、混、套作。

（五）共生

广义的共生包括偏利共生、原始合作和互利共生。

1. 偏利共生

偏利共生指共生的两个物种一方得利，而对另一方无害。如附生植物与被附生植物之间的关系就是一种典型的偏利共生。偏利共生可以分为长期性和暂时性。附生植物如地衣、苔藓等借助被附生植物支撑自己并获得更多的光照和空间资源，藤壶附生在鲸鱼或螃蟹背上，鲫以其头顶上的吸盘固着在鲨鱼腹部等，都被认为是对一方有利而对另一方无害的偏利共生。

2. 原始合作

原始合作指两个生物种群生活在一起，彼此都有所得，但二者之间不存在依赖关系，分离后双方仍能独立生存。如蟹与腔肠动物的结合，腔肠动物覆盖在蟹背上，蟹利用腔肠动物的刺细胞作为自己的武器和掩蔽物，腔肠动物利用蟹为运载工具，借以到处活动得到更多的食物。在农业生产中，人们将不同生活型的植物间作和套种，它们有时可以利用对方造成的有利环境等，相互受益。如玉米与大豆或花生间作、冬小麦与豌豆或黄花苜蓿间作、棉花与甘薯或板蓝根间作。稻田养鱼等，利用它们之间的种间互补作用可实现对环境资源的充分利用，并可控制有害生物、改善环境条件等。

3. 互利共生

互利共生指两个生物种群生活在一起，相互依赖，互相得益。如固氮微生物与植物共生形成根瘤，固氮微生物将分子态氮转化成化合态氮供植物吸收，植物向固氮微生物提供生命活动必需的能源和碳源。两种生物的互利共生，有的是兼性的，即一种从另一种获得好处，但并未达到离开对方不能生存的地步。如在不同季节，蜜蜂到不同的植物的花上采蜜，而其他的昆虫传粉者也会到这些有花的植物上采蜜。另一些是专性的，如地衣是藻类和真菌的共生体，藻类从真菌当中获得水分，而真菌则从藻类获得光合作用产物，因此，地衣能够生存于裸露和其他极端环境中。

三、生物群落的演替

虽然生物群落具有一定的稳定性，但组成群落的生物都有其自身的生命过程，加上环境因素和时间变迁的影响，生物群落必然发生变化。这种变化包括生物群落形成和发育的动态，以及生物群落依次代替的过程。这种一个群落为另一个群落所取代的过程，称为群落的演替，它是群落动态的一个最重要的特征。

（一）群落演替的类型

1. 根据起始基质的性质分类

分为原生演替和次生演替。前者是指在原生裸地上发生的群落演替。后者是指在原有生物群落被破坏的地段上进行的群落演替。次生演替过程中若群落进一步破坏称为群落的退化；若破坏后的群落不断恢复称为群落的复生。次生演替由于其起始基质过去有植物生长过，具有一定的土壤基础并且土壤中具有植物的繁殖体，所以进展比较快。

2. 根据决定群落演替的主导因素分类

分为内因性演替和外因性演替。内因性演替也称内因动态演替，是由于群落内不同物种之间的竞争或物种的生命活动，改变了生态环境，改变了的群落环境条件，对原来的植物不利，而为其他植物的更新创造了有利的生态环境，如此相互作用，使演替不断向前发展。外因性演替是由外界环境因素的作用所引起的群落演替，包括气候、地貌、土壤和人为改变所引起的演替。

3. 根据演替进程时间长短分类

分为快速演替、长期演替和世纪演替。快速演替是指在短时间内（几年或十几年）发生的演替，如撂荒耕地上的演替。长期演替是指演替延续的时间较长几十至几百年前，如云杉林采伐后发生的桦木林或松木林仍恢复到云杉林的演替。世纪演替经历的时间相当长，一般以地质年代计算，在这类演替中，群落的发育与植物种系的进化密切相关。群落的世纪演替是一个不间断的过程。原生演替属于世纪演替。

（二）群落的演替过程

一个先锋群落在裸地形成后，演替便会发生。一个群落接着一个群落相继不断地为另一个群落所代替，直至顶极群落，这一系列的演替过程就构成了一个演替系列。

1. 原生旱生演替系列

典型的原生旱生演替系列至少包括以下四个阶段。

（1）地衣植物阶段。裸岩表面最先出现的是地衣植物，其中以壳状地衣首先定居。壳状地衣将极薄的一层植物紧贴在岩石表面，由于假根分泌溶蚀性的酸性物质腐蚀岩石表面，加之风化作用和壳状地衣的一些残体，就逐渐形成极少量的土壤。在壳状地衣的长期作用下，土壤条件有了改善，就在壳状地衣群落中出现叶状地衣。叶状地衣可以积蓄更多的水分，积蓄更多的残体，而使土壤增加得更快些。在叶状地衣群落将岩石表面覆盖的地方，枝状地衣出现，枝状地衣生长能力强，逐渐可完全取代叶状地衣群落。地衣群落是演替系列的先锋群落。地衣植物阶段在整个演替系列过程中延续的时间最长。

（2）苔藓植物阶段。苔藓植物生长在岩石表面上，与地衣植物类似。在干旱时期，苔藓植物可以停止生长并进入休眠，等到温暖多雨时，可大量生长，它们积累的土壤更多些，为后来生长的植物创造更好的条件。苔藓植物阶段出现的动物，与地衣群落相似，主要是螨类等腐食性或植食性的小型无脊椎动物。

（3）草本植物阶段。群落演替进入草本植物阶段，首先出现的是蕨类植物和一些一年生或二年生的草本植物，它们大多是短小和耐旱的种类，并早已以个别植株出现于苔藓群落中，随着群落的演替大量增殖而取代苔藓植物。随着土壤的继续增加和小气候的开始形成，多年生草本植物相继出现。草本植物阶段中，原有的岩石表面环境条件有了较大的改变，由于郁闭度提高，土壤增厚，蒸发减少，进而调节了温度和湿度。此时植食性、食虫性鸟类以及野兔等中型哺乳动物的数量不断增加，使群落的物种多样性增加，食物链变长，食物网等营养结构变得更为复杂。

（4）木本植物阶段。这一阶段，首先出现的是一些喜光的阳性灌木，它们常与高草混生形成“高草灌木群落”，以后灌木大量增加，成为优势的灌木群落。这时，食草性的昆虫逐渐减少，吃浆果、栖灌丛的鸟类会明显增加。林下哺乳类动物数量增多，活动更趋活跃，一些大型动物也会时而出没其中。灌木群落进一步发展，阳性的乔木树种开始在群落中出现，并逐渐发展成森林。至此，林下形成荫蔽环境，使耐阴的树种得以定居。耐阴树种的增加，使喜光树种不能在群落内更新而逐渐从群落中消失，林下生长耐阴的灌木和草本植物的复合森林群落就形成了。在这个阶段，动物群落变得极为复杂，大型动物开始定居繁殖，各个营养级的动物数量都明显增加，互相竞争，互相制约，使整个生物群落的结构变得更加复杂、稳定。

2. 原生水生演替系列

从水域开始的原生水生演替系列包括六个阶段。

（1）自由漂浮植物阶段。在这一阶段，湖底有机物的聚积主要依靠浮游有机体的死亡残体，以及湖岸雨水冲刷所带来的矿质微粒。天长日久，湖底逐渐抬高。

（2）沉水植物阶段。水深5～7 m首先出现的是轮藻属的植物，构成湖底裸地上的先锋植物群落。由于它的生长，湖底有机物积累加快，同时由于它们的残体在无氧条件下分解不完全，湖底进一步抬高，至水深 2～4 m 时，有金鱼藻、弧尾藻、黑藻、茨藻等高等水生植物种类出现。这些植物的生长能力强，垫高湖底作用的能力也就更强。此时大型鱼类减少，而小型鱼类增多。

（3）浮叶根生植物阶段。随着湖底变浅，出现了浮叶根生植物如眼子菜、莲、菱、芡实等。由于这些植物的叶在水面上，当它们密集后就将水面完全覆盖，使其光照条件变得不利于沉水植物的生长，原有的沉水植物将被挤到更深的水域。浮叶根生植物高大，积累有机物的能力更强，垫高湖底的作用也更强。

（4）挺水植物阶段。水体继续变浅，出现了挺水植物，如芦苇、香蒲、水葱等。其中，芦苇最常见，其根茎极为茂密，常交织在一起，不仅使湖底迅速抬高，而且可形成浮岛，开始具有陆生环境的一些特点。这一阶段的鱼类进一步减少，而两栖类、水蛭、泥鳅及水生昆虫进一步增多。

（5）湿生草本植物阶段。湖底露出地面后，原有的挺水植物因不能适应新的环境，而被一些禾本科、莎草科和灯芯草科的湿生植物所取代。由于地面蒸发加强，地下水位下降，湿生草本植物逐渐被中生草本植物群落所取代。而在适于森林发展的情况下，群落演替继续进行。

（6）木本植物阶段。在湿生草本植物群落中，首先出现一些湿生灌木，如柳属、桦属的一些种，继而乔木侵入逐渐形成森林。此时，原有的湿地生境也随之逐渐变成中生生境。在群落内分布有各种鸟类、兽类、爬行类、两栖类和昆虫等，土壤中有蚯蚓、线虫及多种土壤微生物。整个水生演替系列实际上是湖沼填平的过程，通常是从湖沼的周围逐渐向湖沼的中心推进的。

3. 次生演替

原生植被遭外力作用破坏以后，即可发生次生演替。引起次生演替的外力有火灾、病虫害、干旱和冰雹等自然因素和人为活动因素。其中人类的破坏是主要因素，如采伐森林、放牧、垦荒等。大多数次生演替是在人类的干扰作用下开始的。顺序发生的各类次生群落共同形成次生演替系列。下面以云杉采伐后从采伐迹地开始的次生演替为例介绍次生演替系列。

（1）采伐迹地阶段。采伐迹地阶段即森林采伐后的消退期。此时产生了较大面积的采伐迹地，原来森林小气候完全改变。地面受到直接的光照，挡不住风，热量很快升高，又很快发散，形成霜冻等。因此不能忍受日灼和霜冻的植物，以及原先林下的耐阴植物和阴性植物消失了，而喜光植物，尤其是禾本科杂草、莎草科杂草等蔓生起来，形成杂草群落。这一阶段随着植物环境的改变，动物群落也发生变化，大中型哺乳动物、营巢的鸟类消失了，代之而来的是草食性昆虫和啮齿类等小型哺乳动物。

（2）先锋树种阶段（小叶树种阶段）。由于原有云杉林所形成的优越土壤条件，喜光的阔叶树种（桦、山杨等）很快地生长起来，形成以桦和山杨为主的阔叶林群落。当阔叶树郁闭时，抑制和排挤其他喜光树种，阔叶树幼树同样受排挤，使它们开始衰弱，然后完全死亡。这一时期，前一阶段离去的一些鸟类和中型甚至大型动物开始返回，而草食性昆虫等逐渐减少。

（3）阴性树种定居阶段（云杉定居阶段）。由于阔叶林极大地改善了林内小气候和林下的土壤条件，耐阴性的云杉、冷杉幼苗在林下能够生长。最初这种生长是缓慢的，但往往到30年左右，云杉就在桦树、山杨林中形成了第二层。加之桦树、山杨林的自然稀疏，林内光照条件进一步改善，有利于云杉的生长，于是云杉逐渐伸入到上层林冠中。一般当桦树、山杨林长到50年时，许多云杉树就进入上层林冠。

（4）阴性树种恢复阶段（云杉恢复阶段）。过了一些时候，云杉的生长超过桦树和山杨，于是云杉组成了森林上层。桦树和山杨因不能适应上层遮阴而开始衰亡。到80～100年，云杉终于高居上层，造成严密的遮阴，在林内形成紧密的酸性落叶层。桦树和山杨根本不能更新。这样又形成了单层的云杉林，其中混杂着一些残留下来的桦树和山杨。在云杉定居和恢复阶段，大型哺乳动物和鸟类又开始在林中定居。

四、农业生物群落的特点

1. 种类构成简单

就农业生物群落的种类构成而言，由于人为因素的影响，群落往往表现为种类较少，物种单一。在农业生产中，人为的干预往往是有意识地加强农业生物群落的物种单一化。虽然在一定程度上农业生物群落内的物种较少有利于发挥农业目标生物的生产潜力，提高经济产品的产量，但过分的单一化往往导致：

①环境资源的衰退性变化。如单一种植势必导致土壤肥力下降、土质变劣，甚至造成严重的水土流失和土壤沙化。

②农业生态系统丧失其有效的自然调节机制，如人们在防治有害生物的同时，往往将其天敌杀死，使野生生物资源大量减少，削弱甚至完全丧失了系统原有的自然制约机制，结果使有害生物的危害更加严重。

显然，农业生物群落中的优势种，便是人为栽种或饲养的农业目标生物。但是，这些优势种的形成并不像自然群落那样，凭自己的生长能力和对自然环境的适应能力来获得优势种的地位，而是人为安排的，如果离开了人为的干预，它们的优势种的地位将会受到严重的威胁，甚至有灭绝的危险。由此可见，人类对农业生态系统的调节和控制，对农业生态系统是何等的重要。

2. 水平结构复杂

农业生物群落不仅在很大程度上继承了自然生物群落的水平结构，而且由于受到社会经济系统的影响，群落的水平结构类型更加丰富多样。这体现在：

①不同的人口密度形成不同的水平结构。如人口稠密地区，粮食作物比重大而经济作物比重较小。

②不同的经济条件形成不同的水平结构。这主要表现为群落水平结构的城乡梯度，以城镇为中心，离城镇越近，鲜活产品的生产项目越多；离城镇越远，便于贮藏运输的生产项目越多，形成同心圆式的梯度变化。城市越大，这种变化就越明显。

③水平结构与居民点的关系。这表现为居民点附近的土地便于投入较多的人力和肥料，形成了居民点附近的集约经营项目和远离居民点的粗放经营项目的梯度变化。

④劳动者素养的差异形成不同的水平结构。如文化技术素养高的劳动者，往往经营技术集约型项目，反之则经营劳动集约型项目。

⑤其他因素的影响。传统消费习惯、乡土特色、宗教信仰等也影响农业生态系统的水平结构，从而使农业生态系统也随这些因素而形成不同的水平结构。

3. 垂直结构层次较少

发育良好的自然群落，由于具有丰富多样的层次性，充分利用了系统中有限的自然资源和栖息空间，实现了自然群落的高效率生产。与自然群落相比，农业生物群落往往仅具有少数几个层次，表现为垂直结构的简单化，这对提高农业生态系统的生产力是不利的。如层次较少或单一种植的作物，不能实现对光、热、养分及空间的充分利用，尤其是作物生长前期，资源浪费现象严重。同样，单一的养殖业不能充分利用栖息地和不同层次的食物资源，如单一的淡水养殖不能充分发挥水域生产力。根据这一特点，人工模仿自然群落的多层次性，建立充分利用资源和空间的立体生产系统，可以较大幅度地提高农业生态系统的生产力。

4. 群落的年周期变化更加明显

农业生物群落中的物种继承了自然群落的昼夜节律和生物钟，其日周期变化与自然群落并无明显差异。但就其年周期变化而言，由于农业生产在时间上的不连续性，形成了一些相互间断的生产周期，使群落外貌的年周期变化更加明显。这在作物生产中表现尤为突出，前茬与后茬的作物不同，与之相对应的病、虫、杂草等也将发生重大变化，而在两茬口之间的间隔期内，生物种类和数量会出现一个短时期的急剧减少和突然增加的过程，形成明显的分隔。此外，林业生产的定期间伐和砍伐，水域的定期捕捞和畜禽的批量生产，使农业生产形成不同的生产周期，而人类活动则呈现为对自然的周期性干扰。

5. 营养结构简单

由于农业生物群落的生物种类较少，以及人为的调节和控制，使农业生态系统往往表现为食物链简短、营养结构简单。大量的农产品输出和人为减少生物种类，使农业生物群落一般只能维持两到三个营养级，而且食物链的类型也较少，致使农业生态系统的自我调节机制削弱，稳定性较差。

第四节　系统生态学原理

一、生态系统

（一）系统及其基本性质

系统是由相互作用和相互依赖的若干组成部分结合而成的，具有一定结构，行使一定功能的有机整体。系统是事物存在的普遍形式，从原子到宇宙，从蛋白质到生物群落乃至生物圈，从一个家庭到整个人类社会，都是以系统的形式存在的。系统可以是有生命的系统，如一个生物个体或一个有生物存在的系统（生态系统）；也可以是无生命的机械系统，如一台电视机。系统分类方法较多，按系统的自然属性不同，可将系统分为自然系统与人工系统两大类；按系统的物质属性不同，可将系统分为实体系统与概念系统两大类；按系统的运动属性不同，可将系统分为动态系统和静态系统两大类；按系统与环境的关系不同，可将系统分为开放系统和封闭系统两大类；按系统是否有生物存在，可将系统分为生物系统与机械系统等。

系统具有以下基本性质。

1. 系统具有一定的边界

无论大小，任何系统都有一定的边界。系统的边界可能是自然形成的，如一口池塘、一个生物个体；有些系统的边界是人为划定的，如一个村、一个乡、一个农场。一般人为划定边界的系统，其边界范围大小是根据研究目的而定的，同时尽可能把关系密切的组分及其反馈联系包括在内，使边界以内的系统功能具有相对的独立性。

2. 系统由两个以上的组分构成

系统的组分是指构成系统的诸要素，也称为元素。任何系统都是由两个以上的组分构成的，系统各种组分的结构特征，也称为系统的水平分离特征。系统组分本身可以自成为系统，称为子系统或亚系统；系统本身也可能是一个更大系统的组分。自然界普遍存在着大系统中套小系统的层次现象，从生物大分子到细胞器、细胞、组织、器官、个体、种群、群落到生物圈，就是一个最典型的自然系统层次；从家庭、村落、地方组织到国家乃至全世界，则是一个典型的社会系统层次。这种大系统中套小系统的层次结构特征，称为系统的垂直分离特征。

3. 系统具有一定的结构

系统的结构反映了系统各组分之间的关系，包括种类关系和量比关系。任何系统都具有特定的结构。具体地讲，系统的结构由三个方面来决定：一是构成系统的组成成分；二是各组分在系统内的空间和时间上的分布；三是各组分之间的联系方式和特点。只有这三个方面确定以后，系统的结构才能完全确定。例如，一个鱼塘有多种鱼类、底栖动物、水生植物、浮游生物等，它们都有一定的数量、食物营养关系及时间与空间分布特征。

4. 系统具有一定的功能

由于系统具有一定的结构，使得系统能完成特定的功能，而且系统的功能往往大于各部分功能的总和。例如，一个植株是由若干种有机物质和无机物质组成，但这些有机物质和无机物质按一定的结构构成一个植株后，它就表现出其最典型的功能——生命；一台电视机由若干电子元件组成，但这些电子元件构成电视机后，就能播放声音和图像。系统的功能大于各组分功能的总和，其中所多出的新功能，可以称为系统的新生特性（也称为整合效应）。

（二）生态系统及其特点

生态系统的概念是由英国生态学家坦斯列于 1935 年最先提出来的。后来，美国生态学家奥德姆给生态系统下了一个更完整的定义：生态系统是指生物群落与生存环境之间，以及生物群落内的生物之间密切联系、相互作用，通过物质交换、能量转化和信息传递，成为占据一定空间、具有一定结构、执行一定功能的动态平衡整体。简而言之，在一定空间内生物群落与非生物环境相互作用的统一体，就是生态系统。即：生态系统＝生物群落＋无机环境。

生态系统是一种有生命的系统，它与一般的系统比较，具有以下特点。

1. 生态系统中必须有生命存在

生态系统的组成不仅包括无生命的环境成分，还包括有生命的生物组分。只有在有生命的情况下，才有生态系统的存在。

2. 生态系统是具有一定地域特点的空间结构

生态系统通常与特定的空间相联系，不同空间有不同的环境因子，从而形成了不同的生物群落，因而具有一定的地域性。

3. 生态系统具有一定的时间变化特征

由于生物具有生长、发育、繁殖和衰亡的特性，使生态系统也表现出从简单到复杂、从低级到高级的更替变化规律。

4. 生态系统的代谢活动是通过生产者、大型消费者和小型消费者这三大功能类群参与的物质循环和能量转化过程而完成的。

5. 生态系统处于一种复杂的动态平衡之中

生态系统中的生物种内、种间以及生物与环境之间的相互关系不断发展变化，使生态系统处于一种动态平衡之中。任何自然力和人类活动对生态系统的某一环节或环境因子的影响，都会导致生态系统的剧烈变化，从而影响系统的生态平衡。如砍伐森林、围湖造田。

6. 各种生态系统都是程度不同的开放系统

生态系统不断从外界输入物质和能量，经过转化变为输出，从而维持着生态系统的有序状态。各种生态系统的最重要的外界输入是太阳光能。

（三）生态系统的组成

生态系统包括生物组分和无机环境组分两大部分。生物组分包括生产者、大型消费者、小型消费者三大功能类群；环境则是指生态系统的物质和能量来源，包括生物活动的三种基质（大气、水、岩石土壤）以及参与生理代谢的各种环境要素，如光、温、水、氧、二氧化碳和矿质养分等。生态系统内生产者、大型消费者、小型消费者和无机环境之间存在着密切的关系，通过彼此之间的物质转化和能量传递，来实现生态系统的功能（图 7-5）。

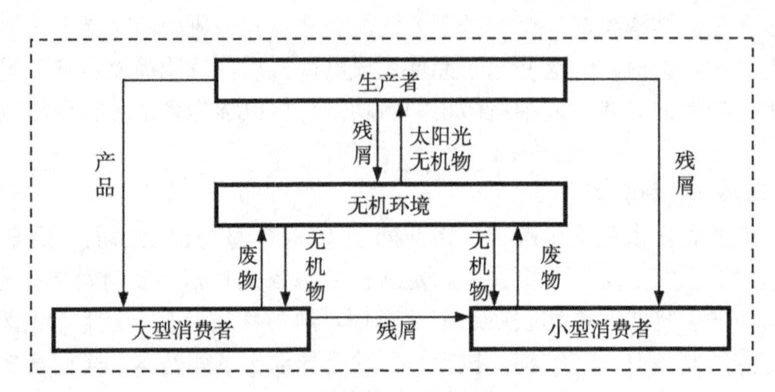

图 7-5　生态系统的组成示意

1. 生态系统的生物组分

（1）生产者。生产者是指生态系统中的自养生物，主要指绿色植物，还包括一些光合细菌和化能自养细菌。绿色植物通过光合作用，将太阳光能首次转化为生物化学能并固定在植物体内，同时将二氧化碳、水以及矿物质等无机物质合成为有机物质以构成植物有机体。由此可见，绿色植物的光合作用是生态系统中一切生物赖以生存的主要能量来源和有机物质来源。生产者同化太阳光能和环境中的无机物质的生产又称为初级生产，因此，生产者往往也称为初级生产者。

（2）大型消费者。大型消费者是以初级生产者的产物为食物营养的大型异养生物，主要指动物。大型消费者按其食性不同，又可分为草食性动物、肉食性动物（又有二、三、四级消费者之分）、寄生性动物（如蚊、跳蚤、各种寄生虫，取食活体）、腐生性动物（如鹫、蜣螂、蚯蚓等，取食残体或排泄物）、杂食性动物（如猪、熊等，兼食动、植物）。大型消费者通过物质、能量转换进行的生产称为次级生产，所以大型消费者也称为次级生产者。

（3）小型消费者（分解者）。小型消费者是指利用动植物残体和其他有机物为食的小型异养生物，主要是指细菌、真菌、放线菌等微生物。小型消费者使构成有机成分的元素和贮备的能量通过其分解作用又释放到无机环境中，供生产者再利用。所以，小型消费者也称为分解者或还原者。

2. 生态系统的环境

环境是生态系统物质和能量的来源，包括生命活动的三种基质：大气、水、土壤和岩石，以及参与新陈代谢的光、温、水、二氧化碳、氧气和各种矿质营养元素。这些环境因素都是潜在的生产力，自身不能构成产品，但生物却能从这里获得物质和能量，得到生活保证，因而直接关系到生物群落的存在和发展。

环境一般可按照主体、性质及影响的范围等进行分类。按环境的主体分类可分为以人为主体的人类环境和以生物为主体的生物环境。按环境的性质分类可分为自然环境、半自然环境和人工环境。按环境范围大小可分为以下几类。

（1）宇宙环境（或称星际环境）。是指大气层以外的宇宙空间。是人类活动进入大气层以外的空间和地球邻近天体的过程中提出的新概念，也称之为空间环境。宇宙环境是由广阔的空间和存在其中的各种天体和弥漫物质组成，它对地球环境能产生深刻的影响。太阳辐射是地球上一切生物能量的源泉，保障生物圈的正常运行。人类活动延伸到地球大气层以外空间，对宇宙环境产生一定的影响。

（2）地球环境。又称全球环境，是地球上整个有生命存在的部分，包括大气层内的对流层、水圈、土壤圈、岩石圈。地球环境与生物的关系尤为密切，是所有生物栖息的场所，不断向生物提供各种资源。而生物把地球上各个圈层的关系有机地联系在一起构成生物圈，并推动各种物质循环和能量转换。

（3）区域环境。是在一定地域空间由自然环境、人工环境等紧密联系在一起的环境系统，是指生物圈内形成的不同区域。例如江、河、湖泊、海洋、高山、平原等都具有各自突出的环境特征。不同地区形成不同的区域环境特点，分布不同的生物群落。如热带雨林、温带草原等。

（4）生境。是指在一定时间内具体的生物个体和群体生活地段上的生态环境，即生物有机体生存空间的一切生态因子的综合。

（5）微环境。又称小环境，是指接近生物个体表面，或个体表面不同位置的环境。例如植物根系表面附近的土壤环境（根际环境），植物叶片表面的叶面环境等。

（6）内环境。是指生物体内组织或细胞间的环境，对生物体的生长和繁育具有直接的影响，如叶片内部直接和叶肉细胞接触的气腔、通气系统，都是形成内环境的场所。内环境对植物有直接的影响，且不能为外环境所代替。

(四) 生态系统的类型

地球上有水的区域称为水圈，大气的分布范围称为大气圈，与此类似，地球上全部生物及其生活区域就称为生物圈。生物圈包括地面以上 10 km 及地面以下 12 km，共约 22 km 的范围。生物圈中包含地球上的绝大部分生物，所以说生物圈是地球上最大的生态系统。

生物圈中包含着多种多样的生态系统，根据环境性质不同，可以分为陆地生态系统（包括森林、草原、荒漠、山地、农田等生态系统）、淡水生态系统（包括湖泊、河流、池塘、水库等生态系统）、海洋生态系统（包括海岸、河口、浅海、大洋、海底等生态系统）；根据人类活动对生态系统的干预程度，生态系统可分为：自然生态系统（如原始森林、热带雨林、大洋生态系统等，基本上不受人为干预，是一种自给自足的生态系统）、半自然生态系统（农业生态系统是一种典型的半自然生态系统，是自然生态系统经人工驯化的产物）、人工生态系统（如城市生态系统、宇宙飞船生态系统都是人造组分和人工过程为主的生态系统）。生物圈中的生态系统多种多样，这里仅介绍几种主要的自然生态系统。

1. 陆地生态系统

(1) 森林生态系统。森林是地球上最大的陆地生态系统，其总面积为 36.25 亿 hm^2，占地球陆地总面积的 24%，其生物现存量最大可达 100～400 t/hm^2。据估算，全球森林每年所固定的太阳能约占陆地上全部植物所固定的太阳能的 68%。森林有着极其丰富的物种资源，约有千余万种。森林中的初级生产者种类极多，有针叶林、阔叶林、热带雨林等类型；森林中有许多草食和肉食消费者，枯枝落叶中的小型消费者也极为丰富。森林消费者不仅为人类提供大量的植物产品和野生动植物资源，而且还具有调节气候、增加降水、涵养水源、保持水土、防风固沙、保护农田、净化空气、防治污染、减低噪声、美化环境等生态功能。

(2) 草原生态系统。全球草原总面积为 30 亿 hm^2，占陆地面积的 20%，主要分布在干旱、半干旱地区，年降水量一般为 250～450 mm。草原生态系统的主要初级生产者是草本植物，大型消费者也以草食动物为主。草原的生物种类和生产力随降水量的变化有很大的差异。我国草原从东往西依次为森林草原地带、干旱草原地带、荒漠草原地带。草原生态系统以饲草为主体（包括人工种植的饲草），是发展畜牧业的重要基础，同时在防风固沙、保土保水、调节气候等方面也起着重要的生态作用。

2. 淡水生态系统

淡水生态系统包括河流、溪流、水渠等流动水体的生态系统和湖泊、沼泽、池塘、水库等静止水体的生态系统。淡水生态系统中的生物种类因水的流速不同和水的浑浊度不同而变化，水质、水温等对生物也有影响。例如，急流中生产者多为藻类，缓流中的生产者除藻类外还有高等水生植物如芦、荻等，在静水中，表层有硅藻、绿藻、蓝细菌等。在淡水中，除了鱼类与浮游动物作为消费者外，还有一些特殊的昆虫幼虫。淡水生态系统不仅可为人类提供丰富的水产资源，而且还有一些重要的生态效应：通过水面蒸发调节局部的大气湿度和温度，调洪和灌溉，蓄积有机质和养分，为农田提供塘泥、水草和青饲料等。

3. 海洋生态系统

全球海洋总面积为3.61亿km^2，占地球总面积的71%，平均深度为3750m。海洋生态系统是生物圈内最大最厚的生态系统。海洋的生产者主要是浮游植物和藻类，消费者主要是各种鱼类。其生产力以海岸、浅海、河口为最高。海洋的生产力受水层中的光强、水温、养分、洋流等多种因子的综合影响。海洋生态系统在调节大气圈中的水热运动、大气中的氧和二氧化碳的平衡，以及全球范围内的物质循环起着十分重要的作用。

二、农业生态系统

农业生态系统是人类利用农业生物与非生物环境之间，以及生物种群之间的相互作用建立起来的，并按人类社会需求进行物质生产的有机整体，是一种被人类驯化、较大程度上受人为控制的自然生态系统。实质上，农业生态系统是人类利用农业生物来固定、转化太阳光能，以获取一系列的社会必需的生活资料和生产资料的人工生态系统。农业生态系统是一种半自然生态系统，不仅受自然条件的制约，还受人为过程的影响，在较大程度上受人为干预；不仅受自然生态规律的支配，还受社会经济规律的调节；既受制于自然与社会条件，又受益于自然和社会条件。

（一）农业生态系统的特点

农业生态系统是一种较大程度上受到人为干预的半自然生态系统，与自然生态系统比较，表现有以下特点。

1. 农业生态系统是在人类强烈干预下的开放系统

为了满足日益增长的人类社会的需要，农业生态系统必须向系统外输出大量的农副产品，使大量的营养元素离开系统；为了维持农业生态系统的养分平衡，同时也为了提高农业生态系统的生产力，除了要依靠太阳辐射能外，还必须从外界投入大量的人工辅助能，如人力、畜力、农药、化肥、生长调节剂、机械、电力等。使农业生态系统表现出输入较多、输出也较多的特点，是一种典型的开放系统。社会经济条件和科学技术水平直接影响着农业生态系统的输入与输出水平，农业的现代化程度越高，其开放性也就越大。

2. 农业生态系统中具有较高的净生产力和较高的经济价值

农业目标生物是按人类的生产目的而选育和选用的，并运用科学的方法进行种植和饲养管理，系统内的生物环境和非生物环境也经过了较大程度的人工改造，以适应农业目标生物的生长发育。

3. 农业生态系统的抗逆性较差

农业生态系统中除农业目标生物以外，其他动植物都被人为地抑制或消灭，使其生物种类单一，食物链简单，层次性削弱。同时，人工培育的农业生物种类和品种对自然灾害的抵御能力以及对环境的适应能力均较差。因此，农业生态系统的稳定性较低，需要依赖一系列的农业管理技术的调节与控制，以维持和加强系统的稳定性，维持系统的稳定持续生产。

4. 农业生态系统受自然生态规律和社会经济规律的双重制约

与自然生态系统一样，农业生态系统的物质生产受系统的物质、能量及其转化规律的支配，受环境条件和自然资源的制约。但是，人类通过社会经济系统干预农业生物的生产过程，主要表现在大量农产品的输出和大量的物质、能量和技术的投入。同时，系统内物质、能量和技术的输入又受到劳动力资源、经济条件、市场需求、文化科学技术水平、农业政策等的影响。可见，农业生产过程不仅是一个自然生产过程，也是一个经济再生产的过程，它不仅要有较高的物质生产量，也要有较高的经济效益和劳动生产率。因此，农业生态系统实际上是一种农业生态经济系统，它受自然生态规律和社会经济规律的双重制约。

5. 农业生态系统是一个综合生产系统

农业生态系统的农业目标生物包括初级生产者和次级生产者，由多种生物组成，它们之间相互联系、互相制约，彼此之间的协调发展有利于提高系统的物质能量转换效率，提高农业生态系统的生产力和生产效率。因此，建设良好的农业生态系统，就是要综合考虑农业生产各部门之间以及农业产业内部的各种联系，合理协调农业系统的结构。如种养结合的农牧系统，通过家畜粪便肥田和作物副产品作饲料的相互促进作用，从而提高系统的生产力。

6. 农业生态系统具有明显的地域性

自然生态系统的区域性主要受自然气候生态条件的制约，从而形成与特定气候、土壤和水分条件相适应的区域性生物群落。农业生态系统的地域性不仅受自然气候生态条件的制约，还受到社会经济条件的影响，其中最典型的是以城市为中心的同心圆式的农业布局。

（二）农业生态系统的农业生物组分

在农业生态系统中，占据主要地位的生物是经过人工培育驯化的各种农业生物，系统内还生存有与这些农业生物有密切关系的生物类群，如专食性昆虫、寄生虫、根瘤菌等。农业生态系统中占主导地位的生物是人们有意栽种或饲养的，这些生物是人们为获取农产品而刻意培育的，故也称为农业目标生物。农业目标生物可按农、林、牧、渔、虫、菌来分类。

（三）农业生态系统的农业环境组分

农业生态系统是人类干预下的生态系统，除了具有从自然生态系统继承下来的自然环境组分之外，还有人工环境组分。自然环境组分是从自然生态系统继承下来的，包括由大气环流和地理位置所决定的光照、降水、温度等，以及土壤的物理、化学性质和土壤水分等因素。这些环境组分通常也受到一定程度的人为干预，甚至大气成分也受到人类活动的影响。水体、土体、气体甚至辐射，在农业生态系统中都或多或少受到人类不同程度的调节和影响。广义的人工环境包括所有受人类活动影响的环境，可以分为人工影响的环境和人工建造的环境。

1. 人工影响的环境

人工影响的环境是在原有的自然环境中，人的因素促使其发生局部变化的环境。例如，为改变局部地区的气候，控制水土流失、风蚀，使作物高产稳产而人工经营的森林、草地、防护林、水保林等。为控制旱涝灾害而兴建的水库及排、灌水渠等水利工程。这些人工影响的环境在不同程度上仍然依赖于大自然。

2. 人工建造的环境

人工建造的环境是指人类根据生物生长发育所需要的外界条件进行模拟或塑造的环境。农业生态系统中的禽舍、温室、仓库、厂房、住房等生产、加工、贮存和生活设施都会成为系统内生物环境一个组成部分。设施中的环境与自然环境相比，温、湿、光、养分等条件都受到较大的改变，而且有独特的特点。

(1) 无土栽培环境。无土栽培通过人工创造根系环境取代土壤环境。这种人工创造的作物根系环境，不仅能满足作物对矿质营养、水分和空气条件的需要，而且能人为地对这些条件加以控制和调整，促进作物的生长和发育，发挥作物最大的生产潜力。当前无土栽培主要用于蔬菜作物和花卉生产。

(2) 大棚温室环境。通过建造塑料和玻璃大棚来控制生物生长发育所需要的温度和湿度。在冬春寒冷季节，温度是生物生长发育的限制因素，温室栽培可以提高环境中的温度，使生物能像温暖季节一样正常生长发育。大棚温室环境大多进行高度集约和连作生产。目前温室栽培主要用于蔬菜、花卉和药材生产。

(3) 集约化养殖环境。通过建造畜舍、禽舍控制饲养动物生长发育所需的温度、湿度和光照条件，最大限度地节约饲料能量，提高家畜、家禽的生产力。畜禽舍的建造为畜禽提供了最佳的生长环境，为畜禽的速生、优质、低消耗和高产稳产奠定了基础。

三、农业生态系统的结构

系统的结构由三个方面决定：构成系统的组分；系统组分在时间、空间上的分布；组分之间的联系方式和特点。农业生态系统的结构主要指农业生态系统内的构成要素即农、林、牧、副、渔各业以及各业内部的组成要素之间的配置方式，能量和物质在各成分或组分要素间的转移、循环途径。农业生态系统的结构包括层次结构、营养结构和时空结构。

(一) 农业生态系统的层次结构

农业生态系统是一个多层次的复合大系统，它由许多子系统或亚系统组成。划分农业生态系统的层次结构的方法很多，根据系统占据的地域范围大小和物种组成来分，可将农业生态系统分成不同的层次结构：国家级农业生态系统；不同气候地理区域农业生态系统；农、林、牧、副、渔物质与能量转化系统；农业（林业、牧业、渔业）内部布局系统；种群及其结构系统；产量结构系统。

(二) 农业生态系统的营养结构

生态系统内，生物与生物之间通过营养食性关系联结起来的结构，称为营养结构。营养结构是生态系统的重要特征，每一生态系统都有其特定的、复杂的营养结构，能量流动和物质循环都是在营养结构的基础上进行的。不同的生态系统的生物种类构成不同，进行物质循环和能量转化的途径、方式及效果也不同。食物链和食物网是营养结构的基本单元，是物质、能量、信息流通的主要渠道。

1. 生态系统的营养结构

(1) 食物链及其类型。生态系统中不同营养层次的生物通过食与被食的关系排列而形成的链状顺序称为食物链。例如，水稻→稻飞虱→青蛙→蛇→老鹰、青草→野兔→狼，都是典型的食物链。在食物链上的每一食性级，称为一个营养级。第一例中水稻为第一营养级，稻飞虱为第二营养级，以此类推。凡是食物来自同一营养级的生物，都属于同一营养级，如牛、羊、马、鹅都是以植物为食，它们同属于草食动物营养级。食物链因食性不同，可分为四种类型。

①捕食食物链。也称为活食食物链、草食食物链或草牧链。它是典型的从植物到草食动物，再到肉食动物，以直接消费活有机体或其组织为特点的食物链。如禾苗→田鼠→黄鼠狼。捕食食物链上的生物成员往往是数量由多到少，个体大小由小到大、从弱到强地排列。

②腐食食物链。也称碎屑食物链或残屑食物链。是以死有机体或生物排泄物为食物，通过其分解作用将各种有机残屑分解为无机物的一种食物链。例如，农田和森林的有机物质首先被腐食性小动物分解为有机质颗粒，再被真菌和放线菌等分解为简单有机物，最后被细菌分解为无机物质供植物吸收利用。

③寄生食物链。以寄生方式取食活的生物有机体而构成的食物链。例如，大豆→大豆菟丝子、棉红铃虫→金小蜂、马→马蛔虫。这种食物链与捕食食物链相反，个体趋于减小，数量趋于增多。各种动物的寄生虫病都属这一类型。

④混合食物链。构成食物链的各环节中，既有活食性生物成员，又有腐食性生物成员。例如，青草喂牛，牛粪养蚯蚓，蚯蚓喂鸡，鸡粪经加工处理后作饲料喂猪，猪粪投塘养鱼。此外，世界上约有五百种能捕食动物的植物，如瓶子草、猪笼草、捕蝇草等，它们能捕捉小甲虫、蛾、蜂，甚至青蛙，被诱捕的动物被植物分泌物分解，产生氨基酸供植物吸收。这是一类特殊的食物链关系。

（2）食物链的特点。

①在同一食物链中，常包含有食性和生活习性极不相同的多种生物（植物、动物和微生物），它们可以分级利用自然界所提供的各类物质，同时也提供可利用的产品，从而使第一性生产的产品得到较充分的利用，使有限的空间和自然资源能养活众多的生物种类。

②在同一生态系统中往往有多条食物链，它们的长短不同，营养级数目不同。自然生态系统中，由于在一系列的取食与被取食的过程中，总有大量的物质和能量的损失（呼吸消耗、排泄、未被取食等），决定了其营养级的数目总是有限的，一般只有4～5级。而在人工控制下的农业生态系统，其食物链的长度可以人为调节，使其按照人类的目标进行食物生产。

③不同的生态系统所包含的各种类型的食物链的比重不同。森林和草原生态系统中，植物净生产量的大部分进入腐食食物链；而在农业生态系统中，农作物生产的有机物质大部分作为产品输出系统，留给腐食食物链的有机物质很少，仅占净生产的20%～30%。因此，农田如果不通过其他途径（粪肥、秸秆还田等）向系统输入有机物质，则系统内的腐食食物链上的生物群落就会因缺少食物而相应减少，导致土壤肥力下降。

④任何生态系统中的各类食物链总是协同起作用。在农业生态系统中，不仅有以植物为起点的捕食食物链、混合食物链，还有多种以残屑为起点的腐食食物链，它们之间相互促进、相互制约、协同起作用。如果捕食食物链的每个环节的残余物和排泄物都能充分利用，使各种腐食食物链得以繁荣，不仅能增加产品的产出，有利于加强物质循环，提高各种物质的转换效率，还能增加土壤肥力；反过来，土壤肥力的提高又是捕食食物链得以发

展的基础。

（3）食物网。生态系统中的食物链并不是单纯的链状关系，由于生物种类繁多，食物营养关系复杂，常表现为一种生物以多种食物为食，而同一种食物又可能被多种消费者取食，从而形成食物链的交叉，多条食物链交叉就构成了食物网（图 7-6）。

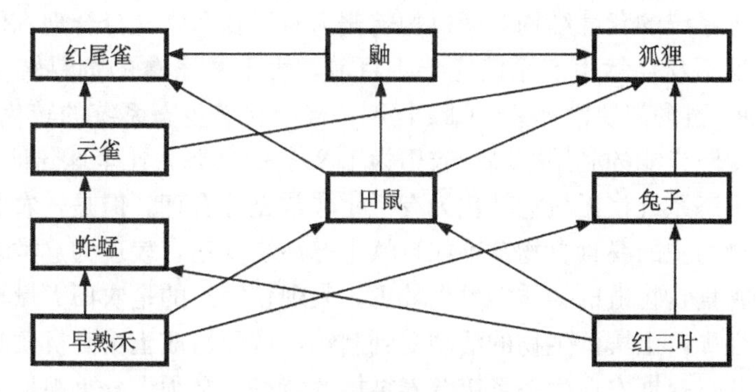

图 7-6　食物网一例

食物网对生态系统具有非常重要的意义，它不仅是生态系统内能量和物质代谢的基本框架，同时，对维持生态系统的相对平衡，推动生物界的进化和发展，提高农业生态系统的能量利用效率，增加农产品的种类和经济效益，满足人们的多方面的需求等方面均具有非常重要的意义。任何一个生态系统，其中的所有生物成员都可以出现在其特有的食物网中，彼此之间总可以通过食物营养关系，以食物链的方式联系起来，形成该系统所特有的营养结构。

2. 农业生态系统营养结构的特点

（1）农业生态系统的食物链上各营养级的生物成员是人类按生产目的安排的。人们所从事的种植业生产，除了提供食物以外，还有工业原料的生产、饲料生产等项目，饲料生产的目的是为各种草食畜禽和杂食畜禽提供食物；人类所饲养的各种草食性、肉食性、杂食性畜禽以及鱼类，是人们按自身的需要而有意安排的，并为人类提供某种产品。农业生态系统中也有一些食物链关系并不是人类安排的，它是从自然生态系统所继承的，这些食物链也受到人类的干预。例如，属捕食食物链的农田鼠类、取食植物汁液的昆虫等，由于其将对农业生态系统造成非生产性输出，往往受到控制；捕食农业害虫的蛙类、捕食鼠类的蛇，则应受到人类的保护，从而得到加强。

（2）农业生态系统中食物链上的各生物成员的生长发育也受到人为控制。自然生态系统的食物链上的生物主要是适应自然生态规律，形成适者生存的进化趋势。在农业生态系统中各营养级的生物种群，总是在人类干预下执行各种功能，输出人类需要的产品，其生长发育的全过程都受到人为控制和管理，从品种选育、营养生长到生殖生长和繁殖，都受到人为干预。所以，农业生态系统各营养级上的成员，不仅要适应自然规律，而且要适应人类的要求。

（3）农业生态系统的营养结构简单，食物链简短而且种类较少。自然生态系统的生物种类较多，其食物网较复杂，从而使系统内的物质、能量转换效率较高，系统的稳定性较好。农业生态系统由于受到人为干预，系统内的生物种类大大减少，从而使其营养结构简单，食物链简短，使系统的抗干扰能力较差，在很大程度上依赖于人为的干预和控制。为了提高农业生态系统的稳定性和抗逆性，可通过食物链加环的方法，为疏通物质、能量流通渠道创造条件，使系统的营养结构更合理，不仅提高系统的稳定性，而且能创造更高的效益。

（4）农业生态系统的营养结构对无机物转化为有机物非常充分合理，但其中有机物转化为无机物的过程不及自然生态系统完善。目前，大多数畜禽的饲料转化率为1∶（2～4），即每生产1 kg畜禽需要消耗2～4 kg饲料，高于自然生态系统的转化率（1/10）；农业植物的生产对太阳光能的利用率高产农田为1.2%～1.5%，比全球陆地平均0.1%要高得多，可见农业生态系统将无机物转化为有机物非常充分合理。但是，农业生态系统中以腐生动物和微生物为主的腐食食物链不如自然生态系统发达，表现为这类食物链上的成员较少，系统留给腐食食物链的物质能量也较少。表现较突出的是农田大量输出产品，留给土壤的有机碎屑很少，土壤微生物的活动受到制约，从而造成土壤有机质减少，土壤肥力下降的趋势。因此，根据农业生态系统营养结构的特点，必须十分重视地下部分有机、无机物质的输入，促进地下部分有机物质无机化的过程，以保持土壤养分的平衡。

（三）农业生态系统的时空结构

农业生态系统的层次结构实际上是对不同的农业生态系统的一种分类方法，就某一个具体的现实系统而言，系统的边界已经确定，则边界内的元素都是系统的内容或组分，因此系统的组分种类及其量比关系、营养结构、时间结构和空间结构才是农业生态系统结构的具体内容。

1. 农业生态系统的时间结构

（1）时间结构的概念。农业生物生长发育所需要的自然资源和社会资源都是随时间（季节）的推移而变化的。例如，无机环境因子随着地球的自转和公转有着明显的时间变化规律，形成光、温、水、湿等因子的年节律和日节律；月球与地球的关系也形成像潮汐这类月节律；周围的生物环境因子受其他环境因子的影响，也表现出不同的时相，即不同的物种有其特有的物候期和生长发育周期性变化。在社会资源中，劳动力的供应有农忙与农闲之分，电力、灌溉、肥料等的供应亦有松紧之分。因此，农业生产表现有明显的时间节律，也即农业生产有明显的季节性。

根据各种资源的时间节律和农业生物的生长发育规律，从时间上合理搭配各种类型的农业生物，使自然资源和社会资源得到最有效的利用，形成农业生态系统随着时间推移而表现出来的不同结构，这就是农业生态系统的时间结构。

时间结构是根据生物的生态适应性节律与环境因子的节律性变化安排农业生产，进行农事活动的重要依据。良好的时间结构，从时间方面有利于更充分地利用自然资源和社会资源。例如，农作物的适宜播种期；根据饲草生物量的季节性变化调整畜群结构；根据劳动力情况合理安排早、中、迟熟品种等。

（2）时间结构的类型。

①种群嵌合型。根据资源节律将两种或两种以上的农业生物种群进行科学的嵌合，以充分利用环境资源。例如，棉花与大、小麦套作，既可充分利用作物生长前期和生长后期的光热资源，又可解决因有效积温不足与多熟种植的矛盾。

②种群密结型。根据资源节律将两种或两种以上的农业生物种群安排在同一生长环境中，或将某种农业生物以高密度的方式安排在同一环境中进行生产。例如，作物生产中的间作、混作和集中育苗，畜禽的集中育雏，水产养殖中的混养等，或者是充分利用幼龄期群体过小而存在的剩余资源，或者是充分利用多种农业生物种群间的相互促进的种间关系，实现系统的高效率生产。

③人工设施型。通过人工设施改变生物生长发育不利的环境因素，延长生长季节，实行多熟种植，变更产品的产出期，赶早错晚，避开上市高峰，既解决产品淡季供应不足，又增加经济收入。例如，利用日光温室、塑料大棚和小拱棚等设施，栽培蔬菜，培育苗木，进行反季节栽培，延长或缩短光照时间使花卉提前或推迟开花，都属于人工设施型时间结构。

2. 农业生态系统的空间结构

（1）水平结构。农业生态系统的水平结构是指系统内生物组分和环境因素在水平方向上的空间分布格局。引起农业生态系统水平结构的差异主要有三个方面的因素：

①环境组分因气候、地理等原因而形成的水平渐变结构。农业区划就是根据气候地理因素的差异而将某一地域划分为若干个农业发展区和亚区。

②因社会原因而形成的以城市为中心的同心圆的结构，农业生物随之形成相应的带状或同心圆式的水平分布，从而形成城市近郊地区以鲜活产品生产为主，远离城市则以生产适宜贮藏运输的产品为主。

③其他非地带性因子的作用还会使生物形成各类嵌状分布。例如，各类专业户、重点户，通过以点带面传授技术，使该地区形成特有的生物种类嵌状分布；糖厂、苎麻加工厂等以农副产品加工为主的大型龙头企业，带动该地区原料生产的发展，形成特有的生产基地，也是一种嵌状分布。

（2）垂直结构。垂直结构又称立体结构，是环境组分因海拔高度、水层深度和土层变化而形成的垂直渐变结构，从而使不同的垂直环境中表现有不同的生物种类和数量。组建作物群体时需要考虑地上结构和地下结构，这也是一种垂直结构。地上结构是指群体的根、茎、叶的分布特点。地上结构的多层次性，可最大限度地利用光、热、水、气资源，保护土地少受或不受侵蚀，增强对风雹等不良环境因子的抗性，抑制杂草及害虫的危害。地下结构指作物种群根系在土壤中的分布特点。合理搭配深根型和浅根型的作物，可使群体最大限度地、均衡地利用不同层次的土壤水分和养分，同时收到种间相互促进、用地与养地相结合等效果。农业动物的养殖和种养结合的系统具有更加丰富的空间结构。例如，稻田养鱼、稻田养萍、稻田养蛙、林蛙共生、稻鸭共生、果园养鸡、果园养菇、葡萄＋食用菌、甘蔗＋黑木耳等，这些都是种养结合的系统；水域多层立体养殖中，多种水生动物及水生植物共生，充分利用水域生态系统的生产潜力，如草鱼—鲢鱼—鳙鱼—底栖鱼类混养、藕鱼共生、菱鱼共生、芦苇场养鱼等，都可以从多种角度利用环境资源；畜禽饲养也可实现多层次的立体养殖，如小个体禽类的分层立体养殖，主舍养鸡下栏养猪等，均能提高有限养殖场地的空间利用，丰富农业生态系统的空间垂直结构。此外，屋顶农业、地下农业等，充分利用不同层次的空间或场地来进行农业生产，使农业生态系统的垂直结构更加表现出明显的多样性。

四、农业生态系统的功能

农业生态系统是一个半自然生态系统，是一个自然再生产过程与经济再生产过程交织在一起的整体。所以，农业生态系统的功能，除了自然生态系统所具备的能量流动、物质循环、信息传递以外，还应包括了价值转换过程。由此可见，农业生态系统的功能是指系统中的物质流动、物质循环、信息传递及价值转换的过程、特点及其转化效率。

（一）农业生态系统的能量流动

绿色植物通过光合作用将太阳光能转化为本身体内的化学能，固定在植物有机体内的化学能再沿着食物链从一个营养级传递到另一个营养级，实现了能量在生态系统内的流动转化。

1. 能源

能源是生态系统一切过程的驱动力，能源的开发利用也是人类社会发展的必要条件。农业生态系统的能量来源于太阳能和辅助能。

（1）太阳能是生态系统的主要能源。生物圈的所有生物潜能，都是直接或间接地来自太阳能。生产者的初级产品是生态系统中所有一切生物赖以生存的物质基础，而生产者的物质生产又离不开太阳能。绿色植物生产的实质是利用光合作用，将太阳能转化为本身有机体内的化学能，将环境中的无机物质转化为本身有机体内的有机物质。由此可见，没有太阳能，绿色植物就不可能进行光合作用；没有初级生产的产品，就不可能维持食物链的存在，整个生态系统也将不复存在。所以，不管是自然生态系统还是农业生态系统，都是由光能驱动的。

太阳能是一种光波，99%的主要波长在0.15～4 μm范围内，其中包括约50%的可见光（0.4～0.76 μm），约43%的红外线（>0.76 μm）和7%的紫外线（<0.4 μm）。红外线是一种长波辐射，产生热效应，形成生物生长的热量环境；紫外线具有消毒灭菌的生物学效应；可见光由七种波长的单色光组成，除绿色外，其余都是植物进行光合作用的生理辐射，可通过光合作用转化为生物的化学潜能。

（2）辅助能。除太阳能以外，对生态系统所补加的一切形式的能量，统称辅助能。绝大多数辅助能虽然不能直接转换为生物的化学能，但可以促进太阳能的转化，对光合产物的形成、物质循环和生物的生长发育起着重要的辅助作用。

根据辅助能的来源不同，可以分为自然辅助能和人工辅助能两大类。自然辅助能主要是指风力作用、降水、蒸发作用以及沿海和河口湾的潮汐作用等。人工辅助能指人们从事农业生产活动所投入的人工，可用于土壤的耕作、施肥、灌溉、排水、农田基本建设等，也可用于农业生物的育苗、田间管理、病虫杂草的防除等，还可用于产品的收获、贮藏、运输、加工等。合理增加人工辅助能可以提高自然辅助能及太阳能的利用率。

根据来源和性质不同，还可将人工辅助能分为生物辅助能和工业辅助能两大类。生物辅助能也称为有机能，是来源于生物有机体或生物有机物的能量，如人畜劳动力的做功，种苗和有机肥料中所包含的化学能。工业辅助能也称为无机能、商业能或化石能，包括石油、煤、天然气、电力等形式投入的直接工业辅助能，和以化肥、农药、生长调节剂、农业机械、农用机具、农用塑料等产品形式投入的间接工业辅助能（也称为物化能）。工业辅助能是系统外的能量投入，是对系统能量的补充，受社会经济条件的制约。生物辅助能一般是农业生态系统内部能量的再利用，一定程度上表示归还率。

可以用人工投能水平、人工投能结构和能量产投比三个指标来衡量一个农业生态系统的人工辅助能投入状况。人工投能水平是指单位面积上、单位时间内投入系统的人工辅助能的数量。在一定范围内，随着人工辅助能投入的增加，系统的产出也将增加。所以，农业生产中，应适当增加人工辅助能的投入。人工投能结构是指对系统所投入的生物辅助能和工业辅助能的比例关系。能量产投比则是指单位面积上、单位时间内系统的产出能与投入的人工辅助能的比值，即：能量产投比＝产出能/人工投能。人工投能水平、人工投能结构、能量产投比是农业生态系统集约化程度的重要指标，也直接影响着农业生态系统的功能。

2. 能流

照射在绿色植物上的太阳能，约有一半为光合机制所吸收，其中1%～5%转变为生物化学能，其余以热的形式离开系统。在植物制造的食物能中，一部分用于自身呼吸消耗，所释放的能从系统中丢失。

环境中的太阳能，通过植物的光合作用转化为植物体内的化学潜能，植物体内所含的化学能，沿着食物链逐级地往下传递转化，最后被分解者分解，以热能的方式返回环境。这一过程就是生态系统的能量流动转化过程。由此可见，生态系统的能量转化是单方向的，它只能从植物到草食动物，再到肉食动物，逐级往下传递转化，其间每一环节均存在呼吸消耗，也存在排泄物、分泌物、尸体和残屑进入环境被微生物分解。

3. 能量转化效率

生态学上的能量转化效率，是指某一营养级所固定的能量与前一营养级所持有的能量之比。根据热力学第二定律，能量在转换过程中，总有一部分从较有序的状态变为无序状态，能量的转换效率总不可能达到100%。其原因是多方面的，从上一营养级的产品到下一营养级的产品，在能量转化过程中存在多种损耗：不可食、未被食、排泄、呼吸消耗等。在未形成下一营养级有机体的各种消耗中，除呼吸消耗直接以热能的形式进入环境以外，其余部分均通过腐食食物链进行分解还原，最后以热能的形式释放到环境中。

著名美国生态学家林德曼研究发现：营养级之间的能量转化，大致有十分之一转移到下一营养级，形成生物量；十分之九被消耗掉，主要是消费者采食时的选择浪费和呼吸消耗及排泄等，这就是能量传递的十分之一定律，也称为林德曼定律。

在农业生态系统中，由于受到较好的人为控制，前一营养级的食物能可能进入多条食物链，由多种生物利用并生产多种产品，从而减少食物选择浪费。同时，大量人工辅助能的投入和人为干预，使农业生态系统中的农业生物对食物的能量转化效率明显提高。例如，猪的饲料转化率为35%，奶牛为20%。在农业生态系统中，动植物化学潜能大部分以产品形式输出离开系统，同时人类也以人工辅助能的形式向系统补充能量，以维持系统平衡。

4. 生态金字塔

根据林德曼的十分之一定律，越到较高营养级，其所含能量就越少，各营养级间的生物量、个体数目往往也有这种变化趋势。在生态系统中，由于能量每经过一个营养级时被同化的部分要大大少于前一营养级，当营养级由低到高，其生物个体数目、生物量和所含能量都呈现出一种塔形分布，这就是生态金字塔。按计量单位不同，生态金字塔有三种类型：用个体数目表示营养级之间的数量关系，这就是个体数量金字塔；用生物量表示营养级之间的数量关系，称为生物量金字塔；以各营养级的生物所含能量表示营养级之间的数量关系，就是能量金字塔。在三种金字塔类型中，只有能量金字塔最为合理，它不受个体大小、组成成分、代谢速度的影响，可以明确地说明能量传递的递减特点，所以生态金字塔一般用能量金字塔来表示。数量金字塔受个体大小影响，如一棵树上上万只昆虫，呈倒金字塔形；生物量金字塔受各种不同物质的热值及代谢速率的影响。周转快、生产量大、生物现存量小的生物被生产量小但现存量大的生物取食时，也会出现异常。例如，水域中4g/m^{2}的浮游植物可供21g/m^{2}的浮游动物取食。奥德姆提出的“苜蓿—牛—男孩”假想金字塔，准确地从数量上反映了三种金字塔的关系（图7-7）。

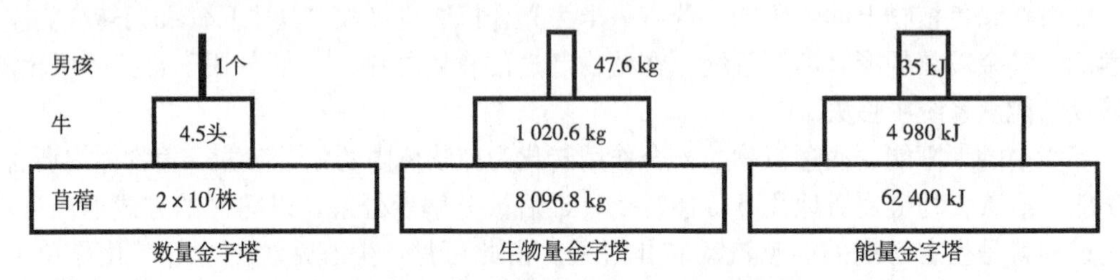

图7-7 “苜蓿—牛—男孩”假想金字塔（仿E. P. Odum）

能量金字塔的分布表明，由于营养级之间的能量逐级减少，人类要在较高的营养级上以动物产品为食，就需要较大的人均耕地面积。据统计，如果人类达到较好的食物享受，人均耕地应在0.4 hm^{2}以上。因此，人口密度较大的地区，应以植物产品为主，通过缩短食物链来解决食物问题。我国人均耕地不足0.1 hm^2，要想生活得好一些，必须保护耕地，控制人口增长。

5. 农业生态系统的生物生产

人类利用农业生态系统进行物质生产，包括初级生产和次级生产。初级生产是指绿色植物和光合细菌把太阳辐射能转化为化学能，把无机物质转化为有机物质的生产。初级生产实际上是指自养者（自养生物）的生产。次级生产是指系统中各种动物和微生物直接或间接地利用初级生产的产品进行的物质生产。次级生产主要是指异养者的生产。

（1）农业生态系统的初级生产。人工辅助能的投入对农业生态系统初级生产具有很大的影响。

①增加农田辅助能的投入有利于促进农田养分平衡。农业生态系统大量的农产品输出，必然带走大量的农田养分，如果不及时补给，势必造成农田生态系统的养分亏缺，为此，农业生态系统必须投入人工辅助能以维持农业生态系统的养分平衡。

②增加人工辅助能的投入可提高农业生态系统的初级生产力和光能利用率。人工辅助能的投入水平与产出能和能量产投比有直接关系，在一定范围内，增加辅助能的投入，可提高农业生态系统的产出能；随着人工投能的增加，能量产投比（能效）有下降趋势。但是，原始农业很少有人工投能，其农业形式是刀耕火种，粗放经营，其产投比很高，但产出能很少。同时，人工辅助能的投入也存在报酬递减的现象。因此，人工辅助能的投入需

要一个合理的投入水平和合适的投能结构，以使系统获得尽可能多的产出能和较高的能量产投比。我国目前的人工投能水平还较低，投能效益较高，但产出能水平较低，增加辅助能的投入所获得的效益仍然是很高的。

③增加人工辅助能的投入可提高农业生态系统的劳动生产率。随着农业的发展，人工投能水平的提高，农业的劳动生产率也不断提高，尤其是在工业革命以后，大量的工业辅助能进入农业生态系统，使农业生产的劳动生产率越来越高。如农业机械类人工辅助能的投入，大大减少了农业生态系统的劳动力消耗，从而提高农业生态系统的劳动生产率。

（2）农业生态系统的次级生产。在农业生态系统中，次级生产具有重要的作用，除了给农业生态系统提供动力（畜力）以外，还具有如下作用：

①转化农副产品，提高利用价值。作物生产中的有机物质70%～90%为收获物，其中作为粮食和工业原料的部分仅占30%左右，大量的副产品中所含有的丰富的营养元素和化学潜能不能被人类直接利用。如果将秸秆等副产品作为畜禽的饲料或利用微生物进行转化，可将这些人类不能直接利用的低价值的有机物质转化为高价值的蛋白食物，增加农产品产量。

②生产动物蛋白食品，改善人们的食物组成。次级生产是利用动物和微生物的生产，动物和微生物的产品都具有蛋白质含量高的特点，对改善人们的食物组成有很重要的意义。随着人们的生活水平的提高，对动物性食品的需求量越来越大，发展次级生产更显出其重要意义。

③促进物质循环，增强农业生态系统的机能。动物是联系植物和微生物的纽带，植物产品直接还田，微生物分解缓慢，利用效率低，如果经动物消化（如反刍动物对纤维素的利用率达40%以上），以排泄物的方式还田，由于碳氮比合适，微生物分解大大加快，增加农田养分，促进农业生态系统的养分平衡，加快农业生态系统的养分循环速度。

④提高农产品的经济价值，增加农业生产的经济效益。次级生产将低值的农副产品转化为价值较高的动物产品，可以使农业生态系统的经济效益大大提高。

提高次级生产力的途径：

①发展草食动物，充分利用富含纤维素的有机物质。牛、羊、马、兔、鹅等的消化器官较发达，具有较强的消化能力，特别是牛羊属反刍动物，消化率高。因此，发展草食动物，能够充分利用作物秸秆、树叶、干草、菜叶、菜根等有机物质，可大大提高农业生态系统的能量转化和利用效率。

②发展水生生物，提高能量利用效率。水生动物大多是冷血动物，其体增热和维持能需要较少，比陆生动物的能量转化效率高二倍以上。同时，鱼类一般繁殖率高，加上水域环境较稳定，受外界干扰较少，具有较高的次级生产力。人类和畜禽不能利用的副产品和有机废弃物，可投入水域中繁殖浮游生物，进一步提高能量转化效率。

③利用腐食食物链，增加能量利用途径。腐食生物如蜗牛、蚯蚓、蝇蛆和食用菌等，可利用秸秆、粪便等农业废弃物进行养殖和培养，从而将有机废弃物中所含的化学潜能转化为高蛋白食品和饲料。农田养蚯蚓还可改善土壤物理性能，促进土壤的腐殖化和矿质化过程，从而使农作物增产；食用菌是一种营养丰富的食品，可利用农业废弃物为原料进行生产，其残渣含有丰富的氨基酸，是一种良好的饲料（菌糠饲料），可用于喂牛养鱼；沼

气生产是利用厌氧微生物发酵有机废弃物而生产能源，是农业生态系统中的一项典型的节能技术，可将秸秆中60%的能量转化为沼气，从而解决农村能源问题，同时沼渣中含有大量的氮磷钾等营养元素，既可作肥料，还可用于培育食用菌。

④优化饲料喂量与配比，提高转化效率。合理的饲料投喂量，既能保证动物在维持能消耗以外有更多有机物质用于生产有机体，提高生长速度；又能减少因过量投喂而导致的饲料浪费，提高饲料报酬。适当控制畜禽的非必要活动，可以减少动物的体能消耗，促进动物增重，提高转化效率。合理的饲料配方，在保证动物日粮需要的前提下，通过选用廉价原料和减少投喂量，可以降低养殖业生产成本。因此，发展饲料工业，生产配合饲料，是促进养殖业迅速发展的重要措施。

（二）农业生态系统的物质循环

生态系统的存在和发展，不仅需要不断地输入能量，而且还要输入物质。物质在生态系统的作用有两个方面，既是维持生命活动的物质基础，又是能量的载体。

生态系统中的生产者通过根系吸收土壤中的矿质营养元素，通过叶片上的气孔吸收来自大气中的二氧化碳，经过光合作用合成有机物质，再沿着食物链逐级转移，形成农业生态系统的物质循环。在物质转移过程中，被丢失的部分都将返回环境，其中部分又可被植物重新吸收利用。所以，物质可以在生态系统中反复利用而形成循环。

1. 物质循环的基本概念

各种化学元素，包括生命有机体所必需的营养物质，在不同层次、不同大小的生态系统内，乃至生物圈内，沿着特定的途径，从环境到生物，从生物到生物，从生物再回到环境，不断地进行着流动和循环，构成了生物地球化学循环。

在物质循环过程中被暂时固定、贮存的场所称为库。其中，容积较大，物质交换活动缓慢的库，称为贮存库。如大气库、土壤库、水体库。容积较小，与外界物质交换活跃的库，称为交换库。一般为生物组分，如植物库、动物库。物质在库与库之间的转移运动状态称为流。物质流、能量流、信息流使生态系统各组分之间以及系统与外界之间密切联系起来，保证了生命和生态系统的维持和发展。

生物地球化学循环是物质循环的基本形式，根据物质循环的范围不同，又可分为地质大循环和生物小循环。地质大循环是指物质或化学元素经生物体的吸收作用，从环境进入生物有机体，然后生物有机体又以死体、残体和排泄物等形式返回环境，进入大气圈、水圈、岩石圈、土壤圈、生物圈等五大自然圈层的物质循环。地质大循环的范围大、时间长，是一种闭合式的循环。例如，整个大气中的二氧化碳约300年循环一次，氧约2 000年循环一次，水圈中的水约200万年循环一次，岩石风化出来的矿质元素循环一次则需要更长的时间，可长达几亿年。

生物小循环是指环境中的化学元素经生物体吸收并在生态系统中被相继利用，然后经分解者的作用，再被生产者吸收、利用的物质循环。生物小循环时间短、范围小，是一种开放式的循环。例如，碳、氮、磷等的物质小循环是通过植物吸收，经食物链传递，最后被土壤微生物分解后又被植物利用所形成的循环。

生物地球化学循环根据路径不同，可分为气相型循环和沉积型循环。气相型循环的贮存库在大气圈或水圈中，元素或化合物可以转化为气体形式，通过大气进行扩散，弥漫在陆地或海洋上空，在较短的时间内又可为植物所利用，循环速度比较快。如碳、氮、氧。由于有巨大的大气贮存库，对于外界干扰可相当快地进行自我调节。因此，从全球意义上看，这类循环是比较完全的循环。

沉积型循环是指大多数矿质元素的循环，其贮存库在地壳里，经过自然风化和人类的开采，从陆地岩石中释放出来，为植物所吸收，参与生命物质的形成，并沿食物链转移，动植物残体或排泄物经微生物分解作用，将元素返回环境，除一部分保留在土壤中供植物再吸收利用（生物小循环）外，一部分以溶液或沉积物状态随流水进入江河，汇入海洋，经过沉降、淀积和成岩作用变为岩石，当岩石被抬升并遭风化作用时，该循环才算完成。这类循环是缓慢的，容易受到干扰，是一种不完全的循环。如自然界的磷循环。

农业生态系统是一个能量和物质的输入和输出量大而且比较迅速的开放系统，能量流动和物质循环不单发生于"生物—环境"系统中，而是进行于"生物—环境—社会"系统之中，途径多，变化大。

2. 有毒物质的富集

各种有毒物质一旦进入生态系统，便立即参与物质循环，在循环过程中性质稳定，易被生物体吸收的有毒物质沿着食物链传递，并不断富集、浓缩，这种现象就是有毒物质的富集作用，也称生物放大作用。有毒物质富集的结果是，越到较高营养级，有毒物质的浓度越高，形成有毒物质通过食物链浓缩的倒金字塔（图 7-8）。生物对有毒物质的富集作用是普遍存在的，研究生态系统中有毒物质富集对保护人类健康具有很重要的意义。

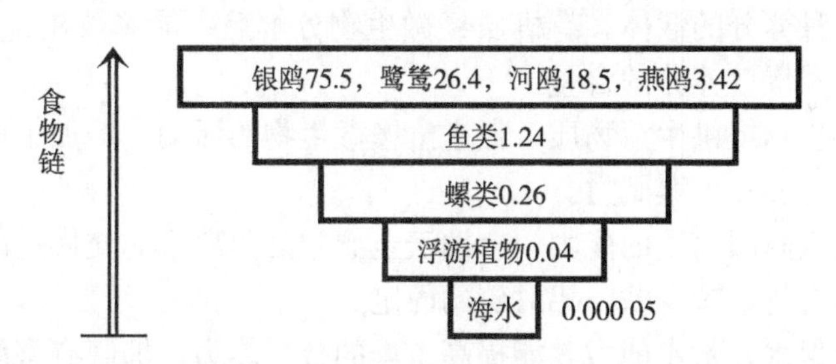

图 7-8　DDT 在生态系统中的富集作用（单位：mg/kg）

3. 农业生态系统的养分循环

（1）农田养分循环的一般模式。农业生态系统的养分循环包括 4 个主要养分贮存库，即农业植物库、农业动物库、土壤库和人类库。养分在这些贮存库之间的转移都有一定的路径。农业生态系统的养分循环是一个动态过程，各个库完成一次循环所需要的时间长短不一，如微生物只需要若干分钟，一年生植物需要几个月，大型动物需要几年的时间。通常人们选定一年为时间标准来计算养分循环的转移量。

（2）营养物质的平衡。农业生态系统的养分平衡是通过养分的净流入量和净流出量来测算的。若流入量与流出量相等，说明该养分处于平衡状态；若某养分的输出大于（或小于）输入量时，说明系统中该养分处于减少（或积累）状态。农业生态系统是一个以满足人类社会需求为目的的生产系统，其开放程度高，大量的农产品作为商品输出，使养分脱离系统。为了维持农业生态系统的养分平衡，保证农业生态系统稳定高产并持续增产，必须在最大限度地提高农业生态系统的归还率的同时，投入大量的化肥，以维持农业生态系统的养分平衡。

（3）农田养分的输入与输出。农田养分的输入，主要包括化肥和有机肥的施用，降水、灌溉水等带入部分养分，就氮素而言还有生物固氮的输入。施肥输入是现代农业农田养分的主要来源，单位面积上的输入量逐年增长，目前我国农田化肥施用总量，若按有效成分计算，130～180 kg/hm^2。生物固氮是农田生态系统氮素的主要来源，全球农田生物固氮量为 80×10^9～100×10^9 kg，远远超过每年的工业固氮量。降水和灌溉水的输入速度，地区间差异很大，受水量的多少和养分含量高低影响。据美国统计，降水的氮输入率为每年 3.325～30 kg/hm^2，灌溉水最高可达每年 126 kg/hm^2。

农田养分的输出，主要是农产品输出带走养分脱离系统，流失、淋失、蒸散等作用也带走部分养分。就氮素营养而言，还包括氨的挥发和反硝化作用的损失。随收获物的输出率，因作物种类和产量水平不同而异，一般自然归还率高的作物输出量较少。养分的淋失量，包括渗漏至根系活动层以下的数量和侧向渗漏至系统边界以外的量，淋失速度则因气候、土壤、施肥量、灌溉管理等因素的影响而异。据研究，江苏太湖地区稻田土壤每年随水分渗漏带走的养分，氮为 10.5～20.3 kg/hm^2、五氧化二磷为 0.38～1.43 kg/hm^2，氧化钾为 9～18.75 kg/hm^2。养分随地表径流和侵蚀作用的流失速度与土壤管理状况有关，一般说来，流失小于淋失。氮素养分因氨挥发和反硝化作用损失也较大。据日本研究，水田纯氮损失为 69.75 kg/hm^2，旱地为 30 kg/hm^2。

（4）有机质与农田养分循环。有机质在农田养分循环中具有重要作用，这表现在：

①有机质是各种养分的载体。有机质经微生物分解后，能释放出氮、磷、钾等养分，可以增加土壤速效和缓效养分的含量。

②有机质为微生物提供生活物质，促进土壤微生物的活动，增加土壤腐殖质含量，改善土壤的物理性质，提高土壤肥力。

③有机质具有吸附阳离子的能力，有助于土壤中的阳离子的交换量的增加；同时，有机质能与磷形成螯合物，减少铁、铝对磷的固定。

④有机质具有保水、蓄水能力，能提高土壤的抗旱能力，抑制有害线虫的繁殖，并能形成对作物生长有刺激作用的腐植酸。

（5）保持农田养分平衡的途径。提高农田土壤有机质含量，维持各种营养物质的输入与输出平衡，是增进农业生态系统物质循环的关键。

①种植制度中合理安排归还率较高的作物类型。作物所生产的全部有机物质中因不能收获而归还农田的部分所占的比率，称为自然归还率，如根茬、落花、落叶等。除自然归还的部分外，还有可以归还但不一定能归还的部分，称为理论归还率，如作物的茎秆、荚壳等。

②建立合理的轮作制度。在我国水热资源丰富的地区，应因地制宜地推广多熟种植；人多地少的地区，有充裕的劳动力资源，可以实行集约化栽培。提高复种指数，合理轮作，不仅能增产增收，还可以提高地力。作物生产中，水旱轮作可改善土壤的物质和化学性能，减轻病虫草害。多熟种植中合理轮作换茬，用地与养地相结合，可提高土壤有机质含量。

③农林牧相结合。实行农林牧结合，解决农业生态系统的燃料、饲料、肥料问题，可

扩大农业生态系统的物质循环，有利于维持农田养分平衡。无论是丘陵山区还是平原地区，实行乔灌草结合，既可保护环境，减轻水土流失；又可提供燃料，促进秸秆还田。发展畜牧业生产，尤其是发展草食动物的养殖，既能增加农业生态系统的经济效益，同时，也能促进农业生态系统的养分实现良性循环。此外，沼气既是一种很好的新兴能源，同时，沼气利用各种农业废弃物为原料，沼渣、沼水又是很好的肥料，对促进农田养分循环也具有很重要的意义。

④农副产品就地加工，提高物质的归还率。各种农作物如果以原材料的方式输出系统，农田养分也被带出系统，如果就地加工，再将残渣还田，可大大提高营养物质的归还率。大豆、花生、油菜、芝麻等油料作物榨油后，随油脂输出的仅是碳、氢、氧的化合物，若以油饼返回农田，其余养分可绝大部分返回农田；棉花等纤维作物，输出的纤维含氮均不足百分之一，其余营养元素都保存在其茎、叶、铃壳、棉籽中，将棉籽榨油，棉籽壳养菇，棉籽饼及茎叶粉碎后作饲料，变为粪肥后还田，不仅增加系统的产出，还可促进农田养分的平衡。

⑤养分的区域性富集还田。利用非耕地上的各种饲用植物、草本植物和木本植物的叶子，直接刈割作肥料，或通过放牧利用，以畜禽粪尿移入农田；利用池塘、沟渠放养水花生、水浮莲、水葫芦等水生植物，富集水体中的养分，直接移入农田或作饲料后以畜粪返回农田，均可增加农田养分。水花生、水浮莲、水葫芦等的含钾量都很高，一般为5%～6%，高的可达8%，对增加农田钾素营养尤其具有重要意义。此外，商品肥料的输入、城肥下乡、河泥上田也是区域性养分富集还田的方式。

（三）农业生态系统的信息传递

信息传递也是农业生态系统的功能之一。农业生态系统是一种人工控制的生态系统，人类利用生物与生物、生物与环境之间的信息调节，使系统更协调、更和谐；同时，也可利用现代科学技术，操纵农业生态系统中的生物的活动、控制环境状况，使系统向人类需要的方向发展。

1. 信息与信息过程

信息是指能引起生物的生理变化和行为的信号。而信号则是指能引起生物感知的各种因素。能引起生物感知的因素很多，可归纳为物理因素和化学因素。这些因素都可以通过生物的感觉器官感知，所以说信息是一种物质，是一种能引起客观存在的实体。动物的眼睛、耳朵、毛发、皮肤等都能感知，并通过神经系统做出反应，引导动物产生移动、捕食、斗殴、残杀、逃脱、迁移、性交等行为。部分植物如含羞草、捕虫草也有类似的感觉机能，从而调节着生物本身的行为。

每一个信息过程都有三个基本环节：

①信息的产生或信息的发生源，称为信源。

②信息传递的媒介，称为信道。

③信息的接收或信息的受体，称为信宿。多个信息过程交织相连就形成了系统的信息网，当信息在信息网中不断地被转换和传递时，就形成了系统的信息流。自然生态系统中的生物体通过产生和接收形、声、色、光、气、电、磁等信号，并以气体、水体、土体为媒介，频繁地转换和传递信息，形成了自然生态系统的信息网。农业生态系统保留了自然

生态系统的这种信息网的特点，并且还增加了知识形态的信息，如文化知识和农业技术，这类信息通过广播、电视、电讯、出版、邮电、计算机等方式，建立了有效的人工信息网，使科学技术这一生产力在农业生态系统中发挥更大的作用。

2. 生态系统中信息的种类

生态系统中的信息有物理信息、化学信息、营养信息和行为信息四种。由不同的生物或不同的器官发出，再由不同的生物或同一生物的不同器官接收。生物的信息传递、接收和感应特征是长期进化的结果。

（1）物理信息。物理信息是以物理因素引起生物之间感应作用的一种信息。物理信息是一类范围广、作用大的信息。

①光信息。除少数像萤火虫这类生物以外，大多数生物都不能产生光信息，只能借助于反射其他发光体发出的光才能引起生物的感知。光信息以物理刺激的方式作用于信息的受体即信宿生物，通过生物的感觉器官而传入大脑产生感觉等生理活动。

②接触信息。通过生物的身体与环境中的其他物质实体或其他生物接触，从而感知周围环境的信息，称为接触信息。温血动物的体温是恒定的，如果环境温度上升，其皮毛通过接触空气感知这一信息，并把这一信息传递到大脑，大脑对这一信息作出处理后发出信号，以增加血液流往皮肤，引起出汗，皮肤分泌出来的水分通过蒸发可以降低体温。对于变温动物而言，环境温度上升，本身体温也随之上升，其生命活动趋于旺盛；当环境温度下降，本身体温也下降，生命活动随之逐步减弱，当温度下降到一定程度，变温动物就可能进入冬眠。

③声信息。声信息在许多动物的交往中起着非常重要的作用。声音具有传播远、方向衍射等特点。声带是大多数动物的发声器官，但动物的发声器官并不相同，如蚱蜢用后腿摩擦发声，鱼用气泡发声，海豚用鼻道发声，蝉用腹下薄膜发声。某些植物的根系也能发声。

（2）化学信息。生物在其活动和代谢过程中可能分泌一些特殊的物质，经外分泌或挥发作用散发出来，通过介质传递而被其他生物所接受。具有信息作用的化学物质很多，主要是一些次生代谢物，如生物碱、萜类、黄酮类、非蛋白质的有毒氨基酸，以及各种苷类、芳香族化合物等。

（3）营养信息。营养信息是由于外界营养物质数量和质量上的变化，通过生物感知，引起生物的生理代谢变化，并传递给其他个体或后代，以适应新的环境。通常，食物链上某一营养级上的生物数量减少，则其下一营养级的生物将在感知到这一信息后进行调整，如降低繁殖率，种内竞争加剧，重新使食物营养关系趋向于一种新的平衡。例如，蝗虫和旅鼠数量过高时，因食物资源减少，会发生大规模的迁移，以适应环境的变化。

（4）行为信息。同类生物相遇时，常常会出现有趣的行为信息传递。例如，当出现敌情时，草原上的雄鸟急速起飞，扇动两翅，给雌鸟发出警报；一群蜜蜂中若出现了两个蜂皇，则整个蜂群就会自动分为大致相等的两群；雄白鼠嗅到陌生雄鼠尿液时，机械运动立即加强；若用陌生雄鼠尿液涂上两只本来十分和谐的雌鼠中的一只，两者立即变得势不两立，激烈的攻击行为油然而生；草原犬鼠相遇，采用接吻来联系。其他如定向返巢、远距离迁飞、冬眠、斗殴、觉醒等，都是受行为信息的支配。

3. 生态系统中的信息传递

生态系统的信息传递是通过生物的神经系统和内外分泌系统进行的，决定着生物的取食、居住、防护和各种行为等一切过程。

（1）取食。草食动物通过眼鼻感觉辨别环境中不同植物的颜色和气味，从而选择它所需要的食物种类，在取食过程中用口腔感触辨别食物的味道，从而确定其取食的部位，排除不需要的部分。食肉动物用眼睛和耳朵搜寻捕食对象，从而获得食物或纠集同伙战胜敌人并取食之。如单独一只狼不能战胜鹿，常以嗥声召集同伙，结群追捕掉队的病鹿或小鹿，以众敌寡获得食物。

（2）居住。生物总栖息在最有利于生活、生存的环境中，这是经过一系列感觉器官对环境中的光、温、水、气、食物营养等信息而综合决定的。如果环境中某一因素发生改变，动物可能改变居住地。如雁的迁移特性，燕子春天北飞秋后南迁，都是对温度和湿度环境的行为反应。食物营养信息影响着大多数动物的居住，当食物资源枯竭时，动物往往迁徙到食物资源充足的地方。这一特征也决定了生物群落的季节变化。

（3）防卫。各种生物的体形和体色都有尽量与其生存环境一致的特性，这一特性是防卫敌人的自然保护色，也是一种信息作用。例如，青蛙的颜色接近禾苗，蛇的颜色接近树枝或落叶。有的动物以其特殊的姿态变化来吓唬敌人得到保护，如豪猪遇敌时将其体刺竖直，形成可怕的姿态；又如家猫见到狗时，“猫假虎威”以克敌；乌贼遇敌时，喷出黑液赶跑敌人；黄鼠狼遇到敌害时排出臭气赶跑对方。有些瓢虫被鸟类啄食时，分泌一种强心苷，使鸟感到难以下咽而吐出。

（4）性行为。某些生物能分泌与性行为有关的物质，散发到环境中以引诱异性，这种化学信息往往只有同类生物才能感触到，尤其是同类生物的异性往往特别敏感。如许多昆虫都有这种行为，有些是雄性成虫分泌性外激素，有些是雌性昆虫分泌性外激素，也有些昆虫种类两性都能分泌性外激素。一般雌性分泌的性激素引诱力较强，引诱的距离较远，而雄性分泌的性外激素引诱力较弱。有的生物用声音或光反射来寻找配偶。如蝗虫发情时以其腿肌肉发出声音引诱异性，雌性白粉蝶的翅腹面对紫光有较强的反射力以便雄蝶能找到。鹿的性行为则往往是一头雌鹿有几头雄鹿追求，待雄鹿们角斗后，让雌鹿选择优胜者作为配偶，这种选择从进化上来说是很有利的。

（5）群集作用。各种社会性昆虫都有相对固定的群集，它们聚集在一起时能产生一种信息素，信息素释放量低但生物活性非常高，能够吸引散居和群居的昆虫。信息素响应昆虫种群密度的变化，随着种群密度增加而增加。

4. 信息在农业生态系统中的应用

信息在农业生态系统中的应用，包括源于自然生态系统的各种物理信息、化学信息、生物信息等的应用，还包括农业生产信息、农产品市场信息、农业技术信息等。农业生产要素是指农业生产过程中必须投入的各种基本要素的总称。农业时代的生产要素是指土地、劳动力、资本三要素；工业时代增加了技术要素，包括技术、资金、土地、劳动力四要素；信息时代又增加了信息要素，形成信息、技术、资金、土地、劳动力五大农业生产要素（图 7-9）。现代农业建设高度重视信息要素，积极推进数字农业建设，奠定现代农业的数字信息资源基础。

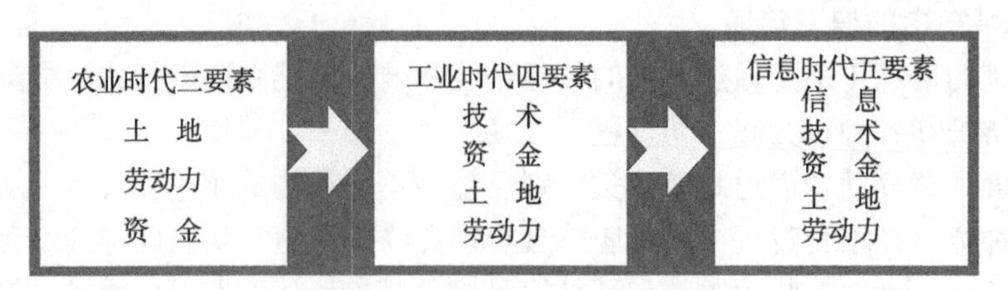

图 7-9 农业生产要素演进序列

(四) 农业生态系统的价值转换

农业生态系统的整个物质循环、能量流动、信息传递过程中，总伴随着有价值的流动。在物质生产过程中，价值可以转换成不同形式，并在不同的组分中转移，最后以增殖了价值的产品出现。

1. 资金流与能流物流的关系

农业生态系统的经营者，通过各种途径与社会生产和消费领域发生资金往来，形成了系统的资金流。农业生态系统的价值转换过程实际上是以资金流的形式出现的。以农业生态系统为基础的资金流与能流、物流具有三种基本关系（图 7-10）。

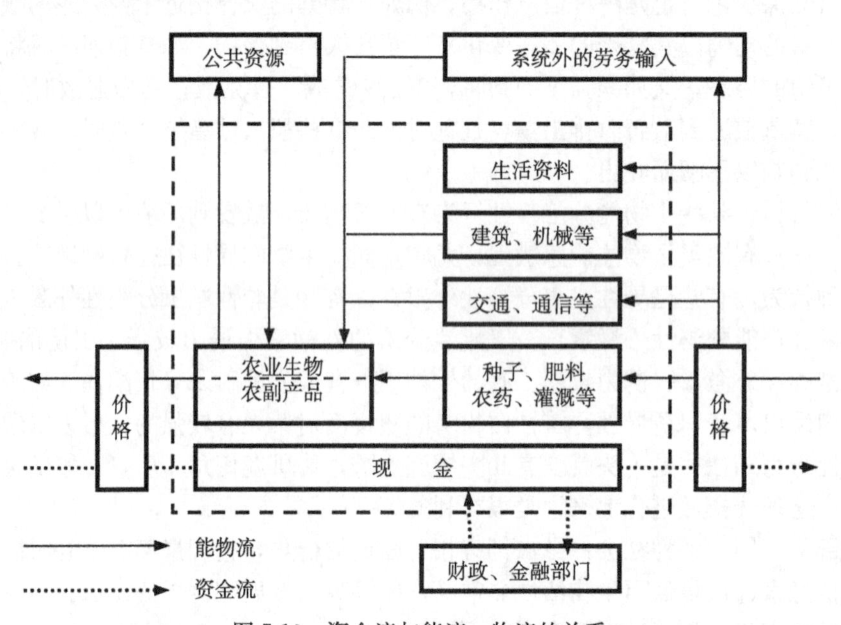

图 7-10 资金流与能流、物流的关系

（1）与能流、物流偶联的资金流。无论是购买种子、农药、肥料、农业机械、农用器具这类生产资料，还是雇请劳力或购买生活资料，经营者都向系统输入了一定数量的物质和能量，经营者也必须同时付出一定数量的资金。能量和物质输入量与资金流的流出量的比例，由生产资料和生活资料的价格以及劳动力工资水平决定。经营者销售农、副产品及其加工品时，都从系统输出了一定数量的能量和物质，同时获取一定数量的资金。能量和物质输出量与资金流入量的比例，由农、副产品及其加工品的价格所决定。在这里，能流、物流方向与资金流的方向相反。由于资金流与能流、物流的这种偶联关系，可以通过价格调整、价格补贴、价格限制等措施，去增减与一定资金流量相关的能流、物流量。不同种类物质与产品的价格的相对升降，还可能影响输入物质和输出产品的种类。

（2）不与能流、物流直接偶联的资金流。这是指经营者与财政和金融部门的资金往来。通过投资、补贴、贷款等方式，资金从财政、金融部门流向农业生态系统的经营者，经营者的资金又以税收、上缴、还本付息等方式流向财政、金融部门。这种方式的资金流，虽不直接伴随能流、物流而行，但它对农业生态系统的生产成败、规模大小和效益高低具有很重要的影响。当价格结构不合理但又不能直接调整价格时，财政、金融部门可以通过这条资金流对能流、物流进行间接控制。常用的非价格调节方式很多，通过出口补贴和进口收税有利于增强出口能力、限制进口数量；通过生产相对过剩时的销售补贴和生产不足时的消费补贴，有利于在农产品价格大起大落时稳定生产者与消费者之间的流通；通过股票、债券、存款利息调整等方式，有利于吸收闲散资金，减少非生产性消费；通过无息、低息贷款，免税或低税政策，有利于集中更多人力物力加强大型开发性项目的发展。

（3）脱离资金流的能流、物流。当经营者利用权属范围以外的公共资源进行生产时，尽管有能量和物质的输入，但并不伴随资金的出入。猎捕野生动物、公共牧场放牧、植物的光合作用等，都存在这种现象。这类生产系统与大自然之间进行交换的能量和物质，不同于社会经济系统中各部门之间进行商品交换所形成的能流、物流，由于不与资金流相偶联，脱离了社会经济规律的制约，形成所谓的市场调节失灵，并由此而引发一系列环境与资源问题，并导致“成本外摊”和“收益外泄”现象的发生。

2. “成本外摊”与“收益外泄”及其解决途径

环境资源，如阳光、空气、河流等对生产的作用没有列入通常的成本计算，公共牧场、公共水域、公共森林等公共资源的耗用通常也不列入生产者的生产成本之中。生产过程中消耗了自然资源，利用了自然过程，但在生产单位的成本核算中却没有反映这种成本，这种现象称为“成本外摊”，应算而没算的自然资源和自然过程所隐含的成本，称为“外摊成本”。生产过程中产生的环境效益和生态效益通常也不可能列入生产者的收益账中，生产者对改善空气、河流质量所作的贡献，为保护公共野生物种、公共林木资源所做的成绩，在收益计算中是反映不出来的。这种通过增殖资源、改善环境所获得的收益，在生产单位的收益核算中得不到反映的现象，称为“收益外泄”，应算而没有算的这部分收益称为“外泄收益”。

生产者所使用的“外摊成本”，不需要通过商品交换来取得；生产者所创造的“外泄收益”也不可能通过商品交换出售，这种与资金流脱节的能流、物流使得有关生产活动不受价值规律支配，也不受市场供求关系支配。只要能力许可并且有利可图，经营者总是尽可能多地利用环境和公共资源这类“外摊成本”，工厂在生产中大量向环境排放废气、废水、废渣就是一个典型例子，这也是导致乱砍滥伐森林、草原超载放牧、水域过度捕捞、大量捕杀野生动物等的重要原因。由于外泄的收益不受市场规律支配，生产者也容易为眼前看得见的经济利益所吸引，不愿做保护资源和环境的工作。

为克服“成本外摊”和“收益外泄”所带来的问题，可采用适当的行政、法律、教育和经济措施。在行政上，明确资源所有权和使用权，划定自然保护区；在法律上，禁止有害环境和自然资源的行为；通过教育，广泛提高全民族的环境和生态意识。尽管价值规律对此不起作用，在经济上仍可通过适当的手段尽可能使“外摊成本”内在化，使“外泄收益”内在化。常用的经济手段有征收排污费，对破坏环境和资源的进行罚款，对公共资源的使用实行征税，补贴保护环境和资源的工作，奖励对生态环境改善的贡献者等。

3. 收益递减律

对农业生态系统进行农业资源投入时，某一必要农业资源的输入量从零开始不断增加，开始时系统的输出量增加较快，当输入量达到一定水平后，输出量增加的速率逐步减慢、停止，甚至出现负值，这种现象称为收益递减（图 7-11）。由于这种现象在经济系统和农业生态系统中普遍存在，因而成为一种规律，称为收益递减律。

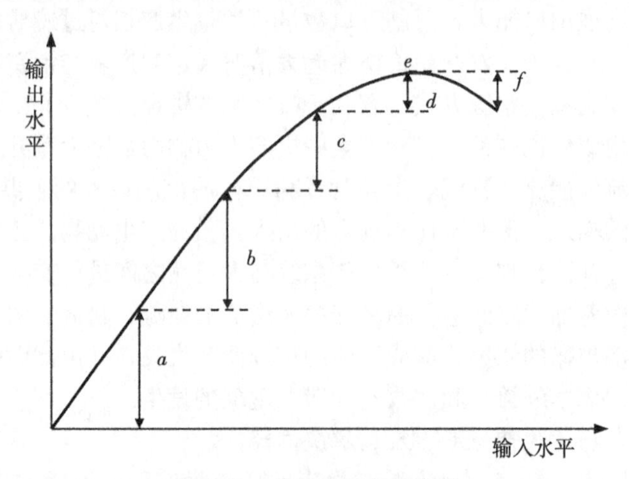

图 7-11　收益递减律示意图

（其中：$a>b>c>d>e>f$，$e=0$，$f<0$）

收益递减率也称报酬递减律，最初是由经济学家 A. R. Turgot 于 18 世纪后期在经济研究中提出来的。它反映了在技术条件不变的情况下，投入与产出的关系，认为从一定土地上所得报酬随着向该土地投入的劳动和资本量的增大而有所增加，但随着投入的单位劳动和资本的增加，报酬的增加量却在逐渐减少。

具有一定内部结构的转换系统所表现出来的收益递减律现象，是各种限制因子连续作用的结果。当某种必要资源是系统输出的限制因子时，对该种资源的输入会促使系统的限制因子得到有效改善，从而使产出迅速增加；当系统对该种资源的需求得到满足以后，其他因子就成了该转换系统输出的限制因子，这时再增加这种资源的投入而对其他资源不采取措施，系统的产出自然不会出现增加；如果该种资源的投入数量过大，即出现该资源的过量输入，势必对系统产生危害，因此过量的资源投入还会导致系统的产出下降。

在农业生态系统的价值流中，收益递减律现象普遍存在。根据收益递减律原理，在对农业生态系统进行资金流调控和农业资源的投入时，要注意以下几点。

（1）必须选择合适的农业资源投入水平。为了提高农业资源的利用效果，必须注意选择合适的投入水平，使农业生态系统在获得较高的产值同时，取得较高的资金产投比和较大的纯收入。在我国农业生产中，曾经出现过的增产不增收现象，正是忽视报酬递减律，违背经济规律而出现的怪现象。因此，在投入水平较低的地区或农业生态系统，通过增加投入，可获得较高的报酬；当投入达到一定程度后，如果产出增加减慢，就应考虑资源投入是否已满足系统要求，此时应着重考虑将农业资源投入方向改到其他生产项目，或通过改善其他限制因子来提高系统产出。作为农业生态系统的经营者或管理人员，要经常分析农业生态系统的资金流状况，掌握各种农业资源的投入产出动态变化规律，为合理投入农业资源提供依据。

（2）以系统的观点综合分析各种农业资源的投入产出规律。对收益递减成因的分析表明，要获得某一农业资源的良好效果和延续收益递减的出现，必须注意同时解决其他因子的问题。因此，对农业生态系统的资金流分析和农业资源利用效益分析，必须以系统的观点，综合分析多种农业资源的投入产出规律，提高农业资源的整体投入水平。例如，为了提高农作物施用氮肥的增产效率，随着氮肥施用量增加，必须相应地增加磷、钾肥和微量元素供应量；为了提高农业资金投放效率，随着农业生产资金的增长，必须相应地解决农用能源和生产资料供应、产品加工、销售等问题。

五、农业生态系统的调控

对农业生态系统所采取的任何调节和控制的措施，目的是实现农业的高产、高效、安全和可持续发展，从而使农业生态系统更好地为人类服务。

（一）农业生态系统的调控机制

农业生态系统的调控机制可分为明显的三个层次。第一个层次是自然调控，它是从自然生态系统继承下的调控方式。通过生态系统内部生物与生物、生物与环境，以及环境因子彼此之间的物理、化学和生物学的作用来完成。农业生态系统调控的第二个层次，是经营者（农民或农场主）利用各种农业技术的直接调控，如有害生物的多寡、土壤和水利条件状况，以及生产资料的输入和产品的输出等，都受到经营者的直接调节和控制。农业生态系统调节和控制的第三个层次，是社会经济系统对农业生态系统的间接调节。

（二）农业生态系统自然调控

农业生态系统的自然调控机制是从自然生态系统继承下来的。成熟的自然生态系统是一个和谐、协调、有序的大系统，其基本转换器由食物网中各种相互作用的生物以及连接这个网络的残体、排泄物、产品、副产品等构成，通过能量流动和物质转化，来实现其基本转换器功能。在能量流动、物质转化这个基本转换器上，又叠加着一个起非中心式调控器作用的自然信息网，这个信息网以水、空气、土壤作为介质，传播形、声、味、色、压、磁等物理、化学和生物信息，与生物个体的神经、体液、激素、遗传机制相联系，共同实现对生态系统的自然调控。

1. 自然调控的类型

生态系统趋于成熟，系统内的组分越来越复杂，自然信息的沟通越丰富，控制系统特有的和谐、协调、稳定等特点也表现得更加明显。自然生态系统的长期发展，依赖其各种途径的自然调控机制，使系统表现出很强的稳定性和抵抗外界干扰的能力。

（1）程序调控。植物从种子萌发到开花结实，动物从卵开始的发育、成熟、死亡过程，昆虫的顺序变态过程等，都是由基因所预编的程序所控制的。生物群落的演替也表现出明显的程序调控特征。

（2）随动调控。像雷达跟踪飞机一样，鹰靠视觉跟踪能抓到跑动的小兔；蝙蝠靠超声波听觉能捕捉到飞行的昆虫；向日葵的花随太阳转动；植物根系伸向肥水集中的部位，都是生物个体所表现出的典型随动调控。

（3）最优调控。生态系统经历了长期的进化压力，优胜劣汰，现存的很多结构与功能都是最优或接近最优的。蜜蜂建成的六角形的蜂巢，其几何形状已被数学上证明是最省材料的；鱼类的流线型结构是减少流体阻力的最优体形；鸟类骨骼既省材料又有很理想的结构强度。自然顶极群落通过多层结构和循环机理，对能量和营养物的利用率也达到了很高水平。

（4）稳态调控。自然界有一种在发展过程中趋于稳定，在干扰中维持稳定，偏移后恢复原态的能力，这种稳态受到多种机制的调控，从基因、酶、细胞器、组织，直到个体、种群、群落和生态系统各个层次，都有着丰富的表现。

2. 自然生态系统的稳态调控机制

（1）组织层次与稳态。自然生态系统普遍存在着大系统中套小系统，小系统套更小的系统，具备明显的垂直分离特征；在同一层次内，系统又都由相互联系但又彼此相对独立的多个组分所构成，形成了系统的水平分离特征。垂直分离和水平分离的层次结构，有利于大系统的生存、进化和稳定。由于层次的存在，当低层次受到外界干扰时，高层次仍能正常发挥作用；当某一组分受到干扰时，另一组分仍可运行，有利于系统稳态的维持。

（2）功能组分冗余与稳态。自然生态系统中功能组分冗余是很常见的。1株植物有许多叶片，1片叶有多层叶肉细胞，1个叶肉细胞有多个叶绿体。植物的种子和动物的排卵数大大超过环境可能容纳的下一代数目。同一种植物常为多种食草动物消费，同一种生物残体为各种大小的生物所分解利用。生物群落的光能被多个层次的各种绿色植物利用。这类功能组分冗余使得生态系统遇到干扰后，仍能维持正常的能量和物质转换功能。这类稳态机制使得自然界很少出现“商品滞销”或“停工待料”现象。

（3）反馈调节与稳态。无论是系统输出成分被回送并重新成为同一系统的输入成分，还是系统的输出信息成为同一系统输入的控制信息，都称为反馈（feedback）。反馈在控制系统中起着十分重要的作用，它常表现为正反馈或负反馈两种形式。正反馈是系统输出的变动在原变动方向上被加速的反馈方式，而负反馈则是使系统输出的变动在原变化方向上减速或逆转的反馈方式。例如，在资源充足的前提下，种群数量的增加又能成为种群数量增加的原因（繁殖个体多），正反馈使该种群数量迅速增加，这正是种群 logistic 增长初期的表现；种群增长达到一定的程度时，由于资源和空间有限，种群数量继续增加，种群的存活率将下降，从而使种群增长减速，表现为负反馈，从而使种群数量稳定地接近环境容纳量。生物常利用正反馈机制来迅速接近目标，如生命延续、占据生态位等，而负反馈则被用来使系统在目标附近获得必要的稳定。自然生态系统中长期的反馈联系，促进了生物的协同进化，产生了诸如致病力—抗病性、大型凶猛的进攻型—小型灵活的防御型等相关性状。长期的多样化的反馈效应使自然生态系统形成一种受控的稳态，使系统的抗干扰能力、应变能力大大加强。

（4）生态系统不同水平上的稳态机制。生物个体通过生理和遗传的变化去适应环境的变化，形成生活型、生态型、亚种乃至新种，使物种多样性与遗传基因的异质性得到加强，同时也提高了对环境资源的利用效率。一些低等动物（如蚯蚓、海星、蜗虫等）在受伤后器官具有再生能力，高等动植物在受伤后也有很强的愈合能力。一些不能愈合的缺损部位的功能可以为其他部位所补偿，如冬小麦即使到了孕穗期，在被随意剪去三片茎生叶片后，剩余叶片的光合作用就会加强，使产量能得到一定的补偿。这些再生、愈合、补偿作用有利于维持生物个体机能的稳定。种群密度达到一定程度后，往往导致增殖率和个体生长率下降。动物可通过生殖能力和行为变化来协调种群密度与资源的关系。白唇鹿在密度低时，雌鹿怀孕率可达93%，且23%单胎、60%双胎、17%三胎；当种群密度高时，雌鹿怀孕率只有78%，且81%单胎、18%双胎。蝗虫和旅鼠在密度过高时会发生大规模的迁移，植物在高密度条件下结实率明显降低。这些都是种群水平下稳态机制的表现。在生物群落内，生物种间相互作用对调节彼此间的种群数量和对比关系起了非常重要的作用。在生态系统中，交错的种群关系、生态位的分化、严格的食物链量比关系等等，都对系统的稳态起着积极的作用。当系统组分较多而且相互协调时，系统的自我调控能力较强，系统稳定性较大。例如，自然丛林中由于食虫鸟类较多，马尾松较难发生松毛虫灾害，而马尾松纯林则易暴发松毛虫灾。作物生产长期单一化种植，由于病菌发生致病性突变，往往导致病害成灾。农业生产中农、林、牧、渔多业结合，不仅具有较高的能量、物质和价值转换效率，而且可以促进各业在良性循环中稳定增长。

（5）生态阈值。生态系统的稳态机制是有限度的。系统在不降低和破坏其自我调节能力的前提下所能忍受的最大程度的外界压力（临界值），称为生态阈值。这里的外界压力包括自然灾害、不利环境因子的影响等自然力，也包括人力的获取、改造和破坏等人为因素。例如，森林的采伐量要有一定的限度，应控制采伐量低于生长量；草原、草山的载畜量超过限度，将引起草原退化、水土流失和畜牧业衰退；天然湖泊过量捕捞，将引起鱼类资源的枯竭；农田耗地作物的复种指数过高，将导致地力衰竭等。

3. 农业生态系统的自然调控

农业生态系统很大程度上继承和保留了自然生态系统的自然调控机制，如光温对植物的调节作用、昼夜节律对畜禽行为的调节作用、林木自疏现象、功能组分冗余现象、反馈现象等，农业生态系统仍被保留利用；各种类型的随动调控、程序调控、优化调控、稳态调控大都被保留了下来。这些自然调控相对于人工调控来说，往往更为经济、可靠和有效。因此，深入了解、利用和借鉴自然生态系统的自然调控方式常可收到事半功倍的效果。

人们为了使农业生态系统的能量和物质转化更合乎人类的利益，使用各种手段部分地替代自然调控过程，使人工调节与自然调节并存、互相补充，对农业生产的发展起到了积极的作用。但是人工调节也出现过诸如滥用农药使害虫再生猖獗，草场改为农田后导致土地沙化，乱用激素危及人类健康，砍伐森林造成水土流失等不良后果。因此，采用人工调节措施应充分预测其直接效果和连锁反应，避免上述现象的发生。

目前，人类对自然调控机制的利用已开始进入自觉阶段，如利用农业害虫的种间相互作用，广泛开展生物防治；在植被恢复过程中，利用群落的自然演替规律；在物质转化利用中，利用腐生生物的作用等，都已展示广阔的前景。

（三）农业生态系统的技术调控

农业技术实质上是农业经营者对农业生态系统实行直接调控的手段。农业技术有些是单项的，有些是综合性的。农业技术可针对系统中的不同组分实施不同的调控措施，所以，农业生态系统的直接调控包括生物调控、环境调控、输入输出调控和系统综合关系调控四个方面的内容。

1. 生物调控

（1）农业生物的个体调控。从个体水平上的调节和控制包括两个方面的内容：

①个体遗传性的调控，即改变个体的遗传组成，使个体表现出更广的适应性、更高的丰产性和更强的抗逆性。同种遗传基础的个体就形成一个品种，所以农业生物个体遗传性的调控手段主要是新品种的选育。运用各种育种方法，经过广大农业育种工作的努力，可以不断为农业生产提供新的优良品种。

②个体生长发育的调节和控制。个体的生长发育都有其内在的规律，每个个体都遵循一定的程序、按照一定的方式来完成其生命周期。但这个生命周期并不是按人们的主观愿望来完成的，有时甚至相互矛盾。为了使每个个体更好地为人类服务，就需要对个体的生长发育进行调节和控制。如农业植物生产中激素的使用、剪枝打顶、修根割芽，农业动物生产中使用饲料添加剂、限制个体生殖功能等，都能影响个体的生长发育，使之朝人类需要的方向发展。

（2）农业生物种群的调控。

①种群密度的调节。农业植物的播种移栽密度、畜禽养殖密度和鱼类放养密度的确定，都属于种群密度的人为调节。合理的种群密度，要求与环境资源的供应量及人为可能的外部补给量相符合，既要保证个体能顺利生长发育，又要使种群表现较高的丰产性能，提高群体产量。随着个体发育进程的推进，个体所需占用的生活空间和资源数量逐步增加，如何协调整个生产周期的种群密度与资源供应，也成为农业生物种群密度调节的主要内容。为此，在农作物、蔬菜等生产中，往往采用育苗移栽、营养钵育苗等方法，有利于加强幼苗管理，同时也能提高土地利用率；养殖业生产中也普遍采用分期分批管理技术，提高资源利用率。

②繁殖的调控。合理的种群繁殖速度是保证下一生产周期种群密度的前提。一般说来，繁殖的新个体数应略高于下一个生产周期所需要的个体数，这样既可保证生产的正常进行，又能减少因繁殖过多而造成的浪费。任何农业生物都要有一个合理的繁殖体系，如农作物的种子生产要与大田生产配套，畜禽渔业要通过合理的亲本数量和性别比例来保证适宜的繁殖速度。

（3）农业生物群落的调控。

①建立充分利用空间和资源的立体生产系统。立体生产的方式很多，在一个具体的现实环境中，如何建立合理的立体生产系统，充分发挥农业生态系统的生产潜力，可以从以下几个方面来考虑。一是充分发挥现有空间和资源的生产潜力。农林业生产中的间、混、套作，农业动物生产中的多层养殖、混养，以及稻田养鱼、莲鱼共生等种养结合的立体生产，都是通过增加生物种类，从不同的层次和角度来充分利用系统内的空间和资源，使有限的资源生产出更多的产品；利用荒坪隙地的生产，以及利用腐生动物和微生物转化农业废弃物的生产，都是对未利用的空间和资源的利用，充分发挥农业生态系统的生产潜力。因此，在调控农业生物群落时，首先要分析系统内的空间和资源状况，尽量避免和减少浪费。二是充分利用相互促进的种间关系。农业生物间的正相互作用也很多，如马铃薯与菜

豆、洋葱与甜菜、玉米与大豆之间，彼此都有相互促进的作用，间混作时往往能增产；草鱼与鲢鳙鱼之间，草鱼食草，其排泄物和残食有利于繁殖浮游生物，对鲢鳙鱼有利，而鲢鳙鱼通过滤食浮游生物使水质变清，有利于草鱼的生长。此外，稻田养鱼、林蛙共生、种植业与养蜂等，彼此都有一定的促进作用，生产中往往表现为双受益。三是提高物质和能量的转化效率。针对农业生物群落食物链简短、类型较少、营养结构简单的特点，采用生物物质和能量的多层次多途径利用，能有效地提高农业生态系统的物质和能量的转化效率。对生物物质通过多途径利用，增加系统内食物链类型，使一种物质通过多种农业生物的利用和转化，生产出多种农业产品，不仅可避免物质的过剩和浪费，提高利用率，而且能提高农业生态系统的稳定性。为延长农业生物群落的食物链，可采用多层次利用（多级利用），即食物链加环的方法来进行调节，食物链上不同生物从不同角度利用其物质和能量，可大大提高物质和能量的转化效率。四是因地制宜选配物种、确定适宜的种群密度。在一个具体的生产环境中安排多少种生物、安排哪几种生物，必须根据当时当地的具体情况，因地制宜地合理安排。确定了组配的物种以后，还要确定各物种适宜的种群密度，以提高群落的功能。这需要考虑环境资源的容纳量、空间的可利用率、物种之间是否协调，并结合具体的专业技术来确定。五是采用配套的管理措施。立体生产除了要掌握各生产项目的高产栽培和饲养技术以外，还要协调各物种之间的关系，配套的管理措施是立体生产成败的关键。例如，稻田养鱼要通过挖修鱼沟和鱼溜，来解决养鱼与水稻晒田的矛盾，以便晒田时鱼能集中躲避，并便于捕捞。

②有害生物综合防治。自从农业产生以来，人们就考虑如何防治农业有害生物的危害。近代大量化学农药的问世，曾经一度认为找到了可靠的解决途径，因此大量使用化学农药，企图把所有的有害生物全部消灭，结果不仅没能如愿，还带来不少问题。例如，不断产生的抗药性使人们对新的化学毒杀剂的研究和生产已是应接不暇；控制了一种有害生物却使另一种原来危害不大的有害生物陡然爆发出来；毒杀有害生物的同时，也将其天敌杀死，失去了天敌的有效控制，导致更加严重的危害；此外还造成严重的环境污染等。因此，人们对单纯的化学防治方法开始反思，提出了有害生物的综合防治。有害生物的防治措施包括生物防治、农业防治、物理防治、化学防治等方法。在进行有害生物综合防治时，必须以生物防治为主、多种措施结合，并坚持预防为主、防治结合的原则。除了以上内容，有害生物的综合防治还应特别强调以下三点：一是允许有害生物在受害允许密度以下存在。事实上，并不是有害生物一旦存在就必须防治。一般将有害生物的危害所造成的经济损失与防治费用相当时的有害生物种群密度，称为受害允许密度。某些有害生物在受害允许密度以下的存在，可以为天敌提供食物、繁殖和隐蔽场所，如果将它们全部消灭，其天敌也无法生存，以后一旦这种有害生物重新爆发，将会导致更严重的后果。目前的一些农业害虫正是这样越演越烈的。二是充分利用自然控制因素。在有害生物的自然控制因素中，天敌始终是一个非常重要的因素，它们普遍存在，而且往往能有效地控制有害生物的种群密度。所以，要特别注意保护天敌，同时还可通过人工饲养以增加本地天敌数量，以及引进新的天敌等措施，加强天敌的制约作用。提高农业目标生物的抵抗能力是利用自然控制因素的另一种非常有效的手段。这一方面可以通过选育对有害具有抵御能力的新品种来实现，同时也可通过合理的栽培、饲养管理措施，促进农业目标生物健康成长，以提

高其抵御能力。此外，在自然控制因素中，还可以充分利用资源、气候和竞争者等的影响。如通过减少食物、栖息空间和隐蔽场所，可以控制某些有害生物；周期性的严寒酷暑不利于有害生物的越冬越夏，灾害性天气也可能给有害生物带来灾害；利用竞争者控制有害生物也可望获得一定成效，如通过合理的间混套作，提高农业目标生物的种群密度，可减轻农田杂草的危害。三是以生态系统为管理单位。在防治有害生物时，必须以生态系统为管理单位，充分了解系统中的组分及彼此之间的相互关系，掌握各种有害生物的习性及危害程度，弄清它们在系统中的地位，从控制有害生物的观点出发，把注意力集中在主要有害生物上，进行综合防治。而且，在采取防治措施之前，要充分考虑这种措施对农业目标生物、天敌、其他有害生物及防治对象本身可能产生的影响，权衡利弊，切忌盲目行事。既然有害生物的综合防治要以生态系统为单位，那么这个系统的边界就要考虑有害生物的迁移和扩散，对具有强迁移或扩散能力的有害生物，要有一个较大的防治范围，切忌以一个农户或一小块地为单位进行防治。

③非生产性有益生物的保护和利用。蛙类、蛇类、野禽等由于美味可口，一些益兽还能提供皮、毛、药物，常遭到无情捕杀和狩猎；环境污染、资源衰退使一些有益生物丧失了栖息地和生存空间，断绝了食物来源，导致农业生态系统中原有的益虫、益鸟、益兽大量减少甚至灭绝。所以，加强对系统内原有有益生物的保护，是利用有益生物的一项最根本的措施。为此，必须加强宣传教育，严禁滥捕乱猎，增加绿色植被，建立自然保护区，切实保护好系统内原有有益生物，使它们得以健康生存和繁衍。人工繁殖放养是充分利用有益生物的重要手段之一。目前，蛙类、蛇类、鸟类、壁虎、赤眼蜂等的人工繁殖放养已具有一定的经验。我国目前大量繁殖利用的如甘蔗螟虫赤眼蜂、荔枝蝽平腹小蜂、棉红铃虫金小蜂等，均已取得较大成效。从外地引进新的有益生物有时也能取得显著效果。例如，澳大利亚 1967 年引进一种蜣螂，成功地解决了草原家畜粪便堆积的问题，并使牛蝇的危害得到了有效的控制。我国广东省电白县 1956 年引进澳洲瓢虫防治木麻黄上的吹绵蚧也获得了很好的效果，把浙江大红瓢虫引进四川防治吹绵蚧也获成功。但是，在引进新的有益生物时应特别慎重，引入前要充分考虑新物种可能带来的后果，并进行必要的移植试验，切忌盲目引进。

2. 环境调控

(1) 环境因子的调节与控制。环境调控的目的主要是改善农业生态系统的物理环境，使之有利于农业生物的生长发育。通过生物的、化学的、物理的或工程的方法，来调节和控制农业生态系统的各种环境因子，以满足农业生物对环境的要求。

就土壤环境的调控而言，传统的犁、耙、耱、起畦和建造梯田等土壤耕整措施都属物理调控方法；施用化肥、土壤结构改良剂、硝化抑制剂等属化学方法；生物方法如施用有机肥、种植绿肥、秸秆还田、合理轮作换茬、繁殖蚯蚓等。不管是哪一种方法，都是通过改良土壤的物理性能、化学性能及土壤生物的组成，使土壤环境更适宜农业植物的生长发育。

生物养地是我国传统农业的精华之一，它在改良土壤结构、增加土壤有机质含量、提高土壤肥力等方面起着重要作用。在种植制度中合理安排豆科作物、豆科绿肥和红萍等固氮生物、用地与养地相结合，各地均有着丰富的经验。自 20 世纪 60 年代以来，充分利用高钾植物，发展生物钾肥，对解决钾肥短缺问题也起着重要作用。我国的高钾植物资源很丰富，如空心莲子草、苦草、水鳖、金鱼藻、商陆等，对解决我国农田土壤钾亏缺能起到一定的效果。

调控气象因子的方法很多，如建立动物棚舍、薄膜覆盖、塑料大棚、施用土面增温剂等可改善局部环境；大规模造林绿化和农田林网建设有利于改善区域性环境；人工降雨、烟雾防霜等可减轻灾害性天气的危害；温室和人工气候室等，更能对光、温、湿、气等多种气象因子进行严格的控制。

调节水分的方法也很多，在流域的不同部位可分别采用修建水库、建水闸、开采地下水等方法蓄水和引水；在田间除了传统的沟灌、漫灌方法以外，还可采用喷灌、滴灌等设施，建立完善的农田排灌系统。水是保证农业生产正常进行的前提条件，可以说水利建设是最重要的农田基本建设。

火是森林中不可忽视的一个环境因子，为了减轻火灾损失，可采用开防火带、禁止烧垦等措施。但是，当森林残屑累积到一定程度，在干燥的天气里，雷击和露水聚焦等自然因素也可能导致山林发生火灾。因此，治本的方法是在残落物累积到还不足以形成大火的时候，选择湿度适宜的时间，使用有控制的燃烧技术，处理森林残屑。这种方法称为“以火克火”，能有效地控制大火发生，还能促进主要树种的生长和繁殖。

(2) 环境调控设施系统。环境调控设施技术是通过人工、机械或智能化技术，有效地调控设施内光照、温度、湿度等一系列环境因素，在不适于农业植物或农业动物生长发育的季节，利用保温、防寒或降温、防雨设施、设备，人为地创造适宜于作物生长发育的小气候环境，有效地克服外界不良条件的影响，从而进行农业生产经营活动，提高农业生态系统的生产力和生产效率。

①设施栽培。设施栽培也称保护地栽培，它是在不适宜于作物生长的季节或环境情况下，采用人工建造的保护性设施，为作物的生长发育提供适宜的环境条件，进行农业生产的一种栽培方式。保护地设施从简单到复杂，从原始到现代化有多种形式，其结构、性能及应用也各不相同。它有许多种类型，按照外形可分为阳畦、拱棚和温室，按照透明覆盖物的种类可分为玻璃和塑料薄膜两种类型，按照作业的自动化程度可分为自动化、半自动化和普通型三种，按照有无加温设备又可分为日光型和加温型两种。温室是作物生产，特别是蔬菜及园艺作物生产中最重要，应用较广泛的生产设施。它对环境因子的调控能力较强，基本不受地区和季节限制，可实现周年均衡生产。一些发达国家的温室生产水平较高，而我国尚处于起步阶段，主要以塑料薄膜日光温室为主，现代化程度较低。目前温室生产的发展趋势是温室结构标准化、环境调控自动化、栽培管理机械化和栽培技术科学化。温室的类型较多，性能各异，因此应用方法及范围也有多种，各地区各季节其用途也不一样。

②设施养殖。所谓设施养殖，是指人们依托现代工程技术、材料技术、生物技术和生态技术，在系统工程原理的指导下以最小资源投入，营造可供动物生长发育的特定环境，以自动化或半自动化的工厂化方式进行动物生产的高效集约型养殖业生产活动，故也可称之为控制环境的养殖。设施养殖的主要生产领域有畜禽、水产品的室内或半室内的笼养、舍养、圈养或水池（面）精养，也包括优良品种动物的基因转移、胚胎移植、克隆等设施

繁殖和单细胞蛋白饲料生产以及产品的贮运、保鲜、加工等设施生产。发展水产设施化养殖是适应农业发展的需要和必然趋势，是对资源进行合理利用和配置的重要举措，对全面提高水产养殖水平，促进渔业健康发展，进一步繁荣农村经济，增加农民收入都具重要的现实意义。海水设施养殖是世界各国开发海洋的重要发展战略方向，也是我国新时期向海洋领域拓展的重要战略举措。

③工厂化生产。材料技术、自动化技术、现代信息技术和现代生物技术的进步，使农业的工厂化生产初步成为现实，智能温室早已实现了无人化管理，无人农场、无人牧场已成为全球农业的研究热点。工厂化生产的进一步发展，利用基因工程、酶工程、发酵工程工厂化生产药品和特殊农产品已具有多项成熟技术，植物工厂、工厂化养殖是智慧农业的重要发展方向。

3. 输入输出调控

（1）人工辅助能输入的调节。对农业生态系统所投入的人工辅助能包括有机能和无机能两大类，不管是哪种形式的人工辅助能，其输入量都是可控制的。

①增加能量投入、扩大能量流通。农业生态系统是一个开放系统，开放的特点要求大量输出农产品的同时，必须增加能量投入，以维持系统的正常运转。

②优化投能结构。合理的投能结构，是指人工辅助能投入的种类和数量，在一定的投能水平下，能够获得较多的产出能，并具有较高的能量产投比。因此，优化投能结构是提高投能效益的最重要的途径。农业生态系统的投能结构是否合理，主要是指投入能量的种类是否恰当，其数量比例是否合理。例如，在农田肥料能中，如果化肥投入过少，势必难以提高产量，但如果化肥投入过多而有机肥投入过少，土壤有机质消耗，土壤肥力降低，产量也会徘徊不前；在投入的各种化学肥料中，如果氮、磷、钾及其他微量元素的比例不合理，不能克服作物生长的限制因子，其产出能也不可能提高。通过对农业生态系统进行能量分析，可以了解系统的投能结构状况，并提出优化投能结构的具体措施，以提高系统的投能效益。

③改进投能技术。投能技术的好坏也是影响农业生态系统的投能效益的重要因素之一。例如，农作物施肥或用农药防治病虫害时，如果施用方法和施用时期不当，其效果往往很差；适口性差的畜禽饲料，如果不经过适当的加工处理，可能会造成较多的浪费。所以，各种人工辅助能的投入都必须使用相适宜的投能技术，才能转化出更多的产出能。

（2）产品输出的调节。产品输出量要考虑维持农业生态系统的持续性和稳定性，不能只顾目前利益而过度输出。为此，农田的种植方式要考虑长期维持土壤肥力，用地作物与养地作物相结合，从土壤中带走的养分要及时补给；草原、草山的啃食量应低于生产量；森林的采伐量要小于生产量；水域的捕捞强度要考虑水域生态系统的长期维持，忌捕幼龄个体和壮年种鱼，或及时生产和投放鱼苗，长期维持生产。

（3）非产品形态的输出控制。农业生态系统的输出中，有一部分并不是随农产品输出的。例如，土壤中的反硝化作用和氨的挥发造成氮素营养损失；有害生物的危害导致产量降低；水土流失带走肥沃的表土和土壤养分；非生产性生物的存在造成营养和食物资源的浪费等，都属于非产品形态的输出。对于农业生态系统中的各种非产品形态输出，应该针对其特点，尽量采取措施，控制和减少其输出量，以减少系统的能量和物质的浪费。

4. 系统综合关系调控

为了最大限度地提高农业生态系统内能量、物质、资金、劳动力等资源的投放效益，强化系统功能，在对农业生物、农业环境，以及系统的输入输出进行合理调控的同时，还应根据系统的自然、社会和农业生产条件，协调农业生态系统各组分的构成和比例关系，调整系统的能流、物流衔接关系，使系统内各业生产彼此协调、相互促进。所以，系统综合关系调控的内容，就是协调和组织好系统内各组分间的构成和比例关系，调整各亚系统间的能流物流衔接关系，使农业生态系统内各业生产协调发展。

（四）社会经济系统对农业生态系统的间接调节

社会经济系统对农业生态系统的间接调节，包括经济、社会、文化等多种因素的影响。利用资金流在农业生态系统中的运转规律，掌握市场动态，通过调整生产项目、扩大生产规模、降低生产成本、合理融资等手段，使农业生态系统获得更好的农业技术经济效果。

（五）农业生态工程

农业生态工程可以定义为：运用生态学、经济学的有关理论和系统论的方法，以生态环境保护和社会协同发展为目的，对农业生态系统和自然资源进行保护、改造、治理、调控和建设的综合工艺技术体系或综合工艺过程。

1. 人工食物链设计

农业生态工程的食物链设计，具体包括食物链加环设计、食物链解链设计和加工环设计。其中，食物链“加环”设计是根据系统现有营养结构、资源类型的数量状况选定加环食物链的生物种群类型和种群数量及时空配置。食物链加环的类型包括生产环、增益环和减耗环三种。食物链设计一般可以采用两条不同的技术路线：

顺序型设计：就是根据营养级层次排列顺序，根据系统内营养食物资源情况，针对系统中的捕食食物链、腐食食物链甚至寄生食物链，通过增加一个或几个生物种群，依次进行食物链加环设计，以提高系统内的资源利用率。

外延型设计：食物链加环的外延型设计，就是以人为确定的某一个食物链环节或营养级为中心开始，逐步向外延伸进行加环，以丰富系统的食物网。

(1) 食物链生产环设计。利用人类不能直接利用或利用价值较低的生物产品作为资源，通过加入一个新的生物种群进行能量和物质转化，以增加一种或多种产品的产出。生产环的增加，可以实现变废为宝、变低价值为高价值、变分散为集中、变粗为精、变滞销为畅销，从而提高整个系统的效益。其核心是“废弃物的资源化”和“产品的再转化”。增加生产环的设计，可以采用顺序型设计。作物秸秆还田可增加农田有机质含量，提高土壤肥力，但若在其中增加一个草食动物环节，如将稻草进行氨化处理后喂牛，再以牛粪的方式返回农田，则系统的效益更高。生产环也可以采用外延型设计，如农田养蜂就是作物生产环节向外延伸增加的一个生产环节。不管是哪一种技术路线的加环设计，都要先计算准备转化的生物产品的数量和食物营养资源数量，然后选择合适的加环生物种群类型并计算种群的适宜数量，使之相互适应。如果增加的生产环生物种群数量过大，则可能会因资源不足而影响生产；若增加的生产环生物种群数量过小，则系统仍有资源浪费现象存在。生产环的加环可以加入一个或多个生产环节，要视系统的资源种类、性质和数量来确定。

(2) 食物链增益环设计。食物链增益环主要是针对人类生产、生活过程中产生的废弃物来进行的。因为这些废弃物中仍然含有一定数量的营养物质和能量，实际上它们本身就是一种资源。根据这些资源的性质和特征，选定合适的生物种群来进行物质和能量的富集，这种富集的产品又可以提供给生产环，从而增加生产环的效益。水域通过放养水葫芦、水浮莲等水生植物，富集水体中的养分，并形成初级产品，这些产品又可以作为草食性鱼类的饵料提供给水域生态系统的生产者，从而提高鱼类产量；畜粪、垃圾等可以养殖蚯蚓、蝇蛆等腐生性生物来富集转化废弃物中的有机质，生产出高蛋白的产品，这些产品又可作为蛋白饲料来喂鸡、养猪，以提高生产环的效益。据研究，每千克新鲜鸡粪可生产25～30 g蝇蛆，10万只蛋鸡的排泄物，一天可生产227～453 kg鲜蛹，其重量约占干粪量的2.5%～3%，与此同时，还能生产出540 kg无味的土壤结构改良剂。食物链的增益环设计，对开发废弃物资源、扩大食物生产、保护生态环境等，都具有很重要的意义。

(3) 食物链减耗环设计。根据联合国粮农组织统计，有害生物造成的损失，平均占各种农作物潜在产量的30%。有害生物被称为农业生态系统的耗损环。目前，植物保护用的化学药剂达5 000种以上，年总产量超过1 700万t，总施用面积达40亿hm^2，全球农田、林地平均施用农药已超过2.25 kg/hm^2。但是，长期大量施用化学农药，已产生了一系列严重后果。

国内外积极探索利用生物措施防治或控制有害生物，这类可以抑制耗损环的生物种群，称之为食物链的减耗环。食物链减耗环的应用前景是十分广阔的，在农业生态工程设计中具有特殊重要的作用。减耗环的具体设计可分四步进行：

①查清当地主要有害生物类群（耗损环）及其发生发展规律，以及种群动态规律和它们彼此之间的相互关系。

②选择对耗损环生物种群具有拮抗、捕食、寄生等负相互作用，但又对系统中的生产性生物无害的合适的生物种群。

③建立减耗环生物种群的保护、放养与人工繁殖的工艺技术体系。

④根据耗损环的种群数量和发生发展规律，来确定减耗环生物种群的数量配比。

2. 生物群落结构设计

为了使农业生态系统获得更高的效益，首先必须合理设计系统的群落结构。农业生态工程的生物群落结构设计，包括种群组成和数量设计、种群平面布局设计、生物群落垂直结构设计三部分，以建立充分利用空间和资源的立体生产系统。在确定群落的种类构成和数量比例时，应根据系统所能提供的资源情况和社会对产品的需求情况来进行科学预测和计算，确定了群落的种类构成和数量比例以后，再考虑群落的平面布局、垂直布局和景观布局等内容。

3. 人工环境设计

人工环境设计的目的是为人工生物群落创造一个良好的条件，充分发挥农业目标生物的生产潜力，提高农业生态系统的效益。人工环境设计的具体内容包括：

①合理改善限制因子。对于某一生物种群而言，某一时期的限制因子只有1～2个，通过对环境因子的人工调控，可以获得好的效果。例如，珠江三角洲水网地区，由于地下水位高，影响作物的生长发育，当地农民挖塘抬基形成了著名的基塘生态系统，有效地改

善了限制因子，使基塘系统表现出很高的生产力。

②配合生物群落的垂直结构设计人工环境。人为设计的生物群落垂直结构很大程度上依赖于人工环境的设计，以保证垂直梯度上的各种生物均有着适宜的环境条件。例如，葡萄园栽培食用菌，必须采用棚架式设计以保证下部食用菌的阴湿条件。

③设施农业是最典型的人工环境设计。这类人工环境的建设，可以为农业生物创造较理想的环境条件。塑料大棚、日光温室、人工气候室、智能温室等能对光、温、湿、气等多种因子进行周密的控制，同时也因其适应市场而表现出高效益。农业动物棚舍和养殖场地建设的人工控制水平也不断提高，从传统的仿自然生态环境到完全人为控制和机械化操作，使规模经营的养殖企业能获得很高的经济效益。

4. 时间节律匹配设计

节律匹配设计是在生物机能节律的基础上，根据环境因子的时间节律、市场需求的时间节律、劳动力分配的时间节律、生产资料供应节律、资金提供的时间节律等，来设计农业生物种群的时间节律配合。种植业生产中的套作是一种典型的节律匹配设计，这是从自然的光、热资源年节律变化考虑的；大棚蔬菜主要是考虑市场需求的时间节律，通过淡季供应来取得高效益；在劳动力不足的情况下，双季稻地区适当安排一定比例的一季稻，可缓解劳动力资源的分配；在资金紧张或生产规模较大时，合理设计资金周转节律，是保证系统正常运转的重要前提。

5. 农业生态工程实践

（1）低洼地基塘系统。低洼地基塘农业生态工程也称为基塘系统，初见于珠江三角洲和太湖流域，由于当地地势低洼、常受水淹，农民把一些低洼地挖成鱼塘，挖出的泥土将周围的塘基抬高加宽，形成了一种特有的物质、能量转换系统。桑基鱼塘是基塘系统中结构最复杂也是较典型的一种。它是由基面种桑、桑叶喂蚕、蚕沙（指死蚕、蚕粪、碎桑叶等）养鱼、鱼粪肥塘、塘泥上基为桑施肥等环节构成。在这个系统中，桑、蚕、鱼各组分得到协调发展，基塘、资源得到充分利用，使桑基鱼塘表现有很高的生产力。桑基鱼塘的不断发展，形成了桑基鱼塘、蔗基鱼塘、果基鱼塘、花基鱼塘、粮基鱼塘、草基鱼塘、菜基鱼塘等多样化的基塘系统。

（2）稻田生态种植模式。稻田生态种养模式很多，最典型的是稻鱼共生，水稻为鱼类提供遮阴和有机物质，鱼类取食杂草和害虫，实现了相互促进（图 7-12）。与稻田养鱼类似的稻田养鸭也体现了类似的相互促进作用。近年来，又涌现出稻田养虾、稻田养蟹、稻田养龟、稻田养鳖等多种稻田生态种养模式。

（3）庭院农业生态工程。20 世纪末，集成生态农业技术成果，形成了适应庭院生产的能源生态模式。一是南方“猪-沼-果”能源生态模式，适应于南方丘陵山地的农家乐推广。利用山地、农田、水面、庭院等资源，采用“沼气池、猪舍、厕所”三结合工程，围绕主导产业，因地制宜开展沼气、沼渣、沼液的“三沼”综合利用。另外，工程的果园（或蔬菜、鱼池等）面积、生猪养殖规模、沼气池容积必须合理组合。二是北方“四位一体”能源生态模式，适应北方各省的农家乐推广。该模式是在自然调控与人工调控相结合下，利用沼气、太阳能等可再生能源、大棚蔬菜等保护地栽培、日光温室养猪及厕所等 4 个因子，通过合理配置，形成以沼气为纽带，将种植业与养殖业相结合的能源生态模式。

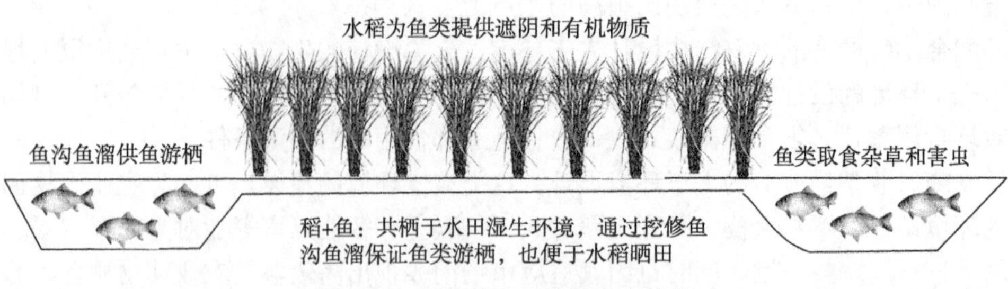

图 7-12　稻鱼共生系统的基本结构

三是西北“五配套”能源生态模式，主要针对西北地区降水量少，水资源紧缺的现实，以太阳能为动力，以新型高效沼气池为纽带，形成以农带牧，以牧促沼，以沼促果，果牧结合，配套发展的良性循环体系。

（4）循环农业工程模式。规模较大的农业园区可设计循环农业工程模式，全面提升农业生产水平。农业园区可以根据自己的农业资源情况、农业生产项目、设备技术条件，设计循环农业工程模式。循环农业工程模式的设计思路：种植业在提供农产品的同时，可以为养殖业提供青饲料；养殖业的动物排泄物可以用于沼气发酵，也可以直接生产商品有机肥，还可以直接为种植业提供肥源；如果休闲农业企业有农产品加工项目，则可设计更复杂的循环农业工程模式（图 7-13）。

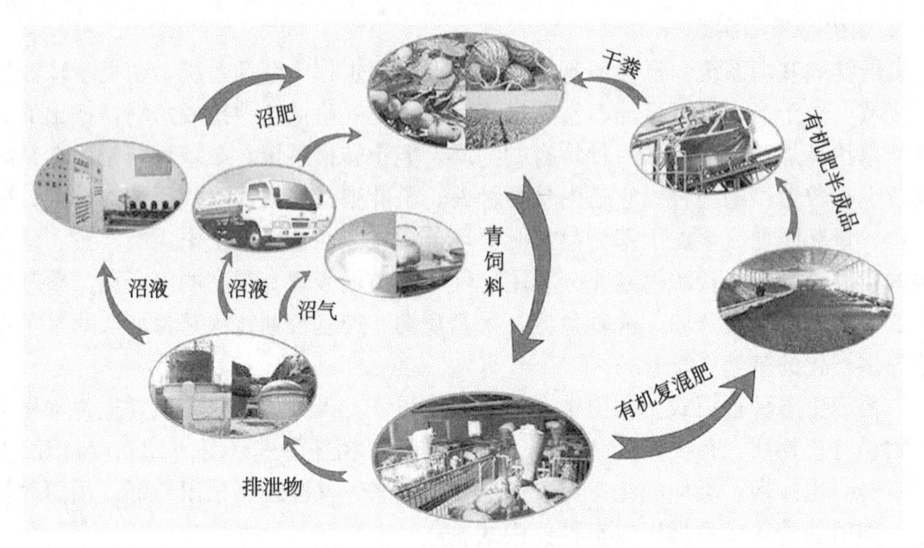

图 7-13　循环农业工程模式

近年来，我国积极发展多种形式的新型农业经营主体，如何将各具优势的新型农业经营主体有效地组织起来，形成一定区域内的种养大户、家庭农场、农民专业合作社、现代农业企业分工合作的区域化循环农业发展模式，是构建现代农业产业体系、生产体系、经营体系的重要方向。

参 考 文 献

包云轩，2015. 气象学［M］. 北京：中国农业出版社.
卞勇，杜广平，2007. 植物及植物生理学［M］. 北京：中国农业大学出版社.
蔡晓明，2012. 生态系统的理论和实践［M］. 北京：化学工业出版社.
蔡永萍，2014. 植物生理学［M］. 北京：中国农业大学出版社.
陈阜，2011. 农业生态学［M］. 北京：中国农业大学出版社.
陈忠辉，2019. 植物与植物生理学［M］. 北京：农业科技出版社.
褚天铎，刘新保，2014. 简明施肥技术手册［M］. 北京：金盾出版社.
崔增团，顿志恒，2008. 测土配方施肥实用技术［M］. 兰州：甘肃科学技术出版社.
段若溪，姜会飞，2013. 农业气象学［M］. 北京：气象出版社.
方炎明，2015. 植物学［M］. 北京：中国林业出版社.
傅承新，2002. 植物学［M］. 杭州：浙江大学出版社.
高祥照，杜森，钟永红，等，2015. 水肥一体化发展现状与展望［J］. 中国农业信息（4）：14-19，63.
高祥照，马常宝，杜森，2005. 测土配方施肥技术［M］. 北京：中国农业出版社.
戈峰，2008. 现代生态学［M］. 北京：科学出版社.
郝建军，2013. 植物生理学［M］. 北京：化学工业出版社.
贺学礼，2005. 植物学［M］. 北京：高等教育出版社.
胡宝忠，胡国宣，2002. 植物学［M］. 北京：中国农业出版社.
胡宝忠，张友民，2012. 植物学［M］. 2 版. 北京：中国农业出版社.
胡金良，2012. 植物学［M］. 北京：中国农业大学出版社.
黄昌勇，2010. 土壤学［M］. 北京：中国农业出版社.
黄巧云，2016. 土壤学［M］. 北京：中国农业出版社.
姜汉侨，2004. 植物生态学［M］. 北京：高等教育出版社.
姜会飞，2020. 农业气象学［M］. 北京：科学出版社.
蒋高明，2004. 植物生理生态学［M］. 北京：高等教育出版社.
李爱贞，刘厚凤，2004. 气象学与气候学基础［M］. 北京：气象出版社.
李爱贞，刘厚凤，张桂芹，2003. 气候系统变化与人类活动［M］. 北京：气象出版社.
李昌健，栗铁申，2005. 测土配方施肥技术问答［M］. 北京：中国农业出版社.
李合生，王学奎，2019. 现代植物生理学［M］. 北京：高等教育出版社.
林大仪，2002. 土壤学［M］. 北京：中国林业出版社.
刘江，许秀娟，2002. 气象学［M］. 北京：中国农业出版社.
陆时万，徐祥生，2011. 植物学［M］. 北京：高等教育出版社.
陆欣，谢英荷，2019. 土壤肥料学［M］. 北京：中国农业大学出版社.
骆世明，2001. 农业生态学［M］. 北京：中国农业出版社.
潘瑞炽，2012. 植物生理学［M］. 北京：高等教育出版社.
彭广，刘立成，刘敏，2003. 洪涝［M］. 北京：气象出版社.
强胜，2017. 植物学［M］. 北京：高等教育出版社.

尚玉昌，2002. 普通生态学［M］. 北京：北京大学出版社.
沈萍，陈向东，2016. 微生物学［M］. 北京：高等教育出版社.
石伟勇，2005. 植物营养诊断与施肥［M］. 中国农业出版社.
宋纯鹏，2015. 植物生理学［M］. 北京：科学出版社.
宋连春，2003. 干旱［M］. 北京：气象出版社.
孙儒泳，2002. 基础生态学［M］. 北京：高等教育出版社.
谭金芳，2011. 作物施肥技术原理［M］. 北京：中国农业大学出版社.
王宝三，2007. 植物生理学［M］. 北京：科学出版社.
王建书，2008. 植物学［M］. 北京：中国农业科学技术出版社.
王三根，赵德纲，2007. 植物生理学［M］. 北京：科学出版社.
吴礼树，2020. 土壤肥料学［M］. 北京：中国农业出版社.
武维华，2018. 植物生理学［M］. 北京：科学出版社.
肖明，王雨净，2008. 微生物学实验［M］. 北京：科学出版社.
许玉凤，曲波，2012. 植物学［M］. 北京：中国农业大学出版社.
阎凌云，2019. 农业气象［M］. 北京：中国农业出版社.
杨德保，尚可政，王式功，2003. 沙尘暴［M］. 北京：气象出版社.
杨玉珍，2013. 植物生理学［M］. 北京：化学工业出版社.
杨悦，2001. 植物学［M］. 北京：中央广播电视大学出版社.
姚家玲，2017. 植物学实验［M］. 北京：高等教育出版社.
张宝生，2004. 植物生长与环境［M］. 北京：高等教育出版社.
张风荣，2002. 土壤地理学［M］. 北京：中国农业出版社.
张福锁，2006. 测土配方施肥技术要揽［M］. 北京：中国农业出版社.
张福锁，2013. 高产高效养分管理技术［M］. 中国农业大学出版社.
张立军，刘新，2007. 植物生理学［M］. 北京：科学出版社.
张赞平，陈翠云，2000. 植物学［M］. 西安：陕西科学技术出版社.
赵桂仿，2009. 植物学［M］. 北京：科学出版社.
赵建成，李敏，2013. 植物学［M］. 北京：科学出版社.
郑炳松，2012. 高级植物生理学［M］. 杭州：浙江大学出版社.
郑彩霞，2013. 植物生理学［M］. 北京：中国林业出版社.
郑湘如，王丽，2007. 植物学［M］. 北京：中国农业大学出版社.
周德庆，2020. 微生物学教程［M］. 北京：高等教育出版社.
周启星，宋玉芳，2004. 污染土壤修复原理与方法［M］. 北京：科学出版社.
周群英，王士芬，2015. 环境工程微生物学［M］. 北京：高等教育出版社.
周云龙，2016. 植物生物学［M］. 北京：高等教育出版社.
LINCOLN T，EDUARDO Z，2010. Plant Physiology［M］. Sunderland：Sinauer Associates.